Elasticsearch实战

Elasticsearch IN ACTION

拉杜·乔戈（Radu Gheorghe）
[美]马修·李·欣曼（Matthew Lee Hinman）著
罗伊·罗素（Roy Russo）
黄申 译

人民邮电出版社
北京

图书在版编目（CIP）数据

Elasticsearch实战 / (美) 拉杜·乔戈
(Radu Gheorghe) , (美) 马修·李·欣曼
(Matthew Lee Hinman) , (美) 罗伊·罗素 (Roy Russo)
著 ; 黄申译. -- 北京 : 人民邮电出版社, 2018.10 (2023.2 重印)
书名原文: Elasticsearch in Action
ISBN 978-7-115-44915-3

Ⅰ. ①E… Ⅱ. ①拉… ②马… ③罗… ④黄… Ⅲ. ①
搜索引擎—程序设计 Ⅳ. ①TP391.3

中国版本图书馆CIP数据核字(2018)第196459号

版权声明

◆ 著 [美] 拉杜·乔戈（Radu Gheorghe）
[美] 马修·李·欣曼（Matthew Lee Hinman）
[美] 罗伊·罗素（Roy Russo）
译 黄 申
责任编辑 杨海玲
责任印制 焦志炜
◆ 人民邮电出版社出版发行 北京市丰台区成寿寺路 11 号
邮编 100164 电子邮件 315@ptpress.com.cn
网址 http://www.ptpress.com.cn
北京七彩京通数码快印有限公司印刷
◆ 开本：800×1000 1/16
印张：22.5 2018 年 10 月第 1 版
字数：608 千字 2023 年 2 月北京第 20 次印刷
著作权合同登记号 图字：01-2015-8783 号

定价：79.00 元

读者服务热线：(010) 81055410 印装质量热线：(010) 81055316
反盗版热线：(010) 81055315
广告经营许可证：京东市监广登字20170147号

内容提要

本书主要展示如何使用 Elasticsearch 构建可扩展的搜索应用程序。书中覆盖了 Elasticsearch 的主要特性，从使用不同的分析器和查询类型进行相关性调优，到使用聚集功能进行实时性分析，还有地理空间搜索和文档过滤等更多吸引人的特性。

全书共分两个部分，第一部分解释了核心特性，内容主要涉及 Elasticsearch 的介绍，数据的索引、更新和删除，数据的搜索，数据的分析，使用相关性进行搜索，使用聚集来探索数据，文档间的关系等；第二部分介绍每个特性工作的更多细节及其对性能和可扩展性的影响，以便对核心功能进行产品化，内容主要涉及水平扩展和性能提升等。此外，本书还有 6 个附录（网上下载），提供了读者应该知道的特性，展示了关于地理空间搜索和聚集，如何管理 Elasticsearch 插件，学习在搜索结果中如何高亮查询单词，在生产环境中用来协助管理 Elasticsearch 的第三方的监控工具有哪些，如何使用 Percolator 过滤为多个查询匹配少量文档，如何使用不同的建议器来实现自动完成的功能。

本书适合所有对 Elasticsearch 感兴趣的技术人员阅读。

序

很早就看到这本书的英文版了，非常高兴现在能看到有中文版上市，也很荣幸能为本书作序。

Manning 出版社的“in Action”系列的书质量基本上都不会差。我记得最早学习 Lucene 的时候，买过或者看过很多介绍 Lucene 或者搜索引擎相关的书籍，其中有些书要么晦涩难懂，底层算法介绍和应用有点儿脱节，看完之后还是一头雾水，要么仅仅停留在实战，鲜有提及背后的原理知识，全书咀嚼价值不大，唯独 *Lucene in Action* 这本书看完之后让我有种透彻的感觉。

世界是如此奇妙，多年后，我在 Elastic 有幸能够当面见到 *Lucene in Action* 这本书的作者 Michael McCandless 本人，并对他表示感谢。无独有偶，*Elasticsearch in Action* 这本书的作者之一 Lee Hinman 目前也在 Elastic 公司，Lee 同时也是 Elasticsearch 的核心开发工程师。阅读这本书读者会发现，这本书不仅包括很多实际的调用例子，还对各项功能背后的原理进行了非常详尽的阐述，并辅以图表流程让读者加深理解，实在是目前市面上少有的能够将 Elasticsearch 介绍得如此透彻的书，而 Lee 听说本书将有中文版也很高兴。

本书由浅入深，前面 3 章介绍 Elasticsearch 的基本用法，第 4、5 和 6 章介绍全文检索以及如何进行高级的评分和自定义排序，第 7 章涵盖各种聚合的使用，其后几章介绍数据结构设计、集群、运维和性能优化等各种知识和技巧，都是非常全面有用的知识，附录的内容干货也很多，地理位置搜索、插件介绍、高亮、自动补全、拼写检查，基本上涉及了围绕搜索相关的方方面面。相信对照本书，读者可以很快搭建一个功能丰富的搜索站点出来。

我们社区曾翻译过一本 Elasticsearch 权威指南，深知翻译工作的不容易，背后少不了需要进行大量的斟酌讨论和反复修改。有了译者和编辑的付出，才有了这本书，大家学习 Elasticsearch 又多了一本很好的参考书。

Elasticsearch 及 Elastic 的其他产品最近几年发展很快，简单易用、功能丰富还不失优越的性能，在全球可谓是广受欢迎，用户场景也是非常丰富，2015 年产品的累积下载次数就突破了一亿，对于一个开源产品来说实在是不简单。Elasticsearch 的未来值得期待。

祝大家阅读愉快!

Medcl

Elastic 布道师

译者序

谈到为什么要翻译这本书，还是一段机缘巧合。那是 2015 年的下半年，当时我正在撰写自己的原创书籍《大数据架构商业之路：从业务需求到技术方案》。由于在之前的实际项目中也经常使用 Elasticsearch，所以书中提到了 Elasticsearch 相关的概念以及如何用其架构基础的搜索引擎。我将初稿送给一位朋友，让他帮我提提建议，而他的一个问题难倒了我："看过你的稿子，我对其中提到的 Elasticsearch 特别感兴趣，有没有专门的书对其进行系统性介绍的？"

在那个时候，Elasticsearch 在国内刚刚开始流行，我们多是直接参考官网的资料。不过，官网的资料适合有一定经验和基础的开发者，对于普通爱好者而言门槛有点高了。于是，我搜索了市面上 Elasticsearch 相关的书籍，可惜并未发现特别好的材料。无意之间，我在 Amazon.com 上发现了即将出版的 *Elasticsearch in Action*，于是到 Manning 下载了试读版。在阅读之后我不禁暗喜，这本书的内容比较系统全面，难度由浅入深，并且继承了 Manning 出版社实战系列（in Action）一贯的作风，让读者可以轻松上手，乐在其中。这正是我想推荐给朋友的！可惜，英文版尚未发行，更何谈中文版？不过，我是否能贡献自己的力量，让这本书的中文版尽快面世呢？于是，我抱着试试看的心态，联系了人民邮电出版社的编辑杨海玲老师。很幸运，当时此书还没有译者，于是我很荣幸地成为本书的译者。

不过翻译的过程比我想象的要艰辛。这主要是因为 Elasticsearch 的功能过于强大。随着阅读和翻译的不断深入，我发现之前只是使用了 Elasticsearch 中很小的一部分特性。对于新内容，我也碰到一些自己难以理解的地方。于是我主动联系了原书的第一作者 Radu，他总是非常仔细地解答我的问题，这使我更有信心，可以确保译文尽可能地贴近原文。在此，我要对 Radu 的帮助表示衷心的感谢。当然，我也要感谢父母和妻儿的支持，为了此书，我陪伴你们的时间更少了，而你们丝毫没有怨言，让我可以安心地完成这本书的翻译工作。

最后，很高兴此书终于和大家见面了。在翻译此书的大半年中，Elasticsearch 在国内外都获得了空前的关注，社区也保持了非常好的活跃度，相信这门技术在将来还有很大的发展空间。希望本书能帮助到每一位热爱 Elasticsearch 的朋友，为 Elasticsearch 的发展尽一份绵薄之力。如果读者对本书中的技术细节感兴趣，可以通过如下渠道联系我，很期待和大家的互动和交流。

QQ	36638279
微信	18616692855
邮箱	s_huang790228@hotmail.com
LinkedIn	https://cn.linkedin.com/in/shuang790228

扫一扫就能微信联系译者：

译者个人微信

微信公众号

译者简介

黄申博士，现任 LinkedIn（领英）资深数据科学家，毕业于上海交通大学计算机科学与工程专业，师从俞勇教授。微软学者、IBM ExtremeBlue 天才计划成员。长期专注于大数据相关的搜索、推荐、广告以及用户精准化领域。曾在微软亚洲研究院、eBay 中国、沃尔玛 1 号店（现京东 1 号店）和大润发飞牛网担任要职，带团队完成了若干公司级的战略项目。同时在国际上发表 20 多篇论文，并拥有 10 多项国际专利。《计算机工程》特邀审稿专家，2016 年出版了《大数据架构商业之路》一书，广受好评。因对业界做出卓越贡献，获得美国政府颁发的“美国杰出人才”称号。

前言

我写这本书的目的在于向读者提供开始使用 Elasticsearch 时所需的信息：它的主要特性有哪些，这些特性在整个引擎中又是怎样运作的，为了给出更好的概览，让我告诉你一个更详细的故事，关于这本书是如何诞生的。

我第一次邂逅 Elasticsearch 是在 2011 年，那时我正在开发一个集中化日志的项目。同事 Mihai Sandu 向我展示了 Graylog，这个系统采用 Elasticsearch 进行日志的搜索，一切的配置都异常简单。两台服务器就可以处理当时所有的日志需求，但是我们预料数据量会在 1 年左右增长数百倍，而且事实确实如此。基于此，我们有越来越多的复杂分析需求，所以我们很快发现需要对 Elasticsearch 和它的特性拥有更深入的理解，才能调优和扩展其设置。

当时没有书籍可以指导我们，所以我们只能通过艰难的方式进行学习：反复实验、在邮件列表里多次提出问题和进行回答。幸运的是，我结识了许多友善的人，他们定期都会发帖提供帮助。这是我在 Sematext 公司工作的原因，在那里我全身心地投入到 Elasticsearch 中，这也是为什么 Manning 出版社问我是否对于写一本关于 Elasticsearch 的书感兴趣。

我当然感兴趣。他们告诫我这是一项艰巨的任务，不过同时告知我 Lee Hinman 也很感兴趣，于是我们联手了。有了两个作者，大家认为事情变得容易了。尤其是 Lee 和我都是亲自实践，并且向对方提供了有用的反馈。之前我们几乎没有意识到，相比在前面的章节中展示特性，在后面的章节中将各项特性结合到不同用例的最佳实践中要困难得多。随后，通过审阅者的反馈，我们发现将所有的事情糅合在一起需要更多的工作量，前进的步伐也变得越来越慢。这时 Roy Russo 加入了这个团队，并帮助进行了最后的推动。

经过 2 年半夜以继日，加班加点地创作，终于大功告成。这是个很艰难的历程，但是也很充实。如果 4 年前有这本书在手，我一定爱死它了。希望读者能享受这本书。

Radu Gheorghe

资源与支持

本书由异步社区出品，社区（https://www.epubit.com/）为您提供相关资源和后续服务。

配套资源

本书提供源代码下载，要获得源代码请在异步社区本书页面中点击 配套资源 ，跳转到下载界面，按提示进行操作即可。注意：为保证购书读者的权益，该操作会给出相关提示，要求输入提取码进行验证。

提交勘误

作者和编辑尽最大努力来确保书中内容的准确性，但难免会存在疏漏。欢迎您将发现的问题反馈给我们，帮助我们提升图书的质量。

当您发现错误时，请登录异步社区，按书名搜索，进入本书页面，点击“提交勘误”，输入勘误信息，点击“提交”按钮即可。本书的作者和编辑会对您提交的勘误进行审核，确认并接受后，您将获赠异步社区的100积分。积分可用于在异步社区兑换优惠券、样书或奖品。

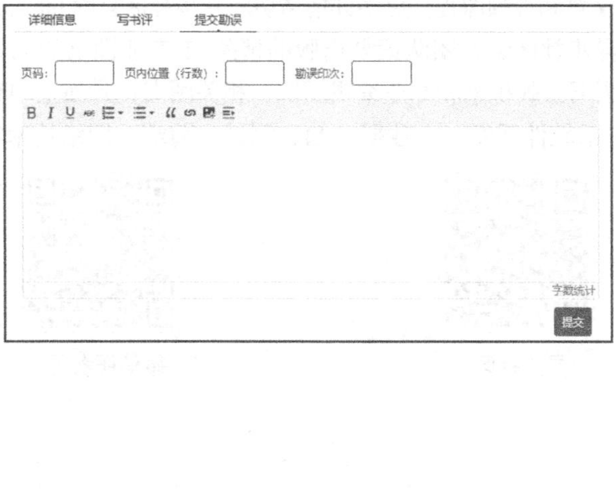

扫码关注本书

扫描下方二维码，您将会在异步社区微信服务号中看到本书信息及相关的服务提示。

与我们联系

我们的联系邮箱是 contact@epubit.com.cn。

如果您对本书有任何疑问或建议，请您发邮件给我们，并请在邮件标题中注明本书书名，以便我们更高效地做出反馈。

如果您有兴趣出版图书、录制教学视频，或者参与图书翻译、技术审校等工作，可以发邮件给我们；有意出版图书的作者也可以到异步社区在线提交投稿（直接访问 www.epubit.com/selfpublish/submission 即可）。

如果您是学校、培训机构或企业，想批量购买本书或异步社区出版的其他图书，也可以发邮件给我们。

如果您在网上发现有针对异步社区出品图书的各种形式的盗版行为，包括对图书全部或部分内容的非授权传播，请您将怀疑有侵权行为的链接发邮件给我们。您的这一举动是对作者权益的保护，也是我们持续为您提供有价值的内容的动力之源。

关于异步社区和异步图书

“异步社区”是人民邮电出版社旗下 IT 专业图书社区，致力于出版精品 IT 技术图书和相关学习产品，为作译者提供优质出版服务。异步社区创办于 2015 年 8 月，提供大量精品 IT 技术图书和电子书，以及高品质技术文章和视频课程。更多详情请访问异步社区官网 https://www.epubit.com。

“异步图书”是由异步社区编辑团队策划出版的精品 IT 专业图书的品牌，依托于人民邮电出版社近 30 年的计算机图书出版积累和专业编辑团队，相关图书在封面上印有异步图书的 LOGO。异步图书的出版领域包括软件开发、大数据、AI、测试、前端、网络技术等。

异步社区　　　　微信服务号

致谢

正因为很多人提供了无价的支持，才使得这本书的面市成为可能。

- Susan Conant，Manning 的开发编辑，通过多种方式支持我们：对于草稿提供有价值的反馈，帮助规划书本和独立章节的结构，给予鼓励以及下一步的建议，帮助我们克服前进道路上的障碍，等等。
- Jettro Coenradie，技术编辑，在本书印刷之前帮助我们审阅了大段的书稿，并且在出版前的最后步骤中再次提供了协助。
- Valentin Grettaz，帮助进行了全面的技术校对。
- Manning 早期访问计划（MEAP）的读者，在作者在线论坛上贴出了很多有益的评论。
- 我无法想象，如果没有如下这些审阅者在开发过程中提供良好的反馈，这本书会是什么样子：Achim Friedland、Alan McCann、Artur Nowak、Bhaskar Karambelkar、Daniel Beck、Gabriel Katenbaumn、Gianluca Rhigetto、Igor Motov、Jeelani Shaik、Joe Gallo、Konstantin Yakushev、Koray Güclü、Michael Schleichardt、Paul Stadig、Ray Lugo Jr.、Sen Xu 和 Tanguy Leroux。

Radu Gheorghe

我按照时间顺序表达感谢。致我 Avira 的同事：Mihai Sandu、Mihai Efrim、Martin Ahrens、Matthias Ollig 和很多其他人，支持我学习 Elasticsearch，而且容忍我并非总是成功的实验。感谢我 Sematext 的同事 Otis Gospodnetić，支持我学习以及进行和社区的互动。感谢 Rafał Kuć（又名 Master Rafał）提供宝贵的技巧和窍门。最后，要感谢我的家庭为我提供各方面的支持，这里只能蜻蜓点水地提一下：我的父母 Nicoelta 和 Mihai Gheorghe，我的岳父岳母 Mădălina 和 Adrian Radu，提供了美味的佳肴、安静的空间和至关重要的精神支持。我的爱妻 Alexandra 是个真正的英雄：她设法在撰写自己的作品的同时，仍然照顾好所有的事情，来保障我的写作。还有一点很重要的是：我 6 岁的儿子 Andrei，感谢他的谅解以及和我共度时光的创新方式，就好像他依偎在我身旁撰写他自己的书。

Lee Hinman

首先，我要向爱妻 Delilah 表达诚挚的感谢，她鼓励我进行尝试，成为我冒险的伙伴，在著书和生活的许多方面给予了我很大的支持。感谢她在女儿 Vera Ovelia 诞生期间继续鼓励我。我还要感谢所有为 Elasticsearch 做出贡献的人们。没有你们，开源软件不会成为可能。我很荣幸能为这样一个广泛应用而且功能强大的软件项目做出贡献。

Roy Russo

我要感谢我的女儿 Olivia 和 Isabella、我的儿子 Jacob 和我的妻子 Roberta。你们在我的身后支持我的事业，成为我灵感和动力的源泉。你们通过支持、关爱和理解，将不可能化为可能。

关于本书

自从 2010 年问世，Elasticsearch 已经逐渐流行起来。它被用于不同的场景，从产品搜索这种传统的搜索引擎使用模式，到实时性的社会媒体、应用日志和其他流式数据的分析。Elasticsearch 的强项在于它的分布式模型（使得其可以便捷而又有效地进行水平扩展），还有丰富的分析功能。所有这些都是构建在已有的 Apache Lucene 搜索引擎包之上。Lucene 也在与时俱进，处理同样数量的数据，可以花费更少的 CPU 计算、内存容量和磁盘空间。

本书覆盖了 Elasticsearch 的主要特性，从使用不同的分析器和查询类型进行相关性的调优，到使用聚集功能进行实时性分析，还有更多吸引人的特性，如地理空间搜索和文档过滤。

读者将很快发现，Elasticsearch 是很容易上手的。读者可以放入文档、搜索它们、建立统计，甚至是在数小时内将数据分发并复制到多台机器上。默认的行为和设置对于程序员而言是非常友好的，使得概念验证的建立非常容易。

从原型到生产系统通常是件很困难的事情，因为会碰到各种功能或性能的限制。这也是为什么我们会解释在引擎盖之下，各个部件是如何工作的。这样就可以调整合适的选项，以获得良好的搜索相关性和集群的读写性能。

具体来讲，我们将讨论哪些特性？来看看本书路线图的一些细节。

路线图

本书分为两个部分："核心功能"和"高级功能"。我们建议按照顺序阅读每一章，原因是某个章节中的功能经常依赖于之前章节表述的概念。如果你喜欢事必躬亲的方式，每一章都包含可以参考的代码清单和代码片段，但是你并不需要用笔记本电脑来学习 Elasticsearch 的概念和它是如何工作的。

第一部分解释了核心特性——如何建模和索引数据，这样可以根据用例的需求来进行搜索和分析。在此部分的最后，读者将理解 Elasticsearch 功能的基础元件。

- 第 1 章给出了概览，让读者理解搜索引擎通常是干什么的，以及 Elasticsearch 与众不同的特性。此章结束后，读者应该理解使用 Elasticsearch 可以解决哪些问题。

- 第 2 章开始尝试主要的功能：索引文档、搜索它们、通过聚集来分析数据，并且进行多节点的水平扩展。
- 第 3 章覆盖的课题是进行索引、更新、删除数据时面临的选项。读者将学习文档中可以放入何种字段，以及写入这些字段时将会发生什么。
- 第 4 章中，读者将深入到全文索引的世界。探索重要的查询类型和过滤器，并学习它们是如何工作的，以及何时运用哪种类型。
- 第 5 章解释了分析步骤如何将文档和查询中的文本分解到搜索所用的分词。读者将学习如何使用不同的分析器来充分挖掘 Elasticsearch 全文搜索的潜力，也包括如何构建自己的分析器。
- 第 6 章聚焦在相关性问题上，帮助读者完善全文搜索的技巧。读者将学习影响文档得分的因素以及如何操作它们。包括不同的打分算法、提升（boost）特定的查询和字段或者是通过文档本身的数值（如“喜欢”和“转发”的次数）来提升分数。
- 第 7 章展示了如何通过聚集功能来进行实时性的分析。读者将学习如何将聚集和查询连接在一起、如何将它们嵌套在一起用于发现干草堆里有多少针……来自波兰的某个人掉落的……2 年前（大海捞针）。
- 第 8 章谈论的是关系型数据，就像乐队和他们的专辑。读者将学习如何使用 Elasticsearch 的特性，如嵌套文档和父子关系，还有通用的 NoSQL 技术（如反归一化或者应用端的连接）来索引和搜索非扁平化的数据。

第二部分帮助读者对核心功能进行产品化。为了实现这个目标，读者将学习每个特性工作的更多细节，及其对于性能和可扩展性的影响。

- 第 9 章谈论的是水平扩展到多个节点。读者将学习如何切分和复制索引。例如，通过过度分片和基于时间的索引，今天的设计可以处理明年的数据。
- 在第 10 章中读者将发现有助于提升更多集群性能的窍门。随着内容逐步深入，读者将学到 Elasticsearch 是如何使用缓存并将数据写入磁盘的，还有不同的权衡策略，可使用它们按需调整 Elasticsearch。
- 第 11 章展示如何在生产中监控和管理集群。读者将会了解需要关注的重要指标，如何备份和恢复数据，以及如何使用索引模板和别名之类的快捷方式。

本书的 6 个附录包含了读者应该知道的特性，但是这些特性和某些用例并不相关。希望“附录”这个词不会让人误认为我们对其阐述是肤浅的。本书余下的部分将深入如下功能运作的细节。

- 附录 A 是关于地理空间搜索和聚集的内容。
- 附录 B 展示了如何管理 Elasticsearch 插件。
- 在附录 C 中读者将学习如何在搜索结果中高亮查询单词。
- 附录 D 介绍了第三方监控工具，在生产环境中你可能会希望使用它们来协助管理 Elasticsearch。

- 附录 E 解释了如何使用 Percolator 过滤，为多个查询匹配少量文档。
- 附录 F 解释了如何使用不同的建议器（suggester）来实现“您是指？”和自动完成的功能。

代码的约定和下载

所有代码清单和文本中的源代码都是用等宽字体来区分的。很多代码清单都有注解，强调重要的概念。

本书中所有样例的可运行源代码，以及如何运行它们的指导，都能从 https://github.com/dakrone/elasticsearch-in-action 获得。读者也可以从 Manning 出版社的网站下载源代码。

代码片段和源代码可以在 Elasticsearch 1.5 版本上运行。它们应该可以在所有 1.x 分支版本上运行。在写这本书的时候，版本 2.0 的路线图也变得清晰起来，这一点也已经考虑在内：我们跳过了即将淘汰的特性，如大多数预定义字段的配置选项。还有其他的，如过滤器缓存，在 1.x 和 2.x 版本中的行为表现截然不同，我们已在标注中特别指出。

作者在线

购买本书的权益包括 Manning 出版社个人网络论坛的免费访问权限，在该论坛中读者可以对书籍进行评价，提出技术问题，并且获得作者和其他用户的帮助。要访问和订阅作者在线论坛，可在浏览器里访问 www.manning.com/books/elasticsearch-in-action。这个页面提供了很多信息，包括如何在注册后登录论坛、可以获得何种帮助以及论坛上的行为准则。

Manning 出版社对读者的承诺是，提供一个场所，让读者之间、读者和作者之间进行有意义的对话，但并未承诺具体的作者的参与程度，作者对论坛的贡献仍然是保持自愿的原则。

只要本书还在销售中，作者在线论坛、之前讨论的存档就可以通过出版社网站获取。

关于封面插图

本书封面的画像名为“来自克罗地亚的男人”。这幅插图选自19世纪中叶Nikola Arsenovic所著克罗地亚传统服装图集的复制品，由克罗地亚独立民族博物馆于2003年出版。通过独立民族博物馆的管理员获得。这家博物馆位于城镇中世纪中心的罗马核心——公元304年左右Diocletian皇帝隐退的宫殿。这本书包含了克罗地亚不同地区人物的精美插图，描绘了他们的服饰和日常生活。

在过去的200年里，人类着装风范和生活方式都发生了改变。而今当时极为丰富的地区多样性也已逐渐消失。现在很难区分各大洲的居民，更不用说相隔只有数千米的村庄或城镇。也许我们已经用文化的差异换取了不同的个人生活，肯定是一种更为不同、快节奏的科技化生活。

Manning出版社通过图书封面反映两个世纪前丰富多样的地域生活，以此来庆祝计算机业的创造性和原创性。如此古老的书籍和收藏的插画，仿佛把我们带回到过去的日子。

目录

第一部分

第二部分

第一部分

在这部分中，我们将讨论按照功能来看 Elasticsearch 能做些什么。第 1 章将从更为宽泛的概念开始，探索 Elasticsearch 通常是如何用作搜索引擎，以及如何高效地建立模型、建立索引、搜索和分析数据。读完第一部分，读者将对 Elasticsearch 能提供什么功能、如何使用它解决搜索和实时分析问题有深入的理解。

第1章 Elasticsearch介绍

本章主要内容

- 理解什么是搜索引擎，以及它们能解决什么样的问题
- Elasticsearch为何能胜任搜索引擎的工作
- Elasticsearch典型的使用场景
- Elasticsearch提供的功能
- 如何安装Elasticsearch

如今，我们无处不在地使用“搜索”。这是件好事，因为搜索能帮你从容不迫地完成手头上的工作。无论是在线购物，还是访问博客，你都不会心甘情愿地将整个站点翻个底朝天，而是更希望有个搜索框适时地出现，帮助你发现真心想要的。也许只有我是这样的人，当我（Radu）在清晨醒来的时候，多么希望进入厨房后，能有个搜索框让人可以直接输入“碗”这个词，然后最心爱的碗就出现在面前。

我们也很期待这些搜索框变得更智能。没有必要输入“碗”这个词所需的全部字母（要知道，在英文里bowl要输入4个字母）；希望搜索框能有自动提示的功能，而且提示的内容要合理，不能胡乱提示。搜索返回的内容也要智能些，最相关的结果要排在前面：简单来说就是尽可能猜中用户想要什么。举个例子，在线购物时，我搜索了“笔记本电脑”，发现排在前面的都是笔记本的配件，往下翻了很多才看到真正的电脑，那看完这页后我一定会去其他家买了。我们需要看到最相关的结果和提示，一方面是因为人们生活节奏很快，被许多良好的搜索体验宠坏后不愿意再浪费时间；另一个方面，有越来越多的东西可供选择。再举个例子，一位朋友让我帮她挑台新的笔记本电脑。如果查询“为我的朋友购买一台最棒的笔记本电脑”，那么一家在线商店即使销售成千上万款别致的电脑，它也不太可能给出有效的答案。良好的关键字查询往往还不够，你还需要从搜索结果中得到一些统计信息，并利用其定位用户的兴趣。我会选择屏幕的尺寸、价格区间等来逐步缩小选择的范围，直到将目标锁定到5台左右的电脑。

最后，还需要考虑性能问题，因为没有人愿意等待。我曾经在一些网站上有过糟糕的经历，搜索过后数分钟结果才展现出来。注意，单位是分钟！一次搜索竟然花了这么久。

如果你想让自己的数据能被搜索，需要处理如下事项：返回相关的搜索结果，返回统计信息，而且要非常快速地完成。这就是 Elasticsearch 这种搜索引擎存在的意义，因为它们生来就是迎接这些挑战的。它可以在关系型数据库上搭建搜索引擎，建立索引并加速 SQL 查询的执行。或许，也可以从 NoSQL 数据存储上建立索引，然后支持搜索功能。可以通过 Elasticsearch 做到这些，此外由于 Elasticsearch 里的数据是通过文档形式表示的，它和 MongoDB 这种面向文档的存储搭配起来也很美妙。Elasticsearch 这样的现代搜索引擎还能完好地存储数据，甚至可以将其直接作为带搜索功能的 NoSQL 数据存储来使用。

Elasticsearch 是构建在 Apache Lucene 之上的开源分布式搜索引擎。Lucene 是开源的搜索引擎包，允许你通过自己的 Java 应用程序实现搜索功能。Elasticsearch 充分利用 Lucene，并对其进行了扩展，使存储、索引、搜索都变得更快、更容易，而最重要的是，正如名字中的“elastic”所示，一切都是灵活、有弹性的。而且，应用代码也不是必须用 Java 书写才可以和 Elasticsearch 兼容，你完全可以通过 JSON 格式的 HTTP 请求来进行索引、搜索和管理 Elasticsearch 集群。

本章将阐述搜索和数据的特性，你将在本书中学习如何使用它们。首先，让我们来近距离体验一下搜索引擎通常面临的挑战，以及 Elasticsearch 应对这些挑战的解决方案吧。

1.1 用 Elasticsearch 解决搜索问题

为了更好地理解 Elasticsearch 是如何工作的，让我们先看一个示例。假设你正在搭建一个博客网站，并且希望用户可以在全站搜索特定的帖子。要完成的第一项任务就是实现基于关键词的搜索。例如，一位用户查询“选举”，系统需要返回所有包含这个关键词的帖子。

搜索引擎将完成这些工作，但是对于一个健壮的搜索功能而言，你需要更多特性：引擎可以快速地返回查询结果，而且这些结果都是相关的。当用户并不清楚具体要用哪些词来查找时，搜索还能提供辅助的功能，用于实现更佳的用户体验。这些辅助的功能具体包括识别错误的输入，给出自动提示，并对结果进行分类。

提示 本章的大部分内容将有助于你了解 Elasticsearch 的特性。如果你是个急性子，迫不及待想实战一把，并准备安装它了，可以直接跳到 1.5 节。你会发现原来安装如此之简单。当然，也可以随时回到这里，看看整体的概述。

1.1.1 提供快速查询

如果网站上有很多帖子，在其中查找“选举”这个词会非常耗时。你当然不希望用户一直等着。Elasticsearch 恰好能帮上忙，因为它是采用 Lucene 作为底层的。Lucene 是个高性能的搜索引擎包，默认情况下会将所有的数据全部进行索引。

这里所说的*索引*是一种数据结构，它依据你的数据建造，最终会让搜索变得非常迅速。在大多数据库中，可以使用几种不同的方式为字段添加索引。而 Lucene 使用的是*倒排索引*，这意味着它将创建一个数据结构，并在其中保存记录每个单词出现在哪些数据中的清单。例如，如果你想按照标签来搜索博客文章，倒排索引看上去就会如表 1-1 所示。

表 1-1 博客标签的倒排索引

原始数据		索引数据（倒排索引）	
博客文章 ID	标签	标签	博客文章 ID
1	elections	elections	1, 3
2	peace	peace	2, 3, 4
3	elections, peace		
4	peace		

如果搜索含有 elections（选举）标签的帖子，那么相对查找原始数据而言，查找倒排索引后的数据会更快捷。因为只需要查看标签是 elections 这一栏，然后获得相应所有的文章 ID（这里是 1 和 3）。在搜索引擎的应用场景下，这种速度的提升是非常必要的。在现实世界中，你基本不会只查询 1 个关键词。例如，如果搜“Elasticsearch in Action”，3 个词就意味着查询速度提升了 3 倍。现在看来这有点儿晦涩难懂，不过没关系，在第 3 章讨论建立索引和第 4 章讨论搜索时，我们将解释更多的细节。

即使考虑到相关性，倒排索引对于搜索引擎而言也是一个适合的方案。举个例子，当查找“peace”（和平）这样的单词时，你不仅可以看到哪些文档是匹配的，还能免费获得这些文档的总数。这一点很关键，原因是一个词如果出现在很多文档中，那么它很可能和每个文档都不太相关了。就说搜索的“Elasticsearch in Action”吧，有个文档包括“in”这个单词（当然还有上百万个文档也包括“in”）。你会意识到“in”是个常见词，即使这个文档因为包含“in”而匹配成功，也不代表它和查询有多相关。对比之下，如果这个文档包含“Elasticsearch”（可能还有数百个文档也包含“Elasticsearch”），你就知道离相关文档不远了。其实，知道离答案更进一步的并不是“你”，而是 Elasticsearch 替你完成了。在第 6 章中，读者将会学到如何通过调优数据和搜索来提升相关性。

同时，为了提升搜索的性能和相关性，还需要更多的磁盘空间来存储索引。增加新的博客帖子会越来越慢，因为每次添加数据就要更新索引。对此，调优可以让 Elasticsearch 无论在索引还是搜索时都变得更快。我们将在第 10 章详细讨论这些细节。

1.1.2 确保结果的相关性

接下来有一个难题：如何将真正描述选举的帖子排序在前呢？有了 Elasticsearch，就可以使用几个算法来计算相关性的得分（relevancy score），然后根据分数来将结果逐个排序。

对于每个符合查询条件的文档，它的相关性得分标示该文档和查询条件的相关程度。例如，一条博客帖子多次出现了“elections”，频率超过了其他的帖子，那么该文章讨论选举相关的话题的可能性就更大。这里我们看下 DuckDuckGo 的示例，如图 1-1 所示。

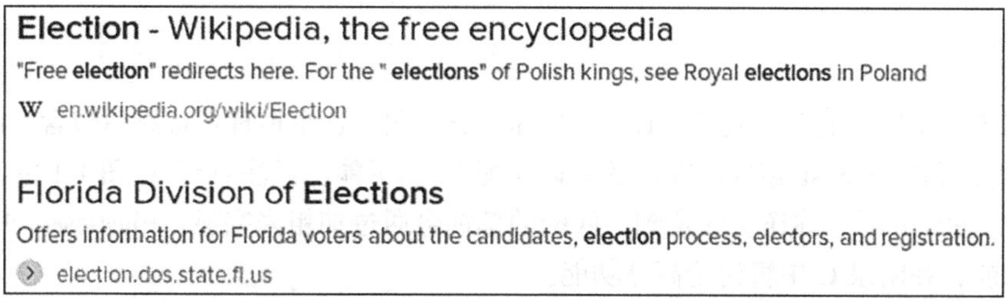

图 1-1 如果文档出现更多的查询关键词（加粗的那些），它就会拥有靠前的排名

默认情况下，计算文档相关性得分的算法是 TF-IDF（term frequency-inverse document frequency，词频-逆文档频率）。我们将在讨论搜索和相关性的第 4 章和第 6 章中，进一步讨论得分和 TF-IDF 的更多细节。这里先讲一下基本概念——TF-IDF，下面是会影响相关性得分的两个因素。

- *词频*——所查找的单词在文档中出现的次数越多，得分越高。
- *逆文档词频*——如果某个单词在所有文档中比较少见，那么该词的权重越高，得分也会越高。

例如，当在自行车爱好者的博客上搜索“自行车竞赛”的时候，因为“自行车”在所有文档中出现的频率要高于“竞赛”，所以对最后得分贡献较小。同时，一篇文章中二者出现次数越多，这篇文章的得分也会越高。

除了选择算法，Elasticsearch 还提供了很多其他内置的功能来计算相关性得分，以满足定制需求。例如，你可以“提升”特定字段的得分：从相关性的角度考虑，帖子的标题比文章主体更为重要。这样标题上相匹配的文档会比仅仅在主体中匹配上的文档获得更高的分数。你也可以让精确匹配比部分匹配获得更高的分数，甚至通过脚本添加定制条件来改变得分的计算。例如，如果帖子允许用户点赞，可以根据点赞数来提升得分，或者让新的帖子获得更高得分，排在较旧的帖子之前。

现在不用担心这些特性的具体机制。第 6 章中会讨论更多相关性的细节。当下，让我们重点关注通过 Elasticsearch 能做什么，以及何时会用到这些特性。

1.1.3 超越精确匹配

最后，Elasticsearch 有些选项可以让搜索变得很直观，而不仅仅是精确匹配用户的输入。当用户录入与已存储词有所不同的错误拼写、同义词或派生词时，这些选项使用起来非常方便。当用户不完全清楚搜索什么的时候，这些选项也能帮到他们。

1. 处理错误的拼写

可以通过配置，让 Elasticsearch 容忍一些变化，而不仅仅是只查找精确匹配。使用模糊查询，“bicycel”的输入同样可以让用户找到关于“bicycles”的博客。在第 6 章中，我们将会深入研究模糊查询和其他相关性的特性。

2. 支持变体

使用第 5 章中阐述的分析模块可以让 Elasticsearch 明白这个道理：标题里包含“bicycle”的帖子，同样可以和“bicyclist”或“cycling”的查询匹配上。你可能已经注意到，在图 1-1 中，“elections”同样会匹配“election”。你还会注意到，匹配的单词会通过加粗来突显。Elasticsearch 同样可以实现这个功能，在附录 C 中将讨论高亮功能。

3. 使用统计信息

当用户不太清楚具体要搜索什么的时候，可以通过几种方式来协助他们。一种方法是第 7 章探讨的聚集统计数据。聚集是在搜索结果里得到一些统计数据，如每个分类有多少议题、每个分类中“赞”和“分享”的平均数量。假想一下，进入博客时，用户会在右侧看见最近流行的议题。其中之一是自行车。对其感兴趣的读者会点击这个标题，进一步缩小范围。然后，可能还有另外的聚集方式，将自行车相关的帖子分为“自行车鉴赏”“自行车大事件”等。

4. 给予自动提示

当用户开始输入时，你可以帮助他们发现主流的查询和结果。还可以通过自动提示技术预测他们所要输入的内容，就像 Web 上很多搜索引擎做的那样。你同样可以展示主流的结果，通过特殊的查询类型来匹配前缀、通配符或正则表达式。附录 F 中会讨论建议器（suggester），与普通的查询自动完成功能相比，建议器速度更快。

既然已经讨论了 Elasticsearch 的整体功能，接下来就来看看在实际产品中这些功能是如何使用的。

1.2 探索典型的 Elasticsearch 使用案例

我们已经可以确定，在 Elasticsearch 中存储和索引数据，是提供快速和相关查询结果的上佳方法。但是归根结底，Elasticsearch 只是个搜索引擎，你永远不可能单独使用它。就像其他数据存储，需要通过某种方式将数据输入到其中，也可能需要提供用户搜索数据的交互界面。

为了理解 Elasticsearch 是如何融入更大的系统中的，来考虑以下 3 种典型的应用场景。

- 将 Elasticsearch 作为网站的主要后端系统——正如我们所讨论，你可能拥有一个网站，允许人们书写博客帖，但是你希望有搜索帖子的功能。可以使用 Elasticsearch 存储所有和帖子相关的数据，并处理查询请求。
- 将 Elasticsearch 添加到现有系统——你阅读此书可能是因为已经有一套处理数据的系统，而你想加入搜索功能。我们将浏览几个整体设计，看看这一点是如何实现的。
- 将 Elasticsearch 作为现有解决方案中的后端部分——因为 Elasticsearch 是开源的系统，并且提供了直接的 HTTP 接口，现有一个大型的生态系统在支持它。例如，Elasticsearch 在日志集中处理中应用广泛。考虑到现有工具可以写入和读取 Elasticsearch，你可以不需要进行任何开发，而是配置这些工具让其按照你所想的去运作。

让我们仔细查看一下每个应用场景。

1.2.1 将 Elasticsearch 作为主要的后端系统

传统意义上说来，搜索引擎在完善的数据存储的基础之上部署，用于提供快速和相关的搜索能力。这是因为历史上的搜索引擎没有提供持久化存储以及类似统计的其他常用功能。

Elasticsearch 是一个现代搜索引擎，提供了持久化存储、统计和很多其他数据存储的特性。如果正在启动一个新项目，我们建议你考虑使用 Elasticsearch 作为唯一的数据存储，尽量使设计保持简洁。这样做也许不能在所有用例中都行得通，例如，存在很多数据更新的时候。这时你也可以在另一个数据存储上使用 Elasticsearch。

注意 就像其他的 NoSQL 数据存储，Elasticsearch 并不支持事务。在第 3 章中，你将看到如何使用版本控制来管理并发。如果需要事务机制，请考虑使用其他的数据库作为"真实之源"。另外，在使用单一的数据源时，定期的备份也是很好的实践，我们将在第 11 章中探讨备份机制。

回到博客的示例：你可以在 Elasticsearch 中存储新写的博客帖。类似地，可以使用 Elasticsearch 来检索、搜索或者在所有数据上进行统计，如图 1-2 所示。

如果一台服务器宕机了会发生什么？可以通过将数据复制到不同的服务器来达到容错的效果。很多其他特性使得 Elasticsearch 成为一个很有吸引力的 NoSQL 数据存储。这样做不可能面面俱到，但是你需要权衡一下，在整体设计中引入另一个数据源而增加额外的复杂度，这样做是否值得。

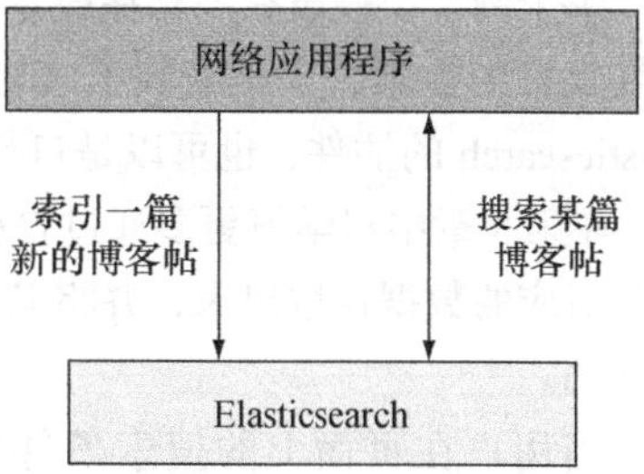

图 1-2 Elasticsearch 作为唯一的后端，存储并索引所有的数据

1.2.2 将 Elasticsearch 添加到现有的系统

就其本身而言，Elasticsearch 也许不会提供你所需的一切数据存储功能。某些场合需要在另一个数据存储的基础上使用 Elasticsearch。

例如，目前 Elasticsearch 还不支持事务和复杂关系的特性，至少在版本 1 中是如此。如果需要那样的特性，请考虑同时使用 Elasticsearch 和另一个不同的数据存储。

或者你已经有一个复杂的系统在运作，但是想加入搜索功能。如果只是为了使用 Elasticsearch 而重新设计整个系统（尽管随着时间的推移你可能有这种想法），那么未免太冒险了。更安全的方法是在系统中加入 Elasticsearch，让它和现有模块协同工作。

无论哪种方式，如果你有两个数据存储，必须想方设法保持它们的同步。根据主要数据存储是什么类型的，以及数据是如何布局规划的，可以部署一个 Elasticsearch 插件，保持两者同步，如图 1-3 所示。

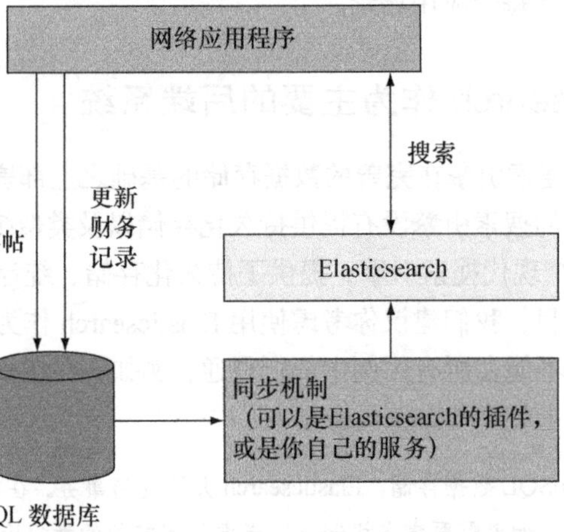

图 1-3 Elasticsearch 和另一个数据存储位于同一系统中

举个例子，假设有一家在线零售商店，商品的信息都存在 SQL 数据库中，需要快速而且相关性良好的搜索，于是安装了 Elasticsearch。为了索引数据，需要部署同步的机制，既可以是 Elasticsearch 的插件，也可以是自行构建的定制化服务。在附录 B 中你将学习更多关于插件的内容，在第 3 章中将学习更多通过自己的应用程序进行索引和更新的内容。同步的机制可以将每个商品对应的数据拉取出来，并将其索引到 Elasticsearch 之中，每个商品存储为一篇 Elasticsearch 的文档。

当用户在页面上的搜索条件框中输入时，商店的前端网络应用程序根据那些条件查询 Elasticsearch。Elasticsearch 返回一些符合条件的商品文档，按照你喜欢的方式排序。排序可以基于相关性得分，该得分体现用户查询的关键词在每个商品文档出现的次数，或者是商品文档里存储的任何信息，如商品最近多久上架的、平均的得分甚至是多项因素的综合。

信息的插入或更新仍然可以在“主”SQL 数据库上进行，所以你可以使用 Elasticsearch 仅来处理搜索。保持 Elasticsearch 更新最近的变化取决于同步的机制。

当需要将 Elasticsearch 和其他模块集成的时候，可以看看现有的工具哪些已经完成你所想要的。下一部分中将探讨，社区为 Elasticsearch 构建了一些强大的工具，有些时候没有必要自己构建定制的模块。

1.2.3 将 Elasticsearch 和现有工具一同使用

在某些用例中，无须编写任何代码，就能让 Elasticsearch 帮你将任务搞定。很多现成的工具可以和 Elasticsearch 协同工作，没有必要从头开始。

例如，假设你想部署大规模的日志框架，用于存储、搜索和分析海量的事件。如图 1-4 所示，为了处理日志，并输出到 Elasticsearch，可以使用 Rsyslog、Logstash 或 Apache Flume 这样的日志工具。为了通过可视化界面搜索和分析日志，可以使用 Kibana。

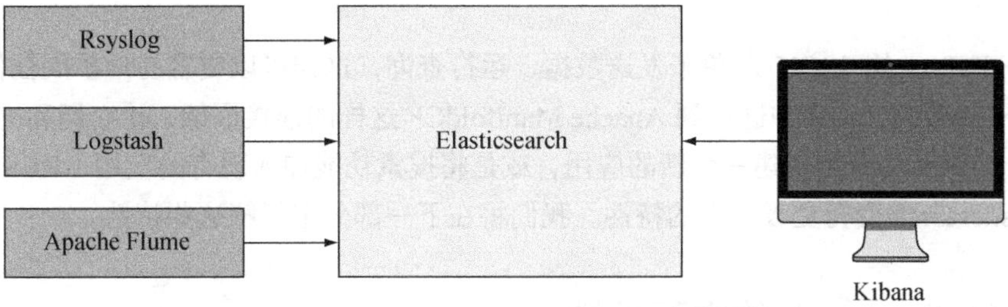

图 1-4 Elasticsearch 和另一个数据存储位于同一系统中

事实上，Elasticsearch 在 Apache 2 许可证下是开源的。确切地说，开源不是如此多工具支持 Elasticsearch 的唯一原因。尽管 Elasticsearch 是 Java 编写的，不仅仅是 Java API 可以和它工作。它也暴露了 REST API，任何应用程序，无论是何种编程语言编写的，都可以访问这种接口。

此外，REST 请求和结果返回通常是 JSON（JavaScript Object Notation）格式的。通常，一个 REST 请求有其自己的 JSON 有效载荷，返回结果同样是一个 JSON 文档。

JSON 和 YAML

JSON 是表达数据结构的一种格式。一个 JSON 对象通常包含键和值，值可以是字符串、数字、真/假、空、另一个对象或数组。

对于应用程序而言，JSON 很容易解析和生成。YAML（YAML Ain't Markup Language）可以达到同样的目的。为了激活 YAML，在 HTTP 请求中添加 `format=yaml` 的参数。尽管 JSON 通常是用于 HTTP 连接，配置文件常常是以 YAML 书写。在这本书中，我们坚持使用流行的格式：HTTP 连接使用 JSON，配置文件使用 YAML。

举个例子，在 Elasticsearch 中进行索引时，一条日志事件可能是这样的：

```
{
  "message": "logging to Elasticsearch for the first time",
  "timestamp": "2013-08-05T10:34:00"
}
```

一个拥有字符串值的字段（指向 "message"）

字符串值可以是一个日期，Elasticsearch 会自动评估（指向 "timestamp"）

注意 在全书中，JSON 字段名称显示为深灰色，它们的值显示为浅灰色，以此使得代码更容易阅读。

一个 `message` 值为 `first` 的日志搜索请求会是这样：

```
{
  "query": {
    "match": {
      "message": "first"
    }
  }
}
```

query 字段的值是一个包含 match 字段的对象

match 字段包含另一个对象，该对象中 message 字段的值是 first

通过 HTTP 上的 JSON 对象来发送数据、运行查询，这样可以更容易地扩展任何事物，从 Rsyslog 这样的系统日志守护进程到 Apache ManifoldCF 这样的连接框架，让它们和 Elasticsearch 进行交互。如果从头开始构建一个新的应用，或是将搜索功能加入现有的应用，REST API 是一个使得 Elasticsearch 变得更吸引人的特性。我们将在下一部分中了解这些特性。

1.2.4 Elasticsearch 的主要特性

Elasticsearch 让你可以轻松地使用 Lucene 的索引功能，并搜索数据。在索引步骤中，有许多的选项，可以设置如何处理文本、如何存储处理后的文本。在搜索的时候，有很多查询和过滤器供选择。Elasticsearch 通过 REST API 显露了很多功能，让用户可以构建 JSON 格式的查询、调整大多数的配置。

在 Lucene 提供的功能之上，Elasticsearch 添加了其自己的高级功能，从缓存到实时性分析。在第 7 章中，你将学习如何通过聚集功能进行分析，借此获得最流行的博客标签、一组帖子的平均流行度，以及任意的组合，如每类标签中帖子的平均流行度。

另一种抽象层次是组织文档的方式：多个索引可以单独搜索、也可以同时搜索，还可以将不同类型的文档放入不同的索引。

最终，Elasticsearch 就像它的名字一样，是具有灵活性的。默认它就是集群化的（即使是在单台服务器上运行，也称之为集群），并且总是可以添加更多的服务器用于增加容量或容错性。类似地，如果负载较低的时候，可以很容易地从集群中移除服务器，降低成本。

在本书余下的部分，我们将讨论这些特性的大量细节（特别是第 9 章的扩展），在此之前，先来近距离观察下这些特性是如何起到作用的。

1.2.5 扩展 Lucene 的功能

在很多用例中，用户会基于多项条件进行搜索。例如，可以在多个字段中搜索多个关键词；一些条件是必需的，一些条件是可选的。Elasticsearch 最为人赏识的一个特性是结构合理的 REST API：可以通过 JSON 构建查询，使用很多方式来结合不同类型的查询。在第 4 章中我们将展示如何做到这些，读者还将理解如何使用过滤器，以低成本和可缓存的方式去包含和排除搜索结果。基于 JSON 的搜索可以同时包含查询、过滤器和聚集，聚集从匹配的文档中生成统计数据。

通过同样的 REST API，可以读取和改变很多设置（将在第 11 章介绍），包括文档索引的方式。

什么是 Apache Solr

如果你已经听说过 Lucene，那么可能你也听说了 Solr，它是开源的基于 Lucene 的分布式搜索引擎。实际上，Lucene 和 Solr 于 2010 年合并为一个单独的 Apache 项目，你可能好奇 Elasticsearch 和 Solr 两者相比孰优孰劣。

两者都提供了相似的功能，每个新版本中特性都快速地进化。可以通过互联网查找它们的对比，但是我们建议持保留态度。除了受限于特定版本（这种比较几个月之内就会过时），很多观点出于种种原因也都是有所偏见的。

即便如此，还是有一些历史事实有助于解释两个产品的起源。Solr 诞生于 2004 年，而 Elasticsearch 诞生于 2010 年。当 Elasticsearch 出现的时候，它采用的分布式模式（本章稍后介绍）使它相比其竞争对手而言更容易水平扩展，这也印证了它名字中的“elastic”。但是，Solr 与此同时在版本 4.0 中加入了分片，因而“分布式”的说法值得商榷，就像很多其他方面一样。

在本书撰写的时候，Elasticsearch 和 Solr 都拥有对方所不具备的特性，对于它们的选择取决于在特定时期所需要的具体功能。对于很多用例而言，你所需的功能两者都已提供。和很多竞品选择一样，它们之间的选择往往变成了个人口味问题。如果想阅读更多关于 Solr 的内容，我们推荐 Trey Grainger 和 Timothy Potter 所著的《Solr 实战》（Manning，2014）。

当考虑文档索引的方式时，一个重要的方面是分析。通过分析，被索引文本中的单词变为 Elasticsearch 中的词条。例如，如果索引文本“bicycle race”，分析步骤将产生“bicycle”“race”“cycling”和“racing”的词条。当搜索其中任一词条，相应的文档就会被返回。当进行搜索时，会应用同样的分析过程，如图 1-5 所示。如果输入“bicycle race”，你可能不想仅仅是字符串的严格匹配。也许某个文档，在不同的位置分别出现这两个关键词，它也是符合要求的。

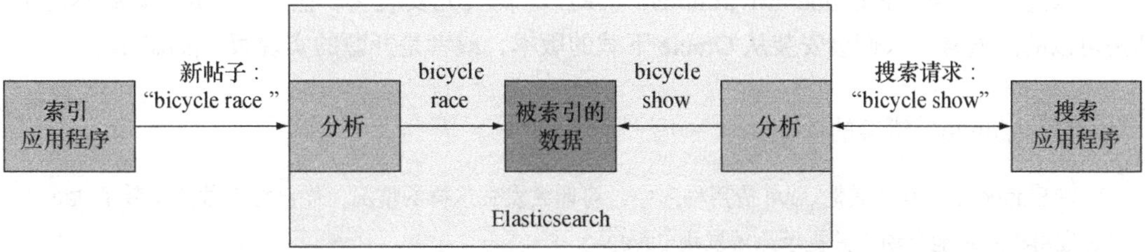

图 1-5 在你进行索引和搜索的时候，分析步骤将文本拆解为单词

默认的分析器首先通过空格和逗号这样的常用单词分隔符，将文本拆解为单词。然后将其转化为小写，这样“Bicycle Race”变为“bicycle”和“race”。有很多分析器供选择，你也可以自

行构建。第 5 章将讨论这些。

目前，图 1-5 中“被索引的数据”方框看上去非常抽象，你可能想知道其中有些什么。正如接下来所探讨的，数据以文档的形式组织。默认情况下，Elasticsearch 原封不动地保存文档，并将分析出的词条放入倒排索引，使得所有重要、快速且相关性良好的搜索成为可能。在第 3 章中，我们深入数据索引和存储的细节。现在，先来近距离观察一下，为什么 Elasticsearch 是面向文档的，它又是如何将文档按照类型和索引来组织的。

1.2.6　在 Elasticsearch 中组织数据

关系型数据库以记录和行的形式存储数据。和关系型数据库不同，Elasticsearch 以文档的形式存储数据。然而，某种程度上说，两个概念是相似的。关系型数据表的行都有很多列，每一行的每一列拥有一个值。每个文档拥有键和值，方式差不多。

区别在于，至少在 Elasticsearch 中，文档比数据表的行更为灵活。这主要是因为文档可以是具有层次型的。例如，`"author":"Joe"`这样的键和字符串值关联方式，同样可以用于文档中关联字符串数组，如`"tags ":["cycling", "bicycles"]`，甚至是键值对，如`"author":{"first_name":"Joe", "last_name":"Smith"}`。这种灵活性是非常重要的，因为它鼓励你将所有属于一个逻辑实体的数据保持在同一个文档中，而不是让它们散落在不同的数据表的不同行中。例如，最容易的（可能也是最快的）博客文章存储方式是将某篇帖子的所有数据保持在同一个文档中。使用这种方式，搜索是很快速的，因为无须进行表的连接或其他关系型的工作。

如果你有 SQL 的知识背景，可能会怀念表连接的功能。但至少 1.76 版本的 Elasticsearch 中是不支持此项功能的。不过，即使新增了这个功能，通常只需要下载最新版，就能让 Elasticsearch 再次运行起来。

1.2.7　安装 Java 语言

如果还没有 Java Runtime Environment（JRE），需要先安装它。任何 1.7 或更新版本的 JRE 都是可以的。通常，人们会安装从 Oracle 下载的版本，或者是开源的实现版 OpenJDK。

“没有发现 Java”错误的排除

在 Elasticsearch 或其他 Java 应用程序中，可能会发生这样的情况：你已经下载并安装了 Java，但是应用程序没能启动，并提示无法发现 Java。

Elasticsearch 的脚本通过两种方式查找 Java 的安装：`JAVA_HOME` 环境变量和系统路径。要检查 Java 安装目录是否在 `JAVA_HOME` 中，在 UNIX 类系统中使用 `env` 命令，在 Windows 系统中使用 `set` 命令。要检查是否在系统路径中，运行如下命令：`% java -version`。

> 如果生效了，那么 Java 就已经配置在路径之中。如果不行，要么配置 JAVA_HOME，要么将 Java 运行包添加到路径中。Java 的运行包通常在 Java 安装路径（应该就是 JAVA_HOME）的 bin 目录中。

1.2.8　下载并启动 Elasticsearch

当 Java 设置完毕，需要获得 Elasticsearch 并启动它。请下载最适合你工作环境的安装包。在 Elastic 官方网站上可用的安装包选项有 Tar、ZIP、RPM 和 DEB。

1．任何 UNIX 类的操作系统

如果在 Linux、Mac 或其他任何 UNIX 类的操作系统上运行，可以从 tar.gz 包获得 Elasticsearch。然后将安装包展开，通过压缩包中的 shell 脚本来启动 Elasticsearch。

```
% tar zxf elasticsearch-*.tar.gz
% cd elasticsearch-*
% bin/elasticsearch
```

2．用于 OS X 系统的 Homebrew 安装包管理器

如果需要在 Mac 上使用更简单的方式来安装 Elasticsearch，可以安装 Homebrew。Homebrew 安装完毕运行如下命令就可以获得 Elasticsearch：

```
% brew install elasticsearch
```

然后，使用和 tar.gz 压缩包类似的方式开始启动 Elasticsearch：

```
% elasticsearch
```

3．ZIP 压缩包

如果是在 Windows 上运行，请下载 ZIP 压缩包。解压后，和在 UNIX 上运行 Elasticsearch 差不多，运行 bin/目录中的 elasticsearch.bat：

```
% bin\elasticsearch.bat
```

4．RPM 或者 DEB 压缩包

如果是在 Red Hat Linux、CentOS、SUSE 或任何可以读取 RPM 包的系统上运行，在 Debian、Ubuntu 或任何可以读取 DEB 包的系统上运行，Elastic 同样也提供 RPM 和 DEB 包。你可以在 www.elastic.co/guide/en/elasticsearch/reference/current/setup-repositories.html 学习如何使用它们。

安装的过程基本上需要将安装包加入你的列表中，并运行安装命令。一旦 Elasticsearch 安装完成，可以通过如下命令启动它：

```
% systemctl start elasticsearch.service
```

如果操作系统没有 systemd 软件，请使用：

```
% /etc/init.d/elasticsearch start
```

如果想知道启动后 Elasticsearch 在干什么，请查看/var/log/elasticsearch/目录中的日志文件。如果是通过解压 TAR 或 ZIP 压缩包来安装的，你应该在解压的 logs/目录中可以找到日志文件。

1.2.9 验证是否工作

现在已经安装并启动了 Elasticsearch，我们来看看启动过程中产生的日志，并首次连接 REST API。

1. 查看启动日志

在首次运行 Elasticsearch 的时候，用户会看到一系列日志条目，告诉用户发生了什么。来看看其中的几行意味着什么。

第一行通常提供了启动节点的统计信息：

```
[node] [Karkas] version[1.4.0], pid[6011], build[bc94bd8/2014-11-05T14:26:12Z]
```

默认情况下，Elasticsearch 为节点随机分配一个名字，在这个例子中是 Karkas，可以在配置中修改。此行还可以看见所运行的特定 Elasticsearch 版本号细节，然后是所启动的 Java 进程 PID。

插件在初始化过程中被加载，默认情况下是没有插件的。

```
[plugins] [Karkas] loaded [], sites []
```

关于插件的更多信息，请参见附录 B。

端口 9300 默认用于节点之间的通信，称为 transport：

```
[transport] [Karkas] bound_address {inet[/0.0.0.0:9300]}, publish_address
{inet[/192.168.1.8:9300]}
```

如果使用本地 Java API 而不是 REST API，需要连接这个端口。

在下一行，主节点被选举出来，正是名为 Karkas 的节点：

```
[cluster.service] [Karkas] new_master [Karkas][YPHC_vWiQVuSX-ZIJIlMhg][inet[/
192.168.1.8:9300]], reason: zen-disco-join (elected_as_master)
```

第 9 章涵盖了水平扩展的内容，我们在第 9 章讨论主节点的选举。基本的想法是每个集群拥有一个主节点，负责了解集群中有哪些节点以及分片位于哪里。每当主节点失联，就会选举一个新的主节点。这个例子中，你启动了集群中的第一个节点，所以它也是主节点。

端口 9200 默认用于 HTTP 的通信。应用程序使用 REST API 时连接这个端口：

```
[http] [Karkas] bound_address {inet[/0.0.0.0:9200]}, publish_address {inet[/
```

```
192.168.1.8:9200]}
```

下面这一行意味着节点已经启动：

```
[node] [Karkas] started
```

现在，可以连接到该节点并开始发送请求。

下面的 gateway 是负责将数据持久化到磁盘的 Elasticsearch 组件，这样就不会在节点宕机的时候丢失数据。

```
[gateway] [Karkas] recovered [0] indices into cluster_state
```

启动节点之后，gateway 将查看磁盘来判断是否有数据在意外时保存过，这样可以恢复这些数据。目前这个例子没有索引需要恢复。

刚刚看的这些日志中，很多信息都是可以配置的，从节点名称到 gateway 的设置。随着全书内容的展开，我们会谈论配置的选项和相关的概念。第二部分都是关于性能和管理的内容，其中会看到配置的选项。在此之前，无需过多的配置，因为默认的值对于开发者而言非常友好。

警告　默认的取值对开发者过于友好了，以至于在同个多播网络中的另一台计算机上，启动一个新的 Elasticsearch 实例时，该实例会和第一个实例加入同一个集群，可能会导致无法预见的结果。例如，分片从一个节点迁移到另一个节点。为了防止这些发生，可以在 elasticsearch.yml 配置文件中修改集群的名称，2.5.1 节会演示如何操作。

2. 使用 REST API

连接 REST API 最简单的方法是在浏览器里导航到 http://localhost:9200。如果不是在本机上安装 Elasticsearch，那么需要将 `localhost` 替换为远程机器的 IP 地址。Elasticsearch 默认监听从 9200 端口进入的 HTTP 请求。如果请求生效了，用户应该获得一个 JSON 应答，这也表明 Elasticsearch 正常工作，如图 1-6 所示。

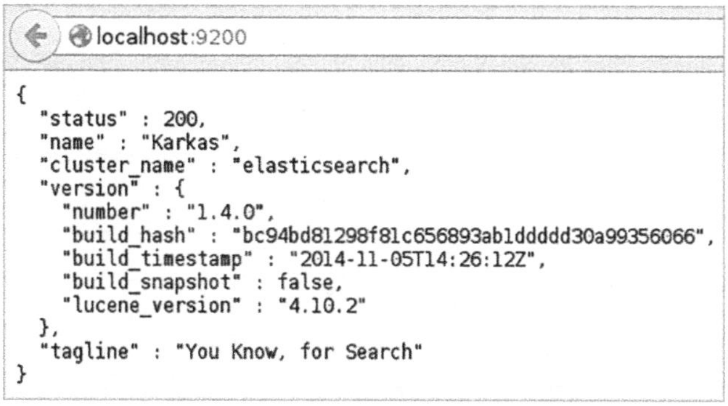

localhost:9200
{
"status" : 200,
"name" : "Karkas",
"cluster_name" : "elasticsearch",
"version" : {
"number" : "1.4.0",
"build_hash" : "bc94bd81298f81c656893ab1ddddd30a99356066",
"build_timestamp" : "2014-11-05T14:26:12Z",
"build_snapshot" : false,
"lucene_version" : "4.10.2"
},
"tagline" : "You Know, for Search"
}

图 1-6　在浏览器中检阅 Elasticsearch

1.3 小结

现在一切设置完毕，让我们回顾一下本章讨论的内容：

- Elasticsearch 是构建在 Apache Lucene 基础之上的开源分布式搜索引擎。
- Elasticsearch 常见的用法是索引大规模的数据，这样可以运行全文搜索和实时数据统计。
- Elasticsearch 提供的特性远远超越了全文搜索。例如，你可以调优搜索相关性并提供搜索建议。
- 上手时，先下载压缩包，需要时解压它，并运行 Elasticsearch 启动脚本。
- 对于数据的索引和搜索，以及集群配置的管理，都可使用 HTTP API 的 JSON，并获得 JSON 应答。
- 可以将 Elasticsearch 当作一个 NoSQL 的数据存储，包括了实时性搜索和分析能力。它是面向文档的，默认情况下就是可扩展的。
- Elasticsearch 自动将数据划分为分片，在集群中的服务器上做负载均衡。这使得动态添加和移除服务器变得很容易。分片也可以复制，使得集群具有容错性。

在第 2 章中，读者将通过索引和搜索真实的数据，加深对 Elasticsearch 的了解。

第2章 深入功能

本章主要内容

- 定义文档、类型和索引
- 理解 Elasticsearch 节点、主分片和副本分片
- 通过 cURL 和一个数据集来索引文档
- 搜索和检索数据
- 设置 Elasticsearch 配置选项
- 在多个节点上工作

现在你知道 Elasticsearch 是何种搜索引擎，在第 1 章中也看到了它的一些主要特性。接下来让我们进入实践，看看它是如何完成它所擅长的。假想你接受了一项任务，需要创造一种方法，在数百万的文档中进行搜索。例如，一个允许人们构建共同兴趣组并进行聚会（get together）的网站，文档可以是聚会分组（group）或单个活动（event）。你需要以容错的方式来实现，而且随着站点越来越成功，搭建的系统要能够容纳更多的数据和并发的搜索。

本章将通过 Elasticsearch 数据组织的解释，来展示如何处理这种场景。然后，你将使用本章的代码样例，在聚会网站的真实数据上实践索引和搜索。

所有的操作通过 cURL 完成，这是一个小而美的命令行工具，为 HTTP 请求而设计。稍后，如果需要，可以将 cURL 所完成的内容翻译成你喜欢的编程语言。本章的最后将修改配置文件，并启动新的 Elasticsearch 实例，这样就可以在多节点的集群上进行实验。

我们从数据的组织开始。为了理解 Elasticsearch 中数据是如何组织的，从以下两个角度来观察。

- 逻辑设计——搜索应用所要注意的。用于索引和搜索的基本单位是文档，可以将其认为是关系数据库里的一行。文档以类型来分组，类型包含若干文档，类似表格包含若干行。最终，一个或多个类型存在于同一索引中，索引是更大的容器，类似 SQL 世界中的数据库。

- 物理设计——在后台 Elasticsearch 是如何处理数据的。Elasticsearch 将每个索引划分为分片，每份分片可以在集群中的不同服务器间迁移。通常，应用程序无须关心这些，因为无论 Elasticsearch 是单台还是多台服务器，应用和 Elasticsearch 的交互基本保持不变。但是，开始管理集群的时候，就需要留心了。原因是，物理设计的配置方式决定了集群的性能、可扩展性和可用性。

图 2-1 展示了这两个方面。

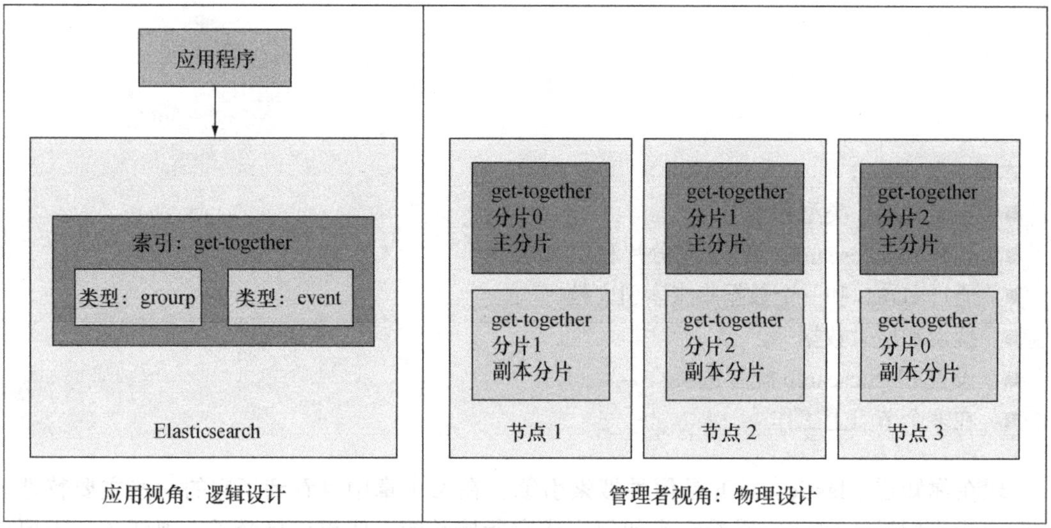

图 2-1 从应用和管理者视角分别看 Elasticsearch 集群

让我们先从逻辑设计开始，即应用程序的视角。

2.1 理解逻辑设计：文档、类型和索引

当索引 Elasticsearch 里的一篇文档时，你将其放入一个索引中的一个类型。可以通过图 2-2 理解这个想法，其中聚会索引 get-together 包含两种类型：活动（event）和分组（group）。这些类型包含若干文档，如标记为 1 的文档，标签 1 是该文档的 ID。

提示 这个 ID 不必非要是个整数。实际上它是个字符串，并没有限制。可以放置任何对应用有意义的字符。

这个索引—类型—ID 的组合唯一确定了 Elasticsearch 中的某篇文档。当进行搜索的时候，可以查找特定索引、特定类型中的文档，也可以跨多个类型甚至是多个索引进行搜索。

现在你可能会问：到底什么是文档、类型和索引？这正是接下来所要探讨的。

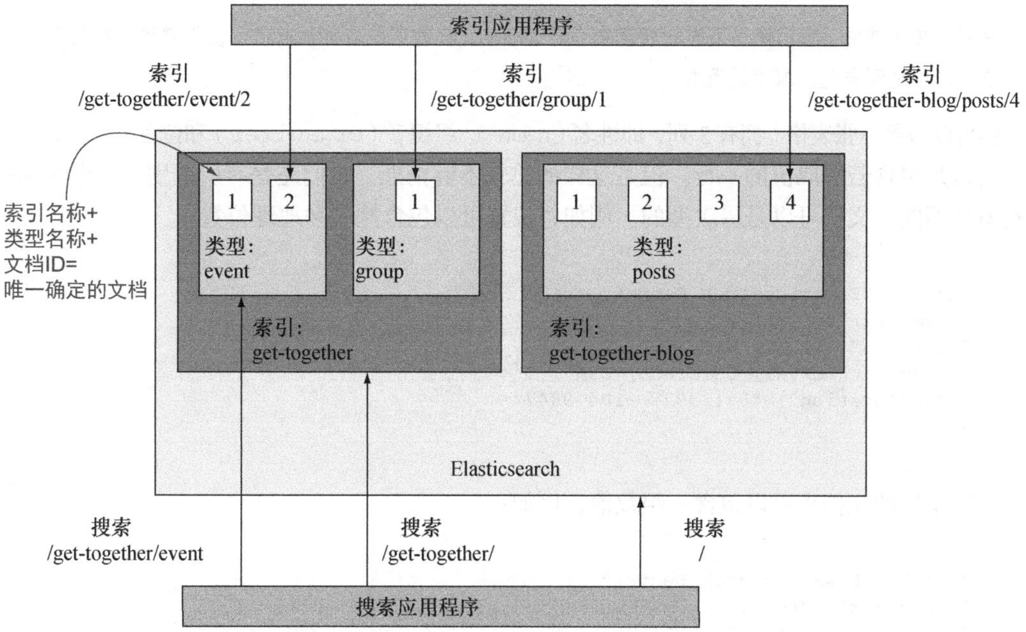

图 2-2　Elasticsearch 数据的逻辑设计：应用程序如何看待数据

2.1.1　文档

在第 1 章中，我们提过 Elasticsearch 是面向文档的，这意味着索引和搜索数据的最小单位是文档。在 Elasticsearch 中文档有几个重要的属性。

- 它是自我包含的。一篇文档同时包含字段（如 `name`）和它们的取值（如 `Elasticsearch Denver`）。
- 它可以是层次型的。想象一下，文档中还包含新的文档。一个字段的取值可以是简单的，例如，`location` 字段的取值可以是字符串。字段还可以包含其他字段和取值，例如，“位置”字段可以同时包含城市和街道地址。
- 它拥有灵活的结构。文档不依赖于预先定义的模式。例如，并非所有的活动需要“描述”这个字段值，所以可以彻底忽略该字段。但是，活动可能需要新的字段，如“位置”的维度和经度。

一篇文档通常是数据的 JSON 表示。如第 1 章所述，和 Elasticsearch 沟通最为广泛使用的方式是 HTTP 协议上的 JSON，这也是全书使用的方法。举个例子，在聚会网站的一项活动可以通过如下文档表达。

```
{
  "name": "Elasticsearch Denver",
  "organizer": "Lee",
  "location": "Denver, Colorado, USA"
}
```

注意 在全书中，我们使用不同的颜色来表示JSON文档的字段名称和取值，使得其可读性更高。字段名称是深灰色，取值是浅灰色。

你可以假象一张表格，拥有3列，即姓名（name）、组织者（organizer）和位置（location）。文档可以是包含若干取值的一行。但是这样的比较不够精准，它们还是有所差别。一个区别是，和行有所不同，文档可以是层次型的。例如，位置可以包含姓名和地理位置：

```
{
  "name": "Elasticsearch Denver",
  "organizer": "Lee",
  "location": {
    "name": "Denver, Colorado, USA",
    "geolocation": "39.7392, -104.9847"
  }
}
```

一篇单独的文档也可以包含一组数值，例如：

```
{
  "name": "Elasticsearch Denver",
  "organizer": "Lee",
  "members": ["Lee", "Mike"]
}
```

Elasticsearch中的文档是无模式的，也就是说并非所有的文档都需要拥有相同的字段，它们不是受限于同一个模式。例如，在所有信息完备之前就要使用组织者数据时，你可以彻底忽略位置数据。

```
{
  "name": "Elasticsearch Denver",
  "organizer": "Lee",
  "members": ["Lee", "Mike"]
}
```

尽管可以随意添加和忽略字段，但是每个字段的类型确实很重要：某些是字符串，某些是整数，等等。因为这一点，Elasticsearch保存字段和类型之间的映射以及其他设置。这种映射具体到每个索引的每种类型。这也是为什么在Elasticsearch的术语中，类型有时也称为映射类型。

2.1.2 类型

类型是文档的逻辑容器，类似于表格是行的容器。在不同的类型中，最好放入不同结构（模式）的文档。例如，可以用一个类型定义聚会时的分组，而另一个类型定义人们参加的活动。

每个类型中字段的定义称为映射。例如，name字段可以映射为string。而location中的geolocation字段可以映射为geo_point类型（附录A中我们探讨地理空间数据的使用）。每种字段都是通过不同的方式进行处理。例如，你在name字段中搜索关键词，而同时通过位置来搜索哪些分组离你的住址很近。

提示 如果一个字段不是 JSON 文档的根节点，在其中搜索时必须指定路径。举个例子，location 中的 geolocation 字段被称为 location.geolocation。

你可能会问到：如果 Elasticsearch 是无模式的，那么为什么每个文档属于一种类型，而且每个类型包含一个看上去很像模式的映射呢？

我们说“无模式”是因为文档并不受模式的限制。它们并不需要拥有映射中所定义的所有字段，也可能提出新的字段。这是如何运作的？首先，映射包含某个类型中当前索引的所有文档的所有字段。但是不是所有的文档必须要有所有的字段。同样，如果一篇新近索引的文档拥有一个映射中尚不存在的字段，Elasticsearch 会自动地将新字段加入映射。为了添加这个字段，Elasticsearch 不得不确定它是什么类型，于是 Elasticsearch 会进行猜测。例如，如果值是 7，Elasticsearch 会假设字段是长整型。

这种新字段的自动检测也有缺点，因为 Elasticsearch 可能猜得不对。例如，在索引了值 7 之后，你可能想再索引 hello world，这时由于它是 string 而不是 long，索引就会失败。对于线上环境，最安全的方式是在索引数据之前，就定义好所需的映射。第 3 章会讨论更多关于映射的内容。

映射类型只是将文档进行逻辑划分。从物理角度来看，同一索引中的文档都是写入磁盘，而不考虑它们所属的映射类型。

2.1.3 索引

索引是映射类型的容器。一个 Elasticsearch 索引非常像关系型世界的数据库，是独立的大量文档集合。每个索引存储在磁盘上的同组文件中；索引存储了所有映射类型的字段，还有一些设置。例如，每个索引有一个称为 refresh_interval 的设置，定义了新近索引的文档对于搜索可见的时间间隔。从性能的角度来看，刷新操作的代价是非常昂贵的，这也是为什么更新只是偶尔进行。默认是每秒更新一次，而不是每来一篇新的文档就更新一次。如果看到 Elasticsearch 被称为准实时的，就是指的这种刷新过程。

提示 就像可以跨多个类型进行搜索一样，你可以跨多个索引进行搜索。这使得组织文档的方式更为灵活。例如，既可以将聚会的活动和相关的博客帖子放入不同的索引，也可以将它们放入同一索引中的不同类型。某些方式比其他的方式更有效，取决于具体的使用案例。第 3 章将讨论更多用于高效索引的数据组织。

一个具体到索引的设置是分片的数量。第 1 章展示了索引是由一个或多个称为分片的数据块组成。这对于可扩展性非常有益：可以在多台服务器上运行 Elasticsearch，让同一个索引的多个分片在所有服务器上存活。接下来让我们仔细看看 Elasticsearch 中的分片是如何工作的。

2.2 理解物理设计：节点和分片

理解数据在物理是如何上组织的，归根到底是理解 Elasticsearch 是如何扩展的。尽管第 9 章是专门讨论扩展，在本节中，我们还是会通过某些课题来介绍扩展是如何运作的，包括一个集群中多个节点是如何工作的，数据是如何被划分为分片和被复制的，在多个分片和副本分片上索引和搜索是如何进行的。

为了有个全局的理解，我们先回顾一下在 Elasticsearch 索引创建的时候，究竟发生了什么？默认情况下，每个索引由 5 个主要分片组成，而每份主要分片又有一个副本，一共 10 份分片，如图 2-3 所示。

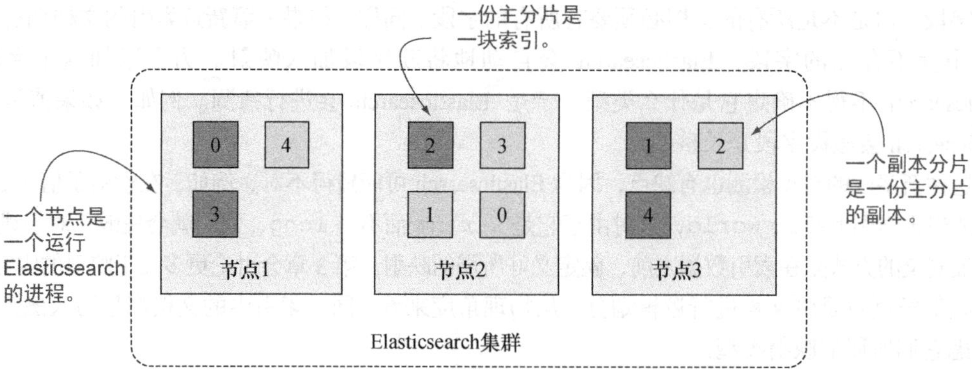

图 2-3　一个有 3 个节点的集群，索引被划分为 5 份分片，每份分片有一个副本分片

正如后面将展示的，副本分片对于可靠性和搜索性能很有益处。技术上而言，一份分片是一个目录中的文件，Lucene 用这些文件存储索引数据。分片也是 Elasticsearch 将数据从一个节点迁移到另一个节点的最小单位。

2.2.1　创建拥有一个或多个节点的集群

一个节点是一个 Elasticsearch 的实例。在服务器上启动 Elasticsearch 之后，你就拥有了一个节点。如果在另一台服务器上启动 Elasticsearch，这就是另一个节点。甚至可以通过启动多个 Elasticsearch 进程，在同一台服务器上拥有多个节点。

多个节点可以加入同一个集群。本章稍后将讨论使用同样的集群名称启动节点，另外默认的设置也足以组建一个集群。在多节点的集群上，同样的数据可以在多台服务器上传播。这有助于性能，因为 Elasticsearch 有了更多的资源。这同样有助于稳定性：如果每份分片至少有 1 个副本分片，那么任何一个节点都可以宕机，而 Elasticsearch 依然可以进行服务，返回所有数据。对于使用 Elasticsearch 的应用程序，集群中有 1 个还是多个节点都是透明的。默认情况下，可以连接集群中的任一节点并访问完整的数据集，就好像集群只有单独的一个节点。

尽管集群对于性能和稳定性都有好处，但它也有缺点：必须确定节点之间能够足够快速地通信，并且不会产生大脑分裂（集群的 2 个部分不能彼此交流，都认为对方宕机了）。为了解决这个问题，第 9 章讨论了水平扩展。

1. 当索引一篇文档时发生了什么

默认情况下，当索引一篇文档的时候，系统首先根据文档 ID 的散列值选择一个主分片，并将文档发送到该主分片。这份主分片可能位于另一个节点，就像图 2-4 中节点 2 上的主分片，不过对于应用程序这一点是透明的。

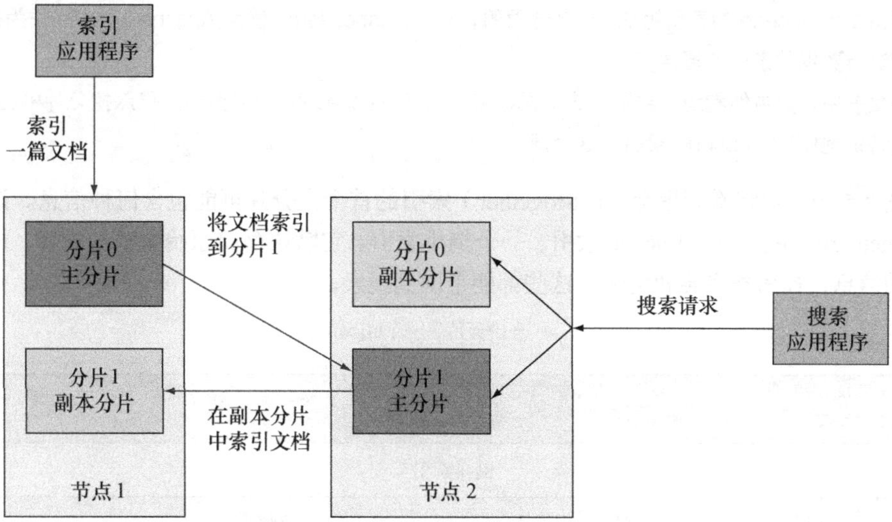

图 2-4 文档被索引到随机的主分片和它们的副本分片。搜索在完整的分片集合上运行，无论它们的状态是主分片还是副本分片

然后文档被发送到该主分片的所有副本分片进行索引（参见图 2-4 的左边）。这使得副本分片和主分片之间保持数据的同步。数据同步使得副本分片可以服务于搜索请求，并在原有主分片无法访问时自动升级为主分片。

2. 搜索索引时发生了什么

当搜索一个索引时，Elasticsearch 需要在该索引的完整分片集合中进行查找（参见图 2-4 的右边）。这些分片可以是主分片，也可以是副本分片，原因是对应的主分片和副本分片通常包含一样的文档。Elasticsearch 在索引的主分片和副本分片中进行搜索请求的负载均衡，使得副本分片对于搜索性能和容错都有所帮助。

接下来看看主分片和副本分片的细节，以及它们是如何在 Elasticsearch 集群中分配的。

2.2.2 理解主分片和副本分片

让我们从 Elasticsearch 所处理的最小单元：分片开始。一份分片是 Lucene 的索引：一个包含倒排索引的文件目录。倒排索引的结构使得 Elasticsearch 在不扫描所有文档的情况下，就能告诉你哪些文档包含特定的词条（单词）。

Elasticsearch 索引和 Lucene 索引的对比

当讨论 Elasticsearch 的时候，你将看到“索引”这个词被频繁地使用。这就是术语的使用。

Elasticsearch 索引被分解为多块：分片。一份分片是一个 Lucene 的索引，所以一个 Elasticsearch 的索引由多个 Lucene 的索引组成。这是合理的，因为 Elasticsearch 使用 Apache Lucene 作为核心的程序库进行数据的索引和搜索。

在全书中，每当你看到“索引”这个词，它是指 Elasticsearch 的索引。如果深挖分片中的细节，我们将特别地使用“Lucene 索引”这个词。

在图 2-5 中，你将看到聚会（get-together）索引的首个主分片可能包含何种信息。该分片称为 get-together0，它是一个 Lucene 索引、一个倒排索引。它默认存储原始文档的内容，再加上一些额外的信息，如词条字典和词频，这些都能帮助到搜索。

一份分片是一个Lucene索引

get-together0分片

倒排索引

词条	文档	词频
elasticsearch	id1	1 occurrence: id1->1 time
denver	id1,id3	3 occurrences: id1->1 time, id3->2 times
clojure	id2,id3	5 occurrences: id2->2 times, id3->3 times
data	id2	2 occurrences: id2->2 times

图 2-5 Lucene 索引中的词条字典和词频

词条字典将每个词条和包含该词条的文档映射起来（参见图 2-5）。搜索的时候，Elasticsearch 没有必要为了某个词条扫描所有的文档，而是根据这个字典快速地识别匹配的文档。

词频使得 Elasticsearch 可以快速地获取某篇文档中某个词条出现的次数。这对于计算结果的相关性得分非常重要。例如，如果搜索“denver”，包含多个“denver”的文档通常更为相关。Elasticsearch 将给它们更高的得分，让它们出现在结果列表的更前面。默认情况下，排序算法是 TF-IDF，在第 1 章 1.1.2 节有所阐述。但是可以有更多的选择。第 6 章将深入讨论搜索相关性的细节。

分片可以是主分片，也可以是副本分片，其中副本分片是主分片的完整副本。副本分片用于搜索，或者是在原有主分片丢失后成为新的主分片。

Elasticsearch 索引由一个或多个主分片以及零个或多个副本分片构成。在图 2-6 中，可以看到 Elasticsearch 索引 get-together 由 6 份分片组成：2 份主分片（深色的盒子）和 4 份副本分片（浅色的盒子），每份主分片有 2 个副本分片。

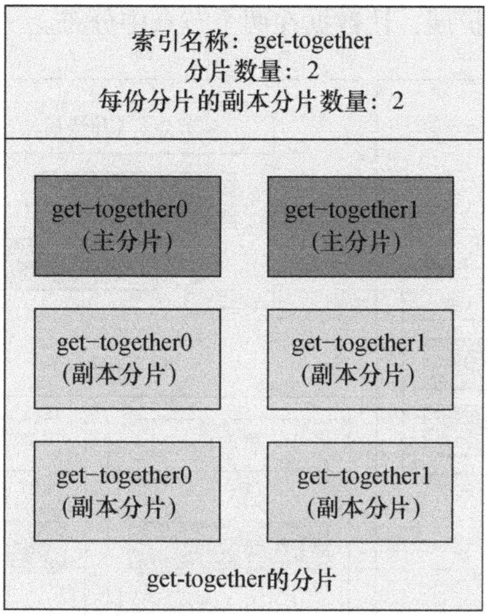

图 2-6 多个主分片和副本分片组成了 get-together 索引

副本分片可以在运行的时候进行添加和移除，而主分片不可以。

可以在任何时候改变每个分片的副本分片的数量，因为副本分片总是可以被创建和移除。这并不适用于索引划分为主分片的数量，在创建索引之前，你必须决定主分片的数量。

请记住，过少的分片将限制可扩展性，但是过多的分片会影响性能。默认设置的 5 份是一个不错的开始。第 9 章全部讨论扩展性，你将学习到更多。我们也会解释如何动态地添加和移除副本分片。

目前所看到的所有分片和副本分片在 Elasticsearch 集群内的节点中分发。接下来看些细节，关于 Elasticsearch 如何在一个拥有单个或多个节点的集群中分布分片和副本分片。

2.2.3 在集群中分发分片

最简单的 Elasticsearch 集群只有一个节点：一台机器运行着一个 Elasticsearch 进程。在第 1 章中安装并启动了 Elasticsearch 之后，你就已经建立了一个拥有单节点的集群。

随着越来越多的节点被添加到同一个集群中，现有的分片将在所有的节点中进行负载均衡。因此，在那些分片上的索引和搜索请求都可以从额外增加的节点中获益。以这种方式进行扩展（在节点中加入更多节点）被称为*水平扩展*。此方式增加更多节点，然后请求被分发到这些节点上，工作负载就被分摊了。水平扩展的另一个替代方案是垂直扩展，这种方式为 Elasticsearch 的节点增加更多硬件资源，可能是为虚拟机分配更多处理器，或是为物理机增加更多的内存。尽管垂直扩展几乎每次都能提升性能，它并非总是可行的或经济的。使用分片使得你可以进行水平的扩展。

假设你想扩展 get-together 索引，它有两个主分片，而没有副本分片。如图 2-7 所示，第一个选项是通过升级节点进行垂直扩展，如增加更多的内存、更多的 CPU、更快的磁盘等。第二个选项是通过添加节点进行水平扩展，让数据在两个节点中分布。

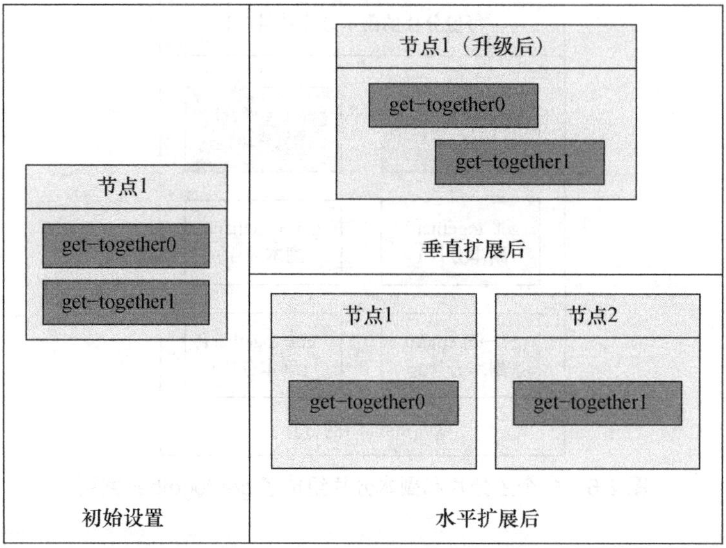

图 2-7 为了提升性能，可以垂直扩展（右上角）或水平扩展（右下角）

第 10 章中将讨论更多关于性能的内容。现在来看看索引和搜索是如何在多个分片和副本分片中工作的。

2.2.4 分布式索引和搜索

你可能好奇在多个节点的多个分片上如何进行索引和搜索。

看看图 2-8 所示的索引。接受索引请求的 Elasticsearch 节点首先选择文档索引到哪个分片。默认地，文档在分片中均匀分布：对于每篇文档，分片是通过其 ID 字符串的散列决定的。每份分片拥有相同的散列范围，接收新文档的机会均等。一旦目标分片确定，接受请求的节点将文档转发到该分片所在的节点。随后，索引操作在所有目标分片的所有副本分片中进行。在所有可用副本分片完成文档的索引后，索引命令就会成功返回。

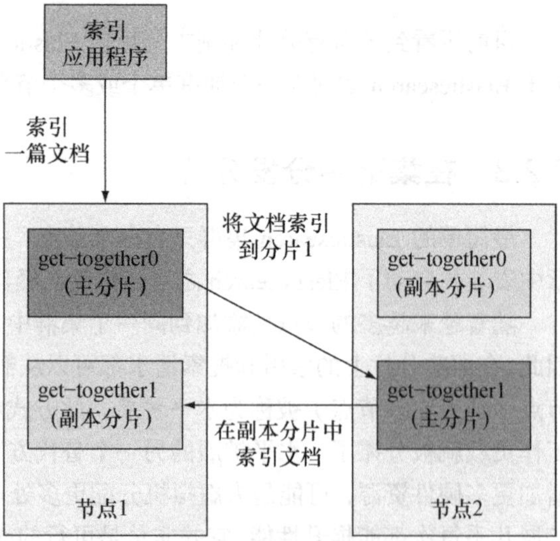

图 2-8 索引操作被转发到相应的分片，然后转发到它的副本分片

在搜索的时候，接受请求的节点将请求转发到一组包含所有数据的分片。Elasticsearch

使用 round-robin 的轮询机制选择可用的分片（主分片或副本分片），并将搜索请求转发过去。如图 2-9 所示，Elasticsearch 然后从这些分片收集结果，将其聚集到单一的回复，然后将回复返回给客户端应用程序。

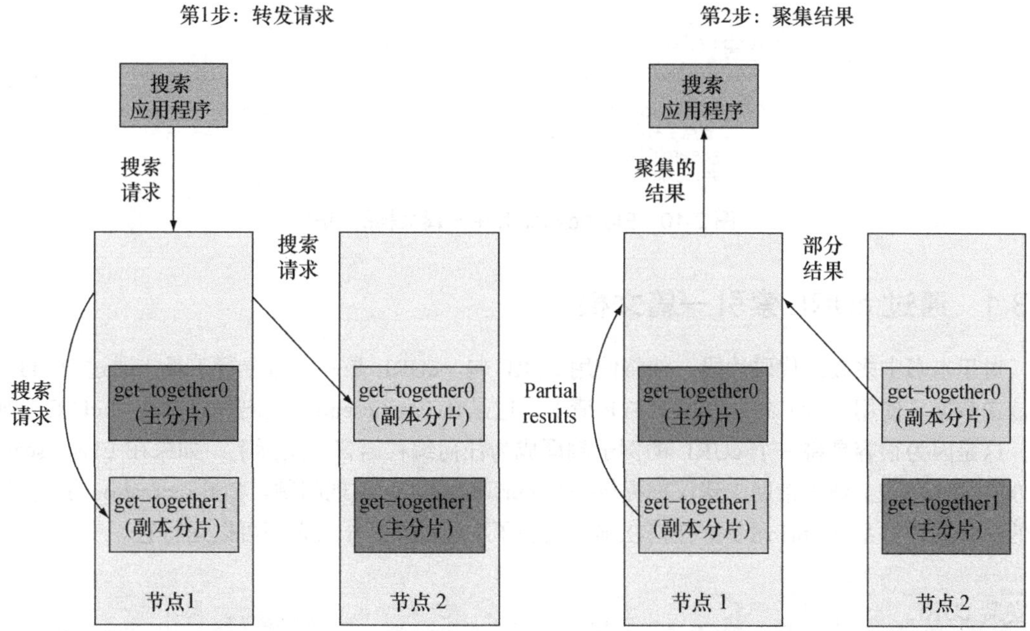

图 2-9　转发搜索请求到包含完整数据集合的主分片/副本分片，然后聚集结果并将其发送回客户端

在默认情况下，搜索请求通过 round-robin 轮询机制选中主分片和副本分片，其假设集群中所有的节点是同样快的（同样的硬件和软件配置）。如果不是如此，可以组织数据或配置分片，防止较慢的节点成为瓶颈。第 9 章会探索这些选项。第 1 章已经启动了单节点的 Elasticsearch 集群，现在开始在这个集群上索引文档。

2.3　索引新数据

尽管第 3 章会深入索引的细节，这里的目标是让你感受一下，索引是什么。这一章将讨论如下处理方法。

- 使用 cURL 和 REST API，发送 JSON 文档让 Elasticsearch 进行索引。你将看到返回的 JSON 应答。
- 如果索引和类型尚不存在时，Elasticsearch 是如何自动地创建文档所属的索引和类型。
- 通过本书的源码索引额外的文档，这样你可以拥有一个用于搜索的数据集。

你将手动索引第一篇文档，一开始先来看看如何向某个 URI 发送 `HTTP PUT` 请求。URI 的样例如图 2-10 所示，每个部分都有标注。

首先过一遍如何发送这个请求。

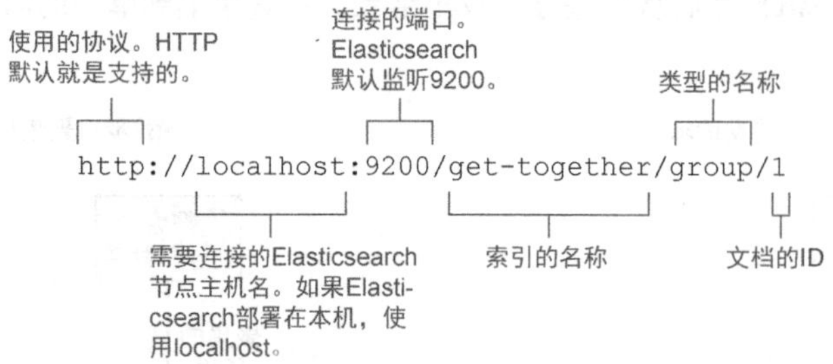

图 2-10　Elasticsearch 中一篇文档的 URI

2.3.1　通过 cURL 索引一篇文档

对于本书中多数的代码片段，你将使用 cURL 包。cURL 是一个命令行工具，通过 HTTP 协议传送数据。使用 `curl` 命令发送 HTTP 请求，这是在 Elasticsearch 代码片段中使用 cURL 的惯例。这是因为很容易将一个 cURL 的例子翻译成为任何编程语言。实际上，如果在 Elasticsearch 官方的邮件列表上请求帮助，建议你提供一个 curl recreation 重现问题。Curl recreation 是重现问题的命令或者一系列 curl 命令，任何在本地安装了 Elasticsearch 的人都可以运行它。

安装 cURL

如果运行 UNIX 这样的操作系统，如 Linux 或 Mac OS X，你可能已经拥有 `curl` 命令了。如果还没有，或是使用 Windows 系统，可以从网上下载。还可以安装 Cygwin，然后选择 cURL 作为 Cygwin 安装的一部分，这也是我们推荐的方法。

在 Windows 系统上使用 Cygwin 运行 curl 命令是更佳的方式，因为可以复制、粘贴在 UNIX 类系统上运行的命令。如果你仍然选择使用 Windows 命令环境，要特别注意单引号，因为它在 Windows 上表现有所不同。在很多时候，必须将单引号（'）替换为双引号（"），然后用反斜杠进行转义（\"）。例如，一条 UNIX 命令看上去是

```
curl 'http://localhost' -d '{"field": "value"}'
```

在 Windows 上看上去像这个：

```
curl "http://localhost" -d "{\"field\": \"value\"}"
```

有很多方法来使用 curl 发送 HTTP 请求。运行 `man curl` 看看所有的用法。全书使用如下的 curl 用法惯例。

- 参数`-X` 的参数值是方法，通常是 `GET`、`PUT` 或 `POST`。可以在参数和参数值之间加入空格，但是我们并不添加。例如，使用`-XPUT` 而不是`-X PUT`。默认的方法是 `GET`，当使用这个默认值时跳过整个`-X` 参数。

- 在 URI 中，跳过协议的指定，永远是 `http`，在没有指定协议时 curl 默认使用 `http`。
- 在 URI 周围放置单引号，因为 URI 可以包含多个参数。而且必须使用一个&符号分割不同参数，通常后端来处理这些。
- 通过 HTTP 发送的数据通常是 JSON 格式，用单引号将其包围因为 JSON 本身包含双引号。

如果 JSON 本身需要单引号，首先关闭单引号，然后用双引号将需要的单引号包围，如下例所示：

```
'{"name": "Scarlet O'"'"'Hara"}'
```

为了一致性，多数 URL 将会被单引号包围（除非单引号使用影响了转义，或者需要使用双引号引入一个变量）。

用于 HTTP 请求的 URL 有时包含这样的参数：`pretty=true` 或者仅仅是 `pretty`。无论请求是否通过 curl 处理，我们使用后者。默认的 JSON 应答在一行里显示，而这个 `pretty` 参数使得 JSON 应答看起来可读性更好。

通过 Head、kopf 和 Marvel 在浏览器里使用 Elasticsearch

如果你更喜欢图形化的界面，而不是命令行，有以下几个工具可使用。

- Elasticsearch Head——可以通过 Elasticsearch 插件的形式来安装这个工具，一个单机的 HTTP 服务器，或是可以从文件系统打开的网页。可以从那里发送 HTTP 请求，但是 Head 作为监控工具是最有用的，向你展示集群中分片是如何分布的。
- Elasticsearch kopf——和 Head 类似，对于监控和请求发送都是不错的，这个工具以文件系统的网页运行，或者是以 Elasticsearch 的插件运行。Head 和 kopf 都演化地很快，所有的对比可能也很快过时。
- Marvel——这个工具是 Elasticsearch 的监控解决方案。第 11 章会讨论更多关于监控的话题，都是有关集群的管理。然后附录 D 将描述 Marvel 这样的监控工具。现在，所要记住的是 Marvel 同样提供图形化的方式向 Elasticsearch 发送请求，称为 Sense。它提供自动完成功能，是很有用处的学习帮手。请注意，尽管对于开发而言是免费的，Marvel 是商业产品。

假设能够使用 `curl` 命令，并且在本机上用默认配置安装了 Elasticsearch，就可以使用如下命令索引第一个聚会分组的文档。

```
% curl -XPUT 'localhost:9200/get-together/group/1?pretty' -d '{
  "name": "Elasticsearch Denver",
  "organizer": "Lee"
}'
```

应该获得如下输出。

```
{
```

```
    "_index" : "get-together",
    "_type" : "group",
    "_id" : "1",
    "_version" : 1,
    "created" : true
}
```

回复中包含索引、类型和索引文档的 ID。这种情况指定了 ID，不过在第 3 章你会了解到，也有可能要依靠 Elasticsearch 来生成 ID。这里还获得了文档的版本，它是从 1 开始并随着每次的更新而增加。通过第 3 章你将了解更新操作。

现在已经索引了第一篇文档，我们来看看对于包含这篇文档的索引和类型，究竟发生了些什么。

2.3.2 创建索引和映射类型

如果安装了 Elasticsearch，并运行 curl 命令来索引文档，你可能好奇在这些因素下，为什么上述方法还能生效。

- 索引之前并不存在。并未发送任何命令来创建一个叫作 get-together 的索引。
- 映射之前并未定义。没有定义任何称为 group 的映射类型来刻画文档中的字段。

这个 curl 命令之所以可以奏效，是因为 Elasticsearch 自动地添加了 get-together 索引，并且为 group 类型创建了一个新的映射。映射包含字符串字段的定义。默认情况下 Elasticsearch 处理所有这些，使得你无须任何事先的配置，就可以开始索引。如果需要，可以改变默认的行为，这在第 3 章会介绍。

1. 手动创建索引

可以使用 PUT 请求来创建一个索引，和索引文档的请求类似：

```
% curl -XPUT 'localhost:9200/new-index'
{"acknowledged":true}
```

创建索引本身比创建一篇文档要花费更多时间，所以你可能想让索引事先准备就绪。提前创建索引的另一个理由是想指定和 Elasticsearch 默认不同的设置，例如，你可能想确定分片的数量。我们将在第 9 章中展示如何做到这些，因为通常会使用很多索引来作为扩展的方法之一。

2. 获取映射

之前提到，映射是随着新文档而自动创建的，而且 Elasticsearch 自动地将 name 和 organizer 字段识别为字符串。如果添加新文档的同时添加另一个新的字段，Elasticsearch 也会猜测它的类型，并将其附加到映射。

为了查看当前的映射，发送一个 HTTP GET 请求到该索引的_mapping 端点。这将展示索引内所有类型的映射，但是可以通过在_mapping 端点后指定类型的名字来获得某个具体的映射。

```
% curl 'localhost:9200/get-together/_mapping/group?pretty'
{
  "get-together" : {
    "mappings" : {
      "group" : {
        "properties" : {
          "name" : {
            "type" : "string"
          },
          "organizer" : {
            "type" : "string"
          }
        }
      }
    }
  }
}
```

返回的结果包含如下的相关数据。

- 索引名称——get-together。
- 类型名称——group。
- 属性列表——name 和 organizer。
- 属性选项——两个属性的 type 选项都是 string。

第 3 章将讨论更多关于索引、映射和映射类型的内容。目前，先定义一个映射，然后通过运行本书代码样例中的脚本来索引一些文档。

2.3.3 通过代码样例索引文档

在探究被索引文档上的搜索之前，运行代码样例中的 populate.sh 脚本进行更多的索引。这将提供更多的样例数据，便于之后的搜索。

下载代码样例

如果需要下载源码，可访问 https://github.com/dakrone/elasticsearch-in-action，然后遵循其中的指导。获取它们最简单的方法是复制如下仓库。

```
git clone https://github.com/dakrone/elasticsearch-in-action.git
```

如果使用的是 Windows 系统，最好先从安装 Cygwin。在安装过程中，将 git 和 curl 加入安装包的列表。然后可以使用 git 来下载代码样例和运行代码的 bash。

这个脚本首先删除所创建的 get-together 索引。然后重新生成这个索引，并创建 mapping.json 中所定义的映射。此映射文件确定了之前没有看过的选项，我们将在本书余下的部分（主要是第 3 章）来研究它们。最终，脚本将文档索引到两个类型：分组（group）和活动（event）。它们之间存在父子关系（活动属于分组），第 8 章会探讨这个。现在暂时忽略这种关系。

运行 populate.sh 脚本将会得到类似代码清单 2-1 所示的结果。

代码清单 2-1 使用 populate.sh 索引文档

```
% ./populate.sh
WARNING, this script will delete the 'get-together' index and re-index all data!
Press Control-C to cancel this operation.
Press [Enter] to continue.
```

运行这个脚本后，你将拥有少量的分组和为这些分组而计划的活动。来看看如何在这些文档上进行搜索。

2.4 搜索并获取数据

你可能已经想到，搜索时有很多选项。毕竟，搜索是 Elasticsearch 的最终目标。

注意 第 4 章将介绍搜索最常见的方法。第 6 章将讨论获取相关结果的更多内容，第 10 章将阐述搜索性能的更多内容。

为了近距离地观察组成常见搜索的模块，搜索包含“elasticsearch”关键词的分组（group），但是仅仅获取最相关文档的 name 和 location 字段。代码清单 2-2 展示了 GET 请求和响应结果。

代码清单 2-2 在 group 中搜索“elasticsearch”

```
% curl "localhost:9200/get-together/group/_search?\
q=elasticsearch\
&fields=name,location\
&size=1\
&pretty"
```

URL 指出在何处进行查询：在 get-together 索引的 group 类型中

URI 参数给出了搜索的细节：发现包含“elasticsearch”的文档，但是只返回排名靠前结果的 name 和 location 字段

以可读性更好的格式输出 JSON 应答

通常，一个查询在某个指定字段上运行，如 q=name:elasticsearch，但是在这个例子中并没有指定任何字段，因为我们想在所有字段中搜索。实际上，Elasticsearch 默认使用一个称为_all 的字段，其中索引了所有字段的内容。第 3 章会讨论_all 字段的更多内容，现在只需要知道这样一个查询没有使用任何一个显式的字段名称。

在第 4 章中我们将查看搜索的更多方面，这里先仔细看看一个搜索的 3 个重要组成部分。

- 在哪里搜索。
- 回复的内容。
- 搜索什么以及如何搜索。

2.4.1 在哪里搜索

可以告诉 Elasticsearch 在特定的类型和特定索引中进行查询，如代码清单 2-2 所示。但是也可以在同一个索引的多个字段中搜索、在多个索引中搜索或是在所有的索引中搜索。

为了在多个类型中搜索，使用逗号分隔的列表。例如，为了同时在 group 和 event 类型中搜索，运行如下类似的命令：

```
% curl "localhost:9200/get-together/group,event/_search\
?q=elasticsearch&pretty"
```

通过向索引 ULR 的_search 端点发送请求，可以在某个索引的多个类型中搜索：

```
% curl 'localhost:9200/get-together/_search?q=sample&pretty'
```

和类型类似，为了在多个索引中搜索，用逗号分隔它们：

```
% curl "localhost:9200/get-together,other-index/_search\
?q=elasticsearch&pretty"
```

如果没有事先创建 other-index，这个特定的请求将会失败。为了忽略这种问题，可以像添加 pretty 旗标那样添加 ignore_unavailable 旗标。为了在所有的索引中搜索，彻底省略索引的名称：

```
% curl 'localhost:9200/_search?q=elasticsearch&pretty'
```

提示 如果需要在所有索引内搜索，也可以使用名为_all 的占位符作为索引的名称。当需要在全部索引中的同一个单独类型中进行搜索时，这一点就派上用场了，就像这个例子：http://localhost:9200/_all/event/_search。

这种关于“在哪里搜索”的灵活性，允许你在多个索引和类型中组织数据，具体的方式取决于哪种对于你的使用案例更有意义。例如，日志事件经常以基于时间的索引来组织，好比“logs-2013-06-03”“logs-2013-06-04”等。这种设计意味着当天的索引是很热门的：所有新的事件集中在这里，并且多数的搜索也集中在最近的数据上。热门的索引只包含所有数据的一部分，使得处理变得更容易、更快速。如果需要，仍然可以在旧的数据或全量数据里搜索。在第二部分你将发现更多关于这种设计模式的内容，学到更多关于扩展、性能和管理的细节。

2.4.2 回复的内容

除了和搜索条件匹配的文档，搜索答复还包含其他有价值的信息，用于检验搜索的性能或结果的相关性。

你可能对于代码清单 2-2 有些疑问，Elasticsearch 的回复包含什么？分数代表什么？如果有部分分片不可用会发生什么？看看代码清单 2-3 展示的回复，包括其中每一个部分。

代码清单 2-3 搜索回复，返回了一个单独结果文档的两个字段

```
{
  "took" : 2,
  "timed_out" : false,
  "_shards" : {
    "total" : 2,
    "successful" : 2,
    "failed" : 0
  },
  "hits" : {
    "total" : 2,
    "max_score" : 0.9066504,
    "hits" : [ {
      "_index" : "get-together",
      "_type" : "group",
      "_id" : "3",
      "_score" : 0.9066504,
      "fields" : {
        "location" : [ "San Francisco, California, USA" ],
        "name" : [ "Elasticsearch San Francisco"]
      }
    } ]
  }
}
```

你的请求耗时多久，以及它是否超时

查询了多少分片

所有匹配文档的统计数据

结果数组

正如你说见，Elasticsearch 的 JSON 应答包含了所要求的信息，包括时间、分片、命中统计数据、文档等。在这里逐个来了解一下。

1. 时间

回复的首个项目看上去像这样：

```
"took" : 2,
"timed_out" : false,
```

其中 took 字段告诉你 Elasticsearch 花了多久处理请求，时间单位是毫秒，而 time_out 字段表示搜索请求是否超时。默认情况下，搜索永远不会超时，但是可以通过 timeout 参数来设定限制。例如，下面的搜索在 3 秒后超时：

```
% curl "localhost:9200/get-together/group/_search\
?q=elasticsearch\
&pretty\
&timeout=3s"
```

如果搜索超时了，timed_out 的值就是 true，而且只能获得超时前所收集的结果。

2. 分片

回复的下一个部分是关于搜索相关的分片信息：

```
"_shards" : {
```

```
"total" : 2,
"successful" : 2,
"failed" : 0
```

这一点看上去很自然，因为你在一个拥有 2 份分片的索引中搜索。所有的分片都有返回，所以成功（`successful`）的值是 2，而失败（`failed`）的值是 0。

你可能好奇，当一个节点宕机而且一份分片无法回复搜索请求时，都会发生些什么？请看图 2-11，展示了一个拥有 3 个节点的集群，每个节点只有一份分片且没有副本分片。如果某个节点宕机了，就会丢失某些数据。在这种情形下，Elasticsearch 提供正常分片中的结果，并在 `failed` 字段中报告不可搜索的分片数量。

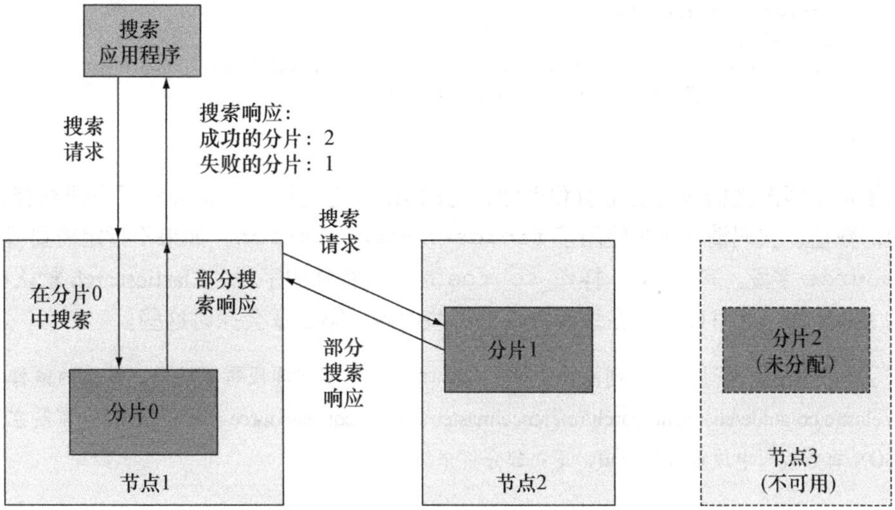

图 2-11 仍然可用的分片将返回部分结果

3. 命中统计数据

回复的最后一项组成元素是 `hits`，这项相当长因为它包含了匹配文档的数组。但是在数组之前，它包含了几项统计数据：

```
"total" : 2,
"max_score" : 0.9066504
```

总体而言，你将看到匹配文档的总数，而且通过 `max_score` 会看到这些匹配文档的最高得分。

定义 搜索返回的文档得分，是该文档和给定搜索条件的相关性衡量。如第 1 章提到的，得分默认是通过 TF-IDF（词频-逆文档频率）算法进行计算的。词频意味着对于搜索的每个词条（单词），其在某篇文档中出现的次数越多则该文档的得分就越高。逆文档频率意味着如果该词条在整个文档集合中出现在越少的文档中则该文档得分越高，原因是我们会认为词条和这篇文档的相关度更高。如果词条经常在其他文档中出现，它可能就是一个常见词，相关性更低。第 6 章将展示如何让搜索的结果更为相关。

文档的总数和回复中的文档数量可能并不匹配。Elasticsearch 默认限制结果数量为 10，所以如果结果多于 10 个，请查看 total 字段的值，以获取匹配搜索条件之文档的精确数量。之前我们介绍了，使用 size 参数来修改返回的结果数量。

4. 结果文档

这里 hits 数组通常是回复中最有意思的信息：

```
"hits" : [ {
      "_index" : "get-together",
      "_type" : "group",
      "_id" : "3",
      "_score" : 0.9066504,
      "fields" : {
        "location" : [ "San Francisco, California, USA" ],
        "name" : [ "Elasticsearch San Francisco" ]
      }
     }]
```

其中展示了每个匹配文档所属的索引和类型、它的 ID 和它的得分，也展示了在搜索查询中所指定之字段的数值。代码清单 2-2 使用了 fields=name,location。如果不指定需要哪些字段，会展示_source 字段。和_all 一样，_source 是一个特殊的字段，Elasticsearch 默认在其中存储原始的 JSON 文档。可以配置在该源中存储哪些内容，第 3 章会探讨这些。

提示 还可以使用源过滤，限制原始文档（_source）中哪些字段需要展示。具体的解释参见 www.elastic.co/guide/en/elasticsearch/reference/master/search-request-source-filtering.html。需要在搜索的 JSON 有效载荷中放置这些选项，下一部分将介绍这些。

2.4.3 如何搜索

目前为止，你已经通过 URI 请求进行了搜索，之所以这么说是因为所有的搜索选项都是在 URI 里设置。对于在命令行上运行的简单搜索而言，URI 请求非常棒，但是将其认作一种捷径更为妥当。

通常，要将查询放入组成请求的数据中。Elasticsearch 允许使用 JSON 格式指定所有的搜索条件。当搜索变得越来越复杂的时候，JSON 更容易读写，并且提供了更多的功能。

为了发送 JSON 查询来搜索所有关于 Elasticsearch 的分组（group），可以这样做：

```
% curl 'localhost:9200/get-together/group/_search?pretty' -d '{
  "query": {
    "query_string": {
     "query": "elasticsearch"
    }
  }
}'
```

在自然语言中，它可以翻译为“运行一个类型为 query_string 的查询，字符串内容是 elasticsearch”。可能看上去这样输入 elasticsearch 过于公式化，但这是因为 JSON 提供更多选项而不仅仅是 URI 请求。在第 4 章中，你将看到当开始综合不同类型的查询时，使用 JSON 的查询就变得非常有意义：在一条 URI 中塞进所有这些选项会变得越来越难以处理。这里来探究一下每个字段。

1. 设置查询的字符串选项

在上述 JSON 请求的最后一级有"query": "elasticsearch"，你可能认为"query"部分是多余的，因为已经知道它就是一个查询。这里 query_string 提供了除字符串之外的更多选项。

例如，如果搜索“elasticsearch san Francisco”，Elasticsearch 默认查询_all 字段。如果想在分组的名称里查询，需要指定：

```
"default_field": "name"
```

同样，Elasticsearch 默认返回匹配了任一指定关键词的文档（默认的操作符是 OR）。如果希望匹配所有的关键词，需要指定：

```
"default_operator": "AND"
```

修改后的查询看上去是下面这样的：

```
% curl 'localhost:9200/get-together/group/_search?pretty' -d '{
  "query": {
    "query_string": {
      "query": "elasticsearch san francisco",
      "default_field": "name",
      "default_operator": "AND"
    }
  }
}'
```

获得同样结果的另一种方法是在查询字符串中指定字段和操作符：

```
"query": "name:elasticsearch AND name:san AND name:francisco"
```

查询字符串是指定搜索条件的强大工具。Elasticsearch 分析字符串并理解所查找的词条和其他选项，如字段和操作符，然后运行查询。这项功能是从 Lucene 继承而来。

2. 选择合适的查询类型

如果 query_string 查询类型看上去令人生畏，有个好消息是还有很多其他类型的查询，第 4 章会介绍其中的大部分。例如，如果在 name 字段中只查找“elasticsearch”一个词，term 查询可能更快捷、更直接。

```
% curl 'localhost:9200/get-together/group/_search?pretty' -d '{
```

```
  "query": {
    "term": {
      "name": "elasticsearch"
    }
  }
}'
```

3. 使用过滤器

目前为止，你所见到的搜索请求都是查询。查询返回的结果中，每个结果都有一个得分。如果对得分不感兴趣，可以使用过滤查询来替代。第 4 章将讨论更多关于过滤查询的内容。但是关键的点在于过滤只关心一条结果是否匹配搜索条件。因此，对比相应的查询，过滤查询更为快速，而且更容易缓存。

例如，下面的过滤查询在分组 group 文档中查找词条“elasticsearch”：

```
% curl 'localhost:9200/get-together/group/_search?pretty' -d '{
  "query": {
    "filtered": {
      "filter": {
        "term": {
          "name": "elasticsearch"
        }
      }
    }
  }
}'
```

返回的结果和同样词条的查询相同，但是结果没有根据得分来排序（因为所有的结果得分都是 1.0）。

4. 应用聚集

除了查询和过滤，还可以通过聚集进行各种统计。第 7 章将介绍聚集，在这里先看个简单的例子。

假设一个用户正在访问聚会网站，并且想探索各种已有的分组。你可能想展示分组的组织者是谁。例如，如果在结果中显示“Lee”是 7 项会议的组织者，一位认识 Lee 的用户可能点击他的名字，仅仅筛选出这 7 项会议。

为了返回分组的组织者，你可以使用词条聚集（terms aggregation）。这会展示指定字段中出现的每个词之计数器，在这个例子中就是组织者。聚集可能看上去像下面这样：

```
% curl localhost:9200/get-together/group/_search?pretty -d '{
  "aggregations" : {
    "organizers" : {
      "terms" : { "field" : "organizer" }
    }
  }
}'
```

在自然语言中，这个请求可以翻译为："给我一个名为 organizers 的聚集，类型是 terms，并且查找 organizer 字段。"下面的结果展示在回复的底部：

```
"aggregations" : {
    "organizers" : {
      "buckets" : [ {
        "key" : "lee",
        "doc_count" : 2
      }, {
        "key" : "andy",
        "doc_count" : 1
....
```

结果表明，在总共 6 个词条中①，"lee"出现了 2 次，"andy"出现 1 次，等等。有两个分组是 Lee 来组织的。然后可以搜索 Lee 作为组织者的分组，进一步缩小结果集合。

有时由于你并不清楚需求是什么，从而无法搜索想要的。这个时候，聚集是很有用处的。现在有哪些分组？住所附近举行了哪些活动？可以使用聚集来钻取可用的数据，并获得实时的统计数据。

有时面临相反的场景。你明确地知道需要什么，而且根本不想运行一次搜索。这个时候通过 ID 检索文档就很有用处。

2.4.4 通过 ID 获取文档

为了获取一个具体的文档，必须要知道它所属的索引和类型，以及它的 ID。然后就可以发送 HTTP GET 请求到这篇文档的 URI：

```
% curl 'localhost:9200/get-together/group/1?pretty'
{
  "_index" : "get-together",
  "_type" : "group",
  "_id" : "1",
  "_version" : 1,
  "found" : true,
  "_source" : {
  "name": "Denver Clojure",
  "organizer": ["Daniel", "Lee"]
....
```

回复包括所指定的索引、类型和 ID。如果文档存在，你会发现 found 字段的值是 true，此外还有其版本和源。如果文档不存在，found 字段的值是 false：

```
% curl 'localhost:9200/get-together/group/doesnt-exist?pretty'
{
  "_index" : "get-together",
  "_type" : "group",
```

① 由于原始的回复内容太长，不便于阅读，这里展示的只是部分结果截取。因此没有看到所有 6 个词条，本书之后也有类似的处理。——译者注

```
  "_id" : "doesnt-exist",
  "found" : false
}
```

可能如你所期，通过 ID 获得文档要比搜索更快，所消耗的资源成本也更低。这也是实时完成的：只要一个索引操作完成了，新的文档就可以通过 GET API 获取。相比之下，搜索是近实时的，因为它们需要等待默认情况下每秒进行一次的刷新操作。

现在你已经看到了如何操作所有的基本 API 请求，再来看看如何改变一些基本的配置选项。

2.5 配置 Elasticsearch

Elasticsearch 的一个强项是，它的默认配置对程序员非常友好，入门非常容易。如前面的章节介绍，你无须任何配置的修改，就可以在自己的测试服务器上进行索引和搜索。Elasticsearch 自动地创建索引，并检测文档中新字段的类型。

Elasticsearch 也可以轻松地、高效地扩展，当处理大量的数据或者请求的时候，这一点是非常重要的特性。本章的最后部分将启动第 2 个 Elasticsearch 实例，加上第 1 章已经启动的实例，我们将组建一个集群。这样，你会看到 Elasticsearch 是如何进行水平扩展的，以及如何将数据在集群中分发。

尽管无须任何配置修改就可以进行水平扩展，这个部分仍将调整几个配置，避免加入第 2 个节点时产生意外。你将在 3 个不同的配置文件中做出如下修改。

- *在 elasticsearch.yml 中指定集群的名称*——这是 Elasticsearch 具体选项所在的主要配置文件。
- *在 logging.yml 中编辑日志选项*——日志配置文件包括 log4j 的日志选项，Elasticsearch 使用这个库来记录日志。
- *在环境变量或 elasticsearch.in.sh 中调整内存设置*——这个文件用于配置 Elasticsearch 所运行的 Java 虚拟机（JVM）。

还有很多选项，后面列出的都是经常使用的，我们将在其出现时做一些介绍。接下来逐个看看这些配置的修改。

2.5.1 在 elasticsearch.yml 中指定集群的名称

解压 tar.gz 或 ZIP 压缩包后，可以在其 config/目录中找到 Elasticsearch 的主要配置文件。

提示 如果是通过 RPM 或 DEB 包安装的，文件在/etc/elasticsearch/中。

就像 REST API，配置文件可以是 JSON 或 YAML 格式。和 REST API 有所不同，配置文件最流行的格式是 YAML。这种格式的阅读和理解更为容易，本书中所有的配置样例都是基于 elasticsearch.yml。

默认情况下，新的节点通过多播发现已有的集群——通过向所有主机发送 ping 请求，这些主机侦听某个特定的多播地址。如果发现新的集群而且有同样的集群名称，新的节点就会将加入他们。你需要定制化集群的名称，防止默认配置的实例加入到你的集群。为了修改集群名称，在 elasticsearch.yml 中解除 cluster.name 这一样的注释，并修改为：

```
cluster.name: elasticsearch-in-action
```

在更新文件之后，按下 Control—C 停止 Elasticsearch，然后使用下面的命令重新启动它：

```
bin/elasticsearch
```

警告 如果已经索引了一些数据，你可能注意到使用新集群名称重启 Elasticsearch 之后，就没有任何数据了。这是因为数据存储的目录包含集群的名称，所以可以将集群名称改回去然后再次重启，找回之前索引的数据。现在，可以重新运行代码样例中的 populate.sh 脚本，将样例数据再次写入。

2.5.2 通过 logging.yml 指定详细日志记录

当发生一些错误的时候，应用日志是查找线索的首选。当你只是想看看发生了些什么的时候，日志同样很有用处。如果需要查看 Elasticsearch 的日志，默认的位置在解压 zip 或 tar.gz 包后的 logs/目录。

提示 如果是通过 RPM 或 DEB 包安装的，默认的路径是/var/log/elasticsearch/。

Elasticsearch 日志记录通过 3 类文件组织。

- 主要日志（cluster-name.log）——在这里将发现 Elasticsearch 运行时所发生一切的综合信息。例如，某个查询失败或一个新的节点加入集群。
- 慢搜索日志（cluster-name_index_search_slowlog.log）——当某个查询运行得很慢时，Elasticsearch 在这里进行记录。默认情况下，如果一个查询花费的时间多于半秒，将在这里写入一条记录。
- 慢索引日志（cluster-name_index_indexing_slowlog.log）——这和慢搜索日志类似，默认情况下，如果一个索引操作花费的时间多于半秒，将在这里写入一条记录。

为了修改日志选项，需要编辑 logging.yml 文件，它和 elasticsearch.yml 在同一个路径。Elasticsearch 使用 log4j，logging.yml 中的配置选项是用于这个日志工具。

和其他设置一样，日志的默认选项是合理的。但是，假设需要详细的日志记录，最佳的第一步是修改 `rootLogger`，它将影响所有的日志。现在我们还是使用默认值，但是如果想让 Elasticsearch 记录所有的事情，需要这样修改 logging.yml 的第一行：

```
rootLogger: TRACE, console, file
```

日志的级别默认是 `INFO`，将会写入所有严重级别是 `INFO` 或更高的事件。

2.5.3 调整 JVM 设置

作为 Java 的应用程序，Elasticsearch 在一个 JVM 中运行。JVM 和物理机器相似，拥有自己的内存。JVM 有其自己的配置，而其最为重要的一点是有多少内存可以使用。选择正确的内存设置对于 Elasticsearch 的性能和稳定性而言非常重要。

Elasticsearch 使用的大部分内存称为“堆”（heap）。默认的设置让 Elasticsearch 为堆分配了 256 MB 初始内存，然后最多扩展到 1 GB。如果搜索和索引操作需要多于 1 GB 的内存，那些操作将会失败，而且在日志中会发现超出内存（out-of-memory）错误。反之，如果在只有 256 MB 内存的设备上运行 Elasticsearch，默认的设置可能就分配了太多的内存。

为了修改默认的值，可以使用 `ES_HEAP_SIZE` 环境变量。可以在启动 Elasticsearch 之前，通过命令行设置。

在类 UNIX 的系统上，使用 `export` 命令：

```
export ES_HEAP_SIZE=500m; bin/elasticsearch
```

在 Windows 系统上，使用 `SET` 命令：

```
SET ES_HEAP_SIZE=500m & bin\elasticsearch.bat
```

有个一劳永逸的方法来设置堆的大小，就是修改 bin/elasticsearch.in.sh（Windows 系统上是 elasticsearch.bat）脚本。在文件的开始部分，在`#!/bin/sh` 后面加入 `ES_HEAP_SIZE=500m`。

提示 如果是通过 DEB 包安装的 Elasticsearch，则在/etc/default/elasticsearch 中修改这些变量。如果是通过 RPM 包安装的，则可以在/etc/sysconfig/elasticsearch 配置同样的设置。

在本书的范围内，默认的数值应该足够了。如果运行更多的测试，可能需要分配更多的内存。如果在一台内存少于 1 GB 的机器上，将这些值降低到 `200m` 左右应该就可以了。

实际生产中分配多少内存

如果在服务器上只运行 Elasticsearch，刚开始将 `ES_HEAP_SIZE` 设置为内存总量的一半。如果其他的应用程序需要很多内存，尝试将这个值设置的更小。另一半内存用于操作系统的缓存，可以更快速地访问所存储的数据。除了这个近似的预估，你必须运行一些测试，同时监控集群，看看 Elasticsearch 需要多少内存。本书的第二部分将讨论更多关于性能调优和监控的内容。

现在，你已经亲手修改了 Elasticsearch 配置文件的选项，也已经索引并搜索了一些数据，尝试到了 Elasticsearch 的“弹性”部分：扩展的方式。（第 9 章将深入探讨。）现在可以在单节点上运行所有章的样例，但是为了获知扩展是如何运作的，你需要在同一个集群中加入更多的节点。

2.6 在集群中加入节点

第 1 章解压了 tar.gz 或 ZIP 包，并启动了首个 Elasticsearch 实例。这些创建了一个单节点的集群。在加入第 2 个节点之前，要检查集群的状态，来看看目前的数据是如何分配的。可以使用一个图形化的工具（如 Elasticsearch kopf 或 Elasticsearch Head）来实现，之前在索引文档时我们有所提及（参见 2.3.1 节）。图 2-12 展现了 kopf 中的集群。

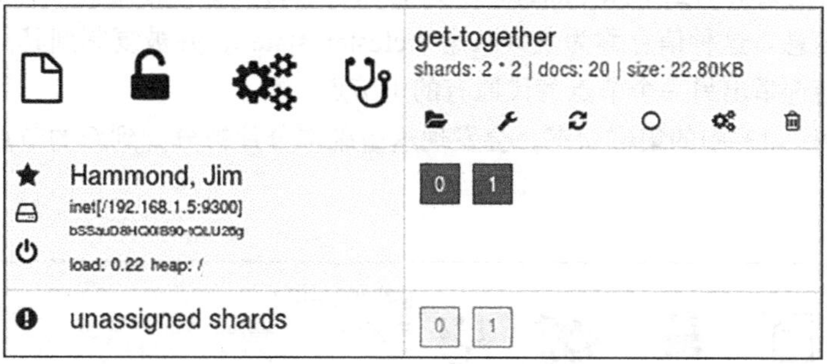

图 2-12 在 Elasticsearch kopf 中展现的单节点集群

如果这两个插件都没有安装，可以从 Cat Shards API 获取大部分的信息：

```
% curl 'localhost:9200/_cat/shards?v'
index        shard prirep state      docs  store ip          node
get-together 0     p      STARTED      12 15.1kb 192.168.1.4 Hammond, Jim
get-together 0     r      UNASSIGNED
get-together 1     p      STARTED       8 11.4kb 192.168.1.4 Hammond, Jim
get-together 1     r      UNASSIGNED
```

提示 多数 Elasticsearch API 会返回 JSON，但是 Cat 这组 API 是特例，而 Cat Shards API 就是其中一个。还有很多其他 API，它们对于获取集群某个时间点的相关信息很有帮助，其格式对于人类或者脚本而言都是很容易解析的。第 11 章会讨论更多关于 Cat API 的内容，重点聚焦在集群管理上。

无论何种方法，都将看到如下信息。

- 集群的名称，正如之前在 elasticsearch.yml 中定义的。
- 只有 1 个节点。
- get-together 索引有 2 个主分片，而且是激活的。未分配的分片代表为该索引配置的一组副本分片。因为只有 1 个节点，所以这些副本分片尚未分配。

未分配的副本分片导致集群状态变为黄色。这意味着所有主分片都就绪了，但是并非所有副本分片都就绪了。如果主分片缺失，集群就会显示红色，以提示至少有 1 个索引是不完整的。如果所有的副本分片都被分配了，集群就是绿色的，以提示所有一切都在正常工作。

2.6.1 启动第二个节点

从另一个不同的终端，运行 bin/elasticsearch 或者 elasticsearch.bat。这会在同一台机器上启动另一个 Elasticsearch 实例。通常需要在不同的机器上启动新的节点，来充分利用额外的处理能力，不过现在你将在本地运行所有的实例。

在新节点的终端或者日志文件中，将看到开头如下的一行输出：

```
[INFO ][cluster.service          ] [Raman] detected_master [Hammond, Jim]
```

其中 Hammond, Jim 是第一个节点的名字。第二个节点通过多播侦测到第 1 个节点，并加入集群。第 1 个节点也是集群的*主节点*（master），这意味着它将负责保存集群中有哪些节点、分片位于哪里等这样的信息。这种信息称为*集群状态*（cluster state），并被复制到其他节点。如果主节点宕机，集群将会选举出另一个节点替代原有的主节点。

如果看一下图 2-13 中的集群状态，会发现这组副本分片被分配到新的节点，使得整个集群变为绿色。

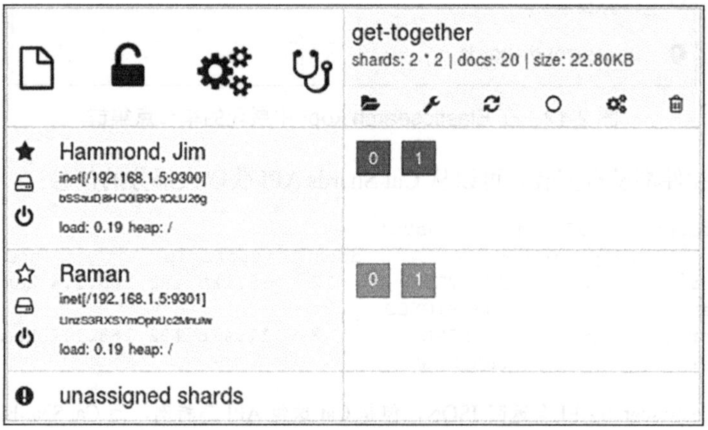

图 2-13 副本分片被分配到第二个节点

如果这两个节点分别部署在不同的机器上，你就已经拥有容错的集群了，能比以前处理更多的并发搜索。可是，如果需要更强的索引性能，或是需要处理更海量的并发搜索，又该如何呢？更多的节点一定会有所帮助。

注意 读者可能已经注意到第 1 个节点在某台机器上启动后，该机器监听 9200 端口并处理 HTTP 请求。随着更多的节点加入，机器将使用端口 9201、9202 等。对于节点之间的通信，Elasticsearch 使用端口 9300、9301 等。需要在防火墙里设置允许访问这些端口。可以在 elasticsearch.yml 中的 Network 和 HTTP 部分修改监听的地址。

2.6.2 增加额外的节点

如果再次运行 bin/elasticsearch 或者 elasticsearch.bat，添加第 3 个、第 4 个节点，你将看到它们通过多播侦测主节点，然后以同样的方式加入集群。此外，如图 2-14 所示，get-together 索引的 4 份分片自动地在集群中进行负载均衡。

现在，你可能好奇如果再增加更多的节点，还会发生什么。默认情况下什么都不会发生，因为总共只有 4 份分片，不可能分发到多于 4 个的节点上。也就是说，如果需要扩展，有以下几个选项。

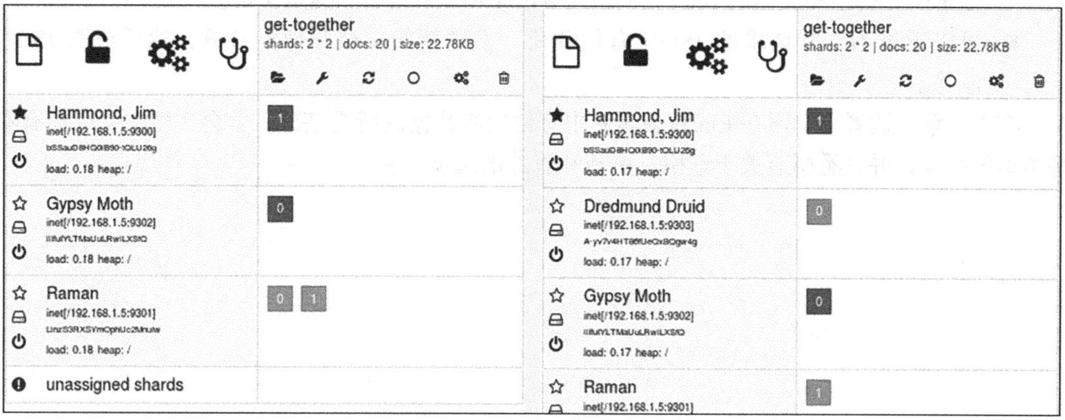

图 2-14　Elasticsearch 在成长的集群中自动地分配分片

- 修改副本分片的数量。副本分片可以动态的更新，但是这种扩展方式只能增加集群对于并发搜索的处理量，因为搜索请求以 round-robin 的轮询方式，被发送到同一分片的多个副本。索引性能仍然保持不变，因为新的数据必须被所有分片处理。同样，单个的搜索将在单独的一组分片上运行，所以增加副本分片不会有什么帮助。
- 创建拥有更多分片的索引。这意味着重新索引数据，因为主分片的数量无法动态修改。
- 增加更多的索引。某些数据很容易被设计为使用多索引的模式。举个例子，如果索引日志，可以将每天的日志放入一个单独的索引。

第 9 章将讨论水平扩展的这些模式。现在，可以将 3 个新增的节点关闭，将事情简单化。可以每次关闭一个节点直到最初的状态，并观察分片的自动化负载均衡。如果一次性将它们都关闭了，第 1 个节点只会保持 1 份分片，还没来得及获取余下的数据。这种情况下，可以再次运行 populate.sh，这将重新索引所有的样例数据。

2.7　小结

这里回顾一下，本章中你学习到了什么。

- Elasticsearch 默认是面向文档的、可扩展的且没有固定模式（schema）的。
- 尽管可以使用默认设置来组建集群，但在继续前行之前至少应该调整一些配置。例如，集群的名称和堆的大小。
- 索引请求在主分片中分发，然后复制到这些主分片的副本分片。
- 搜索通过 round-robin 的轮询机制在多组完整数据上执行，每组数据由主分片或副本分片组成。接收搜索请求的节点将来自多份分片的部分结果进行聚集，然后将综合的结果返回给应用程序。
- 客户端应用程序可能并不知道每份索引的分片本质或是集群看上去是怎样的。它们只关心索引、类型和文档的 ID。它们使用 REST API 来索引和搜索文档。

- 可以通过 HTTP 请求的 JSON 有效载荷，发送新的文档和搜索参数，然后获取 JSON 应答。

在下一章，读者将学习在 Elasticsearch 中有效组织数据的所需基础，学会文档中可以拥有哪些类型的字段，并熟悉所有关于索引、更新和删除的选项。

第 3 章　索引、更新和删除数据

本章主要内容

- 使用映射类型来定义同一个索引中的多种文档类型
- 可以在映射中使用的不同字段类型
- 使用预定义的字段及其选项
- 上述这些如何帮助数据的索引、更新和删除

本章内容是关于如何在 Elasticsearch 中存入和获取数据，并且维护这些数据：索引、更新和删除文档。在第 1 章中，你了解到 Elasticsearch 是基于文档的，而文档是由字段和其值组成的，这些使得文档是自我完备的，就好像一张数据表中有行和列一样。在第 2 章中，你看到可以通过 Elasticsearch 的 REST API 来索引一篇文档。这里，我们将观察文档中的字段以及它们所包含的内容，来深入理解索引过程的细节。例如，当索引一篇这样的文档时：

```
{"name": "Elasticsearch Denver"}
```

由于 `Elasticsearch Denver` 是一个字符串，所以 `name` 字段是字符串类型。其他的字段可能是数值型、布尔型等。本章将介绍以下 3 种类型的字段。

- *核心*——这些字段包括字符串和数值型。
- *数组和多元字段*——这些字段在某个字段中存储相同核心类型的多个值。例如，tags 字段可以拥有多个标签。
- *预定义*——这些字段包括 `_ttl`（缩写的字母代表“time to live”）和 `_timestamp`。

可以认为这些字段是元数据，Elasticsearch 会自动地管理它们，提供更多额外的功能。举例来说，可以配置 Elasticsearch，让其自动地将新数据加入文档集合（如时间戳），或者可以使用 `_ttl` 字段让过期的文档自动被删除。

已经知道了文档中可以有的字段类型，以及如何索引这些字段，现在我们将看看如何更新已经存在的文档。鉴于存储数据的方式，当 Elasticsearch 更新现存文档的时候，它会检索出这篇文档，然后按照需求进行修改。然后 Elasticsearch 再次索引更改后的文档，并删除相应的旧文档。

这些更新操作会引起并发问题，你将看到如何通过文档版本自动地解决这些问题。你还将看到删除文档的不同方法，某些方法比其他的运行速度更快。Elasticsearch 索引使用的主要程序库是 Apache Lucene，Lucene 在磁盘上存储数据的特殊方法又导致了这些差异。

先从索引开始，看看如何管理文档中的字段。你已经在第 2 章中了解到字段是在映射中定义的，所以在深入理解如何操作每种类型的字段之前，先来了解大体上如何操作映射。

3.1　使用映射来定义各种文档

每篇文档属于一种类型，而每种类型属于一个索引。从数据的逻辑划分来看，可以认为索引是数据库，而类型是数据库中的表。例如，第 2 章介绍了聚会网站的分组和活动使用了不同的类型，因为它们拥有不同的数据结构。注意一下，如果这个站点也有博客，可能要将博客帖子和评论保存在分开的索引中，因为它们是完全不同的数据集。

类型包含了映射中每个字段的定义。映射包括了该类型的文档中可能出现的所有字段，并告诉 Elasticsearch 如何索引一篇文档的多个字段。例如，如果一个字段包含日期，可以定义哪种日期格式是可以接受的。

类型只提供逻辑上的分离

在 Elasticsearch 中，不同类型的文档没有物理上的分离。在同一个 Elasticsearch 索引中的所有文档，无论何种类型，都是存储在属于相同分片的同一组文件中。一份分片就是一个 Lucene 的索引，类型的名称是 Lucene 索引中一个字段，所有映射的所有字段都是 Lucene 索引中的字段。

类型的概念是针对 Elasticsearch 的一层抽象，但不属于 Lucene。这使得你可以轻松地在同一个索引中拥有不同类型的文档。Elasticsearch 负责分离这些文档，例如，在某个类型中搜索时，Elasticsearch 会过滤出属于那个类型的文档。

这种方法产生了一个问题：当多个类型中出现同样的字段名称时，两个同名的字段应该有同样的设置。否则，Elasticsearch 将很难辨别你所指的是两个字段中的哪一个。最后，两个字段都是属于同一个 Lucene 索引。例如，如果在分组和活动文档中都有一个 name 字段，两个都应该是字符串类型，不能一个是字符串而另一个是整数类型。在实际使用中，这种问题很少见，但是还是需要记住这一点防止意外发生。

在图 3-1 中，group（分组）和 event（活动）存储在不同的类型中。然后应用程序可以在特定的类型中搜索，如活动。Elasticsearch 也允许每次在多种类型中搜索，甚至是在搜索时仅仅指定索引的名称，这样就可以在某个索引的所有类型中搜索。

现在知道了 Elasticsearch 中映射是如何使用的，接下来看看如何阅读和编写某个类型的映射。

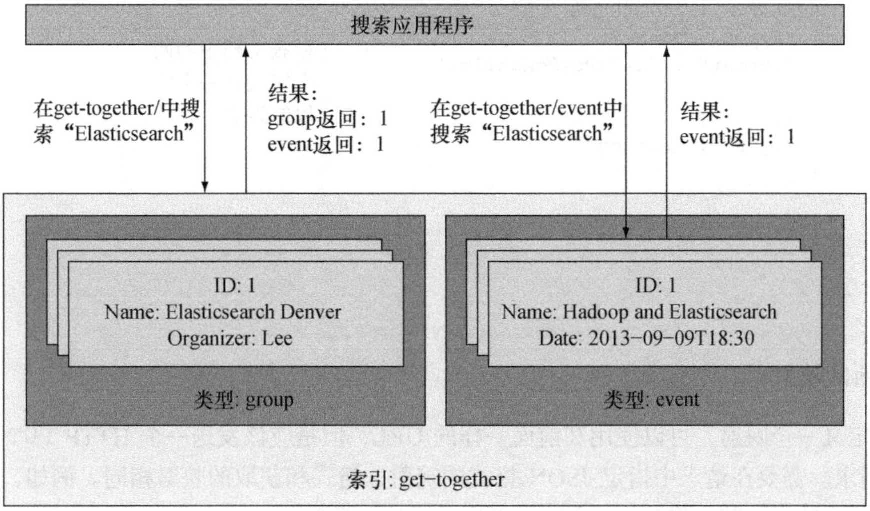

图 3-1 使用类型划分同一索引中的数据。搜索可以在一个、多个或所有类型中运行

3.1.1 检索和定义映射

当学习 Elasticsearch 的时候，通常不用担心映射，因为 Elasticsearch 会自动识别字段，并相应地调整映射。代码清单 3-1 将展示到这些是如何生效的。在一个生产应用中，你常常想预先定义自己的映射，这样就没有必要依赖于自动的字段识别。本章稍后会阐述如何定义映射。

1. 获取目前的映射

为了查看某个字段类型当前的映射，向该类型 URL 的`_mapping`接口发送一个 HTTP `GET`请求：

```
curl 'localhost:9200/get-together/group/_mapping?pretty'
```

在代码清单 3-1 中，首先索引一个来自聚会网站的新文档，指定一个名为`new-events`的类型，然后 Elasticsearch 会自动地创建映射。接着，检索创建的映射，结果展示了文档的字段，以及 Elasticsearch 为每个字段所识别的字段类型。

代码清单 3-1 获取自动生成的映射

```
curl -XPUT 'localhost:9200/get-together/new-events/1' -d '{
  "name": "Late Night with Elasticsearch",
  "date": "2013-10-25T19:00"
}'
curl 'localhost:9200/get-together/_mapping/new-events?pretty'
# reply{ "get-together" : {
  "mappings" : {
    "new-events" : {
      "properties" : {
```

索引一篇新的文档

获取当前映射

```
          "date" : {
            "type" : "date",
            "format" : "dateOptionalTime"
          },
          "name" : {
            "type" : "string"
          }
        }
      }
    }
  }}
```

检查文档中的两个字段及每个字段的类型

2. 定义新的映射

为了定义一个映射，可以使用和前面一样的 URL，但是应该发送一个 HTTP PUT 请求而不是 GET 请求。需要在请求中指定 JSON 格式的映射，格式和获取的映射相同。例如，下面的请求设置了一个映射，其中将 host 字段定义为 string 类型：

```
% curl -XPUT 'localhost:9200/get-together/_mapping/new-events' -d '{
  "new-events" : {
    "properties" : {
      "host": {
        "type" : "string"
      }
    }
  }
}'
```

可以在创建索引之后，向某类型中插入任何文档之前定义一个新的映射。你已经拥有一个映射了，为什么像代码清单 3-1 所示的 PUT 请求还能生效呢？接下来解释这一切。

3.1.2 扩展现有的映射

如果在现有的基础上再设置一个映射，Elasticsearch 会将两者进行合并。如果现在询问 Elasticsearch 映射是怎样的，应该得到像下面这样的结果：

```
{
  "get-together" : {
    "mappings" : {
      "new-events" : {
        "properties" : {
          "date" : {
            "type" : "date",
            "format" : "dateOptionalTime"
          },
          "host" : {
            "type" : "string"
          },"name" : {
            "type" : "string"
```

```
            }
          }
        }
      }
    }
  }
```

正如所见，这个映射目前含有两个来自初始映射的字段，外加定义的一个新字段。随着新字段的加入，初始的映射被扩展了，在任何时候都可以进行这样的操作。Elasticsearch 将此称为现有映射和先前提供的映射的合并

但是，并非所有的合并是奏效的。例如，你无法改变现有字段的数据类型，而且通常无法改变一个字段被索引的方式。下面来具体看看为什么会这样。在代码清单 3-2 中，如果试图将 host 字段改为 long 类型，操作会失败并抛出 MergeMappingException 的异常。

代码清单 3-2 试图将现有的字段类型从字符串改变为长整型

```
curl -XPUT 'localhost:9200/get-together/_mapping/new-events' -d '{
  "new-events" : {
    "properties" : {
      "host": {
        "type" : "long"
      }
    }
  }
}'
# reply{"error":"MergeMappingException[Merge failed with failures {[mapper
[host] of different type, current_type [string], merged_type
[long]]}]","status":400}
```

避免这个错误的唯一方法是重新索引 new-events 里的所有数据，包括如下步骤。

（1）将 new-events 类型里的所有数据移除。本章稍后将阐述如何删除数据，移除数据的同时也会移除现有的映射。

（2）设置新的映射。

（3）再次索引所有的数据。

为了理解为什么可能需要重新索引数据，想象一下已经索引了一个活动，host 字段是字符串。如果现在希望将 host 字段变为 long，Elasticsearch 不得不改变 host 在现有文档中的索引方式。在本章稍后你将发现，编辑现存的文档意味着删除和再次的索引。正确的映射，理想情况下只需要增加，而无须修改。为了定义这样的映射，来看看 Elasticsearch 中可为字段选择的核心类型，以及对于这些类型能做些什么。

3.2 用于定义文档字段的核心类型

Elasticsearch 中一个字段可以是核心类型之一（参见表 3-1），如字符串或者数值型，也可以是一个从核心类型派生的复杂类型，如数组。

还有些其他的类型本章没有涉及。例如，嵌套类型允许在文档中包含其他文档，或 geo_point 类型存储了地球上的经度和纬度位置。我们将在第 8 章中讨论附加的类型，涵盖了文档之间的关系。在附录 A 中，我们将讨论地理空间数据。

注意 除了文档中定义的字段，如名称和日期，Elasticsearch 还使用一组预定义的字段来丰富文档。例如，有一个_all 字段，索引了文档中的所有字段。这对于用户未指定字段的搜索很有帮助——他们可以在所有字段中搜索，这些预定义的字段有其自己的配置选项，我们将在本周稍后讨论。

让我们看看每种核心类型，这样在索引自己的数据时，可以选择合适的映射。

表 3-1 Elasticsearch 的核心字段类型

核心类型	取值示例
字符串	"Lee", "Elasticsearch Denver"
数值	17, 3.2
日期	2013-03-15T10:02:26.231+01:00
布尔	取值可以是 true 或 false

3.2.1 字符串类型

字符串是最直接的：如果在索引字符，字段就应该是 string 类型。它们也是最有趣，因为在映射中有很多选项来分析它们。

解析文本、转变文本、将其分解为基本元素使得搜索更为相关，这个过程叫作分析。如果这听上去很抽象，不用担心，第 5 章解释了这个概念。现在先看看基本原理，从代码清单 3-1 中索引的文档开始。

```
% curl -XPUT 'localhost:9200/get-together/new-events/1' -d '{
  "name": "Late Night with Elasticsearch",
  "date": "2013-10-25T19:00"
}'
```

当这篇文档索引后，在 name 字符串字段里搜索单词 late。

```
% curl 'localhost:9200/get-together/new-events/_search?pretty' -d '{
  "query": {
    "query_string": {
      "query": "late"
    }
  }
}'
```

搜索发现了代码清单 3-1 中索引的“Late Night with Elasticsearch”文档。Elasticsearch 通过分析连接了字符串"late"和"Late Night with Elasticsearch"。如图 3-2 所示，当索引"Late Night with Elasticsearch"时，默认的分析器将所有字符转化为小写，然后将字

符串分解为单词。

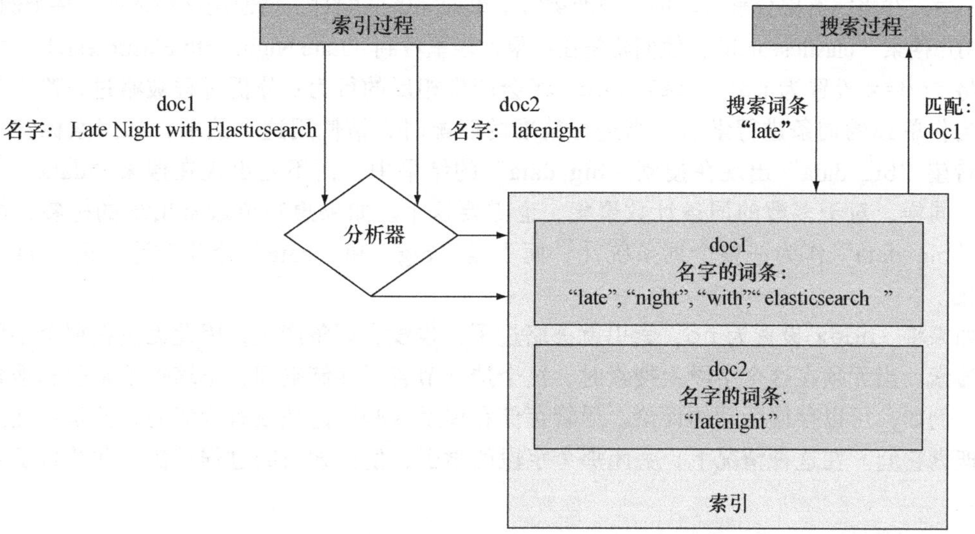

图 3-2 在默认的分析器将字符串分解为词条后，随后的搜索匹配了那些词条

分析过程生成了 4 个词条，即 late、night、with 和 elasticsearch。查询的字符串经过同样的处理过程，但是这次，"late"生成了同样的字符串——"late"。因为查询生成的 late 词条和文档生成的 late 词条匹配了，所以文档（doc1）匹配上了搜索。

定义 一个词条是文本中的一个单词，是搜索的基本单位。在不同的情景下，单词可以意味着不同的事物，例如，它可以是一个名字，也可以是一个 IP 地址。如果只想严格匹配某个字段，应该将整个字段作为一个单词来对待。

另一方面，如果索引"latenight"，默认的分析器只创建了一个词条——latenight。搜索"late"不会命中 doc2 文档，因为它并不包含词条 late。

映射会对这种分析过程起到作用。可以在映射中指定许多分析的选项。例如，可以配置分析，生成原始词条的同义词，这样同义词的查询同样可以匹配。第 5 章将深入分析过程的细节。现在来看看 index 选项，它可以设置为 analyzed（默认）、not_analyzed 或 no。例如，将 name 字段设置为 not_analyzed，映射可能看上去像这样：

```
% curl -XPUT 'localhost:9200/get-together/_mapping/new-events' -d '{
  "new-events" : {
    "properties" : {
      "name": {
        "type" : "string",
        "index" : "not_analyzed"
      }
    }
  }
}'
```

默认情况下，index 被设置为 analyzed，并产生了之前看到的行为：分析器将所有字符转为小写，并将字符串分解为单词。当期望每个单词完整匹配时，请使用这种选项。举个例子，如果用户搜索“elasticsearch”，他们希望在结果列表里看到“Late Night with Elasticsearch”。

将 index 设置为 not_analyzed，将会产生相反的行为：分析过程被略过，整个字符串被当作单独的词条进行索引。当进行精准的匹配时，请使用这个选项，如搜索标签。你可能希望“big data”出现在搜索“big data”的结果中，而不是出现在搜索“data”的结果中。同样，对于多数的词条计数聚集，也需要这个。如果想知道最常出现的标签，可能需要“big data”作为一整个词条统计，而不是“big”和“data”分开统计。第 7 章将探讨聚集。

如果将 index 设置为 no，索引就被略过了，也没有词条产生，因此无法在那个字段上进行搜索。当无须在这个字段上搜索时，这个选项节省了存储空间，也缩短了索引和搜索的时间。例如，可以存储活动的评论。尽管存储和展示这些评论是很有价值的，但是可能并不需要搜索它们。在这种情况下，关闭那个字段的索引，使得索引的过程更快，并节省了存储空间。

在搜索未经过分析的字段时，检查你的查询是否被分析过

对于某些查询，如之前使用的 query_string，分析过程是运用于搜索条件的。了解这种情况是否发生是非常重要的，否则可能产生无法预料的结果。

例如，如果索引“Elasticsearch”而它又没有被分析过，系统就会生成词条 Elasticsearch。像这样查询“Elasticsearch”的时候：

```
curl 'localhost:9200/get-together/new-events/_search?q=Elasticsearch'
```

URI 请求被分析之后，词条 elasticsearch（小写）就会生成。但是索引中并没有词条 elasticsearch。你只有 Elasticsearch（首字母 E 大写），于是不会命中结果。第 4 章将讨论搜索，你将学习哪些查询类型分析了输入的文本，而哪些没有。

接下来看看可以如何索引数字。Elasticsearch 提供很多核心类型来处理数字，我们将它们统称为数值型。

3.2.2 数值类型

数值类型可以是浮点数，也可以是非浮点数。如果不需要小数，可以选择 byte、short、int 或者 long。如果确实需要小数，你的选择是 float 和 double。这些类型对应于 Java 的原始数据类型，对于它们的选择将会影响索引的大小，以及能够索引的取值范围。例如，long 需要 64 位，而 short 只需要 16 位。但是 short 只能存储从–32 768 到 32 767 之间的数字，long 却可以存储其万亿倍的数值。

如果不知道所需要的整型数字取值范围，或者是浮点数字的精度，让 Elasticsearch 自动检测映射更为安全：为整数值分配 `long`，为浮点数值分配 `double`。索引可能变得更大、变得更慢，因为这两种类型占据了更多的空间，但是，在索引的过程中 Elasticsearch 不会发生超出范围的错误。

现在，我们已经阐述了字符串类型和数值类型，接下来看看更为特制的类型——`date`。

3.2.3 日期类型

`date` 类型用于存储日期和时间。它是这样运作的：通常提供一个表示日期的字符串，例如 `2013-12-25T09:00:00`。然后，Elasticsearch 解析这个字符串，然后将其作为 `long` 的数值存入 Lucene 的索引。该 `long` 型数值是从 1970 年 1 月 1 日 00:00:00 UTC（UNIX 纪元）到所提供的时间之间已经过去的毫秒数。

当搜索文档的时候，你仍然提供 `date` 的字符串，在后台 Elasticsearch 将这些字符串解析并按照数值来处理。这样做的原因是和字符串相比，数值在存储和处理时更快。

另一方面，只需要考虑 Elasticsearch 是否理解你所提供的 `date` 字符串。这里 `date` 字符串的数据格式是通过 `format` 选项来定义的，Elasticsearch 默认解析 ISO 8601 的时间戳。

ISO 8601

ISO8601 是一种交流日期和时间相关数据的国际标准，由于 RFC 3339（www.ietf.org/rfc/rfc3339.txt）而广泛运用于时间戳。ISO 8601 日期看上去像这样：

```
2013-10-11T10:32:45.453-03:00
```

它拥有一个良好的时间戳应该具备的要素：信息是从左到右阅读，从最重要的部分到最次要的部分；年份是 4 位数字；时间包含了亚秒和时区。这种时间戳中的大多数信息是可选的；例如，无须给出毫秒，还可以省略整个时间部分。

使用 `format` 选项来指定日期格式的时候，有以下两种选择。

- 使用预定义的日期格式。例如，`date` 格式解析 `2013-02-25` 这样的日期。有很多预定义的格式供选择，可以在 www.elastic.co/guide/reference/mapping/date-format/查阅全部。
- 设置自己定制的格式。可以指定时间戳所遵循的模式。例如，指定 MMMYYYY 来解析 `Jul 2001` 这样的日期。

为了使用所有的日期信息，在代码清单 3-3 中添加一个称为 `weekly-events` 的新映射类型。然后，如代码清单 3-3 所示，增加首次活动的名称和日期，然后为这个日期指定 ISO 8601 的时间戳。同时，添加下次活动的日期字段，并为其设置定制的日期格式。

代码清单 3-3 使用默认的和定制的时间格式

```
curl -XPUT 'localhost:9200/get-together/_mapping/weekly-events' -d '
{
  "weekly-events" : {
    "properties": {
      "next_event": {
        "type": "date",
        "format": "MMM DD YYYY"
      }
    }
  }
}'curl -XPUT 'localhost:9200/get-together/weekly-events/1' -d '
{
  "name": "Elasticsearch News",
  "first_occurence": "2011-04-03",
  "next_event": "Oct 25 2013"
}'
```

定义定制化的日期格式。其他日期是被自动化地检测，无需显示定义

设置标准的日期/时间格式。这里仅仅包含日期，并未指定时间

我们已经讨论过 string、number 和 date。下面继续讨论最后一个核心类型——boolean。就像 date 一样，boolean 也是特制的类型。

3.2.4 布尔类型

boolean 类型用于存储文档中的 true/false（真/假）。例如，你可能期望一个字段表明活动的视频是否可以下载一校。一个样例的文档可以像这样进行索引：

```
% curl -XPUT 'localhost:9200/get-together/new-events/1' -d '{
  "name": "Broadcasted Elasticsearch News",
  "downloadable": true
}'
```

其中 downloadable 字段被自动地映射为 boolean，在 Lucene 的索引中被存储为代表 true 的 T，或者代表 false 的 F。就像日期型，Elasticsearch 解析你在源文档中提供的值，将 true 和 false 分别转化为 T 和 F。

你已经了解了核心的类型——string、numeric、date 和 boolean，可以将这些用于自己的字段中。接下来继续学习数组和多字段，这些使你能够多次使用同一个核心类型。

3.3 数组和多字段

有的时候，在文档中仅仅包括简单的字段-值配对是不够的。有可能在同一个字段中需要拥有多个值。让我们先抛开聚会的例子，看看另一个用例：假设你正在索引博客帖子，为帖子设计了一个标签字段，字段中有一个或者多个标签。这种情况下，需要一个数组。

3.3.1 数组

如果要索引拥有多个值的字段，将这些值放入方括号中，例如：

```
% curl -XPUT 'localhost:9200/blog/posts/1' -d '{
  "tags": ["first", "initial"]
}'
```

这个时候你可能会好奇："我是如何在映射中定义一个数组的？"答案是其实你并没有定义。在这种情况下，映射将标签（tags）字段定义为字符串型，和单个值同样处理。

```
% curl 'localhost:9200/blog/_mapping/posts?pretty'
{
  "blog" : {
    "mappings" : {
      "posts" : {
        "properties" : {
          "tags" : {
            "type" : "string"
          }
        }
      }
    }
  }
}
```

所有核心类型都支持数组，无须修改映射，既可以使用单一值，也可以使用数组。例如，如果下一个博客帖子只有1个标签，可以这样索引：

```
% curl -XPUT 'localhost:9200/blog/posts/2' -d '{"tags": "second"}'
```

对于Lucene内部处理而言，这两者基本是一致的，在同一个字段中索引或多或少的词条，完全取决于你提供了多少个值。

3.3.2　多字段

如果说数组允许你使用同一个设置索引多项数据，那么多字段允许使用不同的设置，对同一项数据索引多次。举个例子，代码清单3-4在帖子类型中使用两种不同的选项来配置tags字段：analyzed、针对每个单词进行匹配，以及not_analyzed、针对完整标签名称的精确匹配。

提示　无须重新索引数据，就能将单字段升级到多字段。如果在运行代码清单3-4之前，就已经创建了string类型的标签字段，那么自动升级就会触发。反其道行之是不可以的，一旦子字段已经存在了，就不能将其抹去。

代码清单3-4　字符串类型的多字段：一次是analyzed，一次是not_analyzed

```
% curl -XPUT 'localhost:9200/blog/_mapping/posts' -d '{
  "posts" : {
    "properties" : {
      "tags" : {
        "type": "string",
        "index": "analyzed",
        "fields": {
```

默认的标签字段是analyzed，将提供的文本转化为小写，并切分为单词

```
          "verbatim": {
            "type": "string",
            "index": "not_analyzed"
          }
        }
      }
    }
  }
}'
```

第二个字段 tags.verbatim 是 not_analyzed，将原有的标签当做单一的词条处理

要搜索 analyzed 版本的标签字段，就像搜索其他字符串一样。如果要搜索 not_analyzed 版本的字段（仅仅精确匹配原有的标签），就要指定完整的路径：tags.verbatim。

多字段和数组字段都允许在单一字段中拥有多个核心类型的值。下面来看看预定义的字段（通常是 Elasticsearch 自己来处理），它们是如何为文档增加新的功能，如自动过期。

3.4　使用预定义字段

Elasticsearch 提供了一些预定义的字段，可以使用并配置它们来增加新的功能。和之前看到的字段相比，这些预定义的字段在 3 个方面有所不同。

- 通常，不用部署预定义的字段，Elasticsearch 会做这件事情。例如，可以使用_timestamp 字段来记录文档索引的日期。
- 它们揭示了字段相关的功能。例如，_ttl（存活时间，time to live）字段使得 Elasticsearch 可以在指定的时间过后删除某些文档。
- 预定义的字段总是以下划线（_）开头。这些字段为文档添加新的元数据，Elasticsearch 将这些元数据用于不同的特性，从存储原始的文档，到存储用于自动过期的时间戳信息。

我们将重要的预定义字段分为以下几种类别。

- 控制如何存储和搜索你的文档。_source 在索引文档的时候，存储原始的 JSON 文档。_all 将所有的字段一起索引。
- 唯一识别文档。有些特别的字段，包含了文档索引位置的数据：_uid、_id、_type 和 _index。
- 为文档增加新的属性。可以使用_size 来索引原始 JSON 内容的大小。类似地，可以使用_timestamp 来索引文档索引的时间，并且使用_ttl 来告知 Elasticsearch 在一定时间后删除文档。这里不讨论它们，因为通常有更好的方法来达到同样的目的（例如，在 3.6.2 节我们将看到，将整个索引设置为过期成本更低），而且这些字段在将来的发布版本中可能被弃用。
- 控制文档路由到哪些分片。相关的字段是_routing 和 parent。我们将在 9.8 节了解_routing，这和扩展有关。在第 8 章中了解_parent，其中我们会探讨文档之间的关系。

3.4.1 控制如何存储和搜索文档

先从_source 开始，它可以在索引中存储文档。还有_all，使用它可以在单个字段上索引所有内容。

1. 存储原有内容的_source

_source 字段按照原有格式来存储原有的文档。这一点可以让你看到匹配某个搜索的文档，而不仅仅是它们的 ID。

_source 字段的 enabled 可以设置为 true 或者 false，来指定是否想要存储原始的文档。默认情况下是 true，在许多情况下这是非常棒的，因为_source 的存在允许你使用其他重要的 Elasticsearch 特性。例如，在本章稍后将学习到，使用更新 API 来更新文档的内容需要使用_source。同样，默认的高亮实现需要_source（关于高亮的更多细节请参考附录 C）。

警告 由于很多功能都依赖于_source 字段，而且从空间和性能的角度来看存储的成本相对低廉，在版本 2.0 中将无法再关闭_source 选项。出于同样的考虑，我们建议不要关闭_source。

为了理解这个字段是如何工作的，来看看当检索某篇之前索引的文档时，Elasticsearch 通常返回什么：

```
% curl 'localhost:9200/get-together/new-events/1?pretty'
[...]
  "_source" : {
  "name": "Broadcasted Elasticsearch News",
  "downloadable": true
```

搜索的时候，同样会获得_source 的 JSON，因为这是默认设置会返回的内容。

2. 仅仅返回源文档的某些字段

当检索或者搜索某篇文档的时候，可以要求 Elasticsearch 只返回特定的字段，而不是整个_source。一种实现的方法是在 fields 参数中提供用逗号分隔的字段列表，例如：

```
% curl -XGET 'localhost:9200/get-together/group/1?pretty&fields=name'
{
  "_index" : "get-together",
  "_type" : "group",
  "_id" : "1",
  "_version" : 1,
  "found" : true,
  "fields" : {
```

```
      "name" : [ "Denver Clojure" ]
    }
  }
```

如果_source 已经被存储,Elasticsearch 从那里获取所需的字段。也可以通过设置 store 选项为 yes 来存储个别的字段。举个例子，如果只需要存储 name 字段，映射看上去可能是这样。

```
% curl -XPUT 'localhost:9200/get-together/_mapping/events_stored' -d '{
  "events_stored": {
    "properties": {
      "name": {
        "type": "string",
        "store": "yes"
      }
    }
  }
}'
```

向 Elasticsearch 请求特定的字段时，这样做可能会很有帮助，原因是相对于检索整个_source 然后再抽取而言，检索单一的存储字段要更快一些，尤其是在文档很大的时候。

注意 当存储单独的字段时，应该考虑到存储的越多，索引越大。更大的索引经常意味着更慢的索引和搜索速度。

就其内部来看，_source 只是另一个 Lucene 中的存储字段。Elasticsearch 将原始的 JSON 存储于其中，然后按需抽取字段的内容。

3. 索引一切的_all

就好像_source 是存储所有的信息，_all 是索引所有的信息。当搜索_all 字段的时候，Elasticsearch 将在不考虑是哪个字段匹配成功的情况下，返回命中的文档。当用户不知道在哪里查询某些内容的时候，这一点非常有用。例如，搜索“elatsticsearch”可能匹配上组名“Elasticsearch Denver”，也可能是其他分组的 elasticsearch 标签。

从 URI 上运行搜索时如果不指定字段名称，系统默认情况下将会在_all 上搜索：

```
curl 'localhost:9200/get-together/group/_search?q=elasticsearch'
```

如果总是在特定的字段上搜索，可以通过设置 enabled 为 false 来关闭_all：

```
"events": {
    "_all": { "enabled": false}
```

如此设置会使得索引的规模变得更小，而且索引操作变得更快。

默认情况下，include_in_all 隐式地设置为 true，每个字段都会包含在_all 之中。可以使用这个选项来控制哪些字段被_all 包含，而哪些不被_all 包含。

```
% curl -XPUT 'localhost:9200/get-together/_mapping/custom-all' -d '{
  "custom-all": {
    "properties": {
      "organizer": {
        "type": "string",
        "include_in_all": false
      }
    }
  }
}'
```

使用 include_in_all 的选项，将赋予你更高的灵活性。灵活性不仅体现在空间存储上，同样体现在查询的表现方式上。如果一次搜索在没有指定字段的情形下运行，Elasticsearch 只会匹配_all 所包含的字段。

下面的一组预定义字段，包括了这些用于识别文档的字段：_index、_type、_id 和_uid。

3.4.2 识别文档

为了识别同一个索引中的某篇文档，Elasticsearch 使用_uid 中的文档类型和 ID 结合体。_uid 字段是由_id 和_type 字段组成，当搜索或者检索文档的时候总是能获得这两项信息：

```
% curl 'localhost:9200/get-together/group/1?fields&pretty'
{
  "_index" : "get-together",
  "_type" : "group",
  "_id" : "1",
  "_version" : 1,
  "found" : true
}
```

现在你可能好奇："为什么 Elasticsearch 要在两个地方存储同样的数据？已经有了_id 和_type，为什么还要_uid？"

由于所有的文档都位于同一个 Lucene 的索引中，Elasticsearch 内部使用_uid 来唯一确定文档的身份。类型和 ID 的分离是一种抽象，通过类型的区分使得针对不同结构的运作更为容易。正是因为如此，_id 通常从_uid 抽取出来，但是_type 必须单独索引，这样当搜索特定类型时，系统才能轻松地根据类型来过滤文档。表 3-2 展示了_uid、_id 和_type 的默认设置。

表 3-2 **_id 和_type 字段的默认设置**

字段名称	是否存储	是否索引	观测
_uid	yes	yes	用于识别整个索引中的某篇文档
_id	no	no	该字段没有被索引，也没有被存储。如果搜索它，实际上使用的是_uid。当你获得了结果，也同样是从_uid 抽取内容
_type	no	not_analyzed	该字段是被索引的，并且生成一个单一的词条。Elasticsearch 用它来过滤指定类型的文档。也可以搜索这个字段

1. 为文档提供 ID

目前为止，多数是通过 URI 的一部分来手动提供 ID。例如，为了索引 ID 为 1st 的文档，运行类似下面的命令：

```
% curl -XPUT 'localhost:9200/get-together/manual_id/1st?pretty' -d '{
  "name": "Elasticsearch Denver"
}'
```

可以在回复中看到 ID：

```
{
  "_index" : "get-together",
  "_type" : "manual_id",
  "_id" : "1st",
  "_version" : 1,
  "created" : true
}
```

或者，也可以依靠 Elasticsearch 来生成唯一的 ID。如果尚无唯一的 ID，或者没有必要通过某种特定的属性来识别文档，这一点就很有帮助。通常而言，当索引应用程序的日志时，你会这么做：这些数据没有唯一的属性来识别它们，而且它们也从不会被更新。

为了让 Elasticsearch 生成 ID，使用 HTTP Post 请求并省去 ID：

```
% curl -XPOST 'localhost:9200/logs/auto_id/?pretty' -d '{
  "message": "I have an automatic id"
}'
```

可以在回复中看到自动生成的 ID：

```
{
  "_index" : "logs",
  "_type" : "auto_id",
  "_id" : "RWdYVcU8Rjyy8sJPobVqDQ",
  "_version" : 1,
  "created" : true
}
```

2. 在文档中存储索引名称

除了 ID 和类型，为了让 Elasticsearch 在文档中存储索引的名称，请使用_index 字段。和_id、_type 一样，可以在搜索或者是 GET 请求的结果中看到_index，它也不是来源于字段的内容。默认情况下_index 是关闭的。

Elasticsearch 知道每个结果来自哪个索引，所以它可以展示_index 的值，但是默认你自己是无法搜索_index 的。下面的命令不会让你发现什么：

```
% curl 'localhost:9200/_search?q=_index:get-together'
```

为了打开_index，要将 enabled 设置为 true。映射看上去像下面这样：

```
% curl -XPUT 'localhost:9200/get-together/_mapping/with_index' -d '{
  "with_index": {
```

```
    "_index": { "enabled": true }
  }
}'
```

如果在这个类型中添加文档，然后重新运行之前的搜索请求，你将会发现新的文档。

注意 正如你已经尝试的，通过索引 URL 来搜索属于特定索引的文档可能很容易。但是在更为复杂的用例中_index 字段可能体现出其价值。例如，对于多租户的环境而言，可能为每位用户创建一个索引。在多个索引中进行搜索时，可以使用_index 字段上的词条聚集来展示每位用户所拥有的文档数量。我们将在第 7 章探讨聚集。

你已经了解了在 Elasticsearch 中，文档是如何映射的。这样，可以通过适合自己案例的方式来进行索引。接下来看看如何修改已经索引过的文档。

3.5 更新现有文档

出于不同的原因，可能需要修改现有的一篇文档。假设需要修改一个聚会分组的组织者。可以索引一篇不同的文档到相同的地方（索引、类型和 ID），但是，如你所想，也可以通过发送 Elasticsearch 所要做的修改，来更新文档。Elasticsearch 的更新 API 允许你发送文档所需要做的修改，而且 API 会返回一个答复，告知操作是否成功。图 3-3 展示了更新的流程。

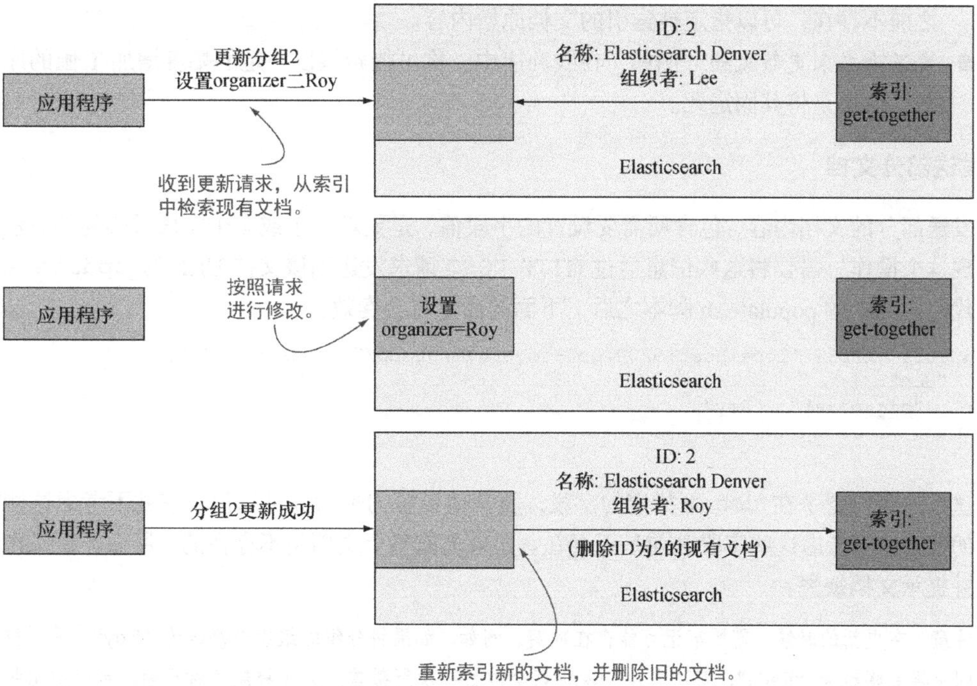

图 3-3 文档的更新包括检索文档、处理文档、并重新索引文档，直至先前的文档被覆盖

如图 3-3 所示，Elasticsearch 进行了如下操作（从上至下）。

- 检索现有的文档。为了使这步奏效，必须打开_source 字段，否则 Elasticsearch 并不知道原有文档的内容。
- 进行指定的修改。例如，如果文档是

  ```
  {"name": "Elasticsearch Denver", "organizer": "Lee"}
  ```

  而你希望修改组织者，修改后的文档应该是

  ```
  {"name": "Elasticsearch Denver", "organizer": "Roy"}
  ```

- 删除旧的文档，在其原有位置索引新的文档（包含修改的内容）。

在本节中，我们将学习使用更新 API 的几种方式，并探究如何使用 Elasticsearch 的版本特性来管理并发。

3.5.1 使用更新 API

首先看看如何更新文档。更新 API 提供了以下几种方法。

- 通过发送部分文档，增加或替换现有文档的一部分。这一点非常直观：发送一个或多个字段的值，当更新完成后，你期望在文档中看到新的内容。
- 如果文档之前不存在，当发送部分文档或者脚本时，请确认文档是否被创建。如果文档之前不存在，可以指定被索引的文档原始内容。
- 发送脚本来更新文档。例如，在线商店中，你可能希望以一定的幅度增加 T 恤的库存数量，而不是将其固定死。

1. 发送部分文档

发送部分的文档内容，包含所需要设置的字段值，是更新一个或多个字段最容易的方法。为了实现这个操作，需要将这些信息通过 HTTP POST 请求发送到该文档 URL 的_update 端点。运行代码样例中的 populate.sh 脚本之后，下面的命令将会奏效：

```
% curl -XPOST 'localhost:9200/get-together/group/2/_update' -d '{
  "doc": {
    "organizer": "Roy"
  }
}'
```

这条命令设置了在 doc 下指定的字段，将其值设置为你所提供的值。它并不考虑这些字段之前的值，也不考虑这些字段之前是否存在。如果之前整个文档是不存在的，那么更新操作会失败，并提示文档缺失。

注意 在更新的时候，需要牢记可能存在冲突。例如，如果将分组的组织者修改为“Roy”，另一位同事将其修改为“Radu”，那么其中一次更新会被另一次所覆盖。为了控制这种局面，可以使用版本功能，本章稍后会讨论这一点。

2. 使用 upsert 来创建尚不存在的文档

为了处理更新时文档并不存在的情况，可以使用 upsert。你可能对于这个来自关系型数据库的单词很熟悉，它是 *up*date 和 in*sert* 两个单词的混成词。

如果被更新的文档不存在，可以在 JSON 的 upsert 部分中添加一个初始文档用于索引。命令看上去是这样的：

```
% curl -XPOST 'localhost:9200/get-together/group/2/_update' -d '
{
  "doc": {
    "organizer": "Roy"
  },
  "upsert": {
    "name" : "Elasticsearch Denver",
    "organizer": "Roy"
  }
}'
```

3. 通过脚本来更新文档

最后，来看看如何使用现有文档的值来更新某篇文档。假设你拥有一家在线商店，索引了一些商品，你想将某个商品的价格增加 10。为了实现这个目标，可使用同样的 API，但是不再提供一篇文档，而是一个脚本。脚本通常是一段代码，包含于发送给 Elasticsearch 的 JSON 中。不过，脚本也可以是外部的。

第 6 章将讨论脚本的更多细节，因为你很可能会使用脚本让搜索结果变得更相关。第 7 章展示如何在聚集中使用脚本，第 10 章会展示如何使得脚本运行得更快。现在，让我们看看一个更新脚本的以下 3 项重要元素。

- 默认的脚本语言是 Groovy。它的语法和 Java 相似，但是作为脚本，其使用更为简单。
- 由于更新要获得现有文档的_source 内容，修改并重新索引新的文，因此脚本会修改_source 中的字段。使用 ctx. _source 来引用_source，使用 ctx. _source[字段名]来引用某个指定的字段。
- 如果需要变量，我们推荐在 params 下作为参数单独定义，和脚本本身区分开来。这是因为脚本需要编译，一旦编译完成，就会被缓存。如果使用不同的参数，多次运行同样的脚本，脚本只需要编译一次。之后的运行都会从缓存中获取现有脚本。相比每次不同的脚本，这样运行会更快，因为不同的脚本每次都需要编译。

代码清单 3-5 中使用 Groovy 脚本将 Elasticsearch 中某件 T 恤的价格增加 10。

注意 由于安全因素，通过 API 运行代码清单 3-5 这样的脚本可能默认被禁止，这取决于所运行的 Elasticsearch 版本。这称为动态脚本，在 elasticsearch.yml 中将 script.disable_dynamic

设置为 false，就可以打开这个功能。替代的方法是，在每个节点的文件系统中或是 .scripts 索引中存储脚本。想要了解更多细节，请参阅脚本模块的文档: www.elastic.co/guide/en/elasticsearch/reference/current/modules-scripting.html。

代码清单 3-5 使用脚本进行更新

```
curl -XPUT 'localhost:9200/online-shop/shirts/1' -d '
{
  "caption": "Learning Elasticsearch",
  "price": 15
}'curl -XPOST 'localhost:9200/online-shop/shirts/1/_update' -d '{
  "script": "ctx._source.price += price_diff",
  "params": {
    "price_diff": 10
  }
}'
```

脚本将价格字段增加了 price_diff 所指定的值

可选的参数部分，用于指定脚本变量的取值

可以看到，这里使用的是 ctx._source.price 而不是 ctx._source['price']。这是指向 price 字段的另一个方法。在 curl 中使用这种方法更容易一些，原因是在 shell 脚本中的单引号转义可能会令人困惑。

既然你已经学习了如何更新一篇文档，接下来看看在多次更新同时发生的情况下，如何管理并发。

3.5.2 通过版本来实现并发控制

如果同一时刻多次更新都在执行，你将面临并发的问题。如图 3-4 所示，在其他更新获取原有文档并进行修改的期间，有可能另一个更新重新索引了这篇文档。如果没有并发控制，第二次的重新索引将会取消第一次更新所做的修改。

幸运的是，Elasticsearch 支持并发控制，为每篇文档设置了一个版本号。最初被索引的文档版本是 1。当更新操作重新索引它的时候，版本号就设置为 2 了。如果与此同时另一个更新将版本设置为 2，那么就会产生冲突，目前的更新也会失败（否则它就会像图 3-4 那样，将另一个更新覆盖）。可以重试这个更新操作，如果不再有冲突，那么版本就会设置为 3。

为了理解这是如何运作的，我们将使用代码清单 3-6 中的代码来重现类似于图 3-5 所示的流程。

（1）索引文档然后更新它（更新 1）。

（2）更新 1 在后台启动，有一定时间的等待（睡眠）。

（3）在睡眠期间，发出另一个 update 的命令（更新 2）来修改文档。变化发送在更新 1 获取原有文档之后、重新索引回去之前。

（4）由于文档的版本已经变为 2，更新 1 就会失败，而不会取消更新 2 所做的修改。这个时候你有机会重试更新 1，然后进行版本为 3 的修改（参见代码清单 3-6）。

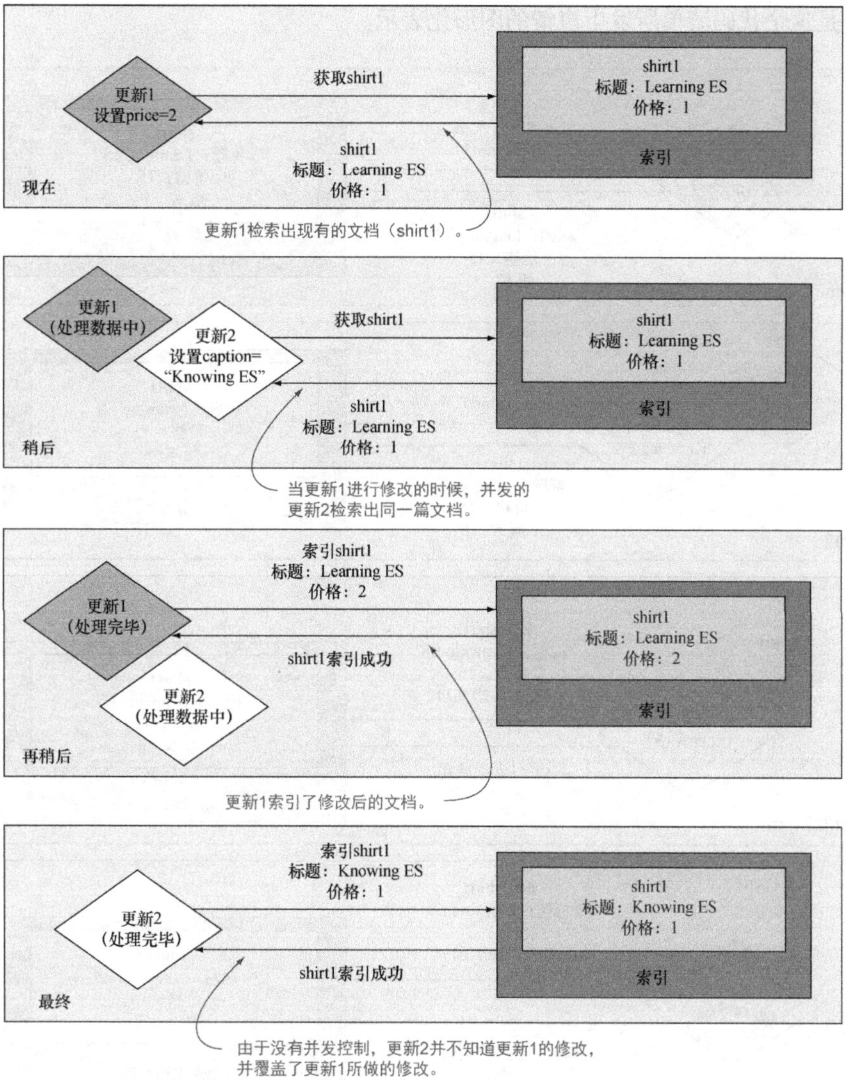

图 3-4 没有并发控制，修改就可能会丢失

代码清单 3-6 通过版本来管理两个并发的更新：其中一个失败了

```
% curl -XPOST 'localhost:9200/online-shop/shirts/1/_update' -d '{
  "script": "Thread.sleep(10000); ctx._source.price = 2"
}' &
% curl -XPOST 'localhost:9200/online-shop/shirts/1/_update' -d '{
  "script": "ctx._source.caption = \"Knowing Elasticsearch\""
}
```

更新 1 等待 10 秒，在后台运行（&）

如果更新 2 在 10 秒内运行完毕，它会迫使更新 1 失败，因为它增加了版本号

图 3-5 是这个代码清单所发生事情的图形化表示。

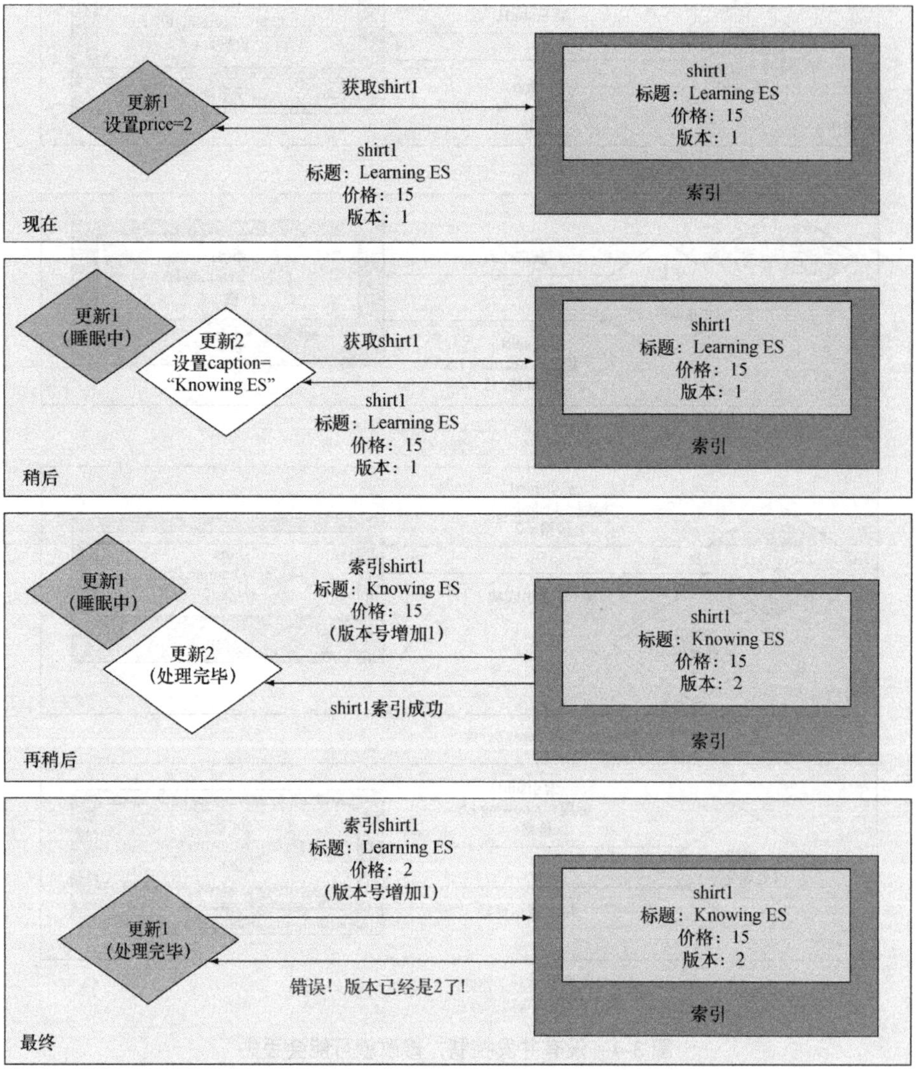

图 3-5 通过版本来控制并发，预防了一个更新覆盖另一个更新

这种并发控制称为乐观锁，因为它允许并行的操作并假设冲突是很少出现的，真的出现时就抛出错误。它和悲观锁是相对的，悲观锁通过锁住可能引起冲突的操作，第一时间预防冲突。

1. 冲突发生时自动重试更新操作

当版本冲突出现的时候，你可以在自己的应用程序中处理。如果是更新操作，可以再次尝试。

但是也可以通过设置 retry_on_conflict 参数，让 Elasticsearch 自动重试。

```
% SHIRTS="localhost:9200/online-shop/shirts"
% curl -XPOST "$SHIRTS/1/_update?retry_on_conflict=3" -d '{
    "script": "ctx. _source.price = 2"
}'
```

2. 索引文档的时候使用版本号

更新文档的另一个方法是不使用更新 API，而是在同一个索引、类型和 ID 之处索引一个新的文档。这样的操作会覆盖现有的文档，这种情况下仍然可以使用版本字段来进行并发控制。为了实现这一点，要设置 HTTP 请求中的 version 参数。其值应该是你期望该文档要拥有的版本号。举个例子，如果你认为现有的版本已经是 3 了，一个重新索引的请求看上去是这样：

```
% curl -XPUT 'localhost:9200/online-shop/shirts/1?version=3' -d '{
  "caption": "I Know about Elasticsearch Versioning",
  "price": 5
}'
```

如果现有的版本实际上不是 3，那么这个操作就会抛出版本冲突异常并失败，就如代码清单 3-6 所描述的那样。

有了版本号，就可以安全的索引和更新文档了。接下来看看如何删除文档。

使用外部版本

目前为止都是使用的 Elasticsearch 的内部版本，每次操作，无论是索引还是更新，Elasticsearch 都会自动地增加版本号。如果你的数据源是另一个数据存储，也许在那里有版本控制系统。例如，一种基于时间戳的系统。这种情况下，除了文档，你可能还想同步版本。

为了使用外部版本，需要为每次请求添加 vertion_type=external，以及版本号：

```
DOC_URL="localhost:9200/online-shop/shirts/1"
curl -XPUT "$DOC_URL?version=101&version_type=external" -d '{
  "caption": "This time we use external versioning",
  "price": 100
}'
```

这将使 Elasticsearch 接受任何版本号，只要比现有的版本号高，而且 Elasticsearch 也不会自己增加版本号。

3.6 删除数据

现在你已经知道如何将数据发送到 Elasticsearch 了，下面看看有哪些选项用于删除某些已经索引的内容。如果已经运行了本章中的代码清单，现在就有一些无用的数据等待清除。我们将学习几种删除数据的方法——至少让这些数据不再拖慢搜索和进一步的索引。

- 删除单个文档或者一组文档。这样做的时候，Elasticsearch 只是将它们标记为删除，所以它们不会再出现于搜索结果中，稍后 Elasticsearch 通过异步的方式将它们彻底地从索引中移出。
- 删除整个索引。这是删除多组文档的特例。但是不同点在于这样做的性能更好。主要的工作就是移除和那个索引相关的所有文件，几乎是瞬间就能完成。
- 关闭索引。尽管这和删除无关，还是值得一提。关闭的索引不允许读取或者写入操作，数据也不会加载到内存。这和删除 Elasticsearch 数据类似，但是索引还是保留在磁盘上。它也很容易恢复，只要再次打开关闭的索引。

3.6.1 删除文档

有几种方式移除单个文档，这里讨论主要的几个。

- 通过 ID 删除单个文档。如果只有一篇文档要删除，而且你知道它的 ID，这样做非常不错。
- 在单个请求中删除多篇文档。如果有多篇文档需要删除，可以在一个批量请求中一次性删除它们，这样比每次只删除一篇文档更快。第 10 章将探讨批量删除，还有批量索引和批量更新。
- 删除映射类型，包括其中的文档。这样的操作会高效地搜索并删除该类型中所索引的全部文档，也包括映射本身。
- 删除匹配某个查询的所有文档。这和删除映射类型相似，内部运行一个查询，并识别需要删除的文档。只有在这里可以指定任何想要的查询，然后删除匹配的文档。

1. 删除单个文档

为了删除单一的文档，需要向其 ULR 发送 HTTP `DELETE` 请求。例如：

```
% curl -XDELETE 'localhost:9200/online-shop/shirts/1'
```

也可以使用版本来管理删除操作的并发，就像索引和更新的并发控制一样。举个例子，假设某款衬衫销售一空，你想移除这篇文档，这样它就不会出现在搜索结果中。但是当时你可能并不知道，新的采购到货了，而且库存数据也已经被更新了。为了避免这种情况，可以在 `DELETE` 请求中加入版本 `version` 参数，就像索引和更新的操作那样。

尽管如此，删除的版本控制还是有个特殊情况。一旦删除了文档，它就不复存在了，于是一个更新操作很容易重新创建该文档，尽管这是不应该发生的（因为更新的版本要比删除的版本更低）。由于外部版本可以用于不存在的文档上，使用外部版本时这个问题尤为突出。

为了防止这样的问题发生，Elasticsearch 将在一段时间内保留这篇文档的版本，如此它就能拒绝版本比删除操作更低的更新操作了。默认情况下这个时间段是 60 秒，对于多数情况而言应该足以了，但是你可以通过设置 elasticsearch.yml 文件中或者是每个索引配置中的 index.gc_deletes 来修改它。在关于管理的第 11 章中，我们将会讨论更多关于索引配置的管理。

2. 删除映射类型和删除查询匹配的文档

你也可以删除整个映射类型，包括映射本身和其中索引的全部文档。要如此操作，需要向 DELETE 请求提供类型的 URL：

```
% curl -XDELETE 'localhost:9200/online-shop/shirts
```

删除类型时需要注意的是，类型名称只是文档中的另一个字段。索引中的所有文档，无论它们属于哪个映射类型，都存放在同一个分片中。当发送前面的命令时，Elasticsearch 只能查询属于那个类型的文档，然后删除它们。当针对删除类型和删除完整索引两者的性能进行比较时，这是很重要的细节。因为删除类型通常要耗费更长的时间和更多的资源。

以同样的方式，可以查询某个类型中所有的文档并删除它们，Elasticsearch 允许通过称为通过查询删除（delete by query）的 API 来指定自己的查询，查找想要删除的文档。使用这个 API 和运行查询类似，除了 HTTP 请求变为 DELETE，而且_search 的端点变为了_query。例如，为了从聚会索引 get-together 中移除所有匹配“Elasticsearch”的文档，可以运行这个命令：

```
% curl -XDELETE 'localhost:9200/get-together/_query?q=elasticsearch'
```

第 4 章将详细介绍普通查询。和那些查询类似，可以通过查询特定的类型、多个类型、索引中的任何地方、多个索引甚至是整个索引，来运行一个删除操作。在全部索引中查询时，通过查询的删除要特别小心。

提示 除了小心之外，你还可以使用备份。我们将在专讲管理的第 11 章讨论备份。

3.6.2 删除索引

正如你所想，为了删除一个索引，需要发送一个 DELETE 请求到该索引的 URL：

```
% curl -XDELETE 'localhost:9200/get-together/'
```

通过提供以逗号分隔的列表，还可以删除多个索引。如果将索引名称改为_all，甚至可以删除全部的索引。

提示 使用 curl -DELETE localhost:9200/_all 会删除所有的文档，听上去是不是很危险？可以设置 elasticsearch.yml 中的 action.destructive_requires_name: true 来预防这种情况的发生。这会使得 Elasticsearch 在删除的时候拒绝_all 参数，以及索引名称中的通配符。

删除索引是很快的，因为它基本上就是移除了和索引分片相关的文件。和删除单独的文档相比，删除文件系统中的文件更快。这样操作的时候，文件只是被标记为已删除。在分段进行合并时，它们才会被移除。这里的合并是指将多个 Lucene 小分段组合为一个更大分段的过程。

分段与合并

一个分段是建立索引的时候所创建的一块 Lucene 索引（按照 Elasticsearch 的术语，也称作分片）。当你索引新的文档时，其内容不会添加到分段的尾部，而只会创建新的分段。由于删除操作只是将文档标记为待删除，所以分段中的数据也从来不会被移除。最终，更新文档意味着重新索引，数据就永远不会被修改。

当 Elasticsearch 在分片上进行查询的时候，Lucene 需要查询它所有的分段，合并结果，然后将其返回——就像查询同一索引中多个分片的过程。就像分片那样，分段越多，搜索请求越慢。

你可能已经想到，日常的索引操作会产生很多这样的小分段。为了避免一个索引中存在过多的分段，Lucene 定期将分段进行合并。

合并文档意味着读取它们的内容（除了被删除的文档），然后利用组合的内容创建新的、更大的分段。这个过程需要资源，尤其是 CPU 和磁盘的 I/O。幸运的是，合并操作是异步运行的，Elasticsearch 也允许配置相关的若干选项。第 12 章将讨论更多关于这些选项的内容，那里你将学习如何提升索引、更新和删除操作的性能。

3.6.3 关闭索引

除了删除索引，还可以选择关闭它们。如果关闭了一个索引，就无法通过 Elasticsearch 来读取和写入其中的数据，直到再次打开它。当使用应用日志这样的流式数据时，此操作非常有用。你会在第 9 章了解到，将流式数据以基于时间的索引方式来存储是非常棒的主意。例如，每天创建一个索引。

在现实世界中，最好永久地保存应用日志，以防要查看很久之前的信息。另一方面，在 Elasticsearch 中存放大量数据需要增加资源。对于这种使用案例，关闭旧的索引非常有意义。你可能并不需要那些数据，但是也不想删除它们。

为了关闭在线商店的索引，发送 HTTP POST 请求到该索引 URL 的_close 端点：

```
% curl -XPOST 'localhost:9200/online-shop/_close'
```

为了再次打开，要运行类似的命令，只是将端点换为_open：

```
% curl -XPOST 'localhost:9200/online-shop/_open'
```

一旦索引被关闭，它在 Elasticsearch 内存中唯一的痕迹是其元数据，如名字以及分片的位置。如果有足够的磁盘空间，而且也不确定是否需要在那个数据中再次搜索，关闭索引要比删除索引更好。关闭它们会让你非常安心，永远可以重新打开被关闭的索引，然后在其中再次搜索。

3.6.4 重新索引样本文档

第 2 章使用了本书的代码样例来索引文档。运行其中的 populate.sh 脚本，删除本章中已经创建的 get-together 索引，然后重新索引样本文档。如果查阅了 populate.sh 脚本和 mapping.json 中的映射定义，你将认识本章所讨论的不同类型的字段。

某些映射和索引选项，如分析设置，将在后面的章节进行介绍。现在，运行 populate.sh 来为第 4 章准备 get-together 索引，我们将要探索搜索功能。代码样例提供了用于搜索的样本数据。

3.7 小结

在继续学习之前，看看本章中所探讨的内容。

- 映射定义了文档中的字段，以及这些字段是如何被索引的。我们说 Elasticsearch 是无须模式（schema）的，因为映射是自动扩展的，不过在实际生产中，需要经常控制哪些被索引，哪些被存储，以及如何存储。
- 文档中的多数字段是核心类型，如字符串和数值。这些字段的索引方式对于 Elasticsearch 的表现以及搜索结果的相关性有着很大的影响。例如，第 5 章介绍的分析设置。
- 单一字段也可以包含多个字段或取值。我们了解了数组和多字段，它们让你在单一字段中拥有同一核心类型的多个实例。
- 除了用于文档的字段，Elasticsearch 还提供了预定义的字段，如_source 和_all。配置这些字段将修改某些你并没有显式提供给文档的数据，但是对于性能和功能都有很大影响。例如，可以决定哪些字段需要在_all 里索引。
- 由于 Elasticsearch 在 Lucene 分段里存储数据，而分段一旦创建就不会修改，因此更新文档意味着检索现存的文档，将修改放入即将索引的新文档中，然后删除旧的索引。
- 当 Lucene 分段异步合并时，就会移除待删的文档。这也是为什么删除整个索引要比删除单个或多个文档要快——索引删除只是意味着移除磁盘上的文件，而且无须合并。
- 在索引、更新和删除过程中，可以使用文档版本来管理并发问题。对于更新而言，如果因为并发问题而导致更新失败了，可以告诉 Elasticsearch 自动重试。

第 4 章 搜索数据

本章主要内容

- Elasticsearch 搜索请求和响应的结构
- Elasticsearch 过滤器，以及它们和查询的区别
- 过滤器的位集合和缓存
- 使用 Elasticsearch 所支持的查询和过滤器

目前为止，我们已经探索了如何将数据放入 Elasticsearch，现在来讨论下如何将数据从 Elasticsearch 中拿出来，那就是通过搜索。毕竟，如果不能搜索数据，那么将其放入搜索引擎的意义又何在呢？幸运的是，Elasticsearch 提供了丰富的接口来搜索数据，涵盖了 Lucene 所有的搜索功能。因为 Elasticsearch 允许构建搜索请求的格式很灵活，请求的构建有无限的可能性。要了解哪些查询和过滤器的组合适用于你的数据，最佳的方式就是进行实验，因此不要害怕在项目的数据上尝试这些组合，这样才能弄清哪些更适合你的需求。

可搜索的数据

本章将再次使用聚会网站所生成的数据集，在之前的样例中我们已经接触了这些数据。该数据集包含两种不同类型的文档：分组（group）和活动（event）。为了学习样例和进行你自己的查询，下载并运行 populate.sh 的脚本来构造一个 Elasticsearch 索引。首次运行脚本将会创建样例。如果想紧跟本书的内容，请再次运行这个脚本。

若要下载脚本，请参考本书的源代码。

一开始会讨论对于所有搜索请求和结果都通用的模块，这样你就可以理解在普通情况下，搜索请求和结果看上去长什么样子。然后我们继续讨论查询和作为搜索 API 主要元素之一的过滤器 DSL。接下来讨论查询和过滤器的区别，然后是一些最常用的过滤器和查询。如果你对 Elasticsearch 如何计算文档得分的细节感到好奇，不要着急，第 6 章将对此进行探讨，那里都是关于搜索的相关性。最后，我们提供了一个快速而简易的指南，对于特定应用，它可以帮助你选

择查询和过滤器组合的类型。如果感觉有太多类型的查询和过滤器，那么直接来看看这个指南吧。

在开始之前，先看看在执行 Elasticsearch 搜索的时候，都发生了些什么（见图 4-1）。REST API 搜索请求被发送到所连接的节点，该节点根据要查询的索引，将这个请求依次发送到所有的相关分片（主分片或者副本分片）。从所有分片收集到足够的排序和排名信息之后，只有包含所需文档的分片才被要求返回相关内容。

这种搜索路由的行为是可以配置的。图 4-1 展示了默认的行为，称为查询后获取（query_then_fetch）。之后在第 10 章我们将介绍如何改变这个行为。现在先看看所有 Elasticsearch 搜索请求所共有的基本结构。

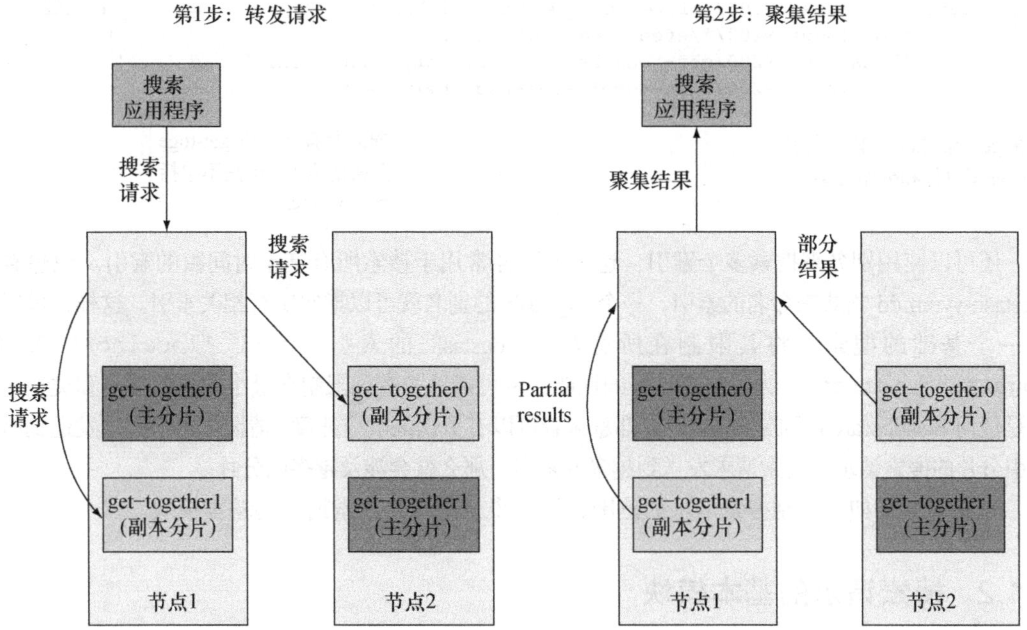

图 4-1 搜索请求是如何路由的。索引包含两个分片，每个分片有一个副本分片。在给文档定位和评分后，只会获取排名前 10 的文档

4.1 搜索请求的结构

Elasticsearch 的搜索是基于 JSON 文档或者是基于 URL 的请求。请求被发送到服务器，由于所有搜索请求遵循同样的格式，理解对于每个搜索请求所能修改的模块，是非常有帮助的。在讨论不同的模块之前，我们需要探讨搜索请求的范围。

4.1.1 确定搜索范围

所有的 REST 搜索请求使用`_search`的 REST 端点，既可以是 `GET` 请求，也可以是 `POST`

请求。既可以搜索整个集群，也可以通过在搜索 URL 中指定索引或类型的名称来限制范围。代码清单 4-1 提供了搜索 URL 的样例，它们用于限制搜索的范围。

代码清单 4-1 在 URL 中限制搜索的范围

```
% curl 'localhost:9200/_search' -d '...'
% curl 'localhost:9200/get-together/_search' -d '...'
% curl 'localhost:9200/get-together/event/_search' -d '...'
% curl 'localhost:9200/_all/event/_search' -d '...'
% curl 'localhost:9200/*/event/_search' -d '...'
% curl 'localhost:9200/get-together,other/event,group/_search' -d '...'
% curl 'localhost:9200/+get-toge*,-get-together/_search' -d '...'
```

- 搜索整个集群（第 1 行）
- 搜索 get-together 索引（第 2 行）
- 在 get-together 索引中搜索事件类型（第 3 行）
- 在全部索引中搜索所有的事件类型（第 4、5 行）
- 在 get-together 和其他索引中搜索事件和分组类型（第 6 行）
- 搜索所有名字以 get-toge 开头的索引，但是不包括 get-together（第 7 行）

还可以使用别名来搜索多个索引。这个方法经常用于搜索所有基于时间戳的索引。想想看以 logstash-yymmdd 格式来命名的索引，一个 logstash 的别名就可以指向所有相关索引。这样，可以进行一个基础的搜索，将其限制在所有基于 logstash 的索引：`curl 'localhost:9200/logstash/_search'`。为了获得更好的性能，尽可能地将查询限制在最小数量的索引和类型，原因是任何 Elasticsearch 不必搜索的内容都意味着可以有更快的响应速度。请记住每个必须发送到所有索引分片的搜索请求。搜索请求发送到越多的索引，那么就会涉及越多的分片。

现在知道了如何限制搜索请求的范围，下一步就是讨论搜索请求的基本模块。

4.1.2 搜索请求的基本模块

一旦选择了要搜索的索引，就需要配置搜索请求中最为重要的模块。这些模块涉及文档返回的数量，选择最佳的文档返回，以及配置不希望哪些文档出现在结果中。

- `query`——这是搜索请求中最重要的组成部分，它配置了基于评分返回的最佳文档，也包括了你不希望返回哪些文档。该模块使用查询 DSL 和过滤器 DSL 来配置。一个例子就是使用标题中的关键词“elasticsearch”来搜索全部的事件，限定到了今年的事件。
- `size`——代表了返回文档的数量。
- `from`——和 `size` 一起使用，`from` 用于分页操作。需要注意的是，为了确定第 2 页的 10 项结果，Elasticsearch 必须要计算前 20 个结果。如果结果集合不断增加，获取某些靠后的翻页将会成为代价高昂的操作。
- `_source`——指定`_source` 字段如何返回。默认是返回完整的`_source` 字段。通过配置`_source`，将过滤返回的字段。如果索引的文档很大，而且无须结果中的全部内容，就使用这个功能。请注意，如果想使用它，就不能在索引映射中关闭_source 字段。请参考下面的注意事项，来看看使用 field 和_source 之间的区别。

- sort——默认的排序是基于文档的得分。如果并不关心得分，或者期望许多文档的得分相同，添加额外的 sort 将帮助你控制哪些文档被返回。

注意 在 Elasticsearch 的版本 1 之前，field 是用于过滤返回字段的组件。这还是可能的，其行为就是返回可用的存储字段。如果没有存储的字段可使用，字段就从源（source）获取。如果在索引中没有显示地存储字段，最好使用_source 模块。如果使用了_source 过滤，Elasticsearch 就没有必要在获取_source 中的字段之前，首先检查存储的字段。

1. 结果起始和页面大小

命名适宜的 from 和 size 字段，用于指定结果的开始点，以及每“页”结果的数量。举个例子，如果发送的 from 值是 7，size 值是 5，那么 Elasticsearch 将返回第 8、9、10、11 和 12 项结果（由于 from 参数是从 0 开始，指定 7 就是从第 8 项结果开始）。如果没有发送这两个参数，Elasticsearch 默认从第一项结果开始（第 0 项结果），在回复中返回 10 项结果。有两种不同的方式向 Elasticsearch 发送搜索请求。

下一节会讨论如何发送基于 URL 的搜索请求。之后将讨论基于请求主体的搜索请求。刚刚讨论的搜索请求基本模块在这两种方式下都可以使用。

2. 基于 URL 的搜索请求

这个部分将使用之前讨论的 4 个基本模块来创建基于 URL 的搜索请求。基于 URL 的搜索对于快速的 curl 请求而言是非常有用的。并非所有的搜索特性都是可以用在基于 URL 的搜索中。在代码清单 4-2 中，搜索请求将会搜索所有的活动，不过只需要第 2 页的 10 项结果。

代码清单 4-2 使用 from 和 size 参数来实现结果分页

```
% curl 'localhost:9200/get-together/_search?from=10&size=10'
```

请求匹配了所有文档，URL 中发送了 from 和 size 参数

代码清单 4-3 创建了搜索请求，返回默认的前 10 个活动，不过是按照活动日期的升序来排列的。如果需要，可以综合这两个搜索请求的配置。尝试同样的搜索请求，将排序换为降序（desc），检查一下活动的排序是否发生改变。

代码清单 4-3 改变结果的顺序

```
% curl 'localhost:9200/get-together/_search?sort=date:asc'
```

请求匹配了所有文档，但是默认返回前 10 项结果，按照日期的升序排列

代码清单 4-4 限制了回复中的 source 字段。假想一下，你只需要活动的标题和日期。此外，你希望活动按照日期排序。这里配置了_source 模块，只请求了标题和日期。在下一章中，当我们讨论基于请求主体的搜索时，将会解释更多关于_source 的选项。代码清单 4-4 中的回复展示了 1 个命中结果。

代码清单 4-4 在你期望的回复中限制 source 的字段

```
% curl 'localhost:9200/get-together/_search?sort=date:asc&_source=title,date'
{
  _"index": "get-together",
  _"type": "event",
  _"id": "114",
  _"score": null,
  _"source": {
       "date": "2013-09-09T18:30",
       "title": "Using Hadoop with Elasticsearch"
    },
    "sort": [
       1378751400000
    ]
}
```

请求匹配所有的文档，但是默认只返回前 10 项结果，这些结果按照日期升序排列。你只想要 2 个字段：标题和日期

展示回复中的 1 个命中结果

文档得分是 null，原因是你正在使用 sort 参数，因此不会为文档计算分数

被过滤后的_source 文档目前只包含过滤的字段

目前为止，只用了 match_all 查询来创建搜索请求。查询和过滤器的 DSL 将在 4.2 节中探讨。但是下面这件事情还是非常重要的，那就是如何创建基于 URL 的搜索请求，从而只返回标题中含有“elasticsearch”字样的文档。同样，这里按照日期来排序。请注意 q=title:elasticsearch 部分。这里指定了在标题字段中查询关键词“elasticsearch”，如代码清单 4-5 所示。

代码清单 4-5 更改结果的排序

```
% curl 'localhost:9200/get-together/
_search?sort=date:asc&q=title:elasticsearch'
```

请求匹配了所有标题中含有“elasticsearch”字样的活动

使用 q=表明你希望在搜索请求中提供一个查询。使用 title:elasticsearch 表明了正在 title 字段中查找关键词“elasticsearch”。

请自己尝试这个查询，并且检视返回的内容，其中只会包含标题有“elasticsearch”字样的活动。尽量尝试其他的关键词和字段。此外，还可以在一个查询中组合所提到的搜索 API 模块。

现在你已经适应了使用 URL 的搜索请求，接下来将学习基于请求主体的搜索请求。

4.1.3 基于请求主体的搜索请求

前一节展示了如何在基于 URL 的查询中使用基础的搜索请求模块。如果使用命令行模式，这是一种与 Elasticsearch 交互很好的方式。当执行更多高级搜索的时候，采用基于请求主体的搜索会使得你拥有更多的灵活性和选择性。即使是使用基于请求主体的搜索，某些模块同样可以通过 URL 来提供。由于前一节已经讨论了所有基于 URL 的配置，因此在本节中我们将集中讨论请求主体。代码清单 4-6 中的例子匹配了 get-together 索引所有的文档，并搜索了其中的第二页。

代码清单 4-6 使用 from 和 size 参数来实现结果分页

```
% curl 'localhost:9200/get-together/_search' -d '{
  "query": {
    "match_all": {}
  },
  "from": 10,      <- 返回从第 10 项开始的结果
  "size": 10       <- 总共返回最多 10 个结果
}'
```

你可能注意到了“query”部分，这是每个查询中的一个对象，现在还不用担心"match_all"部分。在 4.2 节有关查询和过滤器 DSL 的内容中，我们将探讨这个。

1. 结果中返回的字段

下一个所有搜索请求共享的元素是对于每个匹配文档而言，Elasticsearch 所应该返回的字段列表。这是通过在搜索请求中发送_source 模块来指定的。如果请求中没有指定_source，Elasticsearch 默认返回整个_source，或者，如果_source 没有存储，那么就只返回匹配文档的元数据：_id、_type、_index 和_score。

代码清单 4-7 使用了之前的查询，返回了每个匹配分组的 name 和 date 字段。

代码清单 4-7 过滤返回的_source 内容

```
% curl 'localhost:9200/get-together/_search' -d '{
  "query": {
    "match_all": {}
  },
  "_source": ["name", "date"]    <- 搜索回复中返回名字和日期字段
}'
```

2. _source 返回字段中的通配符

你不仅可以返回字段列表，还可以指定通配符。例如，如果想同时返回"name"和 "nation"字段，可以这样配置_source: "na*"。也可以使用通配字符串的数组来指定多个通配符，例如_source:["name.*", "address.*"]。

不仅可以指定哪些字段需要返回，还可以指定哪些字段无须返回。代码清单 4-8 给出了一个例子。

代码清单 4-8 通过 include 和 exclude 过滤返回的_source 内容

```
% curl 'localhost:9200/get-together/_search' -d '{
  "query": {
    "match_all": {}
  },
  "_source": {
    "include": ["location.*", "date"],    <- 在搜索回复中返回以 location 开头的字段和日期字段
    "exclude": ["location.geolocation"]   <- 不要返回 location.geolocation 字段
  }
}'
```

3. 结果的排序

大多搜索最后涉及的元素都是结果的排序（sort）。如果没有指定 sort 排序选项，Elasticsearch 返回匹配的文档的时候，按照_score 取值的降序来排列，这样最为相关的（得分最高的）文档就会排名在前。为了对字段进行升序或降序排列，指定映射的数组，而不是字段的数组。通过在 sort 中指定字段列表或者是字段映射，可以在任意数量的字段上进行排序。例如，使用之前的组织者搜索，返回结果时可以先按照创建日期来排序，从最老的开始。然后根据 get-together 分组的名字来排序，按照倒排的字母顺序。最后，按照_score 得分来排序，如代码清单 4-9 所示。

代码清单 4-9 按照日期（升序）、名称（降序）和_score 来排列的结果

```
% curl 'localhost:9200/get-together/_search' -d '{
  "query": {
    "match_all": {}
  },
  "sort": [
    {"created_on": "asc"},    <- 首先按照创建日期来排序，从最老的到最新的
    {"name": "desc"},         <- 然后按照分组的名称来排序，按倒排的字母顺序
    "_score"                  <- 最终，按照相关性得分（_score）来排序
  ]
}'
```

在多值和分析字段上排序 当在多值字段（如 tags）上排序时，你无法知道排序怎样使用这些数值。系统将选择一个值来参加排序，但是你不知道是哪个。对于分析过的字段而言，同样如此。一个经过分析的字段，通常也会产生多个词条。因此最好根据非分析或者数值型字段来进行排序。

4. 实践中的基础模块

现在我们已经涵盖了基本的搜索模块，代码清单 4-10 展示了一个搜索请求的样例，使用了所有的基础模块。

代码清单 4-10 使用 4 个元素的查询：范围、分页、字段和排序

```
% curl 'localhost:9200/get-together/group/_search' -d'
{
  "query": {
    "match_all": {}
  },
  "from": 0,     <- 从第 1 个（第 0 个）结果开始
  "size": 10,    <- 总共返回 10 个结果
  "_source": ["name", "organizer", "description"],  <- 包含了分组名称、组织者和分组描述
  "sort": [{"created_on": "desc"}]   <- 按照 created_on 字段的降序来排列
}'
```

在深入查询和过滤器 API 的细节之前，需要先了解另一项内容：搜索回复的结构。

4.1.4 理解回复的结构

接下来看一个搜索的样例，以及其结果响应是什么样子。代码清单 4-11 搜索了关于“elasticsearch”的分组。为了简洁，这里使用了基于 URL 的搜索。

代码清单 4-11 样例搜索请求和回复

```
% curl 'localhost:9200/_search?q=title:elasticsearch&_source=title,date'
{
  "took": 2,
  "timed_out": false,
  "_shards": {
    "total": 2,
    "successful": 2,
    "failed": 0
  },
  "hits": {
    "total": 7,
    "max_score": 0.9904146,
    "hits": [
      {
        "_index": "get-together",
        "_type": "event",
        "_id": "103",
        "_score": 0.9904146,
        "_source": {
          "date": "2013-04-17T19:00",
          "title": "Introduction to Elasticsearch"
        }
      },
      {
        "_index": "get-together",
        "_type": "event",
        "_id": "105",
        "_score": 0.9904146,
        "_source": {
        "date": "2013-07-17T18:30",
        "title": "Elasticsearch and Logstash"
        }
      },
      ...
    ]
  }
}
```

- 查询所用的毫秒数（took）
- 表明是否有分片超时，也就是说是否只返回了部分结果（timed_out）
- 成功响应该请求和未能成功响应该请求的分片数量（_shards）
- 回复中包含了命中（hits）的键，其值是命中文档的数组（hits）
- 该搜索请求所有匹配结果的数量（total）
- 这个搜索结果中的最大得分（max_score）
- 命中（hits）关键词元素中的命中文档数组（hits）
- 结果文档的索引（_index）
- 结果文档的 Elasticsearch 类型（_type）
- 结果文档的 ID（_id）
- 结果的相关性得分（_score）
- 请求的 _source 字段（本例中是标题和日期）
- 其他的命中结果，为了简洁这里略去（...）

请记住，如果没有存储文档的`_source`或者是`fields`，那么将无法从 Elasticsearch 中获取数值！

现在你已经熟悉了搜索请求的基本模块，还有一个模块尚未仔细探讨，那就是查询和过滤器 DSL。这是有意为之的，因为这个话题实在是太大了，需要单独的一节来讨论。

4.2 介绍查询和过滤器 DSL

前一节介绍了一个搜索请求的基本模块。我们谈及了返回项目的数量，以及使用 from 和 size 参数来支持分页功能。我们也讨论了排序和过滤返回的源字段。这个章节将解释尚未充分讨论的基础模块，就是查询部分。目前为止，你已经使用了 match_all 这个基本的查询模块。请查阅代码清单 4-12 来看看它是如何运作的。

代码清单 4-12 使用请求主体的基本搜索请求

```
% curl 'localhost:9200/get-together/_search' -d '{
  "query": {                          <-- 搜索 API 中的查询模块
    "match_all": {}     <-- 查询 API 的基本样例
  }
}'
```

本节将使用一个 match 查询来替换 match_all 查询，并且将使用查询 DSL 中的过滤查询，在搜索请求中添加过滤器 DSL 中的 term 过滤器。此后，我们深入细节，看看过滤器和查询之间的区别。接下来是看看某些其他的基本查询和过滤器。最后使用复合查询和其他更高级的查询、过滤器来总结本节。在讨论分析器之前，我们先帮你选择合适的查询。

4.2.1 match 查询和 term 过滤器

目前为止所进行的几乎所有搜索请求都是返回全部的文档。本节将展示两种方法来限制返回文档的数量。我们从一个 match 查询开始，它会发现主题含有“Hadoop”单词的分组。代码清单 4-13 展示了这个搜索请求。

代码清单 4-13 match 查询

```
% curl 'localhost:9200/get-together/event/_search' -d '{
  "query": {
    "match": {                        <-- match查询展示了如何搜索标题中有“hadoop”字样的活动
      "title": "hadoop"    <-- 注意查询单词“Hadoop”是以小写的 h 开头
    }
  }
}'
```

查询总共返回了 3 个活动。回复的结构在之前的 4.1.4 节有所解释。如果是依照本书的样例，请看看第一个匹配文档的得分。首个匹配文档的标题是“Using Hadoop with Elasticsearch.”。该文档的得分是 1.3958796。可以修改搜索关键词“Hadoop”，使用大写的 H 开头。结果是一样的。如果不相信读者自己可以试试看。

现在假想你拥有一个站点，按照组织者（host）将活动进行分组，这样就可以获得一个漂亮的聚集列表，包括每个组织者的活动数量。点击 Andy 组织的活动，会找到所有 Andy 组织的活动。可以通过匹配查询来创建一个搜索请求，在 host 字段中查找 Andy。如果创建了该搜索请求并执行了它，你将看到 Andy 组织了 3 个活动，得分都一样。你可能会问：“为什么？”请阅读第 6 章，看看评分机制是如何运作的。现在是时候介绍过滤器了。

过滤器和本章讨论的查询类似，但是它们在评分机制和搜索行为的性能上，有所不同。不像查询会为特定的词条计算得分，搜索的过滤器只是为“文档是否匹配这个查询”，返回简单的“是”或“否”的答案。图 4-2 展示了查询和过滤器之间的主要差别。

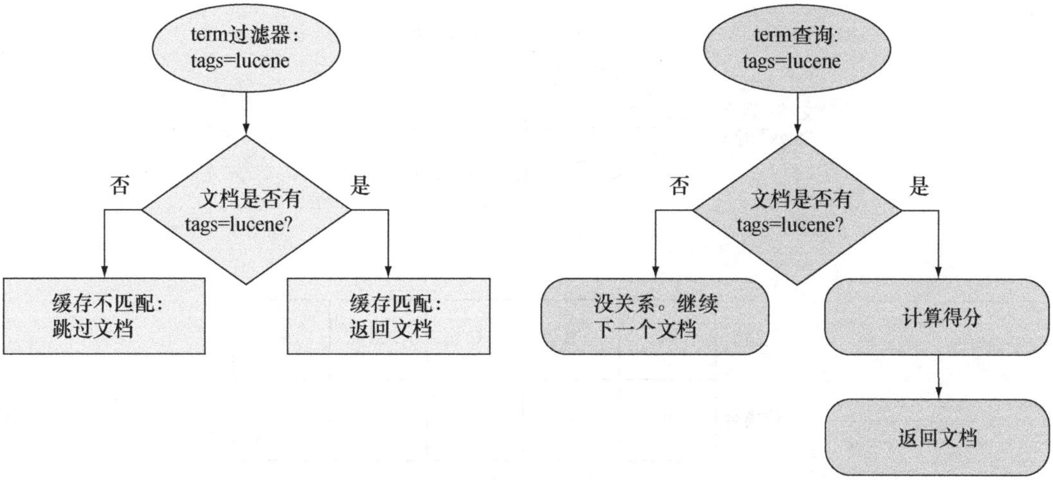

图 4-2 由于不计算得分，过滤器所需的处理更少，并且可以被缓存

由于这个差异，过滤器可以比普通的查询更快，而且还可以被缓存。使用过滤器的搜索和使用查询的普通搜索是非常相似的，但是需要将查询替换为"filtered"映射，包含原始的查询和需要应用的过滤器，如代码清单 4-14 所示。在查询的 DSL 中，这种查询被称为过滤查询。过滤查询包括两个模块：查询和过滤器。

代码清单 4-14 使用过滤器的查询

```
% curl 'localhost:9200/get-together/_search' -d '
{
  "query": {
    "filtered": {
      "query": {
        "match": {
          "title": "hadoop"
        }
      },
      "filter": {
        "term": {
          "host": "andy"
        }
      }
    }
  }
}'
```

- 查询类型，这里指定了一个附上过滤器的查询
- 查询搜索了标题中含有“hadoop”字样的活动
- 额外的过滤器将查询结果限制为 andy 组织的活动。注意 andy 中的 a 是小写。在下一章有关分析的内容中我们会解释其原因

这里使用了普通查询来发现匹配了“hadoop”的活动，但是除了关键词“Hadoop”的查询，还有一个过滤器用于限制活动的搜索结果。在这个特定的 filter 部分，一个 term 过滤器运用在所有文档上来寻找组织者为"andy"的文档。在幕后，Elasticsearch 建立了一个位集合（bitset），这是一个位的二进制集合，表示某个文档是否匹配过滤器。图 4-3 展示了位集合。

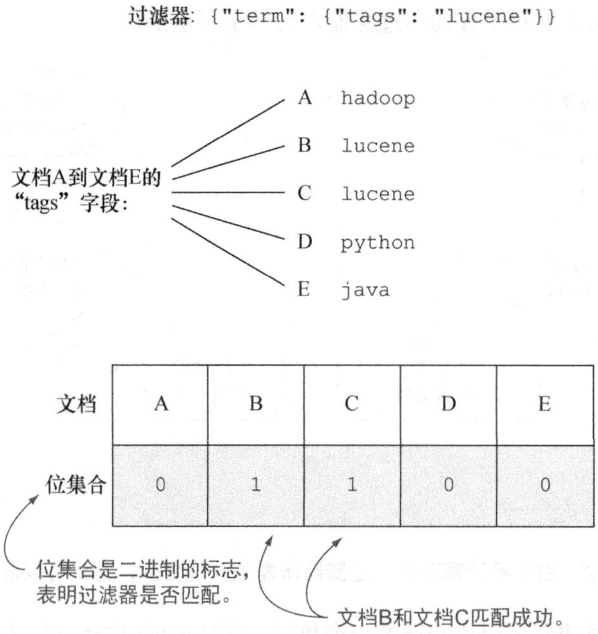

图 4-3 过滤结果在位集合中缓存，使得后续处理运行更快

创建位集合之后，Elasticsearch 现在可以使用它来进行过滤（这也是其名字的由来），根据搜索的查询部分排除掉不应该被搜索到的文档。过滤器限制了需要计算得分的文档数量。根据查询，仅仅是有限的文档集合才需要计算得分。因此，加入过滤器要比在同一个搜索中融入整个查询要快得多。根据使用过滤器的种类，Elasticsearch 可以在位集合中缓存结果。如果过滤器用于另外一个搜索请求，位集合就没有必要再次计算了！

对于其他类型的过滤器，如果 Elasticsearch 可以预见它们不会再被使用，或者是位集合重新创建的成本微乎其微，那么这些过滤器就不会自动地被缓存。一个很难被缓存的查询样例是限定在最近一小时的文档。当你执行这个查询的时候，每秒结果都在发生变化，因此没有理由去缓存它。此外，Elasticsearch 允许用户手动指定一个过滤器是否应该被缓存。所有这些都使得加入过滤器后的搜索更快。因此，如果可以你应该将部分查询转化为过滤器。

在讨论搜索加速的第 10 章，我们将重温位集合，来解释它们运作的细节，以及是如何影响性能的。现在你理解了什么是过滤器，接下来将讨论几种不同类型的过滤器和查询，并在数据上进行一些搜索。

4.2.2 常用的基础查询和过滤器

在 Elasticsearch 中有多种方法进行查询，使用哪种方法更好取决于数据是如何在索引中存储的。在本节中，你将学习 Elasticsearch 所支持的不同类型查询，并针对每个查询进行尝试。我们会评估使用每个查询的利与弊，并提供性能说明，这样你可以决策哪种查询更符合自己的数据。

本章的前几节已经介绍了一些查询和过滤器。从返回所有文档的 match_all 查询开始，然后是根据某个字段中出现的关键词进行限定的 match 查询，再就是根据某个字段中词条进行限定的 term 过滤器。虽然尚未正式讲述但是已经使用的查询是 query_string。这是用在基于 URL 的搜索中。稍后本节会讨论更多细节。

本节将重新介绍这些查询，不过会引入更多高级选项。我们还会看看更为高级的查询和过滤器，如 range 过滤器、prefix 查询和 simple_query_string 查询。先从最简单的查询 match_all 开始。

1. match_all 查询

先让你猜猜这个查询是干什么的。对了！它会匹配所有的文档。这个 match_all 查询在如下两个场景非常有用：你希望使用过滤器（可能完全不关心文档的得分）而不是查询的时候；或者是希望返回被搜索的索引和类型中全部的文档。查询看上去就像下面这样：

```
% curl 'localhost:9200/_search' -d '
{
  "query" : {
    "match_all" : {}
  }
}'
```

为了在搜索中使用过滤器，而不是普通的查询，查询应该看上去像下面这样（过滤器的细节略去了）：

```
% curl 'localhost:9200/get-together/_search' -d '
{
  "query": {
    "filtered": {
      "query": {
        "match_all": {}
      },
      "filter": {
        ... filter details ...
      }
    }
  }
}'
```

很简单，不是吗？可是对于搜索引擎而言不是非常有用，因为用户很少会搜索全部的内容。

你甚至可以让搜索请求更简单，将 match_all 查询作为默认设置。这样，如此应用场景下的查询元素可以被完全忽略。下面来看看更有价值的查询。

2. query_string 查询

第 2 章使用了 query_string 查询来了解一台 Elasticsearch 服务器启动并运行是多么的简单，但是这里将再次讨论更多的细节，这样读者就可以理解它和其他查询有什么异同。

在代码清单 4-15 中，一个 query_string 查询既可以通过 URL 来执行，也可以通过请求主体来发送。这个例子搜索了包含“nosql”的文档。查询应该返回一篇文档。

代码清单 4-15 query_string 搜索的样例

```
% curl -XGET 'localhost:9200/get-together/_search?q=nosql&pretty'

% curl -XPOST 'http://localhost:9200/get-together/_search?pretty' -d '
{
  "query" : {
    "query_string" : {
      "query" : "nosql"
    }
  }
}'
```

通过 URL 参数发送 query_string 搜索

通过请求主体发送同样的 query_string 搜索

默认情况下，query_string 查询将会搜索_all 字段。还记得第 3 章曾经介绍过，_all 字段是由所有字段组合而成。如果需要修改这一点，可以通过查询来设置字段，如 description:nosql，或者是通过请求来设置 default_field，如代码清单 4-16 所示。

代码清单 4-16 为 query_string 搜索指定默认的字段 default_field

```
% curl -XPOST 'localhost:9200/_search' -d '
{
  "query" : {
    "query_string" : {
      "default_field" : "description",
      "query" : "nosql"
    }
  }
}'
```

由于查询中没有指定字段，所以使用了默认字段（description）

正如你所想，这种语法所提供的不只是搜索单个关键词那么简单。其内部是整个 Lucene 的查询语法，允许使用 AND 和 OR 这样的布尔操作符来组合词条的搜索，还可以使用减号（-）操作符在结果集合中排除文档。下面的查询搜索了所有名称中含有“nosql”的分组，但是排除了那些描述中有“mongodb”的结果：

```
name:nosql AND -description:mongodb
```

可以使用如下命令查询所有于 1999 年到 2001 年期间创建的搜索和 Lucene 分组：

```
(tags:search OR tags:lucene) AND created_on:[1999-01-01 TO 2001-01-01]
```

query_string 注意事项

尽管 query_string 是 Elasticsearch 中可用的最强有力的查询之一，但有的时候它也是最难阅读和扩展的查询之一。允许用户使用该语法配置自己的查询，听上去可能是很诱人的，但是请考虑解释复杂查询含义的难度，例如，下面这个：

```
name:search^2 AND (tags:lucene OR tags:"big data"~2) AND -
description:analytics AND created_on:[2006-05-01 TO 2007-03-29]
```

query_string 查询的一个显著缺点是，它实在是太强大了，允许网站的用户拥有如此的权利，可能让 Elasticsearch 集群承担风险。如果用户输入了格式错误的查询，他们将得到返回的异常。通过组合还有可能返回所有的东西，让集群充满风险。请看看前面的注意事项。

针对 query_string 查询，建议的替换方案包括 term，terms，match 或者 multi_match 查询，这些允许你在文档的一个或多个字段中搜索字符串。另一个良好的替换方案是 simple_query_string 查询。这意味着通过+、-、AND 和 OR 来更容易地使用查询语法。下面几节会介绍更多有关这些查询的内容。

3. term 查询和 term 过滤器

term 查询和过滤器是可执行的查询中最简单的几个，它们让你可以指定需要搜索的文档字段和词条。请注意，由于被搜索的词条是没有经过分析的，文档中的词条必须要精确匹配才能作为结果返回。第 5 章将讨论分词（token），作为 Elasticsearch 索引的独立文本片段，是如何被分析的。如果对 Lucene 很熟悉，了解词条（term）查询是直接对应于 Lucene 的 TermQuery 这一点会很有帮助。

代码清单 4-17 展示了一个 term 查询，它搜索了标签为 elasticsearch 的分组。

代码清单 4-17 词条查询的样例

```
% curl 'localhost:9200/get-together/group/_search' -d '
{
  "query": {
    "term": {
      "tags": "elasticsearch"
    }
  },
  "_source": ["name", "tags"]
}'
{
    ...
        "hits": [
            {
                "_id": "3",
                "_index": "get-together",
                "_score": 1.0769258,
                "_type": "group",
```

```
                "_source": {
                    "name": "Elasticsearch San Francisco",
                    "tags": [
                        "elasticsearch",
                        "big data",
                        "lucene",
                        "open source"
                    ]
                }
            },
            {
                "_id": "2",
                "_index": "get-together",
                "_score": 0.8948604,
                "_type": "group",
                "_source": {
                    "name": "Elasticsearch Denver",
                    "tags": [
                        "denver",
                        "elasticsearch",
                        "big data",
                        "lucene",
                        "solr"
                    ]
                }
            }
        ],
    ...
}
```

由于这两个结果的标签包含了关键词“elasticsearch”，所以它们被返回

和 term 查询相似，还可以使用 term 过滤器来限制结果文档，使其包含特定的词条，不过无须计算得分。比较代码清单 4-17 和代码清单 4-18 的文档得分，会发现过滤器没有进行计算，因此也没有影响得分。由于使用了 match_all 查询，所有文档的得分都是 1.0。

代码清单 4-18　词条过滤器的样例

```
% curl 'localhost:9200/get-together/_search' -d '
{
  "query": {
    "filtered": {
      "query": {
        "match_all": {}
      },
      "filter": {
        "term": {
          "tags": "elasticsearch"
        }
      }
    }
  },
  "_source": ["name", "tags"]
}'
{
```

和之前的查询一致，但是这次使用了过滤器

```
...
    "hits": [
        {
            "_id": "3",
            "_index": "get-together",
            "_score": 1.0,                                    <--
            "_type": "group",
            "_source": {
                "name": "Elasticsearch San Francisco",
                "tags": [
                    "elasticsearch",
                    "big data",
                    "lucene",
                    "open source"
                ]
            }
        },
        {
            "_id": "2",
            "_index": "get-together",
            "_score": 1.0,                                    <--
            "_type": "group",
            "_source": {
                "name": "Elasticsearch Denver",
                "tags": [
                    "denver",
                    "elasticsearch",
                    "big data",
                    "lucene",
                    "solr"
                ]
            }
        }
    ]
...
}
```

现在文档得分是常数了，原因是使用了过滤器，而不是查询

4．terms 查询

和 term 查询类似，terms 查询（注意这里多一个 s）可以搜索某个文档字段中的多个词条。例如，代码清单 4-19 搜索了标签含有“jvm”或“hadoop”的分组。

代码清单 4-19　使用多词条查询搜索多个词条

```
% curl 'localhost:9200/get-together/group/_search' -d '
{
  "query": {
    "terms": {
      "tags": ["jvm", "hadoop"]      <-- 搜索的多个词条
    }
  },
  "_source": ["name", "tags"]
}'
```

```
{
    ...
        "hits": [
            {
                "_id": "1",
                "_index": "get-together",
                "_score": 0.33779633,
                "_type": "group",
                "_source": {
                    "name": "Denver Clojure",
                    "tags": [
                        "clojure",
                        "denver",
                        "functional programming",
                        "jvm",
                        "java"
                    ]
                }
            },
            {
                "_id": "4",
                "_index": "get-together",
                "_score": 0.22838624,
                "_type": "group",
                "_source": {
                    "name": "Boulder/Denver big data get-together",
                    "tags": [
                        "big data",
                        "data visualization",
                        "open source",
                        "cloud computing",
                        "hadoop"
                    ]
                }
            }
    ...
}
```

发现其中一个匹配标签

对于和查询相匹配的文档，可以强制规定每篇文档中匹配词条的最小数量，为了实现这一点请指定 minimum_should_match 参数：

```
% curl 'localhost:9200/get-together/group/_search' -d '
{
  "query": {
    "terms": {
      "tags": ["jvm", "hadoop", "lucene"],
      "minimum_should_match": 2
    }
  }
}'
```

"等等！这样操作太受限制了！"如果你正在仔细思考就会好奇，当需要将多个查询合并为一个查询时，究竟该怎么办。在关于复合查询的 4.3 节中，我们会讨论更多多词条查询合并的内容。

4.2.3　match 查询和 term 过滤器

和 term 查询类似，match 查询是一个散列映射，包含了希望搜索的字段和字符串。字段既可以是单独一个，也可以是特殊的搜索所有字段的_all。这里是 match 查询的一个例子，它搜索了 name 中含有“elasticsearch”的分组。

```
% curl 'localhost:9200/get-together/group/_search' -d '
{
  "query": {
    "match": {
      "name": "elasticsearch"
    }
  }
}'
```

match 查询可以有多种行为方式。最常见的是布尔（boolean）和词组（phrase）。

1. 布尔查询行为

默认情况下，match 查询使用布尔行为和 OR 操作符。例如，如果搜索文本“Elasticsearch Denver”，Elasticsearch 会搜索“Elasticsearch OR Denver”，同时匹配“Elasticsearch Amsterdam”和“Denver Clojure Group”聚会分组。

为了搜索同时包含“Elasticsearch”和“Denver”关键词的结果，将 match 字段的 name 修改为一个映射，并将 operator 字段设置为 and，达到改变操作符的目的。

```
% curl 'localhost:9200/get-together/_search' -d '
{
  "query": {
    "match": {
      "name": {                                  <-- 对于 name 的值，使用映射，而不是字符串
        "query": "Elasticsearch Denver",         <-- 在 query 的键里指定要搜索的字符串
        "operator": "and"                        <-- 使用 and 操作符，而不是默认的 or 操作符
      }
    }
  }
}'
```

match 查询的第二个重要行为是作为 phrase 查询。

2. 词组查询行为

在文档中搜索指定的词组时，phrase 查询是非常有用的，每个单词的位置之间可以留有余地。这种余地称作 slop，用于表示词组中多个分词之间的距离。假设你试图记起某个聚会分组的名字，只记得“Enterprise”和“London”两个词，但是不记得名字其余的部分了。你可以搜索词组“enterprise london”，将 slop 设置为 1 或者 2，而不是默认的 0，如此一来，没有必要知道分组的精确标题，就可以寻找包含该词组的结果。

```
% curl 'localhost:9200/get-together/group/_search' -d'
{
  "query": {
    "match": {
      "name": {
        "type": "phrase",                          <- 使用 match_phrase 查询，而不是普通的 match 查询
        "query": "enterprise london",
        "slop": 1                                  <- 将 slop 设置为 1，告诉 Elasticsearch 允许词条之间有间隔
      }
    }
  },
  "_source": ["name", "description"]
}'
...
{
    "_id": "5",
    "_index": "get-together",
    "_score": 1.7768369,
    "_type": "group",
    "_source": { "description": "Enterprise search get-togethers are an
➥    opportunity to get together with other people doing search.",
      "name": "Enterprise search London get-together"   <- 匹配字段中的“enterprise”和“london”被一个单词分隔
    }
}
...
```

4.2.4 phrase_prefix 查询

和 match_phrase 查询类似，phrase_prefix 查询可以更进一步搜索词组。不过它是和词组中最后一个词条进行前缀匹配。对于提供搜索框里的自动完成功能而言，这个行为是非常有用的，这样用户输入搜索词条的时候就能获得提示。当使用这种行为的搜索时，最好通过 max_expansions 来设置最大的前缀扩展数量，如此一来就可以在合理的时间内返回搜索结果。

在下面的例子中，phrase_prefix 查询使用的是“elasticsearch den”。Elasticsearch 使用“den”文本进行前缀匹配，查找所有 name 字段，发现那些以“den”开始的取值（如“Denver”）。由于产生的结果可能是个很大的集合，需要限制扩展的数量。

```
% curl 'localhost:9200/get-together/group/_search' -d '
{
  "query": {
    "match": {
      "name": {
        "type": "phrase_prefix",                   <- 使用 phrase_prefix 查询，而不是普通的 phrase 查询
        "query": "Elasticsearch den",              <- 匹配字段，需要包含“Elasticsearch”和另一个以“den”开头的词条
        "max_expansions": 1                        <- 指定最大的前缀扩展数量
      }
    }
  },
  "_source": ["name"]
}'
...
{
    "_id": "2",
```

```
        "_index": "get-together",
        "_score": 2.7294521,
        "_type": "group",
        "_source": {
            "name": "Elasticsearch Denver"
        }
    }
    ...
```

bool 查询和 phrase 查询对于接受用户输入来说是很好的选择。它们允许你以不容易出错的方式传送用户的输入，而且 match 查询不像 query_string 查询那样，很难处理+、-、?和!这样的保留字符。

使用 multi_match 来匹配多个字段

尽管很容易联想到，multi_match 查询和搜索单字段中多个匹配的词条查询，它们的行为表现会非常相像，但是两者的行为还是有细微的区别。多字段匹配允许你搜索多个字段中的值。在聚会的案例中，这一点非常有用，可以同时在分组的名称和描述中搜索某个字符串。

```
% curl 'localhost:9200/get-together/_search' -d'
{
  "query": {
    "multi_match": {
      "query": "elasticsearch hadoop",
      "fields": [ "name", "description" ]
    }
  }
}'
```

就像 match 查询可以转化为 phrase 查询、prefix 查询或者 phrase_prefix 查询，multi_match 查询可以转化为 phrase 查询或者 phrase_prefix 查询，方法是指定 type 键。除了可以指定的搜索字段是多个而不是单独一个之外，你可以将 multi_match 查询当作 match 查询使用。

通过所有这些不同的 match 查询，几乎可以搜索全部的东西。这也是为什么对于大多数使用案例而言，match 查询及其相关的查询被认为是核心的查询类型。我们强烈建议尽可能地使用它们。对于剩下的情况，我们会讨论 Elasticsearch 所支持的一些其他类型的查询。

4.3 组合查询或复合查询

在学习和使用不同类型的查询后，你可能会发现需要组合查询类型，这里需要 Elasticsearch 的 bool 查询。

4.3.1 bool 查询

bool 查询允许你在单独的查询中组合任意数量的查询，指定的查询子句表明哪些部分是必须（must）匹配、应该（should）匹配或者是不能（must_not）匹配上 Elasticsearch 索引里的数据。

- 如果指定 bool 查询的某部分是 must 匹配，只有匹配上这些查询的结果才会被返回。
- 如果指定了 bool 查询的某部分是 should 匹配，只有匹配上指定数量子句的文档才会被返回。
- 如果没有指定 must 匹配的子句，文档至少要匹配一个 should 子句才能返回。
- 最后，must_not 子句会使得匹配其的文档被移出结果集合。

表 4-1 列出了 3 个子句和它们对应的二元操作。

表 4-1　bool 查询的子句类型

bool 查询字句	等价的二元操作	含义
must	为了组合多个子句，使用二元操作 and (query1 AND query2 AND query3)	在 must 子句中的任何搜索必须匹配上文档，小写的 and 是功能，大写的 AND 是操作符
must_not	使用二元操作 not 组合多个子句	在 must_not 子句中的任何搜索不能是文档的一部分，多个子句通过 not 二元操作符进行组合（NOT query1 AND NOT query2 AND NOT query3）
should	使用二元操作 or 组合多个子句 (query1 OR query2 OR query3)	在 should 子句中搜索，可以匹配也可以不匹配一篇文档，但是匹配数至少要达到 minimum_should_match 参数所设置的数量（如果没有使用 must 那么默认是 1，如果使用了 must 默认是 0）。和二元操作 OR 类型（query1 OR query2 OR query3）类似

通过一个例子，理解 must、should 和 must_not 之间的区别会更容易一些。代码清单 4-20 搜索 David 所参加的活动，这个活动也需要 Clint 或者 Andy 参加，而且不能是 2013 年 6 月 30 日之前的。

代码清单 4-20　使用 bool 查询组合多个子查询

```
% curl 'localhost:9200/get-together/_search' -d'
{
  "query": {
    "bool": {
      "must": [
        {
          "term": {
            "attendees": "david"
          }
        }
      ],
      "should": [
        {
          "term": {
            "attendees": "clint"
          }
        },
```

结果文档必须（must）匹配的查询

文档应该（should）匹配的首个查询

```
        {
          "term": {
            "attendees": "andy"
          }
        }
      ],
      "must_not": [
        {
          "range" :{
            "date": {
              "lt": "2013-06-30T00:00"
            }
          }
        }
      ],
      "minimum_should_match": 1
    }
  }
}'
{
    "_shards": {
        "failed": 0,
        "successful": 2,
        "total": 2
    },
"max_score": 0.56109595,
    "total": 1,
    "hits": {
        "hits": [
            {
                "_id": "110",
                "_index": "get-together",
                "_score": 0.56109595,
                "_type": "event",
                "_source": {
                    "attendees": [
                        "Andy",
                        "Michael",
                        "Ben",
                        "David"
                    ],
                    "date": "2013-07-31T18:00",
                    "description": "Discussion about the Microsoft
                    Azure cloud and HDInsight.",
                    "host": "Andy",
                    "location": {
                        "geolocation": "40.018528,-105.275806",
                        "name": "Bing Boulder office"
                    },
                    "title": "Big Data and the cloud at Microsoft"
                }
            }
        ],
    },
```

文档应该（should）匹配的第二个查询

结果文档不能（must_not）匹配的查询

最小的 should 子句匹配数，满足这个数量文档才能作为结果返回

```
    "timed_out": false,
    "took": 67
}
```

4.3.2　bool 过滤器

bool 查询的过滤器版本和查询版本表现基本一致，只是它组合的是过滤器，而不是查询。之前样例的过滤器版本如代码清单 4-21 所示。

代码清单 4-21　使用 bool 过滤器组合子过滤器

```
% curl 'localhost:9200/get-together/_search' -d'
{
  "query": {
    "filtered": {
      "query": {
        "match_all": {}
      },
      "filter": {
        "bool": {
          "must": [
            {
              "term": {
                "attendees": "david"
              }
            }
          ],
          "should": [
            {
              "term": {
                "attendees": "clint"
              }
            },
            {
              "term": {
                "attendees": "andy"
              }
            }
          ],
          "must_not": [
            {
              "range" :{
                "date": {
                  "lt": "2013-06-30T00:00"
                }
              }
            }
          ]
        }
      }
    }
  }
}'
```

在代码清单 4-20 的 bool 查询中，可以看到查询版本的 minimum_should_match 设置，对于 should 子句而言，它设置了结果返回所需匹配的最小数量。在代码清单 4-21 中，bool 过滤器不支持这个属性，而是使用了默认值 1。

改善 bool 查询

这里提供的 bool 查询略显做作，但是它包含了所有 3 个 bool 查询选项，即 must、should 和 must_not。可以像下面这样，以更好的形式重写这个布尔查询。

```
% curl 'localhost:9200/get-together/_search' -d'
{
  "query": {
    "bool": {
      "must": [
        {
          "term": {
            "attendees": "david"
          }
        },
        {
          "range" :{
            "date": {
              "gte": "2013-06-30T00:00"    <-- gte 表示大于或者等于
            }
          }
        },
      {
          "terms": {
            "attendees": ["clint", "andy"]
          }
        }
      ]
    }
  }
}'... same results as the previous query ...
```

请注意，这个查询比之前的查询更为短小。通过将 range 查询从 lt（少于）转化为 gte（大于或等于），你可以将其从 must_not 部分转移到 must 部分。也可以将两个分离的 should 查询合并为一个 terms 查询，而不是单独两个 term 查询。现在可以将取值为 1 的 minimum_should_match 和 should 子句替换掉，将 terms 查询也移入 must 子句。Elasticsearch 拥有灵活的查询语言，所以当发送查询到 Elasticsearch 的时候，不用担心，尽管尝试不同的查询组成方式吧。

有了 bool 查询和 bool 过滤器，可以组合任何数量的查询和过滤器。现在我们可以回到 Elasticsearch 所支持的其他类型的查询。你已经学习了词条查询，但是如果希望 Elasticsearch 分析所发送的数据时，又该怎样处理呢？匹配查询正是你所需要的。

注意 minimum_should_match 选项的默认值有一些隐藏的特性。如果指定了 must 子句，minimum_should_match 默认值为 0。如果没有指定 must 子句，默认值就是 1。

4.4 超越 match 和过滤器查询

目前所讨论的通用查询，如 query_string 和 match 匹配查询，对于搜索框前的用户而言是非常有用的。因为你可以使用用户所输入的关键词，立即运行一个查询。

为了缩减搜索的范围，某些用户界面在搜索框的旁边还引入了其他的元素，如日历小插件，有了它就可以搜索新创建的分组，或者是复选框，过滤已经选址的活动。

4.4.1 range 查询和过滤器

这个 range 查询和过滤器的含义是不言而喻的，它们查询介于一定范围之内的值，适用于数字、日期甚至是字符串。

为了使用范围查询，需要指定某个字段的上界和下界值。例如，为了搜索索引中所有在 2012 年 6 月 1 日到 9 月 1 日之间创建的活动，请使用下面的查询：

```
% curl 'localhost:9200/get-together/_search' -d '
{
  "query": {
    "range": {
      "created_on": {
        "gt": "2012-06-01",
        "lt": "2012-09-01"
      }
    }
  }
}'
```

使用 gt（大于）和 lt（小于）指定日期范围

或者使用下面的过滤器：

```
% curl 'localhost:9200/get-together/_search' -d '
{
  "query": {
    "filtered": {
      "query": {
        "match_all": {}
      },
      "filter": {
        "range": {
          "created_on": {
            "gt": "2012-06-01",
            "lt": "2012-09-01"
          }
        }
      }
    }
  }
}'
```

使用 match_all，可以省略查询部分，这是默认设置

在 created_on 字段上搜索 6 月 1 日之后创建的……

……而且是 9 月 1 日前创建的

请参考表 4-2，查看其他参数 gt、gte、lt 和 lte 的含义。

表 4-2 range 查询的参数

参数	含义
gt	搜索大于某值的字段，不包括该值本身
gte	搜索大于某值的字段，包括该值本身
lt	搜索小于某值的字段，不包括该值本身
lte	搜索小于某值的字段，包括该值本身

range 查询同样支持字符串的范围，所以如果想搜索聚会中所有"c"和"e"之间的分组，可以使用下面的搜索：

```
% curl 'localhost:9200/get-together/_search' -d '
{
  "query": {
    "range": {
      "name": {
        "gt": "c",
        "lt": "e"
      }
    }
  }
}'
```

使用 range 查询时，请仔细考虑一下过滤器是否为更好的选择。由于在查询范围之中的文档是二元的匹配（“是的，文档在范围之中”或者“不是，文档不在范围之中”），range 查询不必是查询。为了获得更好的性能，它应该是过滤器。如果不确定使用查询还是过滤器，请使用过滤器。在 99%的用例中，使用 range 过滤器是正确的选择。

4.4.2 prefix 查询和过滤器

和 term 查询类似，prefix 查询和过滤器允许你根据给定的前缀来搜索词条，这里前缀在搜索之前是没有经过分析的。例如，为了在索引中搜索以“liber”开头的全部活动，使用下面的查询：

```
% curl 'localhost:9200/get-together/event/_search' -d '
{
  "query": {
    "prefix": {
      "title": "liber"
    }
  }
}'
```

而且，类似地，你可以使用过滤器而不是普通的查询，语法几乎相同：

```
% curl 'localhost:9200/get-together/event/_search' -d '
```

```
{
  "query": {
    "filtered": {
      "query": {
        "match_all": {}
      },
      "filter": {
        "prefix": {
          "title": "liber"
        }
      }
    }
  }
}'
```

但是稍等！如果发送同样的请求，不是使用“liber”，而是“Liber”，那会发生什么呢？由于在发送之前，搜索前缀是不会被分析的，如此操作将无法找到索引中小写的词条。这是由 Elasticsearch 分析文档和查询的方式引起的，第 5 章将深入探讨这些。鉴于此种行为，如果用户输入的部分词条也是索引的一部分，那么 prefix 查询对于该词条的自动完成而言是很好的选择。例如，当现有的类目已知的时候，可以提供一个类目输入框。如果用户正在输入索引中的词条，可以取出搜索框里输入的文本，将其转换为小写，然后使用 prefix 查询来看看有哪些结果显示出来。一旦 prefix 查询有匹配的结果，可以将它们作为用户输入时的提示。但是如果需要分析词条，或者是希望结果中有一定的模糊性，可能最好还是使用 match_phrase_prefix 查询作为自动完成的功能。我们将在附录 F 中讨论更多关于建议和建议器的内容。

4.4.3 wildcard 查询

你可能会将 wildcard 查询作为正则表达式的搜索方式，但是实际上，wildcard 查询更像是 shell 通配符 globbing 的工作方式。例如，运行

```
ls *foo?ar
```

会匹配“myfoobar”“foocar”和“thefoodar”这样的单词。

使用字符串可以让 Elasticsearch 使用*通配符替代任何数量的字符（也可以不含）或者是使用?通配符替代单个字符。

例如，“ba*n”的查询会匹配“bacon”“barn”“ban”和“baboon”，这是因为*号可以匹配任何字符序列，而查询“ba?n”只会匹配“barn”，因为？任何时候都需要匹配一个单独字符。代码清单 4-22 展示了这些 wildcard 查询在新的 wildcard-test 索引上的使用。

也可以混合使用多个*和?字符来匹配更为复杂的通配模板。但是请记住，当字符串被分析后，默认情况下空格会被去除，如果空格没有被索引，那么?是无法匹配上空格的。

代码清单 4-22 通配符查询的样例

```
% curl -XPOST 'localhost:9200/wildcard-test/doc/1' -d '
{"title":"The Best Bacon Ever"}'
```

```
% curl -XPOST 'localhost:9200/wildcard-test/doc/2' -d'
{"title":"How to raise a barn"}'

% curl 'localhost:9200/wildcard-test/_search' -d'
{
  "query": {
    "wildcard": {
      "title": {
        "wildcard": "ba*n"      <-- “ba*n”会匹配 bacon 和 barn
      }
    }
  }
}'
{
  ...
    "hits" : [ {
      "_index" : "wildcard-test",
      "_type" : "doc",
      "_id" : "1",
      "_score" : 1.0, "_source" : {"title":"The Best Bacon Ever"}
    }, {
      "_index" : "wildcard-test",
      "_type" : "doc",
      "_id" : "2",
      "_score" : 1.0, "_source" : {"title":"How to raise a barn"}
    } ]
  ...
}

% curl 'localhost:9200/wildcard-test/_search' -d '
{
  "query": {
    "wildcard": {
      "title": {
        "wildcard": "ba?n"      <-- “ba?n”只会匹配 barn，不会匹配 bacon
      }
    }
  }
}'
{


  ...
    "hits" : [ {
      "_index" : "wildcard-test",
      "_type" : "doc",
      "_id" : "2",
      "_score" : 1.0, "_source" : {"title":"How to raise a barn"}
    } ]
  ...
}
```

使用这种查询时，需要注意的是 wildcard 查询不像 match 等其他查询那样轻量级。查询词条中越早出现通配符（*或者?），Lucene 和 Elasticsearch 就需要做更多的工作来进行匹配。例如，对于查询词条“h*”，Elasticsearch 必须匹配所有以“h”开头的词条。如果词条是“hi*”，Elasticsearch 只需搜索所有“hi”开头的词条，这是“h”开头的词条集合的子集，规模更小。考虑到额外开支和性能问题，在实际生产环境中使用 wildcard 查询之前，请先在你的数据副本上仔细测试这些查询！在关于搜索相关性的第 6 章，我们将讨论另一种类似的查询，即 regexp 查询。

4.5 使用过滤器查询字段的存在性

当查询 Elasticsearch 的时候，我们有时需要搜索缺乏某个字段或缺失某个字段值的全部文档。例如，在 get-together 索引中，可能想要搜索没有评价的所有分组。另一方面，你也许想搜索拥有某个字段的全部文档，无论字段的内容是什么。这是 exists 和 missing 过滤器的由来，它们都是过滤器而不是普通的查询。

4.5.1 exists 过滤器

正如其名，exists 过滤器允许你过滤文档，只查找那些在特定字段有值的文档，无论其值是多少。exists 过滤器看上去是这样的：

```
% curl 'localhost:9200/get-together/_search' -d '
{
  "query": {
    "filtered": {
      "query": {
        "match_all": {}
      },
      "filter": {
        "exists": { "field": "location.geolocation" }
      }
    }
  }
}'
... only documents with the location.geolocation field are returned ...
```

也可以使用 missing 过滤器。

4.5.2 missing 过滤器

missing 过滤器让你可以搜索字段里没有值，或者是映射时指定的默认值的文档（也叫作 null 值，即映射里的 null_value）。为了搜索缺失 reviews 字段的文档，可以使用下面这样的过滤器：

```
% curl 'localhost:9200/get-together/_search' -d '
{
  "query": {
    "filtered": {
```

```
        "query": {
          "match_all": {}
        },
        "filter": {
          "missing": {
            "field": "reviews",      <-- 发现完全缺失 reviews 字段的文档
            "existence": true,
            "null_value": true
          }
        }
      }
    }
}'
```

如果想扩展过滤器，让完全缺失字段和拥有 null_value 字段的文档匹配上，可以为 existence 和 null_value 字段指定布尔值。返回的内容包括了拥有字段值为 null_value 的文档，如代码清单 4-23 所示。

代码清单 4-23 为 existence 和 null_value 字段设置布尔值

```
% curl 'localhost:9200/get-together/_search' -d '
{
  "query": {
    "filtered": {
      "query": {
        "match_all": {}
      },
      "filter": {
        "missing": {
          "field": "reviews",      <-- 再次查找缺失 reviews 字段的文档
          "existence": false,      <-- 匹配 reviews 字段存在的文档
          "null_value": true       <-- 匹配 reviews 字段的值为 null_value 的文档
        }
      }
    }
  }
}'
```

默认情况下，missing 和 exists 过滤器都被缓存。

4.5.3 将任何查询转变为过滤器

目前为止，我们已经探讨了 Elasticsearch 所支持的不同类型的查询和过滤器，但是只使用了已经提供的过滤器。有的时候，你想将 query_string 这样没有对应过滤器的查询转化为过滤器。这种需求很小众，但是如果在过滤的使用场景下进行全文搜索，就可以这样使用。Elasticsearch 允许你通过 query 过滤器实现这个目标，它将任何查询转化为过滤器。

有个 query_string 查询搜索匹配“denver clojure”的名字，为了将其转变为过滤器，可以使用如下搜索请求：

```
% curl 'localhost:9200/get-together/_search' -d '
{
  "query": {
    "filtered": {
      "query": {
        "match_all": {}
      },
      "filter": {
        "query" : {
          "query_string" : {
            "query" : "name:\"denver clojure\""    <-- 使用查询过滤器封装没有对应过滤器的查询
          }
        }
      }
    }
  }
}'
```

使用这个，可以获得过滤器的某些优势（例如，没有必要为这部分查询计算得分）。如果过滤器多次被使用，还可以选择对其进行缓存。加入缓存的语法看上去和加入_cache 键稍有不同，如代码清单 4-24 所示。

代码清单 4-24 缓存 query 过滤器

```
% curl 'localhost:9200/get-together/_search' -d '
{
  "query": {
    "filtered": {
      "query": {
        "match_all": {}
      },
      "filter": {
        "fquery": {
          "query" : {
            "query_string" : {
              "query" : "name:\"denver clojure\""
            }
          },
          "_cache": true    <-- 告诉 Elasticsearch 缓存这个过滤器
        }
      }
    }
  }
}'
```

查询部分目前在 fquery 映射内部

查询的 query 部分被移入新的名为 fquery 的键，_cache 键也在其中。如果你发现自己经常使用没有对应过滤器的特定查询（就像 match 查询和 query_string 查询），那么可能需要缓存它，这里假设查询部分的得分并不重要。

4.6 为任务选择最好的查询

现在我们已经讨论了一些最为主流的 Elasticsearch 查询，下面来看看如何确定使用哪些查询，以及何时使用。没有绝对和快速的规则告诉你对于何种任务使用何种查询，表 4-3 会帮助你抉择常用案例中使用哪些查询。

表 4-3 常用案例中使用哪些类型的查询

用例	使用的查询类型
你想从类似 Google 的界面接受用户的输入，然后根据这些输入搜索文档	如果想支持+/-或者在特定字段中搜索，就使用 match 查询 simple_query_string 查询
你想将输入作为词组并搜索包含这个词组的文档，词组中的单词间也许包含一些间隔（slop）	要查找和用户搜索相似的词组，使用 match_phrase 查询，并设置一定量的 slop
你想在 not_analyzed 字段中搜索单个的关键词，并完全清楚这个词应该是如何出现的	使用 term 查询，因为查询的词条不会被分析
你希望组合许多不同的搜索请求或者不同类型的搜索，创建一个单独的搜索来处理它们	使用 bool 查询，将任意数量的子查询组合到一个单独的查询
你希望在某个文档中的多个字段搜索特定的单词	使用 multi_match 查询，它和 match 查询的表现类似，不过是在多个字段上搜索
你希望通过一次搜索返回所有的文档	使用 match_all 查询，在一次搜索中返回全部文档
你希望在字段中搜索一定取值范围内的值	使用 range 查询，搜索取值在一定范围内的文档
你希望在字段中搜索以特定字符串开头的取值	使用 prefix 查询，搜索以给定字符串开头的词条
你希望根据用户已经输入的内容，提供单个关键词的自动完成功能	使用 prefix 查询，发送用户已经输入的内容，然后获取以此文本开头的匹配项
你希望搜索特定字段没有取值的所有文档	使用 missing 过滤器过滤出缺失某些字段的文档

4.7 小结

由于得分计算的省略以及缓存机制，过滤器可以加速查询。在本章中你学习了如下内容。

- 人类语言类型的查询，如 match 和 query_string 查询，对于搜索框而言是非常合适的。
- match 查询对于全文搜索而言是核心类型，但是 query_string 查询更为灵活，也更为复杂，因为它暴露了全部的 Lucene 查询语法。
- match 查询有多个子类型：boolean、phrase 和 phrase_prefix。主要的区别在于 boolean 匹配单独的关键词，而 phrase 考虑了多个单词在词组里的顺序。
- 像 prefix 和 wildcard 这样的特殊查询，Elasticsearch 也是支持的。
- 要过滤某个字段不存在的文档，请使用 missing 过滤器。
- exists 过滤器恰恰相反，它只返回拥有指定字段值的文档。

用于优化相关性的其他查询类型也是可以选择的，我们将在第 6 章中讨论。结果的匹配和相关性很大程度上受到文本分析方式的影响。第 5 章会涵盖分析步骤的细节。

第 5 章　分析数据

本章主要内容

- 使用 Elasticsearch 分析你的文档
- 使用分析 API
- 分词
- 字符过滤器
- 分词过滤器
- 提取词干
- Elasticsearch 所包含的分析器

目前为止，我们已经探索了如何索引和搜索你的数据，但是当传送数据到 Elasticsearch 的时候，究竟发生了什么？对于发送到 Elasticsearch 的文档而言，其中的文本又发生了什么？Elasticsearch 是如何发现句子中的特定单词的，即使大小写发生了变化？例如，当用户搜索"nosql"的时候，通常情况下你是希望匹配一篇包含"share your experience with NoSql & big data technologies"句子的文档，这是因为此句包含了关键词 NoSql。可以使用前一章学到的内容，运行 `query_string` 搜索来查找"nosql"并发现相关文档。在本章中，你将学会为什么 `query_string` 查询会返回这篇文档。一旦读完了本章，你将深入理解 Elasticsearch 的分析步骤是如何以更灵活的方式搜索文档集合的。

5.1　什么是分析

分析（analysis）是在文档被发送并加入倒排索引之前，Elasticsearch 在其主体上进行的操作。在文档被加入索引之前，Elasticsearch 让每个被分析字段经过一系列的处理步骤。

- 字符过滤——使用字符过滤器转变字符。
- 文本切分为分词——将文本切分为单个或多个分词。
- 分词过滤——使用分词过滤器转变每个分词。

- 分词索引——将这些分词存储到索引中。

接下来将针对每步讨论更多的细节，但是先看看框架图中总结的整个流程。图 5-1 展示了文本“share your experience with NoSql & big data technologies”被转变为分析后的分词：share、your、experience、with、nosql、big、data、tools 和 technologies。这里所展示的分析器是定制的，使用了字符过滤器、分词器和分词过滤器。本章稍后会更深入地讨论定制分析器。

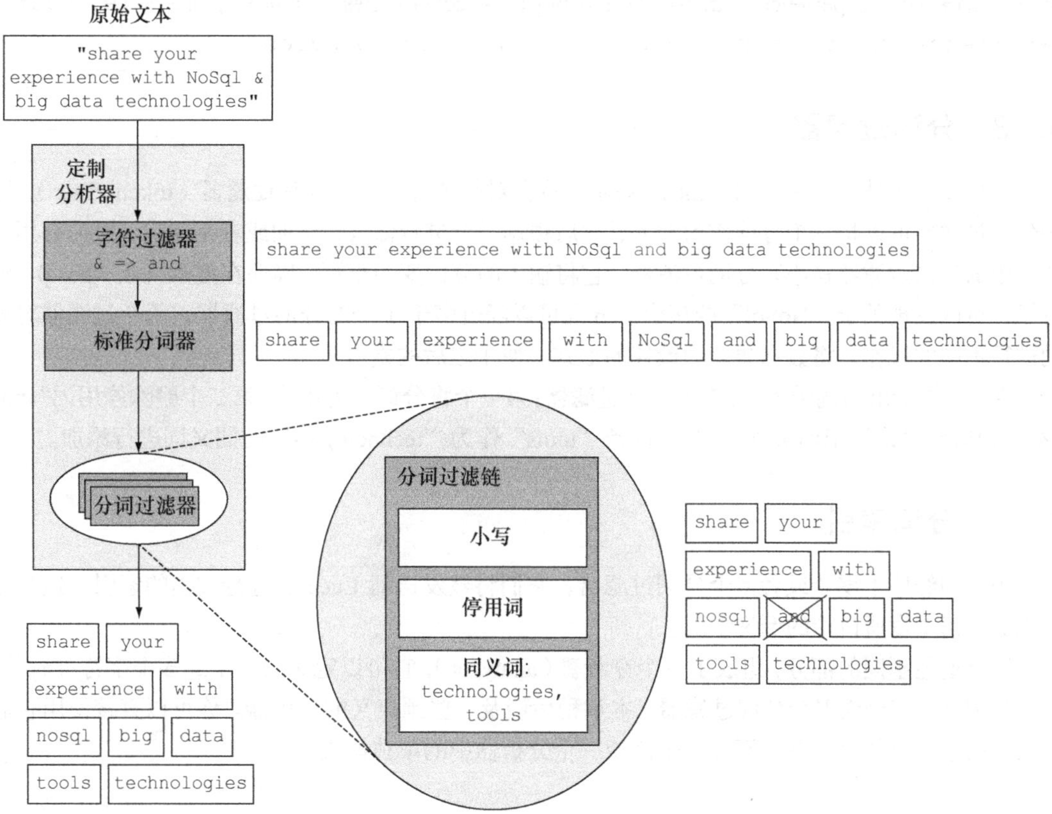

图 5-1 使用标准模块的定制分析器，其整体分析流程的概览

5.1.1 字符过滤

如图 5-1 左上角所示，Elasticsearch 首先运行字符过滤器。这些过滤器将特定的字符序列转变为其他的字符序列。这个可以用于将 HTML 从文本中剥离，或者是将任意数量的字符转化为其他字符（也许是将“I love u 2”这种缩写的短消息纠正为“I love you too”）。在图 5-1 中，我们使用特定的过滤器将“&”替换为“and”。

5.1.2 切分为分词

在应用了字符过滤器之后，文本需要被分割为可以操作的片段。Lucene 自己不会对大块的字符串数据进行操作。相反，它处理的是被称为分词（token）的数据。分词是从文本片段生成的，可能会产生任意数量（甚至是 0）的分词。例如，在英文中一个通用的分词是标准分词器，它根据空格、换行和破折号等其他字符，将文本分割为分词。在图 5-1 中，这种行为表现为将字符串“share your experience with NoSql and big data technologies”分解为分词 `share`、`your`、`experience`、`with`、`NoSql`、`and`、`big`、`data` 和 `technologies`。

5.1.3 分词过滤器

一旦文本块被转换为分词，Elasticsearch 将会对每个分词运用分词过滤器（token filter）。这些分词过滤器可以将一个分词作为输入，然后根据需要进行修改，添加或者是删除。最为有用的和常用的分词过滤器是小写分词过滤器，它将输入的分词变为小写，确保在搜索词条“nosql”的时候，可以发现关于“NoSql”的聚会。分词可以经过多于 1 个的分词过滤器，每个过滤器对分词进行不同的操作，将数据塑造为最佳的形式，便于之后的索引。

在图 5-1 给出的例子中，有 3 种分词过滤器：第一个将分词转为小写，第二个删除停用词“and”（本章稍后会讨论停用词），第三个将词条“tools”作为“technologies”的同义词进行添加。

5.1.4 分词索引

当分词经历了零个或者多个分词过滤器，它们将被发送到 Lucene 进行文档的索引。这些分词组成了第 1 章所讨论的倒排索引。

所有这些不同的部分，组成了一个分析器（analyzer），它可以定义为零个或多个字符过滤器、一个分词器、零个或多个分词过滤器。本章稍后谈及一些预定义的分析器。你可以直接使用它们而无须构建自己的分析器。不过先来谈谈一个分析器中的单独模块。

进行搜索时的分析

搜索在索引中执行之前，根据所使用的查询类型，分析同样可以运用到搜索的文本。需要特别注意的是，`match` 和 `match_phrase` 这样的查询，在搜索之前会执行分析步骤，而 `term` 和 `terms` 这样的查询不会。当调试为什么特定的搜索能够匹配或无法匹配某篇文档时，牢记这一点非常重要——原因可能是分析的方式和你的预期有所不同。甚至还有一个配置的选项，为被搜索的文本和被索引文本设置不同的分析器。我们讨论 N 元语法（ngram）分析器的时候会阐述更多细节。请查看 4.2.1 节，了解匹配和词条查询的更多细节。

现在你已经理解了在 Elasticsearch 分析的过程中会发生什么事情。接下来讨论在你的映射中，如何设置分析器，以及如何定制分析器。

5.2 为文档使用分析器

了解不同类型的分析器和分词过滤器是必需的，不过在实际使用它们之前，Elasticsearch 还需要知道你想如何使用它们。例如，可以在映射中指定分析器使用哪个单独的分词器和分词过滤器，还有哪些字段使用哪些分析器。

有以下两种方式来指定字段所使用的分析器。

- 当创建索引的时候，为特定的索引进行设置。
- 在 Elasticsearch 的配置文件中，设置全局的分析器。

通常来说，出于灵活性的考虑，在创建索引或者是配置映射的时候，指定分析器是更简单的。这允许你使用更新后的或者是全新的分析器来创建新的索引。在另一方面，如果发现自己在多个索引上使用了同一套分析器，很少去修改它们，那么可以将这些分析器放入配置文件来节省带宽。检查你是如何使用 Elasticsearch 的，挑选最适合的选项。甚至还可以结合这两者，将所有索引都要使用的分析器放入配置文件，并在创建索引时为附加的功能设置额外的分析器。

无论以何种方式设置定制的分析器，需要在索引的映射中指定哪些字段使用哪些分析器，可以是在索引创建时设置映射，或者稍后使用“put mapping API”进行设置。

5.2.1 在索引创建时增加分析器

在第 3 章中，你看到了在索引创建时的一些设置，尤其是索引主分片和副本分片的数量，看上去就像代码清单 5-1。

代码清单 5-1 设置主分片和副本分片的数量

```
% curl -XPOST 'localhost:9200/myindex' -d '
{
  "settings" : {
    "number_of_shards": 2,        <-- 为索引指定定制化的设置，这里指定了 2 份主分片
    "number_of_replicas": 1       <-- 指定 1 份副本分片
  },
  "mappings" : {
    ...                           <-- 索引的映射
  }
}'
```

通过在设置配置的 index 键里指定另一个映射，可以增加一个定制分析器。该键应该指定你所期望的定制分析器，它还可以包含索引使用的定制分词器、分词过滤器和字符过滤器。代码清单 5-2 展示了定制分析器，为所有的分析步骤指定了定制的部分。这是一个复杂的例子，所以我们为

不同的部分加入了一些标题。这里还不用担心所有的代码细节，因为本章稍后会逐步分析。

代码清单 5-2 在索引创建过程中，添加定制分析器

```
% curl -XPOST 'localhost:9200/myindex' -d '
{
  "settings" : {
    "number_of_shards": 2,
    "number_of_replicas": 1,
    "index": {
      "analysis": {
```

其他索引级别的设置

索引的其他设置，我们之前介绍过

索引的分析设置

定制化分析器

```
        "analyzer": {
          "myCustomAnalyzer": {
            "type": "custom",
            "tokenizer": "myCustomTokenizer",
            "filter": ["myCustomFilter1", "myCustomFilter2"],
            "char_filter": ["myCustomCharFilter"]
          }
        },
```

在分析器对象中设置定制分析器

定制名为 myCustomAnalyzer 的分析器

定制化的类型

使用 myCustomTokenizer 对文本进行分词

设置定制的字符过滤器 myCustomCharFilter，这会在其他分析步骤之前运行

指定文本需要经过的两个过滤器：myCustomFilter1 和 myCustomFilter2

分词器

```
        "tokenizer": {
          "myCustomTokenizer": {
            "type": "letter"
        }
```

设置定制分词器的类型为 letter

定制过滤器

```
        },
        "filter": {
          "myCustomFilter1": {
            "type": "lowercase"
          },
          "myCustomFilter2": {
            "type": "kstem"
          }
        },
```

两个定制的分词过滤器，一个是转为小写，一个是使用 kstem 进行词干处理

字符过滤器

```
        "char_filter": {
          "myCustomCharFilter": {
            "type": "mapping",
            "mappings": ["ph=>f", "u=>you"]
          }
        }
      }
    }
  },
```

定制的字符过滤器，将字符翻译为其他映射

映射

```
  "mappings" : {
    ...
  }
}'
```

创建索引的映射

这个代码清单中略去了映射的部分，因为 5.2.3 节将介绍如何为每个字段设置分析器。这个例子创建了定制的分析器，名为 `myCustomAnalyzer`，它使用了定制的分词器 `myCustomTokenizer`，两个定制的过滤器 `myCustomFilter1` 和 `myCustomFilter2`，以及一个定制的字符过滤器 `myCustomCharFilter`。（发现这里的趋势了吗？）每个单独的分析部分都是通过 JSON 子映射来表达的。可以指定多个不同名称的分析器，将它们组合到定制的分析器中，让你在索引和搜索的时候拥有足够灵活的分析选项。

现在，你大致了解了创建索引时，添加定制分析器是什么样子。接下来看看同样的分析器如何添加到 Elasticsearch 配置文件中。

5.2.2 在 Elasticsearch 的配置中添加分析器

除了在索引创建时设置分析器，另一种设置定制分析器的方法是向 Elasticsearch 的配置文件中添加分析器。但是使用这种方法的时候需要折中考虑。如果在索引创建的时候设置分析器，那么无须重启 Elasticsearch 就能修改分析器。可是，如果在 Elasticsearch 的配置中指定分析器，那么需要重启 Elasticsearch 才能让分析器的修改生效。从另一方面来看，如果在配置中指定，创建索引时所需要发送的数据会更少。尽管在索引创建时进行设置，通常会获得更大的灵活性，但是如果你从未打算修改分析器，那么可以直接将它们放入配置文件中。

在 elasticsearch.yml 中设置分析器和在 JSON 中设置它们类似。这里的定制分析器和前一节一样，不过是在 YAML 配置文件里设置的。

```
index:
  analysis:
    analyzer:
      myCustomAnalyzer:
        type: custom
        tokenizer: myCustomTokenizer
        filter: [myCustomFilter1, myCustomFilter2]
        char_filter: myCustomCharFilter
    tokenizer:
      myCustomTokenizer:
        type: letter
    filter:
      myCustomFilter1:
        type: lowercase
      myCustomFilter2:
        type: kstem
    char_filter:
      myCustomCharFilter:
        type: mapping
        mappings: ["ph=>f", "u =>you"]
```

5.2.3 在映射中指定某个字段的分析器

在使用定制分析器来分析字段之前，还有一个谜题需要解决：如何指定映射中的某个特定字段使用某个定制分析器来进行分析。简单的方式是通过设置映射中的 analyzer 字段来为某个字段指定分析器。例如，如果有一个称为 description 的字段，在其映射中指定分析器应该是这样的：

```
{
  "mappings" : {
    "document" : {
      "properties" : {
        "description" : {
          "type" : "string",
          "analyzer" : "myCustomAnalyzer"    <-- 为 description 字段指定 myCustomAnalyzer 的分析器
        }
      }
    }
  }
}
```

如果想让某个字段完全不被分析处理，需要指定 index 字段为 not_analyzed。这将使得文本作为单个分词来处理，不会受到任何修改（不会转为小写或者进行其他任何改变）。看上去就像下面这样：

```
{
  "mappings" : {
    "document" : {
      "properties" : {
        "name" : {
          "type" : "string",
          "index" : "not_analyzed"    <-- 指定不要分析 name 字段
        }
      }
    }
  }
}
```

如果想同时搜索分析后的字段和完全匹配的字段，一个通用的模式是将它们放入多字段。

使用多字段类型来存储分析方式不同的文本

通常情况下，可以同时搜索字段分析后的文本和原始、未经分析的文本，是非常有用的。这对于字符串字段上的聚集或者是排序而言尤其有用。通过第 3 章介绍的多字段，Elasticsearch 使得这一点很容易实现。以 get-together 索引中的分组 name 字段为例，你可能希望能够在 name 字段上进行排序，但同时又能对分析后的结果进行搜索。可以像下面这样设置字段来实现两者：

```
% curl -XPOST 'localhost:9200/get-together' -d '
{
    "mappings": {
        "group": {
            "properties": {
                "name": {
                    "type": "string",
                    "analyzer": "standard",
                    "fields": {
                        "raw": {
                            "index": "not_analyzed",
                            "type": "string"
                        }
                    }
                }
            }
        }
    }
}'
```

初始的分析，使用标准的分析器，该分析器是默认值，可以省略此处配置

字段的原始版本，没有经过分析

我们已经讨论了如何指定分析器，现在将向你展示一个灵巧的方法来检测任意的文本如何分析：分析 API。

5.3 使用分析 API 来分析文本

当跟踪信息是如何在 Elasticsearch 索引中存储的时候，使用分析 API 来测试分析的过程是十分有用的。这个 API 允许你向 Elasticsearch 发送任何文本，指定所使用的分析器、分词器或者分词过滤器，然后获取分析后的分词。代码清单 5-3 展示了一个分析 API 的例子，它使用标准分析器分析了文本"share your experience with NoSql & big data technologies"。

代码清单 5-3 使用分析 API 的例子

```
% curl -XPOST 'localhost:9200/_analyze?analyzer=standard' -d 'share your
experience with NoSql & big data technologies'
"tokens" : [ {
    "token" : "share",
    "start_offset" : 0,
    "end_offset" : 5,
    "type" : "<ALPHANUM>",
    "position" : 1
  }, {
    "token" : "your",
    "start_offset" : 6,
    "end_offset" : 10,
    "type" : "<ALPHANUM>",
    "position" : 2
  }, {
    "token" : "experience",
    "start_offset" : 11,
    "end_offset" : 21,
```

分析后的分词：share、your、experience、with 、nosql 、big 、data 和 technologies

```
      "type" : "<ALPHANUM>",
      "position" : 3
    }, {
      "token" : "with",
      "start_offset" : 22,
      "end_offset" : 26,
      "type" : "<ALPHANUM>",
      "position" : 4
    }, {
      "token" : "nosql",
      "start_offset" : 27,
      "end_offset" : 32,
      "type" : "<ALPHANUM>",
      "position" : 5
    }, {
      "token" : "big",
      "start_offset" : 35,
      "end_offset" : 38,
      "type" : "<ALPHANUM>",
      "position" : 6
    }, {
      "token" : "data",
      "start_offset" : 39,
      "end_offset" : 43,
      "type" : "<ALPHANUM>",
      "position" : 7
    }, {
      "token" : "technologies",
      "start_offset" : 44,
      "end_offset" : 56,
      "type" : "<ALPHANUM>",
      "position" : 8
    } ]
}
```

分析后的分词：
share、your、experience、with、nosql、big、data 和 technologies

分析 API 中最为重要的输出是 `token` 键。输出是一组这样映射的列表，代表了处理后的分词（实际上，就是这些分词将会被写入到索引中）。例如，输入文本“share your experience with NoSql & big data technologies”后，将获得 8 个分词，即 `share`、`your`、`experience`、`with`、`nosql`、`big`、`data` 和 `technologies`。请注意，这个案例使用了标准的分析器，每个分词被转换为小写，每个句子结尾的标点符号也被去除。这是一个非常棒的测试文档的方法，看看 Elasticsearch 是如何分析它们的，而且 API 还有数个方法可以定制运用于文本上的分析步骤。

5.3.1 选择一个分析器

如果你心中已经设想了一个分析器，而且想看看它是如何处理文本的，那么可以将 analyzer 参数设置为这个分析器的名字。下一节将逐个介绍不同的内置分析器，如果想尝试所有的这些，请务必记住这个操作！

如果在 elasticsearch.yml 文件中配置了一个分析器，你也可以通过 `analyzer` 参数中的名字来指向它。另外，如果已经使用类似代码清单 5-2 的定制分析器创建了一个索引，你仍然可以通过名字来使用这个分析器，但是不再是使用 HTTP 的/_search 端点，而是需要首先指定索引。下面展示了使用名为 get-together 的索引和名为 myCustomAnalyzer 的分析器的一个例子：

```
% curl -XPOST 'localhost:9200/get-together/_analyze?analyzer=myCustomAnalyzer'
-d 'share your experience with NoSql & big data technologies'
```

5.3.2 通过组合即兴地创建分析器

有的时候，你可能不想使用内置分析器，而是尝试分词器和分词过滤器的组合。例如，在没有任何其他分析步骤的情况下，看看一个特定的分词器如何切分句子。有了分析的 API，就可以指定一个分词器和一组分词过滤器，用于文本的分析。例如，如果想使用空白分词器（按照空白来切分文本），然后使用小写和反转分词过滤器，可以这样做：

```
% curl -XPOST 'localhost:9200/
_analyze?tokenizer=whitespace&filters=lowercase,reverse' -d 'share your
experience with NoSql & big data technologies'
```

将获得如下的分词：

```
erahs, ruoy, ecneirepxe, htiw, lqson, &, gib, atad, seigolonhcet
```

分词器首先将句子“share your experience with NoSql & big data technologies”切分为 share、your、experience、with、NoSql、&、big、data 和 technologies。接下来，它将这些分词转换为小写，最后将每个分词反转过来，获得结果词条。

5.3.3 基于某个字段映射的分析

一旦开始创建索引的映射，分析 API 也是很有价值的，这是因为 Elasticsearch 允许你基于所创建的映射字段来进行分析。如果像下面的代码片段这样创建了 description 字段的映射：

```
... other mappings ...
"description": {
    "type": "string",
    "analyzer": "myCustomAnalyzer"
}
```

然后就可以通过指定请求中的 field 参数来使用和这个字段关联的分析器：

```
% curl -XPOST 'localhost:9200/get-together/_analyze?field=description' -d '
share your experience with NoSql & big data technologies'
```

由于定制的分析与 description 字段进行了关联，它会被自动地运用在文本分析上。请记住为了使用这个特性，需要指定一个索引，原因是 Elasticsearch 需要从索引中获取特定字段的映射。

现在已经讨论了如何使用 cURL 来测试不同的分析器，接下来我们将深入 Elasticsearch 提供的各种不同分析器。请记住，总是可以组合不同的模块（分词器和分词过滤器）来创建自己的分析器。

5.3.4 使用词条向量 API 来学习索引词条

当考虑合适的分析器时，前一节的_analyze 端点是个很好的方法。但是对于特定文档中的词条，如果想学习更多内容，就存在一个比遍历所有单独字段更有效的方法。可以使用_termvector 的端点来获取词条的更多信息。使用这个端点就可以了解词条，了解它们在文档中、索引中出现的频率，以及出现在文档中的位置。

端点_termvector 的基本使用方法是这样的：

```
% curl 'localhost:9200/get-together/group/1/_termvector?pretty=true'
{
  "_index" : "get-together",
  "_type" : "group",
  "_id" : "1",
  "_version" : 1,
  "found" : true,
  "term_vectors" : {
    "description" : {
      "field_statistics" : {
        "sum_doc_freq" : 197,
        "doc_count" : 12,
        "sum_ttf" : 209
      },
      "terms" : {
        "about" : {
          "term_freq" : 1,
          "tokens" : [ {
            "position" : 16,
            "start_offset" : 90,
            "end_offset" : 95
          } ]
        },
        "and" : {
          "term_freq" : 1,
          "tokens" : [ {
            "position" : 13,
            "start_offset" : 75,
            "end_offset" : 78
          } ]
        },
        "clojure" : {
          "term_freq" : 2,
          "tokens" : [ {
            "position" : 2,
            "start_offset" : 9,
            "end_offset" : 16
```

返回词条信息

该字段中所有词条的文档频率之和

该字段中词条的统计数据

包含这个字段的文档数量

字段中所有词条频率之和。如果一个词条在一个文档中出现多次，那么一定会大于 0

包含字段 description 中所有词条的对象

属于结果数据的词条

词条在字段中

词条在这个字段中出现的次数

```
            }, {
              "position" : 17,
              "start_offset" : 96,
              "end_offset" : 103
            } ]
          },
    … More terms omitted
        }
      }
    }
```

还有些东西是可以配置的，其中之一是词条统计数据，请注意这个操作消耗很大。下面的命令展示了如何修改请求。现在，指定了需要统计数据的字段：

```
% curl 'localhost:9200/get-together/group/1/_termvector?pretty=true' -d '{
    "fields" : ["description","tags"],
    "term_statistics" : true
}'
```

下面是响应的一部分，只显示了一个词条，结构和之前的代码样例相同。

```
"about" : {
          "doc_freq" : 2,
          "ttf" : 2,
          "term_freq" : 1,
          "tokens" : [ {
            "position" : 16,
            "start_offset" : 90,
           "end_offset" : 95
          } ]
        }
```

展示信息的词条

出现这个词条的文档数

索引中该词条的总词频

现在，已经学习了很多分析器的工作内容，以及如何阅读分析器的结果。在下一节中探索内置分析器的时候，将会持续使用_analyze 和_termvector API。

5.4 分析器、分词器和分词过滤器

本节将讨论 Elasticsearch 所提供的内置分析器、分词器和分词过滤器。Elasticsearch 提供了许多这样的模块，如小写转换、提取词干、特定语言、同义词等。因此，可以有充足的灵活性，以不同的方式来组合它们，获得想要的分词。

5.4.1 内置的分析器

本节提供了 Elasticsearch 直接可用分析器的一个纲要。请记住，一个分析器包括一个可选的字符过滤器、一个单个分词器、0 个或多个分词过滤器。图 5-2 是一个分析器的可视化图片。

我们将介绍分词器和分词过滤器，并在接下来的几节提供更多分词器和分词过滤器的细节。

对于每个分析器都将提供一个文本的示例，用于展示使用那种分析器的分析步骤是怎样运作的。

1. 标准分析器

当没有指定分析器的时候，标准分析器（standard analyzer）是文本的默认分析器。它综合了对大多欧洲语言来说合理的默认模块，包括标准分词器、标准分词过滤器、小写转换分词过滤器和停用词分词过滤器。关于标准分析器，没有太多可以讨论的。在 5.4.2 节和 5.4.3 节我们将探讨标准分词器和标准分词过滤器会进行何种操作。这里只需要记住，如果不为某个字段指定分析器，那么该字段就会使用标准分析器。

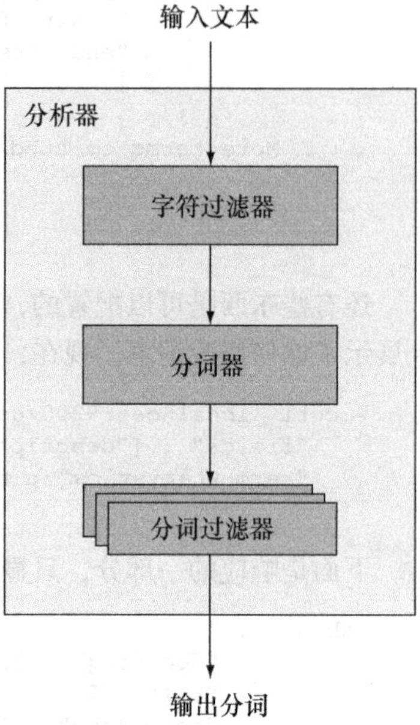

图 5-2 分析器的概览

2. 简单分析器

简单分析器（simple analyzer）就是那么简单！它只使用了小写转换分词器，这意味着在非字母处进行分词，并将分词自动转变为小写。这个分析器对于亚洲语言来说效果不佳，因为亚洲语言不是根据空白来分词，所以请仅仅针对欧洲语言使用它。

3. 空白分析器

空白分析器（whitespace analyzer）什么事情都不做，只是根据空白将文本切分为若干分词——非常简单！

4. 停用词分析器

停用词分析器（stop analyzer）和简单分析器的行为很相像，只是在分词流中额外地过滤了停用词。

5. 关键词分析器

关键词分析器（keyword analyzer）将整个字段当作一个单独的分词。请记住，最好是将 `index` 设置指定为 `not_analyzed`，而不是在映射中使用关键词分析器。

6. 模式分析器

模板分析器（pattern analyzer）允许你指定一个分词切分的模式。但是，由于可能无论如何都要指定模式，通常更有意义的做法是使用定制分析器，组合现有的模式分词器和所需的分词过滤器。

7. 语言和多语言分析器

Elasticsearch 支持许多能直接使用的特定语言分析器。有支持阿拉伯语、亚美尼亚语、巴斯克语、巴西语、保加利亚语、加泰罗尼亚语、汉语、日语、韩语、捷克语、丹麦语、荷兰语、英语、芬兰语、法语、加利西亚语、德语、希腊语、爱尔兰语、印地语、匈牙利语、印度尼西亚语、意大利语、挪威语、波斯语、葡萄牙语、罗马尼亚语、俄语、库尔德语、西班牙语、瑞典语、土耳其语和泰语的分析器。你可以使用其中之一的名字来指定特定语言的分析器，但是要确保使用了小写的名字！如果你想分析不在这个清单中的语言，可能还要有相应的插件。

8. 雪球分析器

雪球分析器（snowball analyzer）除了使用标准的分词器和分词过滤器（和标准分析器一样），也使用了小写分词过滤器和停用词过滤器。它还使用了雪球词干器对文本进行词干提取。如果不清楚什么是词干提取，不用担心，我们将在本章结尾部分讨论其更多细节。

在充分理解这些分析器之前，你需要了解分析器的组成部分，所以现在来讨论 Elasticsearch 所支持的分词器。

5.4.2 分词器

根据本章的早些内容，你可能回想起来，分词的操作是将文本字符串分解为小块，而这些小块被称作分词（token）。由于 Elasticsearch 包含了直接可以使用的分析器，它同样包含了一些内置分词器。

1. 标准分词器

标准分词器（standard tokenizer）是一个基于语法的分词器，对于大多数欧洲语言来说是不错的。它还处理了 Unicode 文本的切分，不过分词默认的最大长度是 255。它也移除了逗号和句号这样的标点符号。

```
% curl -XPOST 'localhost:9200/_analyze?tokenizer=standard' -d 'I have, potatoes.'
```

切分后的分词是 `I`、`have` 和 `potatoes`。

2. 关键词分词器

关键词分词器（keyword tokenizer）是一种简单的分词器，将整个文本作为单个的分词，提供给分词过滤器。只想应用分词过滤器，而不做任何分词操作时，它可能非常有用。

```
% curl -XPOST 'localhost:9200/_analyze?tokenizer=keyword' -d 'Hi, there.'
```

唯一的分词是 Hi, there。

3. 字母分词器

字母分词器（letter tokenizer）根据非字母的符号，将文本切分成分词。例如，对于句子“Hi, there.”分词是 Hi 和 there，因为逗号、空格和句号都不是字母：

```
% curl -XPOST 'localhost:9200/_analyze?tokenizer=letter' -d 'Hi, there.'
```

分词是 Hi 和 there。

4. 小写分词器

小写分词器（lowercase tokenizer）结合了常规的字母分词器和小写分词过滤器（如你所想，它将整个分词转化为小写）的行为。通过一个单独的分词器来实现的主要原因是，一次进行两项操作会获得更好的性能。

```
% curl -XPOST 'localhost:9200/_analyze?tokenizer=lowercase' -d 'Hi, there.'
```

分词是 hi 和 there。

5. 空白分词器

空白分词器（whitespace tokenizer）通过空白来分隔不同的分词，空白包括空格、制表符、换行等。请注意，这种分词器不会删除任何标点符号，所以文本“Hi, there.”的分词结果是：

```
% curl -XPOST 'localhost:9200/_analyze?tokenizer=whitespace' -d 'Hi, there.'
```

分词是 Hi,和 there.。

6. 模式分词器

模式分词器（pattern tokenizer）允许指定一个任意的模式，将文本切分为分词。被指定的模式应该匹配间隔符号。例如，可以创建一个定制分析器，它在出现文本 .-. 的地方将分词断开，看上去就是下面这样的：

```
% curl -XPOST 'localhost:9200/pattern' -d '{
  "settings": {
    "index": {
      "analysis": {
        "tokenizer": {
          "pattern1": {
            "type": "pattern",
            "pattern": "\\.-\\."
          }
        }
      }
```

```
    }
  }
}'
% curl -XPOST 'localhost:9200/pattern/_analyze?tokenizer=pattern1' \
-d 'breaking.-.some.-.text'
```

分词是 breaking、some 和 text。

7. UAX URL 电子邮件分词器

在处理英语单词的时候，标准分词器是非常好的选择。但是，当下存在不少以网站地址和电子邮件地址结束的文本。标准分析器可能在你未注意的地方对其进行了切分。例如，有一个电子邮件地址的样本 john.smith@example.com，用标准分词器分析它，切分后：

```
% curl -XPOST 'localhost:9200/_analyze?tokenizer=standard' \
-d 'john.smith@example.com'
```

分词是 john.smith 和 example.com。

这里可以看到文本被切分为 john.smith 和 example.com 两部分。它同样将 URL 切分为不同的部分：

```
% curl -XPOST 'localhost:9200/_analyze?tokenizer=standard' \
-d 'http://example.com?q=foo'
```

分词是 http、example.com、q 和 foo。

UAX URL 电子邮件分词器（UAX URL email tokenizer）将电子邮件和 URL 都作为单独的分词进行保留：

```
% curl -XPOST 'localhost:9200/_analyze?tokenizer=uax_url_email' \
-d 'john.smith@example.com http://example.com?q=bar'
{
  "tokens" : [ {
    "token" : "john.smith@example.com",
    "start_offset" : 1,

    "end_offset" : 23,
    "type" : "<EMAIL>",
    "position" : 1
  }, {
    "token" : "http://example.com?q=bar",
    "start_offset" : 24,
    "end_offset" : 48,
    "type" : "<URL>",
    "position" : 2
  } ]
}
```

这里展示了分词结果，请注意字段的类型。默认最多 255 个字符

当想在文本字段中搜索确切的 URL 地址或电子邮箱地址的时候，这一点非常有用。这个示例也包含了请求的回复，从中可以看到字段的类型也被设置为 email 和 url。

8. 路径层次分词器

路径层次分词器（path hierarchy tokenizer）允许以特定的方式索引文件系统的路径，这样在搜索时，共享同样路径的文件将被作为结果返回。例如，假设有一个文件名想要索引，看上去是这样的/usr/local/var/log/elasticsearch.log。路径层次分词器将其切分为：

```
% curl 'localhost:9200/_analyze?tokenizer=path_hierarchy' \
-d '/usr/local/var/log/elasticsearch.log'
```

分词是/usr、/usr/local、/usr/local/var、/usr/local/var/log 和/usr/local/var/log/elasticsearch.log。

这意味着，一个用户查询时，和上述文件共享同样路径层次（名字也是如此）的文件也会被匹配上。查询“/usr/local/var/log/es.log”时，它和“/usr/local/var/log/elasticsearch.log”拥有同样的分词，因此它也会被作为结果返回。

我们已经讨论了将文本块切分为分词的不同方式，接下来讨论能对每个分词做些什么。

5.4.3 分词过滤器

在 Elasticsearch 中有很多分词过滤器。本节只会涵盖其中最流行的一些，因为列举所有分词过滤器将使本节过于冗长，就像图 5-1 所示。图 5-3 提供了 3 个分词过滤器的例子，即 lowercase 过滤器、stopword 过滤器和 synonym 过滤器。

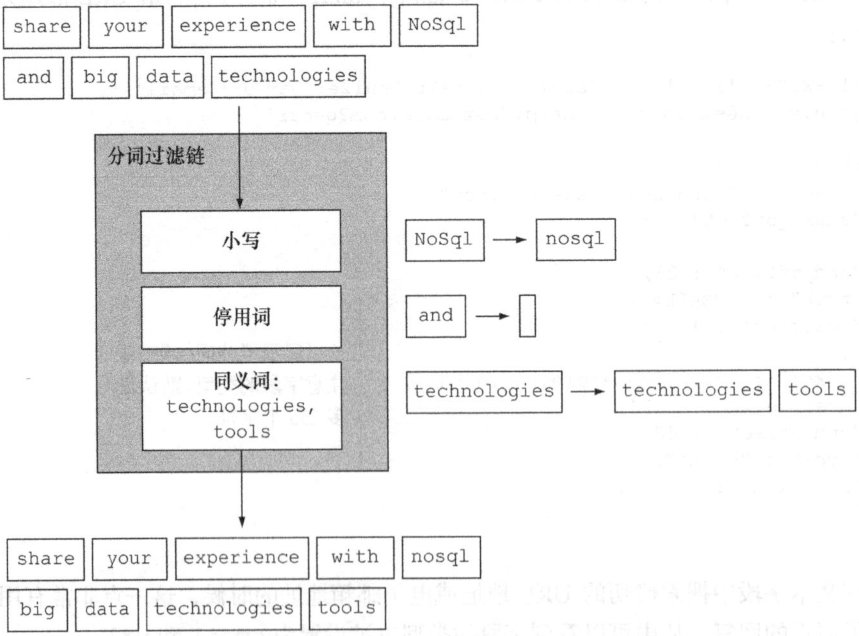

图 5-3 分词过滤器接收从分词器出来的分词，然后为索引准备数据

1. 标准分词过滤器

不要认为标准分词过滤器（standard token filter）进行了什么复杂的计算，实际上它什么事情也没做！在更老版本的 Lucene 中，它用于去除单词结尾的 “'s” 字符，还有不必要的句点字符，但是现在这些都被其他的分词过滤器和分词器处理掉了。

2. 小写分词过滤器

小写分词过滤器（lowercase token filter）只是做了这件事：将任何经过的分词转换为小写。这应该非常简单也易于理解。

```
% curl 'localhost:9200/_analyze?tokenizer=keyword&filters=lowercase' -d 'HI
THERE!'
```

分词是 `hi there!`。

3. 长度分词过滤器

长度分词过滤器（length token filter）将长度超出最短和最长限制范围的单词过滤掉。举个例子，如果将 `min` 设置为 2，并将 `max` 设置为 8，任何小于 2 个字符和任何大于 8 个字符的分词将会被移除。

```
% curl -XPUT 'localhost:9200/length' -d '{
  "settings": {
    "index": {
      "analysis": {
        "filter": {
          "my-length-filter": {
            "type": "length",
            "max": 8,
            "min": 2
          }
        }
      }
    }
  }
}'
```

现在在索引中设置了定制的过滤器 `my-length-filter`。下一个请求使用这个过滤器来过滤所有小于 2 个或大于 8 个字符的分词。

```
% curl 'localhost:9200/length/_analyze?tokenizer=standard&filters=my-length-
filter&pretty=true' -d 'a small word and a longerword'
```

分词结果是 `small`、`word` 和 `and`。

4. 停用词分词过滤器

停用词分词过滤器（stop token filter）将停用词从分词流中移除。对于英文而言，这意味着停用词列表中的所有分词都将会被完全移除。用户也可以为这个过滤器指定一个待移除单词的列表。

什么是停用词？下面是英文的默认停用词列表：

a, an, and, are, as, at, be, but, by, for, if, in, into, is, it, no, not, of, on, or, such, that, the, their, then, there, these, they, this, to, was, will, with

为了指定停用词列表，可以像这样创建定制的分词过滤器：

```
% curl -XPOST 'localhost:9200/stopwords' -d'{
  "settings": {
    "index": {
      "analysis": {
        "analyzer": {
          "stop1": {
            "type": "custom",
            "tokenizer": "standard",
            "filter": ["my-stop-filter"]
          }
        },
        "filter": {
          "my-stop-filter": {
            "type": "stop",
            "stopwords": ["the", "a", "an"]
          }
        }
      }
    }
  }
}'
```

为了从某个文件读取停用词列表，可以使用相对于配置文件的相对路径或是绝对路径。每个单词应该在新的一行上，文件必须是 UTF-8 编码。最好通过下面的方式来使用配置文件的停用词过滤器：

```
% curl -XPOST 'localhost:9200/stopwords' -d'{
  "settings": {
    "index": {
      "analysis": {
        "analyzer": {
          "stop1": {
            "type": "custom",
            "tokenizer": "standard",
            "filter": ["my-stop-filter"]
          }
        },
        "filter": {
          "my-stop-filter": {
            "type": "stop",
            "stopwords_path": "config/stopwords.txt"
          }
        }
      }
    }
  }
}'
```

最后的选项是使用预先定义语言的停词列表。这种情况下，停用词的取值可以是“_dutch_”，或是其他任何的预定义语言。

5. 截断分词过滤器、修剪分词过滤器和限制分词数量过滤器

下面 3 个分词过滤器，通过某种方式限制分词流。

- 截断分词过滤器（truncate token filter）允许你通过定制配置中的 `length` 参数，截断超过一定长度的分词。默认截断多于 10 个字符的部分。
- 修剪分词过滤器（trim token filter）删除一个分词中的所有空白部分。例如，分词`" foo "`将被转变为分词 `foo`。
- 限制分词数量分词过滤器（limit token count token filter）限制了某个字段可包含分词的最大数量。例如，如果创建了一个定制的分词数量过滤器，限制是 `8`，那么分词流中只有前 8 个分词会被索引。这个设置使用 `max_token_count` 参数，默认是 `1`（只有 1 个分词会被索引）。

6. 颠倒分词过滤器

颠倒分词过滤器（reverse token filter）允许处理一个分词流，并颠倒每个分词。如果使用侧边 N 元语法过滤器或是想进行前通配搜索，这一点就非常有用。你不用再进行“*bar”这样的前通配符搜索。这种搜索对于 Lucene 而言非常慢，相反可以使用“rab*”对某个已经被颠倒的字段进行搜索，会使得查询大幅加速。代码清单 5-4 展示了一个颠倒分词流的示例。

代码清单 5-4 颠倒分词过滤器的例子

```
% curl 'localhost:9200/_analyze?tokenizer=standard&filters=reverse' \
-d 'Reverse token filter'
{
  "tokens" : [ {
    "token" : "esreveR",           <-- 被颠倒的单词“Reverse”
    "start_offset" : 0,
    "end_offset" : 7,
    "type" : "<ALPHANUM>",
    "position" : 1
  }, {
    "token" : "nekot",             <-- 被颠倒的单词“token”
    "start_offset" : 8,
    "end_offset" : 13,
    "type" : "<ALPHANUM>",
    "position" : 2
  }, {
    "token" : "retlif",            <-- 被颠倒的单词“filter”
    "start_offset" : 14,
    "end_offset" : 20,
    "type" : "<ALPHANUM>",
    "position" : 3
  } ]
}
```

可以看到每个分词都被颠倒了，但是分词之间的相互顺序得以保留。

7. 唯一分词过滤器

唯一分词过滤器（unique token filter）只保留唯一的分词，它保留第一个匹配分词的元数据，而将其后出现的重复删除：

```
% curl 'localhost:9200/_analyze?tokenizer=standard&filters=unique' \
-d 'foo bar foo bar baz'
{
  "tokens" : [ {
    "token" : "foo",
    "start_offset" : 0,
    "end_offset" : 3,
    "type" : "<ALPHANUM>",
    "position" : 1
  }, {
    "token" : "bar",
    "start_offset" : 4,
    "end_offset" : 7,
    "type" : "<ALPHANUM>",
    "position" : 2
  }, {
    "token" : "baz",
    "start_offset" : 16,
    "end_offset" : 19,
    "type" : "<ALPHANUM>",
    "position" : 3
}] }
```

8. ASCII 折叠分词过滤器

ASCII 折叠分词过滤器（ASCII folding token filter）将不是普通 ASCII 字符的 Unicode 字符转化为 ASCII 中等同的字符，前提是这种等同存在。例如，可以像这样将 Unicode 字符“ü ”转化为 ASCII 字符“u”：

```
% curl 'localhost:9200/_analyze?tokenizer=standard&filters=asciifolding' -d
'ünicode'
{
  "tokens" : [ {
    "token" : "unicode",
    "start_offset" : 0,
    "end_offset" : 7,
    "type" : "<ALPHANUM>",
    "position" : 1
  }]
}
```

9. 同义词分词过滤器

同义词分词过滤器（synonym token filter）在分词流中的同样位移处，使用关键词的同义词取代原始分词。例如，来看看文本“I own that automobile”和两个同义词“automobile”“car”。如果不使用同义词分词过滤器，将生成如下分词：

```
% curl 'localhost:9200/_analyze?analyzer=standard' -d'I own that automobile'
{
  "tokens" : [ {
    "token" : "i",
    "start_offset" : 0,
    "end_offset" : 1,
    "type" : "<ALPHANUM>",
    "position" : 1
  }, {
    "token" : "own",
    "start_offset" : 2,
    "end_offset" : 5,
    "type" : "<ALPHANUM>",
    "position" : 2
  }, {
    "token" : "that",
    "start_offset" : 6,
    "end_offset" : 10,
    "type" : "<ALPHANUM>",
    "position" : 3
  }, {
    "token" : "automobile",
    "start_offset" : 11,
    "end_offset" : 21,
    "type" : "<ALPHANUM>",
    "position" : 4
  }]
}
```

为了指定“automobile”的同义词，可以像下面这样定义定制分析器：

```
% curl -XPOST 'localhost:9200/syn-test' -d'{
  "settings": {
    "index": {
      "analysis": {
        "analyzer": {
          "synonyms": {
            "type": "custom",
            "tokenizer": "standard",
            "filter": ["my-synonym-filter"]
          }
        },
        "filter": {
          "my-synonym-filter": {
            "type": "synonym",
            "expand": true,
            "synonyms": ["automobile=>car"]
          }
        }
      }
    }
  }
}'
```

当使用这个分析器的时候，可以看到在结果中 automobile 分词已经被替换为 car：

```
% curl 'localhost:9200/syn-test/_analyze?analyzer=synonyms' -d'I own that
automobile'
{
  "tokens" : [ {
    "token" : "i",
    "start_offset" : 0,
    "end_offset" : 1,
    "type" : "<ALPHANUM>",
    "position" : 1
  }, {
    "token" : "own",
    "start_offset" : 2,
    "end_offset" : 5,
    "type" : "<ALPHANUM>",
    "position" : 2
  }, {
    "token" : "that",
    "start_offset" : 6,
    "end_offset" : 10,
    "type" : "<ALPHANUM>",
    "position" : 3
  }, {
    "token" : "car",
    "start_offset" : 11,
    "end_offset" : 21,
    "type" : "SYNONYM",
    "position" : 4
  } ]
}
```

请注意开始的位移量 start_offset 和结束的位移量 end_offset 使用的是 automobile 的数据

这个例子配置了同义词分词过滤器，让其使用同义词来取代分词，但是也可以使用这个过滤器将 synonym 分词额外添加到分词集合中。在这种情况下，应该使用 automobile,car 来替换 automobile=>car。

5.5 N 元语法、侧边 N 元语法和滑动窗口

N 元语法（ngram）和侧边 N 元语法（edge ngram）是 Elasticsearch 中两个更为独特的分词方式。N 元语法是将一个单词切分为多个子单词。N 元语法和侧边 N 元语法过滤器允许用户指定 min_gram 和 max_gram 设置。这些设置控制单词被切分为分词的数量。这一点可能让人有些费解，所以来看一个例子。假设你想使用 N 元语法分析器来分析单词“spaghetti”，以最简单的例子开始，1-grams（也被称为一元语法）。

5.5.1 一元语法过滤器

“spaghetti”的一元语法（1-grams）是 s、p、a、g、h、e、t、t 和 i。按照 N 元语法的大小，

字符串被切分为更小的分词。在这个例子中，因为讨论的是一元模型，所以每个项目是单独的字符。

5.5.2　二元语法过滤器

如果将字符串切分为二元语法（bigrams，意味着两个字符的尺寸），会获得如下更小的分词：sp、pa、ag、gh、he、et、tt 和 ti。

5.5.3　三元语法过滤器

再次，如果使用 3 个字符的尺寸（trigrams，被称为三元语法），将获得的分词是 spa、pag、agh、ghe、het、ett 和 tti。

5.5.4　设置 min_gram 和 max_gram

当使用这个分析器的时候，需要设置两个不同的尺寸：一个设置所想生成的最小的 N 元语法（设置 min_gram），另一个设置所想生成的最大的 N 元语法（设置 max_gram）。使用前面的例子，如果指定 in_gram 为 2，指定 x_gram 为 3，将获得两个先前例子的合并分词集合：

```
sp,pa,pa,pag,ag,agh,gh,ghe,he,het,et,ett,tt,tti,ti
```

如果将 min_gram 设置为 1，将 max_gram 设置为 3，会获得更多的分词，以 s、sp、spa、p、pa、pag、a……这些开头。

以这种方式分析文本包含一个有趣的优势。当查询文本的时候，查询会被以同样的方式进行切分，假设用户正在查找一个拼写错误的单词“spaghety”。一种搜索该词的方式是进行模糊查询（fuzzy query），它允许指定单词的编辑距离来匹配它们。但是，也可以使用 N 元语法来获得类似的行为。让我们比较一下原词“spaghetti”生成的二元语法和错误拼写“spaghety”所生成的二元语法。

- 从“spaghetti”生成的二元语法：sp、pa、ag、gh、he、et、tt 和 ti。
- 从“spaghety”生成的二元语法：sp、pa、ag、gh、he、et 和 ty。

可以看到其中有 6 个分词是重叠的，所以单词“spaghetti”依然可以和包含“spaghety”的查询匹配。请记住，这意味着更多的词可能会超出意料而匹配上原词“spaghetti”，所以如果使用这种方式，请总是确保测试过查询的相关性！

N 元语法另一种有价值的用处在于，当你事先并不知道是何种语言，或者是单词结合的方式和欧洲语言不同时，它仍然允许用户对文本进行分析。这一点在使用单个分析器来处理多种语言时，同样是具有优势的。如此一来，就无须为不同语言的文档指定不同的分析器或字段。

5.5.5　侧边 N 元语法过滤器

普通 N 元语法切分的一种变体被称为侧边 N 元语法，仅仅从前端的边缘开始构建 N 元语法。

在“spaghetti”的例子中，如果将 min_gram 设置为 2，将 max_gram 设置为 6，那么将获得如下分词：

```
sp,spa,spag,spagh,spaghe
```

可以看到，每个分词都是从最前端的边缘开始。这有助于在不进行前缀查询的情况下，搜索共享同样前缀的单词。如果需要从某个单词的后端来构建 N 元语法，可以使用 side 属性，让边缘从后端开始，而不是从默认的前端开始。

5.5.6 N 元语法的设置

当不知道要处理的是何种语言时，N 元语法是一种很好的文本分析方式，因为它们可以分析单词之间没有空格的语言。代码清单 5-5 是一个配置的例子，它使用了 min_gram 和 max_gram 配置了侧边 N 元语法分析器。

代码清单 5-5 N 元语法分析

```
% curl -XPOST 'localhost:9200/ng' -d'{
  "settings": {
    "number_of_shards": 1,
    "number_of_replicas": 0,
    "index": {
      "analysis": {
        "analyzer": {
          "ng1": {
            "type": "custom",
            "tokenizer": "standard",
            "filter": ["reverse", "ngf1", "reverse"]   <-- 配置一个分析器，颠倒、侧边 N 元语法和再次颠倒
          }
        },
        "filter": {
          "ngf1": {
            "type": "edgeNgram",
            "min_gram": 2,                              <-- 设置侧边 N 元语法分词过滤器的最小尺寸和最大尺寸
            "max_gram": 6
          }
        }
      }
    }
  }
}'
% curl -XPOST 'localhost:9200/ng/_analyze?analyzer=ng1' -d'spaghetti'
{
  "tokens" : [ {
    "token" : "ti",                                     <-- 分析后的分词，从单词“spaghetti”右边开始
    "start_offset" : 0,
    "end_offset" : 9,
    "type" : "word",
    "position" : 1
```

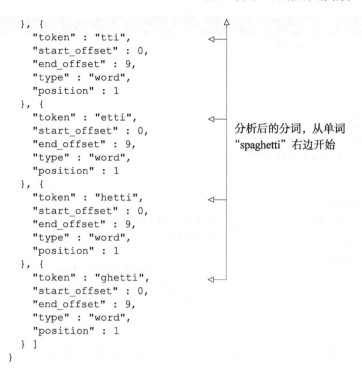

```
  }, {
    "token" : "tti",
    "start_offset" : 0,
    "end_offset" : 9,
    "type" : "word",
    "position" : 1
  }, {
    "token" : "etti",
    "start_offset" : 0,
    "end_offset" : 9,
    "type" : "word",
    "position" : 1
  }, {
    "token" : "hetti",
    "start_offset" : 0,
    "end_offset" : 9,
    "type" : "word",
    "position" : 1
  }, {
    "token" : "ghetti",
    "start_offset" : 0,
    "end_offset" : 9,
    "type" : "word",
    "position" : 1
  } ]
}
```

分析后的分词，从单词“spaghetti”右边开始

5.5.7 滑动窗口分词过滤器

有一个过滤器被称为滑动窗口分词过滤器（shingles），和 N 元语法以及侧边 N 元语法沿用了同样的方式。滑动窗口分词过滤器基本上是分词级别的 N 元语法，而不是字符级别的 N 元语法。

来考虑一下我们最爱的单词“spaghetti”。使用 min 和 max 分别设置为 1 和 3 的 N 元语法过滤器，Elasticsearch 将会生成 s、sp、spa、p、pa、pag、a、ag 等分词。而滑动窗口分词过滤器是进行分词级别的处理，所以如果有文本“foo bar baz”，将 min_shingle_size 设置为 2，而 max_shingle_size 设置为 3，将会生成下面的分词：

```
foo, foo bar, foo bar baz, bar, bar baz, baz
```

为什么还会包含单个分词的结果？这是由于默认情况下，shingles 过滤器包括了原始的分词，所以原始的分词器会产生 foo、bar 和 baz，然后将它们传送给 shingles 分词过滤器。而 shingles 分词过滤器又生成了 foo bar、foo bar baz 和 bar baz。所有这些分词被合并，然后形成了最终的分词流。你可以将 output_unigrams 选项设置为 false，来关闭这种行为。

代码清单 5-6 展示了一个 shingles 分词过滤器的例子，请注意 min_shingle_size 选项的值必须要大于等于 2。

代码清单 5-6 滑动窗口分词过滤器样例

```
% curl -XPOST 'localhost:9200/shingle' -d '{
  "settings": {
    "index": {
      "analysis": {
        "analyzer": {
          "shingle1": {
            "type": "custom",
            "tokenizer": "standard",
            "filter": ["shingle-filter"]
          }
        },
        "filter": {
          "shingle-filter": {
            "type": "shingle",
            "min_shingle_size": 2,
            "max_shingle_size": 3,
            "output_unigrams": false
          }
        }
      }
    }
  }
}'
% curl -XPOST 'localhost:9200/shingle/_analyze?analyzer=shingle1' -d 'foo bar
    baz'
{
  "tokens" : [ {
    "token" : "foo bar",
    "start_offset" : 0,
    "end_offset" : 7,
    "type" : "shingle",
    "position" : 1
  }, {
    "token" : "foo bar baz",
    "start_offset" : 0,
    "end_offset" : 11,
    "type" : "shingle",
    "position" : 1
  }, {
    "token" : "bar baz",
    "start_offset" : 4,
    "end_offset" : 11,
    "type" : "shingle",
    "position" : 2
  } ]
}
```

设置最小和最大的滑动窗口尺寸

告诉滑动窗口分词过滤器不要保留原始的单个词分词

分析后的滑动窗口分词

分析后的滑动窗口分词

5.6 提取词干

提取词干是将单词缩减到基本或词根的形式。在搜索的时候，这种处理是非常方便的，因为这意味着用户可以匹配单词的复数，以及有同样词根的单词（因此名字称为“提取词干”）。下面来看一个具体的例子。如果单词是“administrations”，单词的词根是“administr”，这让用户可以匹配所有同样词根的单词，如“administrator”“administration”“administrate”。提取词干是一种强有力的方法，使得搜索比僵硬的精确匹配更为灵活。

5.6.1 算法提取词干

通过算法提取词干，是为每个分词使用公式或一组规则来对其进行词干的获取。Elasticsearch 提供 3 种不同的词干算法：snowball 过滤器、porter stem 过滤器和 kstem 过滤器。它们的表现行为基本一致，不过在提取词干有多激进的方面有一些细微的差别。这里的“激进”，是指相对于不激进的词干提取器，更为激进的词干提取器会砍掉单词更多的部分。表 5-1 展示了不同算法分词器之间的对比。

表 5-1 **snowball**、**porter** 和 **kstem** 的词干提取对比

词干提取器	administrations	administrators	Administrate
snowball	administr	administr	Administer
porter_stem	administr	administr	Administer
kstem	administration	administrator	Administrate

为了看看词干提取器是如何工作的，可以使用分析 API 接口来指定它为分词过滤器。

```
curl -XPOST 'localhost:9200/_analyze?tokenizer=standard&filters=kstem' -d
'administrators'
```

将 snowball 过滤器、porter stem 或者 kstem 作为过滤器来测试一下效果。

作为算法提取词干的另一种替代方法，可以使用字典来提取词干，这是一种原始词和词干之间的一对一映射。

5.6.2 使用字典提取词干

有的时候，算法词干提取会以一种奇怪的方式来提取单词的词干，因为它们并不理解基层的语言。正因为此，存在更为精确的方式来提取词干，那就是使用单词字典。在 Elasticsearch 中，可以使用 hunspell 分词过滤器，结合一个字典，来处理词干。基于此，词干提取的质量就和所用字典的质量是直接相关的。词干提取器只能处理字典里存在的单词。

当创建一个 hunspell 分析器的时候，字典文件应该是在名为 hunspell 的目录里，并且 hunspell 目录和 elasticsearch.yml 处于同一个目录中。在 hunspell 目录中，每种语言的字典是一个以其关联地区命名的目录。这里是如何使用 hunspell 分析器来创建索引的例子：

```
% curl -XPOST 'localhost:9200/hspell' -d'{
    "analysis" : {
        "analyzer" : {
```

```
            "hunAnalyzer" : {
                "tokenizer" : "standard",
                "filter" : [ "lowercase", "hunFilter" ]
            }
        },
        "filter" : {
            "hunFilter" : {
                "type" : "hunspell",
                "locale" : "en_US",
                "dedup" : true
            }
        }
    }
}
```

这个 hunspell 的字典文件应该是在`<es-config-dir>/hunspell/en_US`目录之中(使用 Elasticsearch 配置目录位置来替换`<es-config-dir>`)。这里使用了 en_US 目录是因为 hunspell 分析器是用于英文的，并且和前面例子中的 `locale` 设置相对应。还可以通过设置 elasticsearch.yml 中的 `indices.analysis.hunspell.dictionary.location` 选项，修改 Elasticsearch 查询 hunspell 字典的位置。为了测试分析器是否正确地工作，可以再次使用分析 API。

```
% curl -XPOST 'localhost:9200/hspell/_analyze?analyzer=hunAnalyzer' -
d'administrations'
```

5.6.3　重写分词过滤器的词干提取

有的时候不想提取单词的词干，因为词干提取没有正确地处理这些单词，或者想对特定的单词进行精确匹配。那么就可以在分词过滤器链条中的词干过滤器之前，放置关键词标记(keyword marker)分词过滤器，来达到这个目的。在关键词标记分词过滤器中，用户可以指定单词列表或者是包含单词列表的文件，让它们不被提取词干。

除了不让提取单词的词干，更有帮助的是手动指定一组用于词干提取的规则。用户可以使用 `stemmer override` 分词过滤器来实现。它允许用户指定这样的规则：`cats =>cat`。如果 `stemmer override` 发现一条规则并运用于一个单词上，那个单词就不会被任何其他词干提取器处理。

请记住，以上两个分词过滤器必须放置在任何其他词干过滤器之前，因为它们将保护词条之后不会被链条中其他的分词过滤器提取词干。

5.7　小结

现在读者应该理解了 Elasticsearch 在索引或者查询之前，是如何分解一个字段中的文本。文本被拆分为不同的分词，然后过滤器用于创建、删除或修改这些分词。

- 分析是通过文档字段的文本，生成分词的过程。在 `match` 查询这样的查询中，搜索字符串会经过同样的过程，如果一篇文档的分词和搜索字符串的分词相匹配，那么它就会和搜索匹配。

- 通过映射，每个字段都会分配一个分析器。分析器既可以在 Elasticsearch 配置或索引设置中定义，也可以是一个默认的分析器。
- 分析器是处理的链条，由一个分词器以及若干在此分析器之前的字符过滤器、在此分词器之后的分词过滤器组成。
- 在字符串传送到分词器之前，字符过滤器用于处理这些字符串。例如，可以使用映射字符过滤器将字符“&”转化为“and”。
- 分词器用于将字符串切分为多个分词。例如，空白分词器将使用空格来划分单词。
- 分词过滤器用于处理分词器所产生的分词。例如，可以使用词干提取来将单词缩减为其词根，并让搜索在该词的复数和单数形式上都可以正常运作。
- N 元语法分词过滤器使用单词的部分来产生分词。例如，可以让每两个连续的字符生成一个分词。如果希望即使搜索字符串包含错误拼写，搜索还能奏效，那么这个就很有帮助了。
- 侧边 N 元语法就像 N 元语法一样，但是它们只从单词的头部或结尾开始。例如，对于“event”可以获得 `e`、`ev` 和 `eve` 分词。
- 在词组级别，滑动窗口分词过滤器和 N 元语法分词过滤器相似。例如，可以使用词组里每两个连续的单词来生成分词。当用户希望提升多词匹配的相关性时，例如，在产品的简短描述中，这一点就很有帮助。下一章将讨论更多相关性的内容。

第 6 章　使用相关性进行搜索

本章主要内容

- Lucene 和 Elasticsearch 内部打分是如何运作的
- 提升特定查询或字段的得分
- 使用解释的 API 接口来理解词频、逆文档频率、相关性得分
- 通过重新计算文档子集的得分来减少评分操作的性能影响
- 使用 `function_score` 查询，获取终极的打分能力
- 字段数据的缓存，以及它是如何影响 Elasticsearch 实例的

在自由文本的世界里，匹配一个文档和一个查询是许多存储和搜索引擎所涉及的功能。使得 Elasticsearch 查询和 `SELECT * FROM users WHERE name LIKE 'bob%'` 查询不同的是其为文档分配相关性得分的能力。从这个得分，可以得知文档和原始的查询有多么相关。

当用户在网站的搜索框里输入查询的时候，他们不仅仅希望找到和查询相匹配的结果，还希望这些结果是按照其和查询条件的相关度而进行排名的。事实证明，确定文档的相关性时，Elasticsearch 是相当灵活的，而且它还提供很多方法让你自定义搜索并获得更相关的结果。

当你并不是特别关心一个文档和查询的匹配程度有多好，而只是关心匹配或不匹配的时候，也不用烦恼。本章也会提供一些灵活的方式，来过滤文档。此外，理解字段数据的缓存也是很重要的，这是内存里的缓存，当按照这些字段值进行排序、脚本运行或者聚集的时候，Elasticsearch 使用该缓存来存储索引中文档的字段值。

本章的开始将讨论 Elasticsearch 的打分机制，以及默认打分算法的替代方案。接下来是使用提升机制（boosting）来直接影响打分。然后探讨使用解释 API 接口来理解得分是如何计算的。之后，将涵盖如何使用查询再计分来减小原有打分机制的影响，使用功能打分查询来扩展查询，并使其具有对得分的终极控制权，以及使用脚本来自定义排序。最后将谈论内存中的字段数据缓存，它是如何影响用户的查询，以及被称为文档值的替代方案。

在谈及字段数据缓存之前，我们先来看看 Elasticsearch 是如何为文档计算得分的。

6.1 Elasticsearch 的打分机制

一开始的时候，仅仅以二元的方式来考虑文档和查询的匹配可能也是有意义的，也就是“是的，匹配了”或“不，没有匹配”。尽管如此，考虑文档的相关性（relevancy）匹配可能是更加合理的。在用户可以说出一个文档是否匹配（二元方式）之前，如果能够说出对于某个查询而言，文档 A 比文档 B 更优，那么就更为精确了。例如，当使用最喜欢的搜索引擎来搜索“elasticsearch”的时候，如果系统告诉你一个特定的页面因为包含这个词条而命中，那么这一点是远远不够的。相反地，你希望结果是根据最佳相关性来排序的。

确定文档和查询有多么相关的过程被称为打分（scoring）。尽管精确地理解 Elasticsearch 是如何计算文档得分这一点并不是必需的，但是对于如何使用 Elasticsearch 而言，它仍然是非常有帮助的。

6.1.1 文档打分是如何运作的

Lucene（以及其扩展 Elasticsearch）的打分机制是一个公式，将考量的文档作为输入，使用不同的因素来确定该文档的得分。我们先讨论每个因素，然后通过这个公式将它们综合，来更好地解释整体的得分。正如之前所提，我们希望更为相关的文档被优先返回，在 Lucene 和 Elasticsearch 中这种相关性被称为得分。

在开始计算得分之时，Elasticsearch 使用了被搜索词条的频率以及它有多常见来影响得分。一个简短的解释是，一个词条出现在某个文档中的次数越多，它就越相关。但是，如果该词条出现在不同的文档的次数越多，它就越不相关。这一点被称为 TF-IDF（TF 是词频，即 term frequency），IDF 是逆文档频率（inverse document frequency），现在我们将深入讨论每种类型的频率。

6.1.2 词频

考虑给一篇文档打分的首要方式，是查看一个词条在文本中出现的次数。举个例子，如果在用户的区域搜索关于 Elasticsearch 的 get-together，用户希望频繁提及 Elasticsearch 的分组被优先展示出来。考虑图 6-1 中的文本片段。

> “We will discuss Elasticsearch at the next Big Data group.”
>
> “Tuesday the Elasticsearch team will gather to answer questions about Elasticsearch.”

图 6-1　词频是一个词条在文档中的出现次数

第一个句子提到 Elasticsearch 一次，而第二个句子提到 Elasticsearch 两次，所以包含第二句话的文档应该比包含第一句话的文档拥有更高的得分。如果我们要按照数量来讨论，第一句话的词频（TF）是 1，而第二句话的词频将是 2。

6.1.3 逆文档频率

比文档词频稍微复杂一点的是*逆文档频率*（IDF）。这个听上去很酷炫的描述意味着，如果一个分词（通常是单词，但不一定是）在索引的不同文档中出现越多的次数，那么它就越不重要。使用几个例子更容易解释这一点。请看图 6-2 中的 3 篇文档。

> "We use Elasticsearch to power the search for our website."
>
> "The developers like Elasticsearch so far."
>
> "The scoring of documents is calculated by the scoring formula."

图 6-2　逆文档频率检查一个单词是否出现在某篇文档中，而不是在该文档中出现多少次

在图 6-2 所示的 3 篇文档中，请注意下面的几点。

- 词条"Elasticsearch"的文档频率是 2（因为它出现在两篇文档中）。文档频率的逆源自得分乘以 1/DF，这里 DF 是该词条的文档频率。这就意味着，由于词条拥有更高的文档频率，它的权重就会降低。
- 词条"the"的文档频率是 3，因为它出现在所有的 3 篇文档中。请注意，尽管"the"在最后一篇文档中出现了两次，它的文档频率还是 3。这是因为，逆文档频率只检查一个词条是否出现在某文档中，而不检查它出现多少次。那个应该是词频所关心的事情！

逆文档频率是一个重要的因素，用于平衡词条的词频。举个例子，考虑有一个用户搜索词条"the score"，单词 the 几乎出现在每个普通的英语文本中，如果它不被均衡一下，单词 the 的频率要完全淹没单词 score 的频率。逆文档频率 IDF 均衡了 the 这种常见词的相关性影响，所以实际的相关性得分将会对查询的词条有一个更准确的描述。

一旦词频 TF 和逆文档频率 IDF 计算完成，就可以使用 TF-IDF 公式来计算文档的得分。

6.1.4 Lucene 评分公式

之前章节讨论的 Lucene 默认评分公式，被称为 TF-IDF，是基于一个词条的词频和逆文档频率。先看看图 6-3 所示的公式，然后逐个讨论每个模块。

$$score_{query,document} = \sum_{t}^{q} \sqrt{TF_{t,d}} * IDF_{t,d}^{2} * norm(d, field) * boost(t)$$

图 6-3　给定一个查询和文档之后，Lucene 的评分公式

通过人类的语言来解释这个公式，我们会这样说："给定查询 q 和文档 d，其得分是查询中

每个词条 t 的得分总和。而每个词条的得分是该词在文档 d 中的词频的平方根，乘以该词逆文档频率的平方和，乘以该文档字段的归一化因子，乘以该词的提升权重。”

说起来太绕口了！别担心，使用 Elasticsearch 时没有必要记住这个公式。在这里提供这个公式，只是让用户理解这个公式是如何计算的。核心部分是理解某个词条的词频和逆文档频率是如何影响文档的得分，以及它们是如何在整体上决定 Elasticsearch 索引中一篇文档的得分。

词条的词频越高，得分越高；相似地，索引中词条越罕见，逆文档频率越高。尽管 TF-IDF 的介绍已经结束了，Lucene 默认评分功能的介绍却并没有结束。还有两点没有提及：调和因子和查询标准化。调和因子考虑了搜索过多少文档以及发现了多少词条。查询标准化是试图让不同查询的结果具有可比性。显然这是很困难的，而且实际上也不应该比较不同查询所产生的得分。这种默认的打分方法是 TF-IDF 和向量空间模型（vector space model）的结合。

如果用户对此很感兴趣，推荐你查阅 Lucene 文档中 `org.apache.lucene.search.similarities.TFIDFSimilarity` Java 类的 Javadoc。

6.2　其他打分方法

尽管前面所述的 TF-IDF 结合向量空间模型的实用评分模式，是 Elasticsearch 和 Lucene 最为主流的评分机制，但是这并不意味着它是唯一的模型。从现在开始，默认的打分模型被称为 TF-IDF，尽管它是指基于 TF-IDF 的一种实用打分模型。其他的模型包括下面这些：

- Okapi BM25；
- 随机性分歧（Divergence from randomness），即 DFR 相似度；
- 基于信息的（Information based），即 IB 相似度；
- LM Dirichlet 相似度；
- LM Jelinek Mercer 相似度。

这里将简短地讨论最流行的替代选择之一：BM25，以及如何配置 Elasticsearch 来使用它。当讨论打分的方法时，我们讨论的是修改 Elasticsearch 内部的相似度模块。

在讨论 TF-IDF 的替换打分方法之前（称为 BM25，一种基于概率的打分框架），先讨论下如何配置 Elasticsearch 来使用它。有两种不同的方式来指定某个字段的相似度。第一种是修改字段映射中的 `similarity` 参数，如代码清单 6-1 所示。

代码清单 6-1　修改某个字段映射中的 similarity 参数

```
{
  "mappings": {
    "get-together": {
      "properties": {
        "title": {
          "type": "string",
          "similarity": "BM25"    <- 这个字段所使用的相似度，
                                     在这个例子中是 BM25
        }
```

```
        }
      }
    }
  }
```

让 Elasticsearch 使用替换打分的第二种配置方式是，在字段的映射中指定一个扩展。和分析器类似，相似度定义在 setting 之中，然后在映射中的某个字段可以通过其名称来引用这个相似度。这种方法允许用户为某个相似度算法来配置 setting。代码清单 6-2 展示了一个例子，它为 BM25 相似度配置了高级的 setting，并且让映射中的某个字段使用了这个打分算法。

代码清单 6-2 为 BM25 配置高级的 setting

```
curl -XPOST 'localhost:9200/myindex' -d'{
  "settings": {
    "index": {
      "analysis": {
        ...
      },
      "similarity": {
        "my_custom_similarity": {        <-- 定制化相似度的名称
          "type": "BM25",                <-- 相似度的类型，在这个例子中是 BM25
          "k1": 1.2,
          "b": 0.75,
          "discount_overlaps": false     配置此例中的相似度变量 k1 和 b，并且关闭 discount-overlaps
        }
      }
    }
  },
  "mappings": {
    "mytype": {
      "properties": {
        "title": {
          "type": "string",
          "similarity": "my_custom_similarity"   <-- 为这个字段使用定制化的相似度
        }
      }
    }
  }
}'
```

此外，如果用户决定总是使用某种特定的打分方法，那么可以全局性的配置它，在 elasticsearch.yml 配置文件中加入下面的设置：

```
index.similarity.default.type: BM25
```

太棒了！现在你已经看到了如何设置一个替换的相似度，接下来探讨一下这个替换的相似度方案，看看它和 TF-IDF 有什么不同。

Okapi BM25

Okapi BM25 可能是 Lucene 中第二流行的评分方法，仅次于 TF-IDF。它是概率性的相关性算法，这意味着分数可以认为是给定文档和查询匹配的概率。BM25 以能够更好地处理短字段而著称，尽管如此，总是应该进行测试，以确保对于用户的数据而言这一点是真的！BM25 将每篇文档映射为一组数值，它们对应的是字典里的每个词条，并且使用概率模型来决定文档的排名。

关于 BM25 的完整评分公式的内容超出了本书的讨论范围。

BM25 有 3 种主要的设置，即 `k1`、`b` 和 `discount_overlaps`。

- `k1` 和 `b` 是数值的设置，用于调整得分是如何计算的。
- `k1` 控制对于得分而言词频（词条出现在文档里的频繁程度，或者是之前章节提到的 TF）的重要性。
- `b` 是介于 0 到 1 之间的数值，它控制了文档篇幅对于得分的影响程度。
- 默认情况下，`k1` 被设置为 1.2，而 `b` 被设置为 0.75。
- `discount_overlaps` 的设置可以用于告知 Elasticsearch，在某个字段中，多个分词出现在同一个位置，是否应该影响长度的标准化。默认值是 `true`。

测试你的打分

请记住，如果你确实调整了这些设置，那么需要确保有一个良好的测试框架，用于判断文档排序和得分的变化。如果没有方法来反复评估这些变化，那么修改相关性算法的设置是完全没有意义的。仅仅靠猜测是不够的！

现在你已经看到了默认的 TF-IDF 评分公式，以及其替换方案，BM25。接下来讨论如何使用更为精细化的方式，来影响文档的得分，那就是 boosting。

6.3 boosting

boosting 是一个可以用来修改文档的相关性的程序。boosting 有两种类型。当索引或者查询文档的时候，可以提升一篇文档的得分。在索引期间修改的文档 boosting 是存储在索引中的，修改 boosting 值唯一的方法是重新索引这篇文档。鉴于此，我们当然建议用户使用查询期间的 boosting，因为这样更为灵活，并允许用户改变主意，在不重新索引数据的前提下改变字段或者词条的重要性。

以 get-together 索引为例。在该例子中，假设用户正在搜索一个分组，认为分组标题的匹配比分组描述的匹配更为重要是非常有意义的。考虑一下 Elasticsearch Berlin 分组。标题只包含了分组所关心的最为重要的信息，就是 Berlin 地区的 Elasticsearch。而分组的描述，可能包含更多的词条。分组的标题应该比描述拥有更高的权重。为了达到这个目标，用户将会使用 boosting。

在开始之前，值得一提的是 boost 的数值并不是精确的乘数。这是指，在计算分数的时候 boost 数值是被标准化的。例如，如果为每个单独字段指定了 10 的 boost，那么最终标准化后每个字段会获得 1 的值，也就意味着没有实施任何 boost。应该考虑 boost 的相对数值，将 name 字段 boost 3 倍意味着 name 字段的重要性大概是其他字段的 3 倍。

6.3.1 索引期间的 boosting

正如之前所提到的，除了在查询期间 boost 一篇文档，你还可以在索引期间来 boost 它。尽管我们并不推荐这种类型的 boosting，但是如你即将看到的，在某些场合下它还是非常有用的。所以下面将讨论如何配置它。

当进行这种类型的 boosting 时，需要使用 boost 参数来设置字段的映射。例如，为了对 group 类型的 name 字段进行 boost，最好创建一个包含代码清单 6-3 所示的映射的索引。

代码清单 6-3 在索引期间，boosting 在 group 类型中的 name 字段

```
curl -XPUT 'localhost:9200/get-together' -d'{
  "mappings": {
    "group": {
      "properties": {
        "name": {
          "boost": 2.0,
          "type": "string"
        },
        ... rest of the mappings ...
      }
    }
  }
}'
```

索引期间，boosting name 字段的值

在设置该索引的映射后，任何自动索引的文档就拥有一个 boost 值，运用于 name 字段的词条中（存储在 Lucene 索引的文章中）。再次强调一下，请记住这个 boost 的值是固定的（fixed），也就是说如果决定修改这个值，你必须重新索引文档。

不鼓励索引期间 boosting 的另一个原因是，boost 的值是以低精度的数值存储在 Lucene 的内部索引结构中。只有一个字节用于存储浮点型数值，所以计算文档的最终得分时可能会丢失精度。

不鼓励索引期间 boosting 的最后一个原因是，boost 是运用于一个词条的。因此，在被 boost 的字段中如果匹配上了多个词条，就意味着多次的 boost，将会进一步增加字段的权重。

由于索引期间 boosting 的这些问题，最好是在进行查询的时候进行 boost，下面会看到其介绍。

6.3.2 查询期间的 boosting

当进行搜索的时候，有几种方法进行 boosting。如果使用基本的 match、multi_match、simple_query_string 或 query_string 查询，就可以基于每个词条或者每个字段来控制 boost。几乎所有的 Elasticsearch 查询类型都支持 boosting。如果这个还不够灵活，那么可以通过

function_score 查询，以更为精细的方式来控制 boosting。本章稍后将探讨这个内容。

通过 match 查询，用户可以使用额外的 boost 参数来 boost 查询，如代码清单 6-4 所示。对查询进行 boost 意味着在所查询的配置查询字段中，每个被发现的词条都会获得 boost。

代码清单 6-4 在查询期间，使用 match 查询进行 boosting

```
curl -XPOST 'localhost:9200/get-together/_search?pretty' -d'{
  "query": {
    "bool": {
      "should": [
        {
          "match": {
            "description": {
              "query": "elasticsearch big data",
              "boost": 2.5
            }
          }
        },
        {
          "match": {
            "name": {
              "query": "elasticsearch big data"
            }
          }
        }]
      }
    }
  }
}'
```

查询期间，对这个 match 查询进行 boosting

对于第二个 match 查询，不进行任何 boosting

这一点对于 Elasticsearch 所提供的其他查询同样适用，如 term 查询、prefix 查询等。在前面的这个例子中，请注意 boost 只是添加到第一个 match 查询。现在对于最终的得分而言，第一个 match 查询比第二个 match 查询拥有更大的影响力。当使用 bool 或 and/or/not 组合多个查询时，boost 查询才有意义。

6.3.3 跨越多个字段的查询

对于跨越多个字段的查询，如 multi_match 查询，也可以使用多个替换的语法。用户可以指定整个 multi_match 的 boost，和刚刚看到的使用 boost 参数的 match 查询类似，如代码清单 6-5 所示。

代码清单 6-5 为整个 multi_match 查询指定 boost

```
curl -XPOST 'localhost:9200/get-together/_search?pretty' -d'{
  "query": {
    "multi_match": {
      "query": "elasticsearch big data",
      "fields": ["name", "description"],
      "boost": 2.5
```

```
    }
  }
}'
```

或者可以使用特殊的语法，只为特定的字段指定一个 boost。通过在字段名称后面添加一个“^”符号和 boost 的值，用户可以告诉 Elasticsearch 只对那个字段进行 boost。代码清单 6-6 展示了之前查询的一个例子，但是不再是 boost 整个查询，而只是 boost 了 name 这个字段。

代码清单 6-6　只对 name 字段进行 boost

```
curl -XPOST 'localhost:9200/get-together/_search?pretty' -d'{
  "query": {
    "multi_match": {
      "query": "elasticsearch big data",
      "fields": ["name^3", "description"]
    }
  }
}'
```

使用^3 后缀，name 字段被 boost 了 3 倍

在 query_string 查询中，可以使用特殊的语法来 boost 单个词条，在词条的后面添加^字符和 boost 的值。代码清单 6-7 中，样例会搜索 “elasticsearch”和“big data”，而“elasticsearch”被 boost 了 3 倍。

代码清单 6-7　在 query_string 查询中针对单个的词条进行 boost

```
curl -XPOST 'localhost:9200/get-together/_search?pretty' -d'{
  "query": {
    "query_string": {
      "query": "elasticsearch^3 AND \"big data\""
    }
  }
}'
```

使用^3 后缀，指定的词条被 boost 了 3 倍

正如之前所提，请记住在 boost 的时候，无论是字段或词条，都是按照相对值来 boost 的，而不是绝对的乘以乘数。如果对于所有的待搜索词条 boost 了同样的值，那么就好像没有 boost 任何一个词，因为 Lucene 会标准化 boost 的值。记住，boost 一个字段 4 倍，不是意味着那个字段的得分会被乘以 4，所以如果分数不是按照严格的乘法，也不要担心。

由于在查询期间的 boosting 是高度灵活的，多试试它吧！不要害怕在你的数据上做实验，只要你从结果中获得了想要的相关性就好。修改 boosting 非常简单，就是在发送给 Elasticsearch 的查询中，调整相应的数值而已。

6.4　使用“解释”来理解文档是如何被评分的

在深入理解文档得分的定制之前，我们应该讨论在结果的基础之上，如何分解文档的得分，以及 Lucene 内部使用了哪些部分。从 Elasticsearch 的角度而言，这些对于理解为什么一篇文档比另一篇更符合某个查询是非常有帮助的。

这些被称为对得分进行解释（explaining），可以通过指定 `explain=true` 来告诉 Elasticsearch 运行这个操作。既可以在发送请求的 URL 里设置，也可以在请求的主体中将 `explain` 设置为 `true`。解释为什么一篇文档获得特定的得分是很有价值的，而且它还有另一个用处：解释为什么一篇文档无法和某个查询匹配。如果用户期望某篇文档和某个查询匹配，但是这篇文档却没有在结果集合中返回，那么这个解释就非常有帮助了。

在讨论这些之前，先看看代码清单 6-8 中的一个例子，它解释了一个查询的结果集合。

代码清单 6-8　在请求主体中设置 explain 的旗标

```
curl -XPOST 'localhost:9200/get-together/_search?pretty' -d'
{
  "query": {
    "match": {
      "description": "elasticsearch"
    }
  },
  "explain": true
}'
```

在请求主体中设置 explain 的旗标

从代码清单 6-8 中可以看到，如何加入 `explain` 参数。这个结果是会产生更加冗长的输入。下面来看看该请求返回的第一个结果：

```
{
  "hits" : {
    "total" : 9,
    "max_score" : 0.4809364,
    "hits" : [ {
      "_shard" : 0,
      "_node" : "Kwc3QxdsT7m23T_gb4l3pw",
      "_index" : "get-together",
      "_type" : "group",
      "_id" : "3",
      "_score" : 0.4809364,
      "_source":{
  "name": "Elasticsearch San Francisco",
  "organizer": "Mik",
  "description": "Elasticsearch group for ES users of all knowledge levels",
  "created_on": "2012-08-07",
  "tags": ["elasticsearch", "big data", "lucene", "open source"],
  "members": ["Lee", "Igor"],
  "location": "San Francisco, California, USA"
},
      "_explanation" : {
        "value" : 0.4809364,
        "description" : "weight(description:elasticsearch in 1)
      [PerFieldSimilarity], result of:",
          "details" : [ {
            "value" : 0.4809364,
            "description" : "fieldWeight in 1, product of:",
            "details" : [ {
              "value" : 1.0,
```

_explain 部分包含了对于文档得分的解释

这篇文档的最后得分

分值的可读性解释

```
                "description" : "tf(freq=1.0), with freq of:",
                "details" : [ {
                  "value" : 1.0,
                  "description" : "termFreq=1.0"
                } ]
              }, {
                "value" : 1.5389965,
                "description" : "idf(docFreq=6, maxDocs=12)"
              }, {
                "value" : 0.3125,
                "description" : "fieldNorm(doc=1)"
              } ]
            } ]
          }
        } ]
      }
    }
```

复合部分得以综合，获得了最后的得分

在该回复中，新增的部分是_explanation 键，它包含了得分不同部分的分解。这个例子在 description 描述字段中搜索“elasticsearch”，而词条“elasticsearch”在描述中出现了一次，所以词频（TF）就是 1。

类似地，逆文档频率（IDF）解释显示了“elasticsearch”这个词条在该索引的总共 12 篇文档中，出现在 6 篇文档中。最终，可以看见 Lucene 内部对这个字段的标准化。这些分数相乘起来，共同确定了最终的分数。

```
1.0 x 1.5389965 x 0.3125 = 0.4809364.
```

请记住，这只是单个查询词条的简单例子，我们也只关注了单篇文档的解释。当使用更为复杂的查询时，解释有可能十分冗长，而且更加难以理解。而且需要指出的是，explain 的特性会给 Elasticsearch 的查询增加额外的性能开销，所以请确保只有在调试查询时才使用它，而不是对每次请求默认地使用。

解释一篇文档不匹配的原因

之前提到，explain 还有另一个用处。就像用户可以获得一个解释、了解对于特定的匹配文档分数是如何计算的，还可以使用特定的 explain API 接口来分析为什么一篇文档和某个查询不匹配。

不过在这种情况下，因为无法简单地添加 explain 参数，所以还要使用一个不同的 API 接口，如代码清单 6-9 所示。

代码清单 6-9 explain API 接口可以发现一篇文档和某个查询无法匹配的原因

```
curl -XPOST 'localhost:9200/get-together/group/4/_explain' -d'
{
  "query": {
    "match": {
      "description": "elasticsearch"
```

```
      }
    }
  }'
  {
    "_id": "4",
    "_index": "get-together",
    "_type": "group",
    "explanation": {
      "description": "no matching term",
      "value": 0.0
    },
    "matched": false
  }
```

解释为什么这篇文档和查询没有匹配成功

旗标显示该文档和查询是否匹配

在这个例子中，由于词条“elasticsearch”在这篇文档的 description 字段中没有出现，解释的内容就是“没有匹配的词条”。如果知道文档的 ID，则可以使用 API 接口来获得这篇文档的得分。

有了这个工具，就可以确定文档是如何被评分的。多多进行实验吧，不要害怕使用本书中的这些工具来改变分值。

接下来，在深入理解分数调校之前，我们将讨论分数的影响，以及在发现打分耗时过长时，你能做些什么。

6.5 使用查询再打分来减小评分操作的性能影响

我们尚未讨论打分对于系统速度的影响。在大多数正常的查询中，计算文档的得分只需要少量的开销。这是由于 Lucene 团队已经深度优化了 TF-IDF，使其变得非常有效率。

但是，在下列情况下，打分可能会变成资源密集型的操作。

- 使用脚本的评分，运行了一个脚本来计算索引中每篇文档的得分。
- 进行 phrase 词组查询，搜索在一定距离内出现的单词，使用很大的 slop 值（在 4.2.1 节已经讨论过）。

在这些情况下，你可能希望在成千上万的文档上运行时，减轻打分算法所产生的性能影响。

为了解决这个问题，Elasticsearch 有一个特性称为再打分。再打分（rescoring）意味着在初始的查询运行后，针对返回的结果集合进行第二轮的得分计算，它也因此而得名。这意味着，对于可能非常耗费性能的脚本查询，可以先使用更为经济的 match 匹配查询进行搜索，然后只对前 1,000 项检索到的命中执行该脚本查询。下面来看看代码清单 6-10 中使用 rescore 再评分的一个例子。

代码清单 6-10 使用 rescore 特性，对于匹配文档的子集重新计算得分

```
curl -XPOST 'localhost:9200/get-together/_search?pretty' -d'{
  "query": {
```

```
      "match": {
        "title": "elasticsearch"          在所有文档上
      }                                   执行的初始查询
    },
    "rescore": {
      "window_size": 20,     <-- 运行再评分的结果数量
      "query": {
        "rescore_query": {
          "match": {
            "title":{
              "type": "phrase",
              "query": "elasticsearch hadoop",    将在初始查询的
              "slop": 5                           前 20 项结果上
            }                                     运行的新查询
          }
        },
        "query_weight": 0.8,          <-- 初始查询得分的权重
        "rescore_query_weight": 1.3  <-- 再评分查询得分的权重
      }
    }
  }'
```

这个例子搜索了所有标题中含有“Elasticsearch”关键词的文档，然后获取前 20 项结果，然后对它们重新计算得分，它使用了高 slop 值的 phrase 查询。尽管高 slop 值的 phrase 查询是很耗费性能的，你也没有必要担心，因为这个查询只会在前 20 篇文档上执行，而不是成千上万可能相关的文档。用户可以使用 query_weight 和 rescore_query_weight 参数来权衡不同查询的重要性，这取决于你希望最终的得分多少是由初始查询决定，多少是由再评分查询决定。用户可以按序使用多个 rescore 再评分查询，每个查询使用前面的结果作为输入。

6.6 使用 function_score 来定制得分

最终，我们来到 Elasticsearch 所提供的最酷的查询之一，即 function_score。function_score 查询允许用户指定任何数量的任意函数，让它们作用于匹配了初始查询的文档，修改其得分，从而达到精细化控制结果相关性的目的。

这种情况下，每种函数（function）是一个 JSON 小片段，以某种方式来影响得分。听上去让人困惑不解？那么，在这个章节结束前我们会将其解释清楚。这里以 function_score 查询的基本结构开始介绍。代码清单 6-11 是一个尚未进行任何额外评分的例子。

代码清单 6-11 function_score 查询的基本结构

```
curl -XPOST 'localhost:9200/get-together/_search?pretty' -d'{
  "query": {
    "function_score": {
      "query": {
        "match": {
          "description": "elasticsearch"
        }
```

```
    },
    "functions": [] <—— 空白的函数列表
  }
 }
}'
```

足够简单，看上去就像一个普通的 match 匹配查询，被封装在了一个 function_score 查询当中。它有了一个新的键：functions。它目前是空的，不过不用担心，很快就要向这个数组添加内容了。这个代码清单是为了展示这个查询的结果，就是 function_score 函数所要操作的文档。举个例子，如果索引中总共有 30 篇文档，而某个 match 查询，它要在 description 字段上搜索关键词"elasticsearch"，结果匹配上其中的 25 篇，那么数组中的函数将会应用在这 25 篇文档上。

function_score 查询有一组不同的函数，在原有查询的基础上，每个函数可以使用另一个过滤器元素。随着后面的章节深入每个函数的细节，用户将看到一些这样的例子。

6.6.1 weight 函数

weight 函数是最简单的分支，它将得分乘以一个常数。请注意，普通的 boost 字段按照标准化来会增加分数，而 weight 函数却真真切切地将得分乘以确定的数值。

前面的例子已经找到了所有在 description 字段中包含"elasticsearch"的文档，而代码清单 6-12 将 boost 在 description 字段中包含"hadoop"的文档。

代码清单 6-12 使用 weight 函数来 boost 包含"hadoop"的文档

```
curl -XPOST 'localhost:9200/get-together/_search?pretty' -d'{
  "query": {
    "function_score": {
      "query": {
        "match": {
          "description": "elasticsearch"
        }
      },
      "functions": [
        {
          "weight": 1.5,
          "filter": {"term": {"description": "hadoop"}}
        }
      ]
    }
  }
}'
```

权重函数将 description 中含有"hadoop"关键词的文档 boost 了 1.5

本例唯一的变化是，将下列的脚本添加到 functions 的数组中。

```
{
 "weight": 1.5,
 "filter": {"term": {"description": "hadoop"}}
}
```

这意味着，在 description 字段中匹配了“hadoop”词条查询的文档，它们的分数将被乘以 1.5。

只要喜欢，你可以拥有更多的函数。例如，为了增加提到“logstash”的 get-together 分组之分数，可以指定两个不同的 weight 函数，如代码清单 6-13 所示。

代码清单 6-13 指定两个 weight 函数

```
curl -XPOST 'localhost:9200/get-together/_search?pretty' -d'{
  "query": {
    "function_score": {
      "query": {
        "match": {
          "description": "elasticsearch"
        }
      },
      "functions": [
        {
          "weight": 2,
          "filter": {"term": {"description": "hadoop"}}
        },
        {
          "weight": 3,
          "filter": {"term": {"description": "logstash"}}
        }
      ]
    }
  }
}'
```

将 description 中含有“hadoop”关键词的文档 boost 了 2

将 description 中含有“logstash”关键词的文档 boost 了 3

6.6.2 合并得分

现在讨论一下，这些得分是如何合并的。当谈及这些分数时，有两种不同的因素需要探讨：

- 从每个单独的函数而来的得分是如何合并的，这被称为 score_mode。
- 从函数而来的得分是如何同原始查询（这个例子中，是在 description 字段搜索“elasticsearch”）得分相合并的，这被称为 boost_mode。

第一个因素被称为 score_mode 参数，它处理不同函数得分是如何合并的。在之前 cURL 的请求中有两个函数：一个权重是 2，另一个权重是 3。用户可以设置 score_mode 参数为 multiply、sum、avg、first、max 和 min。如果没有特别指明，每个函数的得分是相乘的。

如果指定了 first，只会考虑第一个拥有匹配过滤器的函数的分数。举例来说，如果将 score_mode 设置为 first，并且有一篇文档的描述中有“hadoop”和“logstash”关键词，那么只会实施值为 2 的 boost 因子，因为这是第一个匹配文档的函数。

第二种得分合并的设置，被称为 boost_mode，它控制了原始查询的得分和函数得分是如何合并的。如果没有指定，新的得分是初始查询得分和函数得分相乘。用户可以将其设置为 sum、avg、max、min 或者 replace。设置为 replace，意味着原有的查询得分将会被函数得分所替换。

有了这些设置，你就可以学习下一个 function_score 函数，它会根据字段取值来修改得分。我们将涵盖的函数将包括 field_value_factor、script_score 和 random_score，还有 3 种衰减功能：linear、gauss 和 exp。这里将从 field_value_factor 函数开始。

6.6.3 field_value_factor 函数

根据其他的查询来修改得分是非常有用的，但是许多用户希望使用文档中的数据来影响文档的得分。在这个例子中，你可能想使用事件所获得的评论数量来增加事件的得分。在 function_score 查询中，使用 field_value_factor 函数将使得这一点成为可能。

field_value_factor 函数将包含数值的字段的名称作为输入，选择性地将其值乘以常数，然后最终对其运用数学函数，如取数值的对数。请看代码清单 6-14 中的例子。

代码清单 6-14 在 function_score 查询中使用 field_value_factor

```
curl -XPOST 'localhost:9200/get-together/event/_search?pretty' -d'{
  "query": {
    "function_score": {
      "query": {
        "match": {
          "description": "elasticsearch"
        }
      },
      "functions": [
        {
          "field_value_factor": {
            "field": "reviews",      <- 用作数值的数值型字段
            "factor": 2.5,           <- 评论字段将要乘以的因子
            "modifier": "ln"         <- 可选的修饰符，用于计算得分
          }
        }
      ]
    }
  }
}'
```

这里从 field_value_factor 函数得出的分数将是：

```
ln(2.5 * doc['reviews'].value)
```

对于 reviews 字段值为 7 的一篇文档，得分将是：

```
ln(2.5 * 7) -> ln(17.5) -> 2.86
```

除了 ln 之外，还有其他的修改函数：none（默认的）、log、log1p、log2p、ln1p、ln2p、square、sqrt 和 reciprocal。当使用 field_value_factor 的时候，有一件事情需要记住：它将所有用户指定的字段值加载到内存中，因此可以很快地计算出得分。这是字段数据的一部分，这个将在第 6.10 节讨论。在此之前，我们将讨论另一个函数，它可以通过指定一个定制

的脚本来更精细化地控制得分。

6.6.4 脚本

脚本评分可以让用户完全地控制如何修改得分。用户可以在脚本中进行任何的排序。

简短地回顾一下，脚本是以 Groovy 语言书写的，而且可以在脚本中使用_score 来访问文档初始的得分。用户可以使用 doc['fieldname']来访问文档某个字段的值。代码清单 6-15 展示了一个打分的例子，它使用了稍微复杂一点的脚本。

代码清单 6-15 使用一个复杂的脚本进行评分

```
curl -XPOST 'localhost:9200/get-together/event/_search?pretty' -d'{
  "query": {
    "function_score": {
      "query": {
        "match": {
          "description": "elasticsearch"
        }
      },
      "functions": [
        {
          "script_score": {
            "script": "Math.log(doc['attendees'].values.size() *
myweight)",
            "params": {
              "myweight": 3
            }
          }
        }
      ],
      "boost_mode": "replace"
    }
  }
}'
```

将在每篇文档上运行的脚本，它会决定得分的数值

变量 myweight 将会被请求中的参数所替代

初始的文档得分将会被脚本产生的得分所替代

这个例子将使用参与者（attendees）列表的人数来影响得分，将其和权重相乘，并取对数。

脚本是非常强大的，因为在其中可以做任何喜欢的事情。但是请记住脚本比普通的评分操作要慢得多，原因是对于每篇匹配查询的文档而言，它们必须是动态执行的。当使用代码清单 6-15 中的参数化脚本时，对脚本进行缓存将有助于性能的提升。

6.6.5 随机

Random_score 函数给予用户为文档指定随机分数的能力。能够随机排列文档的优势在于，为结果的首页引入了一定的变化。当搜索 get-together 的时候，偶尔看到不尽相同的前列结果有时是件好事。

用户也可以选择性地指定种子（seed），这是一个传送给查询的数值，它将用于产生随机数。

这一点可以让用户以随机的方式来排列文档，但是使用同样的随机种子，再次执行同样的请求时，结果排序将总是一样的。

代码清单 6-16 展示了在 get-together 上使用随机排序的例子。

代码清单 6-16 使用 random_score 函数对文档进行随机排序

```
curl -XPOST 'localhost:9200/get-together/event/_search?pretty' -d'{
  "query": {
    "function_score": {
      "query": {
        "match": {
          "description": "elasticsearch"
        }
      },
      "functions": [
        {
          "random_score": {
            "seed": 1234
          }
        }
      ]
    }
  }
}'
```

random_score 函数的可选种子

如果这个看上去没有什么用，也不用担心。一旦讨论完了不同的函数，我们将在本章的结尾构造一个例子，将所有这些函数综合起来。在此之前，还有一组函数需要讨论，那就是：衰减函数。

6.6.6 衰减函数

function_score 中最后一组函数是衰减函数。它们允许用户根据某个字段，应用一个逐步衰减的文档得分。在某些情况下这一点是非常有用的。例如，用户希望让最近举办的 get-together 聚会有更高的得分，随着 get-together 举办的时间越来越久远，分数将会逐渐地减少。另一个例子是地理位置的数据，使用衰减函数可以对靠近某个地理点（如一位用户的位置）的结果增加得分，并对逐步远离该点的结果逐渐减少得分。

一共有 3 种类型的衰减函数，即 linear、gauss 和 exp。每种衰减函数遵循同种语法。

```
{
 "TYPE": {
   "origin": "...",
   "offset": "...",
   "scale": "...",
   "decay": "..."
 }
}
```

其中，TYPE 可以是 3 种衰减函数的任意一种类型。每种类型对应于一个不同形状的曲线，如

图 6-4、图 6-5 和图 6-6 所示。

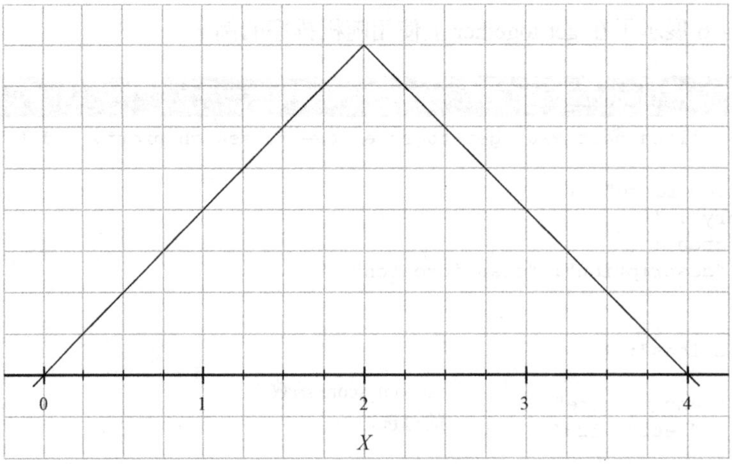

图 6-4 线性曲线——分数从原点（origin）开始以同样的速率减少

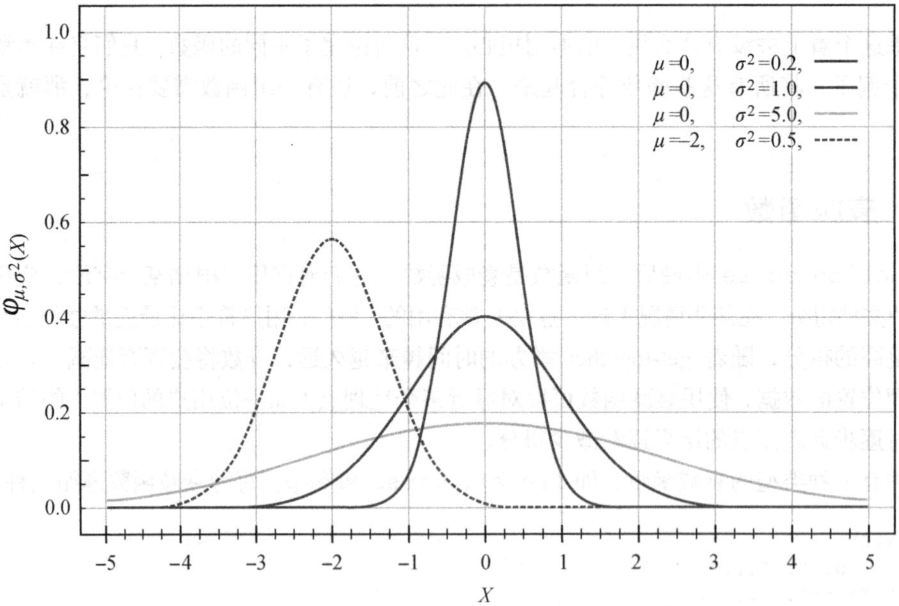

图 6-5 高斯曲线——在到达刻度点（scale）之前，分数缓慢下降。到达刻度（scale）点之后，分数下降得更快

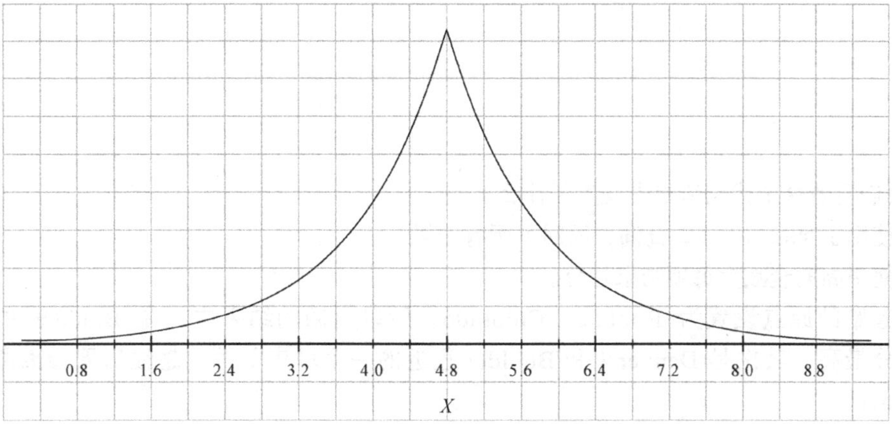

图 6-6 指数曲线——从原点（origin）开始分数急剧下降

6.6.7 配置选项

配置选项定义了曲线看上去是什么样子的。对于每种衰减曲线，有以下 4 种配置选项。

- origin 是曲线的中心点，在这里用户希望分数是最高的。在地理距离的例子中，origin 很可能是一位用户现在的位置。在其他的情况下，原点可以是日期或者是数值型字段。
- offset 是分数开始衰减的位置，和原点之间的距离。在我们的例子中，如果 offset 设置为 1km，这就意味着距离原点 1 公里内的点，分数不会被减少。位移默认的值是 0，意味着数值一旦离开原点的值，分数将立即开始衰减。
- scale 和 decay 这两个选项是密切合作的。通过设置它们，可以让字段值为指定的 scale 值时，其得分减少到指定的 decay。听上去有些困惑？将其想象为设定实际的数值，就更容易理解了。如果将 scale 设置为 5km，将 decay 设置为 0.25，那么这就是说“在距离原点 5 公里的地方，分数应该是原点分数的 0.25 倍。”

代码清单 6-17 展示了 get-together 数据使用高斯衰减函数的一个例子。

代码清单 6-17 在地理点位置上使用高斯衰减函数

```
curl -XPOST 'localhost:9200/get-together/event/_search?pretty' -d'{
  "query": {
    "function_score": {
      "query": {"match_all": {}},
      "functions": [
        {
          "gauss": {
            "geolocation": {
              "origin": "40.018528,-105.275806",
              "offset": "100m",
              "scale": "2km",
              "decay": 0.5
            }
```

衰减开始的原点位置

在距离原点 100 米之内的位置，分数保持不变

距离原点 2 公里的地方，分数将被降低一半

```
            }
          }
        ]
      }
    }
}'
```

让我们看看这个代码清单中发生了什么。

- 使用了 match_all 查询，返回了所有结果。
- 使用高斯衰减为每项结果打分。
- 起始的原点设置为 Boulder，Colorado，所以返回的结果中，在 Boulder 的聚会得分最高，其次是 Denver（和 Boulder 很近的一个城市）等。越往后聚会离原点位置越远。

6.7 尝试一起使用它们吧

之前我们承诺要展示一个例子，使用多个函数，我们不会食言。下面展示了一个针对所有 get-together 活动的查询，其中：

- 特定的词条权重更高；
- 考虑了评论数据；
- 活动参与人数越多，排名越高；
- 靠近某个地理位置的活动得以 boost 加权。

看看这个例子会更有意义，请看代码清单 6-18。

代码清单 6-18 将各种 function_score 函数结合在一起

```
curl -XPOST 'localhost:9200/get-together/event/_search?pretty' -d'{
  "query": {
    "function_score": {
      "query": {"match_all": {}},          <-- 原始的查询匹配了所有的文档
      "functions": [
        {
          "weight: 1.5,
          "filter": {"term": {"description": "hadoop"}}   <-- 使用权重函数，将描述包含“hadoop”关键词的文档 boost 提升 1.5 倍
        },
        {
          "field_value_factor": {
            "field": "reviews",
            "factor": 10.5,
            "modifier": "log1p"          有更多评论的文档排名更高
          }
        },
        {
          "script_score": {
            "script": "Math.log(doc['attendees'].values.size() *myweight)",
```

```
          "params": {
            "myweight": 3
          }                          使用参加人数来
        }                            影响分数
      },
      {
        "gauss": {
          "location_event.geolocation": {
            "origin": "40.018528,-105.275806",
            "offset": "100m",
            "scale": "2km",
            "decay": 0.5
          }
        }                            离地理点(40.018528,
      }                              -105.275806)越远，分
    ],                               数衰减越多
    "score_mode": "sum",  <--- 将每个函数的分数相加，生成函数的总值
    "boost_mode": "replace"  <--- 使用函数得分，来替换原有 match_all 查询的得分
  }
}
}'
```

在这个例子包含了以下几点。

（1）由于使用了 match_all 查询，用户匹配了索引之中所有的活动。

（2）使用 weight 函数，boost 提升了描述中包含“hadoop”关键词的活动。

（3）通过 field_value_factor 函数，使用某个活动的评论数量来修改得分。

（4）使用了 script_score，将参与者的数量纳入考虑范围。

（5）使用了 gauss 衰减，对于离原点越来越远的点进行了分数的逐步衰减。

6.8 使用脚本来排序

除了使用脚本来修改文档的得分，Elasticsearch 还允许使用脚本在文档返回前对其进行排序。当用户需要在某个不存在的文档字段上排序时，这一点非常有用。

例如，想象你正在搜索关于“elasticsearch”的活动，但是你想根据参加人数来排序。使用代码清单 6-19 中的请求，可以轻松实现这个需求。

代码清单 6-19 使用脚本对文档进行排序

```
curl -XPOST 'localhost:9200/get-together/event/_search?pretty' -d'{
  "query": {
    "match": {
      "description": "elasticsearch"
    }
  },
  "sort": [
    {
      "_script": {
        "script": "doc['attendees'].values.size()",  <--- 使用参与者字段 attendees 的数值作为排序的值
```

```
          "type": "number",
          "order": "desc"
        }
      },
      "_score"
    ]
  }'
```

该排序值是一个数值类型

按照参与者数量进行降序排列

如果多个文档的参与者数量相同，使用_score 得分作为第二排序标准

你应该留意到了，对于每个匹配的文档，将获取一个类似这样的字段`"sort": [5.0, 0.28856182]`，Elasticsearch 将这些数值用于文档排序。请注意，5.0 是一个数值，这是因为你告诉 Elasticsearch，脚本的输出是一个数值（而不是一个字符串）。排序数组的第二个数值是原始的文档得分，这是因为在多个文档拥有相同数量的参与者时，你将原始得分指定为第二个排序字段。

尽管这个功能是很强大的，使用 `function_score` 查询来影响得分更为便捷、快速。而且，使用_score 来排序而不是使用定制的脚本来排序，也是更为便捷和快速的。在那种方式下，所有相关性的变化都是集中在单独的一个地方（查询中），而不是在排序功能中。

另一种可选的方案是，将参与者的数量单独作为另一个被索引文档的数值型字段[①]。这会使得排序或基于函数的得分修改更容易实现。

接下来讨论一下和脚本有些关系，但又不同的事物：字段数据。

6.9 字段数据

当你希望查询一个词条，并获取匹配的文档时，倒排索引是非常棒的选择。但是，当需要在某个字段上进行排序或是返回一些聚集时，Elasticsearch 需要快速地决定，对于每个匹配的文档而言，哪些词条是用于排序或聚集的。

对于这些任务，倒排索引不能完全胜任，这时字段数据就会很有用处。当讨论字段数据（field data）的时候，我们指的是某个字段的全部唯一值。Elasticsearch 将这些值加载到内存中。如果有下面这样的 3 篇文档：

```
{"body": "quick brown fox"}
{"body": "fox brown fox"}
{"body": "slow turtle"}
```

那么，加载到内存中的词条将是 `quick`、`brown`、`fox`、`slow` 和 `turtle`。Elasticsearch 以压缩的方式，将这些加载到字段数据缓存，接下来看看这个缓存。

6.9.1 字段数据缓存

字段数据缓存（filed data cache）是一种内存型的缓存，Elasticsearch 在几种场合下都会使用它。

---

① 请注意代码清单 6-19 的索引中，只有参与者 attendees 的字段，而没有参与者数量字段。其数量是通过 doc['attendees'].values.size()这段脚本获得。——译者注

这种缓存通常（但不总是）是在第一次需要使用时被构建，然后被保存用于不同的操作。如果有很多数据，这种加载的过程可能花费很长时间和很多的 CPU 资源，使得第一次搜索变得缓慢。

这里，预热器（warmer）就会有用武之地。预热器是 Elasticsearch 自动运行的查询，以确保内部的缓存被填充，使得查询所用数据在其真正使用之前被预先加载。第 10 章将更为详细地讨论预热器。

为什么字段数据缓存是如此的有必要

Elasticsearch 需要这种缓存，是因为许多比较和分析的操作，都会处理大量的数据。而在合理的时间内完成这些操作的唯一方式，是访问内存里的数据。Elasticsearch 最大限度地降低了这种缓存所消耗的内存容量，但它仍然是 Java 虚拟机中堆空间的最大用户之一。

你不仅应该知道缓存需要使用内存，还应该知道缓存的初始加载可能会花费不少的时间。你可能注意到，当进行聚集时，第一次的聚集需要 2 ~ 3 秒来完成，但是后续的聚集请求在 30 毫秒就会返回。

如果这个加载的时间过长，变成了一个需要解决的问题，可以在索引阶段进行设置，让 Elasticsearch 在创建新的可搜索片段（segment）之时，自动地加载字段数据。要实现这一点，对于排序或聚集的字段，需要在映射中将其 `fielddata.loading` 设置为 `eager`。设置为 `eager` 之后，Elasticsearch 不会等到第一次搜索时再加载字段数据，而是在可加载的时候第一时间加载。

例如，为了尽早地加载某个 get-together 分组（在这个分组上将运行一个 `term` 聚集，以获取前 10 个标签）的 `verbatim` 标签，可以像代码清单 6-20 这样来设置映射。

代码清单 6-20　对 title 标题字段提前加载字段数据

```
curl -XPOST 'localhost:9200/get-together' -d '
{
  "mappings": {
    "group": {
      "properties": {
        "title": {
          "type": "string",
          "fielddata": {
            "loading": "eager"
          }
        }
      }
    }
  }
}'
```

对 title 标题字段进行字段数据的设置，让其提前加载

6.9.2 字段数据用在哪里

如前所述，在 Elasticsearch 中字段数据会用于多个场景，下面是其中一些。

- 按照某个字段进行排序。
- 在某个字段上进行聚集。
- 使用 `doc['fieldname']` 的标注，访问某个字段的值。
- 在 `function_score` 查询中，使用 `field_value_factor` 函数。
- 在 `function_score` 查询中，使用 `decay` 衰减函数。
- 在搜索请求中，使用 `fielddata_fields` 从字段数据来获取字段内容。
- 缓存父子文档关系的 ID。

也许，最为常见的使用场景是根据某个字段进行排序或聚集。举例来说，如果你按照组织者字段 `organizer` 来排列 get-together 结果，为了更有效地比较和排序，该字段的所有唯一值都将被加载到内存中。

除了字段上的排序，还有字段上的聚集。当执行一个 `term` 聚集时，Elasticsearch 需要对每个唯一的词条进行计数，所以那些唯一的词条和它们的计数必须要放在内存中，从而生成分析结果。类似地，当进行统计聚集时，字段的数值型数据必须要加载到缓存，用于计算结果值。

不用担心，正如我所说，也许听上去有许多数据需要加载（很可能确实如此），但 Elasticsearch 会尽其最大的努力，以压缩的方式来加载数据。即便如此，你需要知道这些的存在，下面来讨论在集群中如何管理字段数据。

6.9.3 管理字段数据

有几种方式来管理 Elasticsearch 集群中的字段数据。在这里，当我们说“管理”的时候，是指什么呢？嗯，管理字段数据意味着避免集群中的问题，例如，JVM 垃圾回收花费了太长的时间，或者加载使用了过多的内存导致 `OutOfMemoryError` 错误。最好避免缓存来回更新，这样不用经常地将数据加载到内存或者从内存中卸载数据。

这里将讨论 3 种不同的管理方式：

- 限制字段数据使用的内存量；
- 使用字段数据的断路器；
- 使用文档值（doc value）来避免内存的使用。

1. 限制字段数据使用的内存量

为了控制数据不占用过多的内存空间，最简单的方法之一是将字段数据缓存限制在一个固定的大小。如果不指定这个值，Elasticsearch 完全不会限制缓存，而且指定时间过后数据也不会从缓存中自动过期失效。

在限制字段数据缓存的时候，有两种不同的选项：可以通过设置内存使用量的大小来限制，也可以通过设置字段数据在缓存里失效的过期时间来限制。

为了设置这些选项，在 elasticsearch.yml 文件中指定如下内容。这些选项无法通过集群的设置更新 API 接口来更新，因此修改后需要重启集群。

```
indices.fielddata.cache.size: 400mb
indices.fielddata.cache.expire: 25m
```

但是在修改这些的时候，设置 indices.fielddata.cache.size 选项比设置 expire 选项更有意义。为什么呢？这是因为当字段数据加载到缓存之时，它将一直保留在内存中直到触及使用量的上限，然后缓存将使用近期最少使用的策略（LRU）来淘汰数据。通过设置 size 这个值，一旦达到限制，你只会从缓存中移除最旧的数据。

当设置 size 的值时，也可以使用一个相对的大小，而不是绝对的大小。举例来说，可以指定 40%，让字段数据缓存使用 JVM 堆大小的 40%，而不是指定 400mb 的大小。如果你的机器有不同容量的物理内存，但是你又想统一它们的 elasticsearch.yml 配置文件，避免为每台机器设置不同的绝对数量，那么这个特性就非常有用了。

2. 使用字段数据的断路器

如果不设置缓存的大小，又会发生什么呢？为了避免将过多的数据加载到内存中，Elasticsearch 设计了断路器（circuit breaker）的概念，这种机制会监控加载到内存中的数据容量，如果达到了一定的上限，它就会启动。

对于字段数据而言，每当一个请求需要加载字段数据的时候（如根据某个字段排序），断路器评估数据加载导致的内存使用量，并检查加载是否会导致其超越最大限制。如果超限了，就会抛出一个异常，并阻止该操作的进行。

这样处理有几个好处：当设置字段数据缓存的限制时，只有在数据加载到内存之后我们才能计算字段数据的大小，所以有可能因为加载过多的数据而导致内存不够。而断路器机制是在数据加载之前预估它的大小，这样可以避免不当的加载所导致的系统内存不够。

这种方法的另一个好处是，当节点运行的时候，断路器的限制可以动态调整。而缓存的容量必须在配置文件中设置，而且需要重启节点以使修改生效。默认情况下，断路器的配置将字段数据的大小限制为 JVM 虚拟机堆大小的 60%。你可以通过发送一个如下的请求，来进行配置。

```
curl -XPUT 'localhost:9200/_cluster/settings'
{
  "transient": {
    "indices.breaker.fielddata.limit": "350mb"
  }
}
```

而且，这个设置可以支持像 350mb 这样的绝对数值，也可以支持 45%这种百分比。一旦设置了这些，用户可以通过节点状态（Nodes Stats） API 接口来查阅断路器的限制，以及目前断路器跟踪了多少内存。更多细节将在第 11 章讨论。

注意 在版本 1.4 中，还有一个请求断路器，它对请求所产生的其他内存数据结构做出了限制，默认值为 40%，这将确保它们不会引起 OutOfMemoryError。还有一个父断路器，它将确保字段数据和请求的断路器一共不会超过堆大小的 70%。两个限制都可以通过集群更新设置（Cluster Update Setting）API 接口来更新，分别是 indices.breaker.request.limit 和 indices.breaker.total.limit。

3. 使用文档值来避免内存的使用

目前为止，你已经意识到了应该使用断路器来确保大量的请求不会导致节点的崩溃。如果持续地缺乏字段数据空间，你应该使用 RAM 内存增加 JVM 堆的大小，或者限制字段数据的大小，容忍较差的性能表现。但是，如果持续缺乏字段数据空间，也没有足够的 RAM 内存用于增加 JVM 的堆，同时你也无法容忍字段数据淘汰导致的较差性能，那么又该怎么办呢？这里文档值（doc values）就有用处了。

文档值（doc values）在文件被索引的时候，获取了将要加载到内存中的数据，并将它们和普通索引数据一起存储到磁盘上。这就意味着，使用字段数据通常会使得内存不够，而文档值却可以从磁盘读取。这样做有几个优点。

- **性能平滑地下降**——默认的字段数据需要一次性加载到 JVM 的堆之中，和它有所不同的是，文档值是从磁盘读取，和其他索引一样。如果操作系统无法将所有的东西都塞进内存，就需要更多的磁盘询道，但是就不会再有昂贵的加载和淘汰操作、产生 `OutOfMemoryError` 的风险以及断路器的异常（因为断路器会预防字段数据缓存使用过多的内存）。
- **更好的内存管理**——当使用的时候，系统核心会将文档值缓存到内存中，从而避免了和堆使用相关的垃圾回收成本。
- **更快的加载**——通过文档值，在索引的阶段会计算非倒排结构，所以即使是首次运行查询，Elasticsearch 没有必要进行动态的正向化。由于正向化过程已经执行过，初始的请求能够更快地运行。

本章所讨论的所有内容，都有利有弊。文档值也有一些缺点。

- **更大的索引规模**——将所有的文档值存储在磁盘上，会使得索引变大。
- **稍微变慢的索引过程**——在索引阶段需要计算文档值，将使得索引的过程变得更慢。
- **使用字段数据的请求，会稍微变慢**——磁盘比内存读取速度慢，所以对于那些经常使用预加载字段数据缓存的请求，如果使用从磁盘读取的文档值，那么请求就会稍稍变慢。这些请求包括排序、切面（facet）和聚集。
- **仅对非分析字段有效**——在版本 1.4 中，文档值不支持分析后的字段。举个例子，如果你想根据事件标题来构建关键词的云，就不能利用文档值。文档值可以用于数值型、日期型、布尔型、二进制型和地理位置型字段，并且对于大规模的非分析型数据很有效果，如 Elasticsearch 索引中日志消息的 `timestamp` 字段。

好消息是，可以混合使用文档值的字段和使用内存字段数据缓存的字段。所以，尽管为活动的 `timestamp` 字段使用了文档值，用户仍然可以在内存中保持活动的 `title` 字段。

那么文档值是如何使用的呢？由于它们是在索引阶段写入磁盘的，所以某个特定字段的文档值配置必须放在映射中。如果有一个字符串型的字段，它不是分析型的，而且希望在该字段上使用文档值，那么在创建索引的时候，可以如代码清单 6-21 所示配置映射。

代码清单 6-21 在映射中，对 title 标题字段使用 doc-values

```
curl -XPOST 'localhost:9200/myindex' -d'
{
  "mappings": {
    "document": {
      "properties": {
        "title": {
          "type": "string",
          "index": "not_analyzed",
          "doc_values": true
        }
      }
    }
  }
}'
```

配置 title 标题字段，让其字段数据使用文档值（doc_values）的特性

一旦配置完映射，无须额外的修改，索引和搜索就能正常运作。

6.10 小结

现在你对 Elasticsearch 内部评分机制以及文档和字段数据缓存如何交互有了更好的理解，回顾一下本章所讲述的内容。

- 词条的频率和词条出现在文档中的次数被用于计算查询词条的得分。
- Elasticsearch 有很多工具来定制和修改得分。
- 重新计算部分文档的得分将会减小评分机制的影响。
- 使用解释 API 接口来理解文档是如何被评分的。
- Function_score 查询使用户拥有了对文档得分最终极的控制权。
- 理解字段数据缓存，将有助于用户理解 Elasticsearch 集群是如何使用内存的。
- 如果字段数据缓存消耗了过多的内存，可以使用像 doc_values 这样的替换方案。

第 7 章将继续深入，不仅可以获得查询的结果，还能使用聚集（aggregation）从不同的角度来探索数据。

第 7 章　使用聚集来探索数据

本章主要内容

- 度量聚集
- 单个和多桶聚集
- 嵌套聚集
- 查询、过滤器和聚集之间的关系

到目前为止，我们专注在索引和搜索的使用上：你有很多的文档，而且用户想发现和某些关键词最为相关的匹配。在越来越多的场景下，用户不再对具体的结果感兴趣。相反，他们希望获得一组文档的统计数据。这些统计数据可能是新闻的热点话题、不同产品的营收趋势、网站的唯一访客数量等。

Elasticsearch 的聚集（aggregation）特性解决了这个问题，它加载了和搜索相匹配的文档，并且完成了各种的计算，例如，对字符串字段中的词条进行计数，或计算某个数值型字段的平均值。为了理解聚集是如何工作的，将之前章节使用的 get-together 站点作为一个例子：一位进入站点的用户可能不清楚要查找什么样的分组。为了让这位用户能开始探索，可以让界面显示 get-together 站点的现有分组中，最流行的标签有哪些，如图 7-1 所示。

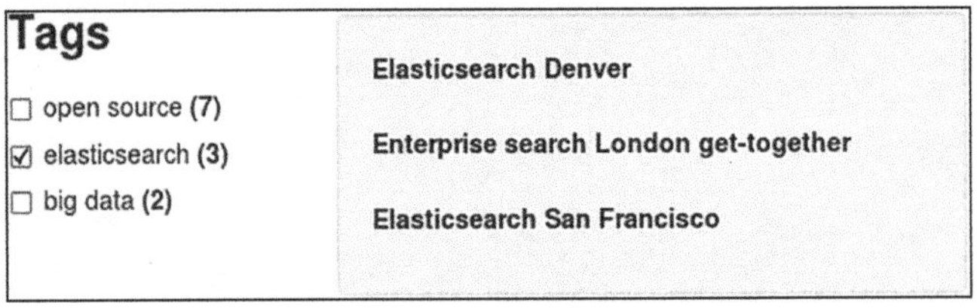

图 7-1　使用聚集的例子：get-together 分组中最为流行的标签

这些标签将存储在单独的分组文档字段内。用户可以选择一个标签，将只包含这个标签的文档过滤出来。这使得用户更容易发现和他们兴趣相关的分组。

为了在 Elasticsearch 中获得流行标签的列表，最好使用聚集功能。在这个具体的例子中，你最好在标签字段 tags 上使用 terms 聚集，聚集会统计字段中每个词条出现的次数，并返回最频繁的词条。还有很多其他类型的聚集可供使用，本章稍后会进行讨论。例如，你可以使用 date_histogram 聚集，来显示过去的一年中每个月组织了多少活动，还可以使用 avg 聚集来显示每次活动的平均参与人数，甚至可以使用 significant_terms 聚集来发现哪些用户和你有类似的活动偏好。

那切面（facet）呢

如果你使用过 Lucene、Solr 甚至是 Elasticsearch 一段时间，你可能会听过切面。切面和聚集类似，原因是它们都会加载和查询相匹配的文档，并且为了返回统计数据而进行计算。切面在版本 1.x 中还是支持的，但是已经被弃用（deprecated），在版本 2.0 中将被移除。

聚集和切面最主要的区别在于，你无法在 Elasticsearch 中嵌套多种切面，这限制了数据探索的更多可能性。举个例子，如果有一个博客站点，你可以使用 terms 切面来发现本年度的热门话题，或者使用 date_histogram 切面来发现每天贴出多少文章，但是你无法发现对于每个单独的话题（至少在一个请求中无法完成），每天的帖子数量。如果你可以在 terms 切面下面嵌套 date_histogram 切面，那么就能做到这一点。

聚集的诞生就是用于打破这个限制的，它允许你对文档进行更为深入的洞察。举例来说，如果你在 Elasticsearch 中存储在线商店的日志，使用聚集不仅可以发现最畅销的商品，还可以发现每个国家最畅销的商品、每个国家每种商品的趋势等。

本章将讨论所有聚集的共同特点：如何运行它们，以及之前章节所学的查询和过滤器同这些聚集又有何关联。然后，我们将深入每种聚集独有的特性，最后将展示怎样结合不同类型的聚集。

聚集分为两个主要的类别：度量型和桶型。度量型（metrics）聚集是指一组文档的统计分析，可以得到诸如最小值、最大值、标准差等度量值。例如，可以获得在线商店中物品的平均价格，或者是唯一访问用户的数量。

桶（bucket）聚集将匹配的文档切分为一个或多个容器（桶），然后告诉你每个桶里的文档数量。图 7-1 中的 terms 聚集，返回了最为流行的标签，它就是为每个标签创建一个文档的桶，并提供了每个通里文档的数量。

有了桶聚集，可以嵌套其他的聚集，让子聚集在上层聚集所产生的每个文档桶上运行。用户可以参考图 7-2 中的例子。

从上自下来看本图，可以看到如果使用 terms 聚集获取最为流行的分组标签，你同样可以获得每个标签分组的平均成员数量。还可以让 Elasticsearch 提供每个标签每年创建的分组数量。

正如你所想象，可以通过多种方式，组合很多类型的聚集。为了更好地理解可用的选项，我们将讲述度量型和桶型聚集，然后讨论如何组合它们。不过，还是先来看看各种类型聚集的共同点有哪些：如何构建聚集，以及它们和你的查询是如何关联的。

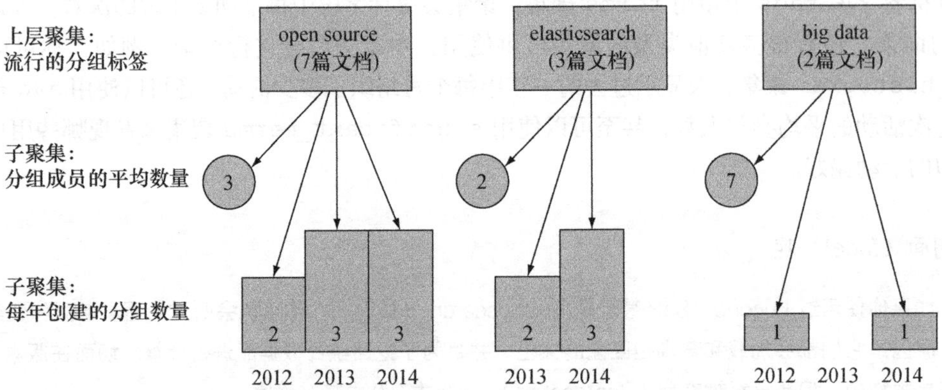

图 7-2　词条桶型聚集允许你在其中嵌套其他聚集

7.1 理解聚集的具体结构

所有的聚集，无论它们是什么类型，都遵从以下的规则。

- 使用查询中同样的 JSON 请求来定义它们，而且你是使用键 `aggregations` 或者是 `aggs` 来进行标记。需要给每个聚集起一个名字，指定它的类型以及和该类型相关的选项。
- 它们运行在查询的结果之上。和查询不匹配的文档不会计算在内，除非你使用 `global` 聚集将不匹配的文档囊括其中。本章稍后会介绍 `global` 这种桶型聚集。
- 可以进一步过滤查询的结果，而不影响聚集。为了达到这个目的，我们将向你演示如何使用后过滤器。例如，在线上商店搜索某个关键词的时候，可以在所有匹配关键词的物品上构建统计数据，但是使用后过滤器只显示有货的那些结果。

先来看看流行的 `terms` 聚集，在本章的介绍部分你已经看到了它的身影。使用场景的例子为 get-together 站点的现有分组获取了最为流行的主题（标签）。这里使用同样的 `terms` 聚集来探索任何聚集必须遵从的规则。

7.1.1 理解聚集请求的结构

代码清单 7-1 将运行一个 `terms` 聚集，该聚集会让用户获得 get-together 分组里最频繁的标签。`terms` 聚集的结构和其他聚集的结构通用。

注意　为了使本章的代码清单能够运行，需要索引本书代码样例中的样本数据集，可以在 https://github.com/dakrone/elasticsearch-in-action 找到。

代码清单 7-1　使用 terms 聚集来获取流行的标签

```
curl 'localhost:9200/get-together/group/_search?pretty' -d '{
```

```
"aggregations" : {
  "top_tags" : {
    "terms" : {
      "field" : "tags.verbatim"
    }
  }
}}'
### reply
[...]
  "hits" : {
    "total" : 5,
    "max_score" : 1.0,
    "hits" : [ {
[...]
  "name": "Denver Clojure",
[...]
  "name": "Elasticsearch Denver",
[...]
  },
  "aggregations" : {
    "top_tags" : {
      "buckets" : [ {
        "key" : "big data",
        "doc_count" : 3
      }, {
        "key" : "open source",
        "doc_count" : 3
      }, {
        "key" : "denver",
        "doc_count" : 2
[...]
    }
  }
```

指定聚集的名字

键 aggregations 表明，这是该请求的聚集部分

指定聚集类型的为词条

未经分析的逐字字段，将“big data”作为一个词条，而不是“big”和“data”两个单独的词条

结果列表显示在这里，就好像你访问了_search 端点而没有进行任何查询一样

聚集结果从这里开始

所指定的聚集名称

每个唯一的词条都是桶里的一个项目

对于每个词条，你可以看到它出现了多少次

- 在最上层有一个 aggregations 的键，可以缩写为 aggs。
- 在下面一层，需要为聚集指定一个名字。可以在请求的回复中看到这个名字。在同一个请求中使用多个聚集时，这一点非常有用，它让你可以很容易地理解每组结果的含义。
- 最后，必须要将聚集的类型指定为 terms，并配置其他具体的选项。这个例子将设置字段 field 的名称。

和之前章节所见到的查询一样，在代码清单 7-1 中的聚集请求访问了_search 端点。实际上，你获取了 10 个分组的结果。这是因为没有指定任何查询，随后系统执行了第 4 章中介绍的 match_all 查询，所以你的聚集是在所有的分组文档上进行的。如果执行另一个不同的查询，那么聚集将会在另一个不同的结果文档集上运行。不管何种方式，你都将获得 10 个这样的分组结果，因为默认的 size 设置为 10。正如在第 2 章和第 4 章所见，可以通过 URI 或者查询的 JSON 有效载荷对 size 参数进行修改。

字段数据和聚集

当运行常规的搜索时，由于倒排索引的天生特性，请求执行的速度很快：查询的词条数量有限，

Elasticsearch 会识别包含这些词条的文档并返回结果。而另一方面，对于和查询相匹配的每篇文档，聚集操作都必须处理其中的词条。这就需要从文档 ID 到词条的映射关系——倒排索引和此相反，将词条映射到文档。

默认情况下，Elasticsearch 在倒排索引再次反转成字段数据，在 6.10 节有所介绍。字段数据要处理的词条越多，它就所使用的内存也越多。这就是为什么你必须确保 Elasticsearch 有足够大的堆空间，尤其是在大量文档上进行聚集的时候，或者被分析的某个字段在每篇文档中都有多个词条的时候。对于 not_analyzed 字段，可以使用文档值在索引阶段来构建并存储这种非倒排的数据结构。更多关于字段数据和文档值的细节，请参考 6.10 节。

7.1.2　运行在查询结果上的聚集

在整个数据集上计算度量值只是聚集可能的使用场景之一。 你经常需要为某个查询计算度量值。例如，如果搜索在丹佛（Denver）的分组，你可能只想看看那些分组中最流行的标签。从代码清单 7-2 中可以看出，这是聚集默认的行为。代码清单 7-1 中隐含的查询是 match_all，和代码清单 7-1 不同，代码清单 7-2 在 location 字段上查询了“Denver”，聚集就只会针对 Denver 分组。

代码清单 7-2　获取 Denver 分组中最流行的标签

```
curl 'localhost:9200/get-together/group/_search?pretty' -d '{
"query": {
  "match": {
    "location": "Denver"        <- 在这个查询中查找 Denver 地区的分组
  }
},
"aggregations" : {
  "top_tags" : {
    "terms" : {
      "field" : "tags.verbatim"
    }
  }
}}'
### reply
[...]
  "hits" : {
    "total" : 2,                <- 结果比代码清单 7-1 的结果更少，原因是只查找了 Denver 地区的分组
    "max_score" : 1.44856,
    "hits" : [ {
[...]
  "name": "Denver Clojure",
[...]
  "name": "Elasticsearch Denver",
[...]
  },
  "aggregations" : {
    "top_tags" : {
```

```
      "buckets" : [ {
        "key" : "denver",
        "doc_count" : 2
      }, {
        "key" : "big data",
        "doc_count" : 1
[...]
```

只有 Denver 地区的分组才会进入标签的计算，所以它们聚集的结果和代码清单 7-1 有所不同

第 4 章曾经介绍，你可以使用查询的 from 和 size 参数来控制结果的分页。这些参数对于聚集没有影响，原因是聚集总是在所有和查询相匹配的结果上执行。

如果你想更大程度地限制查询的结果，但是又不想限制聚集，你可以使用后过滤器。在下个章节，我们将讨论后过滤器，以及过滤器和聚集之间普遍的关系。

7.1.3　过滤器和聚集

第 4 章已经表明对于大多数的查询类型，有一个对等的过滤器。由于过滤器并不计算得分，而且可以被缓存，它们执行起来比对应的查询更快。你已经了解到，应该将过滤器封装在 filtered 查询中，就像这样：

```
% curl 'localhost:9200/get-together/group/_search?pretty' -d '{
  "query": {
    "filtered": {
      "filter": {
        "term": {
          "location": "denver"
        }
      }
    }
  }
}'
```

如此使用过滤器对于整体的查询性能是很有益处的，因为过滤器是先执行的。对于性能消耗更多的查询而言，它只会在过滤后的文档上执行。至于聚集，它们也只会在与 filtered 查询相匹配的文档上运行，如图 7-3 所示。

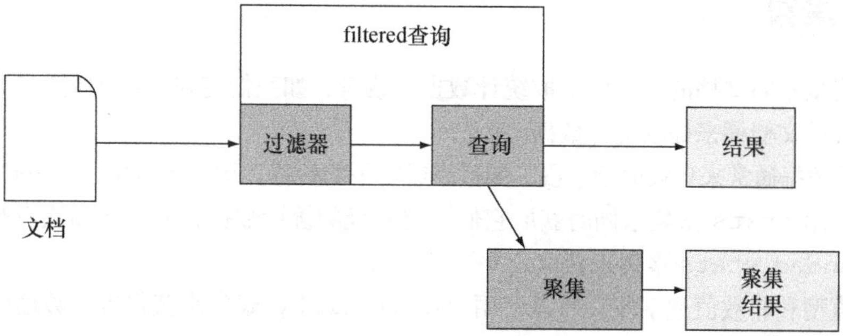

图 7-3　filtered 查询所包装的过滤器首先运行，会同时限制结果集合和聚集

“没有什么新玩意嘛”，你可能会这么说。“对于聚集而言，filtered 查询和其他查询的表现是一样的”，你可能是对的。但是，还有另一种运行过滤器的方法：使用后过滤器（post filter），该过滤器是在查询结果之后运行，和聚集操作相独立。下面的请求将返回和前面过滤查询同样的结果集。

```
% curl 'localhost:9200/get-together/group/_search?pretty' -d '{
"post_filter": {
  "term": {
    "location": "denver"
  }
}}'
```

如图 7-4 所示，后过滤器和 filtered 查询中的过滤器有两点不同。

- 性能——后过滤器是在查询之后运行，确保查询在所有文档上运行，而过滤器只在和查询匹配的文档上运行。整体的请求通常比对等的 filtered 查询执行更慢，因为 filtered 查询中过滤器是先运行的，减少了聚集执行时处理的文档数量。
- 聚集处理的文档集合——如果一篇文档和后过滤器不匹配，它仍然会被聚集操作计算在内。

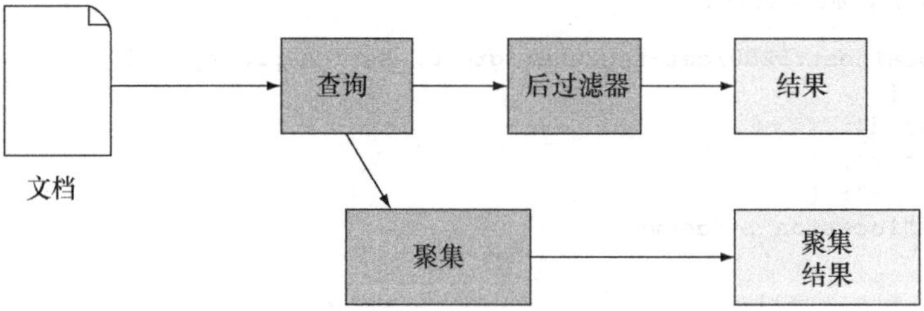

图 7-4 后过滤器在查询之后运行，并不影响聚集

既然已经理解了查询、过滤器、聚集之间的关系，还有聚集请求的整体架构，我们就可以深入聚集的领域，探索不同的聚集类型。这里将从度量聚集开始，然后是桶型聚集，最后将讨论如何结合这些聚集，实时地洞悉你的数据。

7.2 度量聚集

度量聚集从不同文档的分组中提取统计数据，或者，如我们将在 7.4 节所要尝试的那样，从来自其他聚集的文档桶来提取统计数据。

这些统计数据通常来自数值型字段，如最小或者平均价格。用户可以单独获取每项统计数据，或者也可以使用 stats 聚集来同时获取它们。更高级的统计数据，如平方和或者是标准差，可以通过 extended_stats 聚集来获取。

对于数值型和非数值型字段，可以使用 cardinality 聚集来获得唯一数值的数量，7.2.3 节将会讨论这些。

7.2.1 统计数据

让我们通过对每个活动参与者的数量统计，来开启度量聚集之路。

从代码样例中，可以看到活动文档包含一组参与者。用户可以通过脚本，在查询的时候来计算参与者数量，如代码清单 7-3 所示。第 3 章讨论过用于更新文档的脚本。通常来说，使用 Elasticsearch 查询可以构建一个 script 字段，在其中放入一小段代码，为每篇文档返回一个数组。在这种情况下，数值是参与者数组的元素数量。

为脚本灵活性而付出的代价

在查询时，脚本是很灵活的，但是你必须知道关于性能和安全性的警告。

尽管多数聚集类型允许使用脚本，但是脚本使得聚集变得缓慢，因为脚本必须在每篇文档上运行。为了避免脚本的运行，可以在索引阶段进行计算。在这种情况下，可以抽取每个活动的参与者数量，在索引前将其加入单独的字段。第 10 章将探讨更多关于性能的内容。

在大多 Elasticsearch 部署中，用户指定了一个查询字符串，然后让服务器应用来构建查询。但是，如果允许用户来指定任何查询，包括脚本，某些人可能会利用这一点并运行恶意的代码。这就是为什么在某些 Elasticsearch 的版本中，运行像代码清单 7-3 那样的内联脚本（称为动态脚本）是被禁止的。要打开这种脚本，需要在 elasticsearch.yml 中设置 `script.disable_dynamic: false`。

代码清单 7-3 将请求所有活动的参与者数量统计。为了在脚本中获取参与者数量，你将使用 `doc['attendees'] .values` 来取得参与者数组。对其加上 `length` 属性就会返回参与者数量。

代码清单 7-3 取得活动参与者数量的统计数据

```
URI=localhost:9200/get-together/event/_search

curl "$URI?pretty&search_type=count" -d '{      <- 当只关心聚集的时候，不应该请求任
"aggregations": {                                   何结果，而只是它们的计数
  "attendees_stats": {
    "stats": {
      "script": "doc['"'attendees'"'].values.length"   <- 生成参与者数量的脚本。使
    }                                                     用字段而不是脚本来访问
  }                                                       一个真实的字段
}}'
### reply
[...]
  "aggregations" : {
    "attendees_stats" : {
      "count" : 15,
      "min" : 3.0,
      "max" : 5.0,
      "avg" : 3.8666666666666667,
```

```
      "sum" : 58.0
    }
  }
}
```

可以看到，对于每个活动，获取了参与者的最小值，还有最大值、求和以及平均值，还可以获知这些统计值是从多少文档计算而来的。

如果只需要这些统计值其中的一项，可以单独请求。例如，可以通过代码清单 7-4 中的 avg 聚集来计算每个活动的平均参与人数。

代码清单 7-4 取得活动参与者的平均数量

```
URI=localhost:9200/get-together/event/_search
curl "$URI?pretty&search_type=count" -d '{
"aggregations": {
  "attendees_avg": {
    "avg": {
      "script": "doc['"'attendees'"'].values.length"
    }
  }
}}'
### reply
[...]
  "aggregations" : {
    "attendees_avg" : {
      "value" : 3.8666666666666667
    }
  }
}
```

和 avg 聚集类似，可以通过 min、max、sum 和 value_count 聚集来取得其他度量值，只需要将代码清单 7-4 中的 avg 替换为需要的聚集名称。单独统计的优势在于，Elasticsearch 不会将时间耗费在计算用户不需要的度量值上。

7.2.2 高级统计

除了使用 stats 聚集来收集统计数据，还可以通过运行 extended_stats 聚集来获取数值字段的平方值、方差和标准差，如代码清单 7-5 所示。

代码清单 7-5 取得参与者数量的扩展统计数据

```
URI=localhost:9200/get-together/event/_search
curl "$URI?pretty&search_type=count" -d '{
"aggregations": {
  "attendees_extended_stats": {
    "extended_stats": {
      "script": "doc['"'attendees'"'].values.length"
    }
  }
}}'
```

```
### reply
  "aggregations" : {
    "attendees_extended_stats" : {
    "count" : 15,
    "min" : 3.0,
    "max" : 5.0,
    "avg" : 3.8666666666666667,
    "sum" : 58.0,
    "sum_of_squares" : 230.0,
    "variance" : 0.38222222222222135,
    "std_deviation" : 0.6182412330330462
  }
}
```

查询生成了和其匹配的文档集合，而所有这些统计数据都是通过该文档集合中的数值计算而来，所以总是具有 100%的准确性。接下来看看一些使用近似算法的统计，它们通过牺牲一定程度的准确性来换取更快的速度和更少的内存消耗。

7.2.3 近似统计

某些统计数据可以通过查看文档中的某些数值，良好地进行计算——尽管不是 100%准确。这些将会限制执行的时间和内存的消耗。

这里看看如何从 Elasticsearch 获得两种这样的统计：百分位和基数。百分位（percentiles）的值意味着，可以发现所有值中的 *x*%比这个值低，其中 *x* 是给定的百分比。这很有用处，例如，当你有一个在线商店时，记录了每个购物车的价格，并且想看看大多数购物车在哪个价格区间。也许大部分的用户只买了一两件商品，但是卖得最多的 10%用户购买了非常多的商品，并且创造了最多的营收。

基数（cardinality）是某个字段中唯一值的数量。这很有用处，例如，当你希望获得访问站点的唯一 IP 地址之数量时。

1. 百分位

对于百分位，再次考虑下每项活动的参与人数，然后决定你认为正常的参与者的最大数量，以及你认为偏高的数量。代码清单 7-6 将计算 80 百分位和 99 百分位。你会认为 80 百分位下面的数值是正常的，99 百分位下面的数值是偏高的，并且将忽略最高的 1%，因为它们实在是高得离谱。

为了达到这个目标，你将使用 `percentiles` 聚集，而且为了获取具体的百分位，会将 `percents` 数组设置为 80 和 99。

代码清单 7-6 获取参与者数量的 80 百分位和 99 百分位

```
URI=localhost:9200/get-together/event/_search
curl "$URI?pretty&search_type=count" -d '{
"aggregations": {
```

```
    "attendees_percentiles": {
      "percentiles": {
        "script": "doc['"'attendees'"'].values.length",
        "percents": [80, 99]
      }
    }
  }}'
  ### reply
    "aggregations" : {
      "attendees_percentiles" : {
        "values" : {
          "80.0" : 4.0,          <-- 80%的值不超过 4
          "99.0" : 5.0           <-- 99%的值不超过 5
        }
      }
    }
```

对于代码样例这样的小数据集，你可以有 100%的准确性，但是生产环境中的大规模数据集上，可能这就不会发生了。使用默认的设置，对于大多数据集和大多百分比，你可以拥有超过 99.9%的准确率。具体的百分比很重要，因为准确性在第 50 个百分位是最差的，如果你趋近 0 或者 100 百分位，准确性会越来越高。

用户可以通过增加 compression 参数的默认值 100，使用更多的内存来提升准确性。内存消耗量的增加和压缩参数的取值成正比例关系，该取值会控制在近似百分位的时候，有多少数值会被考虑。

还有一个 percentile_ranks 聚集，允许你进行相反的事情——指定一组值，获得相应的文档百分比，而这些文档拥有你所指定的值：

```
% curl "$URI?pretty&search_type=count" -d '{
"aggregations": {
  "attendees_percentile_ranks": {
    "percentile_ranks": {
      "script": "doc['"'attendees'"'].values.length",
      "values": [4, 5]
    }
  }
}}'
```

2. 基数

对于基数（cardinality）而言，让我们想象一下你期望获得 get-together 站点的唯一会员数。代码清单 7-7 展示了如何使用 cardinality 聚集来实现。

代码清单 7-7 使用 cardinality 聚集来获取唯一会员的数量

```
URI=localhost:9200/get-together/group/_search
curl "$URI?pretty&search_type=count" -d '{
"aggregations": {
```

```
    "members_cardinality": {
      "cardinality": {
        "field": "members"
      }
    }
  }}'
  ### reply
    "aggregations" : {
      "members_cardinality" : {
        "value" : 8
      }
    }
```

和 percentiles 聚集类似，cardinality 聚集是近似的。为了理解这种近似算法的好处，让我们研究下替代的方案。在版本 1.1.0 引入 cardinality 聚集之前，为了获取某个字段的基数，常规的方法是运行 7.1 节中的 terms 聚集。terms 聚集获得了前 *N* 个词的计数，其中 *N* 是可配置的 size 参数。如果将 size 指定得足够大，就可以获得所有的唯一词条。对它们进行计数会让你得到基数。

不幸的是，这种方法只对基数较低的字段和数量较少的文档奏效。否则，使用巨大的 size 参数来运行 terms 聚集将需要大量的资源。

- 内存——为了计数，所有的唯一词条需要加载到内存中。
- CPU——所有的词条需要按序返回，默认情况下排序是根据词条出现的次数来决定的，而统计次数需要 CPU 计算。
- 网络——对于排序后的唯一词条的大型数组，必须要通过网络将其从每个分片传送到接受客户端请求的节点。接受的节点还需要将来自每个分片的数组合并为一个大型数组，并将结果传送回到客户端。

这就是为什么近似算法有了用武之地。cardinality 字段使用了一个称为 HyperLogLog++ 的算法，将希望分析的字段值进行散列，使用散列值来近似基数。每次，该算法只会加载部分的散列值到内存中，所以无论你有多少个词条，内存的使用量只会是一个常数。

3. 内存和基数

我们说到，cardinality 聚集的内存使用量是一个常数，但是这个常数会有多大呢？可以通过 precision_threshold 参数来配置它。阈值越高，结果越精准，但是消耗的内存越多。如果使用 cardinality 聚集，对于查询命中的每个分片，聚集会占用大约 precision_threshold 乘以 8 个字节的内存。

cardinality 聚集和其他聚集一样，可以在桶型聚集下进行嵌套。在那种情况下，内存的使用量将进一步乘以父聚集生成的桶数量。

提示 很多情况下，默认的 precision_threshold 就能很好地运作，因为它提供了内存使用量和准确率之间一个良好的均衡，并且它会根据桶的数量来自我调节。

表 7-1 展示了每个度量型聚集和其典型用例的概览。在此之后，我们将看看多桶型聚集的选择。

表 7-1 度量型聚集和典型的用例

聚集类型	使用样例
stats	同样的商品在多个商店销售。收集价格的统计数据：有多少商品销售该商品，最低、最高和平均价格是多少
单个统计（min, max, sum, avg, value_count）	同样的商品在多个商店销售。显示“起价是”然后附加上最低价格
extended_stats	文档包含个性测试的结果。收集一组被测者的统计数据，例如方差和标准差
percentiles	站点的访问时间：通常的延时是多少，最长的相应时间是多久
percentile_ranks	检查一下是否符合 SLA 标准：如果 99%的请求都要在 100 毫秒内完成，你可以检查实际的百分比是多少
cardinality	访问网站的唯一 IP 地址的数量

7.3 多桶型聚集

正如你在前面的章节所见，度量型的聚集是获取所有的文档，并且生成一个或多个描述它们的数值。多桶型的聚集是将文档放入不同的桶中，就像根据标签对文档进行分组一样。然后，对于每个桶，你将获得一个或多个数值来描述这个桶，如对于每个标签，统计分组的数量。

到目前为止，都是在所有匹配查询的文档上运行度量型聚集。用户可以将那些文档作为一个大桶。其他的聚集会产生这样的桶。举例来说，如果索引了日志并且拥有国家代码的字段，用户可以在这个字段上进行 terms 聚集，为每个国家创建一个桶。在 7.4 节中将看到，聚集还可以嵌套。例如，一个 cardinality 聚集可以在 terms 聚集所创建的桶上运行，让用户获知每个国家的唯一访客的数量是多少。

现在，来看看可用的多桶型聚集有哪些种类，而且它们通常用在哪些场景下。

- 词条聚集（terms aggregation）会让用户得知文档中每个词条的频率。你已经看过几次 terms 聚集了，它返回了每个词条出现的次数。要弄清楚常见的博客帖或者是流行的标签这样的信息，词条聚集是非常有用的。还有 significant_terms 聚集，它会返回某个词条在整个索引中和在查询结果中的词频差异。这有助于我们发现搜索场景中有意义的词。比如，“elasticsearch”一词对于“搜索引擎”的场景就很有意义。
- 范围聚集（range aggregation）根据文档落入哪些数值、日期或者 IP 地址的范围来创建不同的桶。当分析有固定用户期望的数据时，这个很有用处。例如，当在线商店的顾客搜索笔记本电脑的时候，就能知道最主流的价格区间是什么。
- 直方图聚集（histogram aggregation），可能是数值，或者日期型，和范围聚集类似。但是它无须定义每个范围区间，而是需要定义间距值。Elasticsearch 将会根据这个间距来构建多个桶。当无法得知用户希望看到什么，这个就很有价值。例如，你可以绘制一幅图，展示每个月举办多少场活动。

- 嵌套聚集（nested aggregation）、反嵌套聚集（reverse nested aggregation）和子聚集（children aggregation）允许用户针对文档的关系来执行聚集。在第 8 章谈及嵌套和父子关系的时候，我们会讨论这些聚集。
- 地理距离聚集（geo distance aggregation）和地理散列格聚集（geohash grid aggregation）允许用户根据地理位置来创建桶。附录 A 将讲述这些关注地理位置搜索的聚集。

图 7-5 的概述展示了即将讨论的各种多桶聚集。

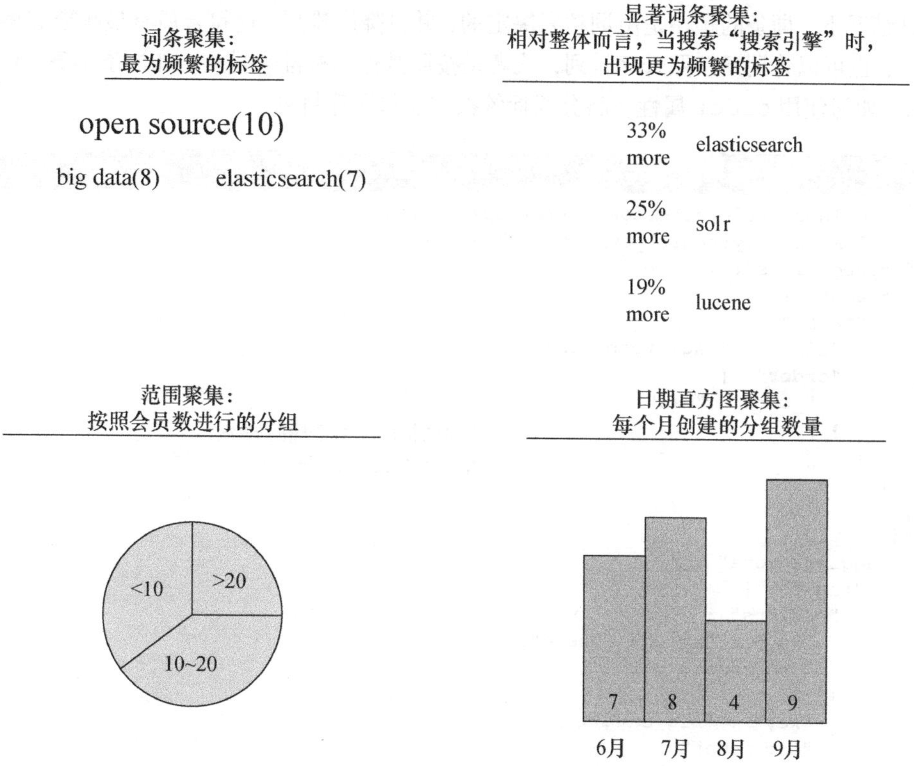

图 7-5 多桶聚集的主要类型

接下来，让我们深入每个多桶型聚集，看看可以如何使用它们。

7.3.1 terms 聚集

先来看看 7.1 节所介绍的 `terms` 聚集，这个例子展示了所有聚集是如何运作的。最为经典的用例是获取 X 中最频繁（top frequent）的项目，其中 X 是文档中的某个字段，如用户的名称、标签或是分类。由于 terms 聚集统计的是每个词条，而不是整个字段值，因此通常需要在一个非分析型的字段上运行这种聚集。原因是，你期望“big data”作为词组统计，而不是“big”单独统计一次，“data”再单独统计一次。

用户可以使用 terms 聚集，从分析型字段（如某个活动的描述）中抽取最为频繁的词条。还可以使用这种信息来生成一个单词云，如图 7-6 所示。如果有很多文档，或者文档包含了很多词条，那么只需要确保有足够的内存来加载所有的字段。

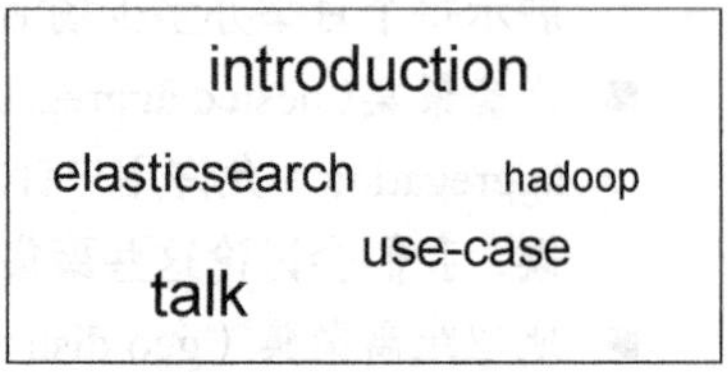

图 7-6 词条聚集可用于词频的获取以及单词云的生成

默认情况下，词条的顺序是由词频来决定的，并且降序排列，这符合所有最频繁 X 的使用场景。但是，也可以将词条按照升序排列，或者是按照其他的标准来排列，如词条本身。代码清单 7-8 展示了如何使用 order 属性，将分组标签按照字母顺序排列。

代码清单 7-8 根据名称来排列标签桶

```
URI=localhost:9200/get-together/group/_search
curl "$URI?pretty&search_type=count" -d '{
  "aggregations": {
    "tags": {
      "terms": {
        "field": "tags.verbatim",
        "order": {
          "_term": "asc"
        }
      }
    }
  }}'
  ### reply
    "aggregations" : {
      "tags" : {
        "buckets" : [ {
          "key" : "apache lucene",
          "doc_count" : 1
        }, {
          "key" : "big data",
          "doc_count" : 3
        }, {
          "key" : "clojure",
          "doc_count" : 1
```

排序的标准（每个桶的词条）和顺序（asc 表示升序）

如果在 terms 聚集下嵌套了度量型聚集，则可以按照度量结果来排列词条。举个例子，在代码清单 7-8 中的 tags 聚集中，可以使用平均度量聚集获取每个标签下平均的组员数量。而且可以通过引用度量聚集的名称，如 avg_members: desc（不再是代码清单 7-8 中的_term: asc），使得标签按照组员的数量来排列。

1. 回复中包含哪些词条

默认地，terms 聚集将会返回按序排列的前 10 个词条。但是，可以通过 size 参数来修改这个数量。将 size 设置为 0，将获得全部的词条，但是对于基数很高的字段，这样做是非常危险的，因为返回一个巨大的结果集要消耗大量 CPU 资源来排序，而且它还可能阻塞网络。

为了拿到前 10 个词条（或者是通过 size 所配置的数量），Elasticsearch 必须要从每个分片获取一定数量的词条（可以通过 shard_size 来配置）并且将这些结果聚集起来。整个过程如图 7-7 所示，为了清楚起见，shard_size 和 size 都设置为 2。

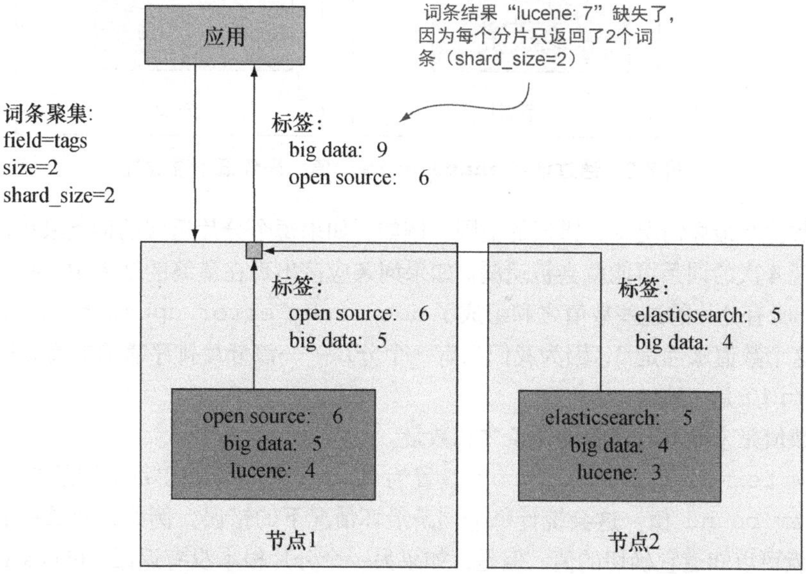

图 7-7 有的时候，整体的前 *X* 个是不准确的，因为只有每个分片上只有前 *X* 词条被返回了

这种机制意味着，对于某些未能在单个分片上名列前茅的词条，你可能会得到不正确的计数。这甚至会引起某些词条丢失，例如，图 7-7 中的 lucene 总共的词频是 7，由于它在每个分片上都未排入前 2 名，所以整体标签上它也未能作为前 2 名返回。

通过设置 shard_size，可以获得更准确的结果，如图 7-8 所示。但是这样做使得聚集操作更为昂贵（尤其是在将它们嵌套起来时），因为内存中需要保存更多的桶了。

为了知晓结果有多么准确，用户可以检查聚集响应头部的值。

```
"tags" : {
  "doc_count_error_upper_bound" : 0,
  "sum_other_doc_count" : 6,
```

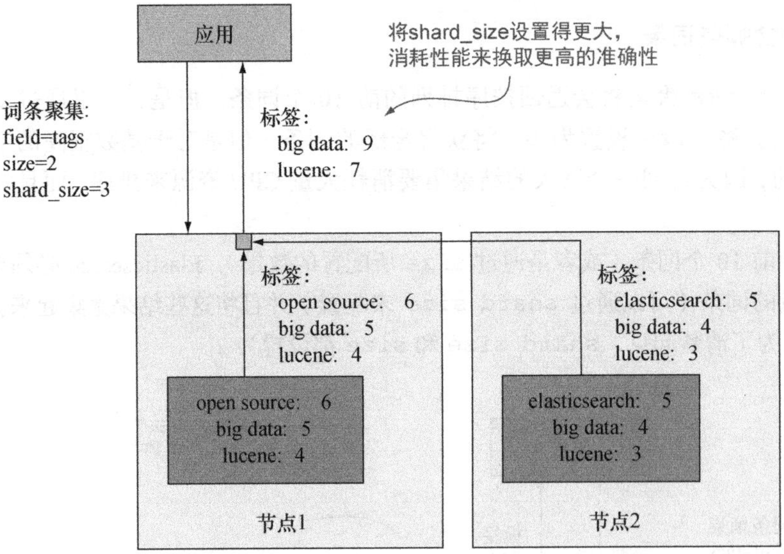

图 7-8 通过增加 **shard_size** 的值，来降低不准确性

第一个数值是最坏情况下，错误的上限。例如，如果每个分片返回的词条最小词频为 5，那么分片中出现 4 次的词条可能就会被遗漏。如果词条应该出现在最终的结果中，那么最坏情况下的错误为 4。所有分片的这些数值之和组成了 doc_count_error_upper_bound。对于我们代码的样例，这个数值永远是 0，因为我们只有一个分片——该分片排序靠前的高频词条和全局排序靠前的高频词条是一致的。

第二个数值是未能排名靠前的词条之总数量。

将 show_term_doc_count_error 设置为 true，就可以获得每个词条的 doc_count_error_upper_bound 值。这会统计每个词条最坏情况下的错误：例如，如果一个分片返回了"big data"，就可以知道它确切的值。但是，如果另一个分片根本没有返回"big data"，那么最坏的情况下，"big data"存在的数量就刚刚比最后一个返回的词条低。对于分片没有返回的词条，将它们的错误数量加起来就组成了每个词条的 doc_count_error_upper_bound。

在准确性范畴的另一面，可以考虑低频的、不相关的词条，并将它们从结果集中完全排除。按照词频之外的标准来排列词条的时候，这一点就很有用处。这种情况下，排序靠前的词条中会出现低频词，但是你不想让错拼这样的不相关内容搞坏整个结果。为此，需要修改 min_doc_count 设置的默认值 1。如果想在分片层面消除低频词，请使用 shard_min_doc_count。

最终，可以在结果中包含特定的词，或者将特定的词从结果中剔除。最好使用 include 和 exclude 选项，并且为取值提供正则表达式。单独使用 include 选项，只会包含匹配某个模式的词条；单独使用 exclude 选项，只会包含那些不匹配的词条。同时使用两者，exclude 会有优先权：包含的词条会匹配 include 选项设置的模式，但是不会匹配 exclude 选项设置的模式。

代码清单 7-9 展示了如何只返回包含“search”的标签之计数器。

代码清单 7-9 只为包含“search”的词条创建桶

```
URI=localhost:9200/get-together/group/_search
curl "$URI?pretty&search_type=count" -d '{
"aggregations": {
  "tags": {
    "terms": {
      "field": "tags.verbatim",
      "include": ".*search.*"
    }
  }
}}'
### reply
  "aggregations" : {
    "tags" : {
      "buckets" : [ {
        "key" : "elasticsearch",
        "doc_count" : 2
      }, {
        "key" : "enterprise search",
        "doc_count" : 1
```

收集模式

默认情况下，Elasticsearch 使用一次处理来进行聚集。例如，如果嵌套了一个 terms 聚集和一个 cardinality 聚集，Elasticsearch 会为每个词条创建一个桶，计算每个桶的基数，对桶进行排序，然后返回排名靠前的 *X* 个结果。

多数情况下这样的方式可以运作得很好，但是如果有很多桶和子聚集，尤其是子聚集也包含了多个桶，那么它将消耗大量的时间和内存。这种情况下，二次处理的方式会更好：首先创建顶层聚集的桶，排列然后缓存排名靠前的 *X* 个结果，然后只对前 *X* 个进行子聚集的计算。

可以通过收集模式 collect_mode 的设置来控制 Elasticsearch 使用何种方式。默认的是一次处理是 depth_first，而两次处理是 breadth_first。

2. 显著词条

如果想看看在目前的搜索结果中，哪些词条比通常情况有更高的词频，significant_terms 聚集就非常有用了。下面来看看 get-together 分组的例子：在那些分组中，词条 clojure 可能不是经常出现，不足以计入结果中。让我们假设在 1,000,000 个词条中这个词出现了 10 次（0.001%）。如果将搜索的地域限制为 Denver，假设在 10,000 个词条中 clojure 出现了 7 次（0.07%）。这个百分数比之前高出了很多，这就意味着 Denver 相比其他地方，有很强的 Clojure 社区。其他的词条，如 programming 和 devops，即使有着高得多的绝对词频，也不会影响这个结论。

significant_terms 聚集更像是 terms 聚集，它也会统计词频。但是结果桶是按照某个分数来排序的，该分数代表了前台的文档（0.07%）和背景的文档（0.001%）之间的百分比差异。前台文档是那些与查询匹配的文档，而背景文档是当前索引中所有的文档。

在代码清单 7-10 中，你将发现哪些 get-together 站点的用户，和 Lee 有着类似的活动品味。为了实现这一点，将查询 Lee 所参加的活动（前台文档），然后使用 significant_terms 聚集来看看和整体所参加的活动（背景文档）相比，这些活动（前台文档）中哪些参与者出现得更频繁。

代码清单 7-10　发现参加活动和 Lee 类似的参与者

```
URI=localhost:9200/get-together/event/_search
curl "$URI?pretty&search_type=count" -d '{
"query": {
  "match": {
    "attendees": "lee"          <-- 前台文档是Lee所参加的活动
  }
},
"aggregations": {
  "significant_attendees": {
    "significant_terms": {
      "field": "attendees",     <-- 你需要在这些活动中，相对于整体而言出现更频繁的参与者
      "min_doc_count": 2,       <-- 只考虑至少参加2个活动的参与者
      "exclude": "lee"          <-- 由于Lee和他自己的品味相同，因此需将他从分析后的词条中排除
    }
  }
}}'
### reply
  "aggregations" : {
    "significant_attendees" : {
      "doc_count" : 5,          <-- 所有 Lee 参与的活动数量是 5
      "buckets" : [ {
        "key" : "greg",
        "doc_count" : 3,
        "score" : 1.7999999999999998,
        "bg_count" : 3          <-- Greg 有类似的品味：他参与了 3 个活动，全部都是和 Lee 一起参与
      }, {
        "key" : "mike",
        "doc_count" : 2,
        "score" : 1.2000000000000002,
        "bg_count" : 2          <-- Mike 排第二，参与了两个活动，全部都是和 Lee 一起参与
      }, {
        "key" : "daniel",
        "doc_count" : 2,
        "score" : 0.6666666666666667,
        "bg_count" : 3          <-- Daniel 排最后，他参与了 3 个活动，但是只有两个是和 Lee 一起参与的
```

正如你所想，代码清单 7-10 中的 significant_terms 聚集和普通 terms 聚集有同样的 size、shard_size、min_doc_count、shard_min_doc_count、include 和 exclude

选项，让用户可以控制所返回的词条。此外，它还允许修改背景文档集合，不再使用索引的全部文档，而是使用和 background_filter 参数所定义的过滤器相匹配的文档。例如，你可能知道 Lee 只参加技术主题的活动，所以可以过滤那些和他不相关的活动，确保这些不会统计在内。

terms 和 significant_terms 聚集这两者在字符串类型的字段上都可以很好地运行。对于数值型字段，range 和 histogram 聚集会更相关，让我们接下来讨论。

7.3.2　range 聚集

terms 聚集经常用于字符串，但是也可以用于数值型的值。当某个字段的基数很低的时候，这一点就很有用处了，例如，要统计有多少的笔记本电脑是 2 年质保，而有多少是 3 年质保，等等。

对于高基数的字段而言，如年龄和价格，你很可能期望使用范围来统计。例如，你可能想知道用户中多少人是 18～39 岁，多少人是 40～60 岁，等等，此时仍然可以使用 terms 聚集来实现，但是会非常烦琐和乏味：在应用程序中，不得不为 18 岁、19 岁一直到 39 岁添加计数器，获得第一次聚集的所有桶。而且，如果用户期望使用子聚集，就像本章稍后介绍的那样，情况会变得更加复杂。

为了解决数值型取值的这个问题，可以使用 range 聚集。正如其名，你设定希望的数值范围，然后范围聚集将会统计其值属于这个范围桶的文档。用户可以使用这些计数器将数据以图形化的方式来表达。例如，图 7-9 所示的饼图。

第 3 章中曾提到过，在 Elasticsearch 中日期型字符串被存储为 long，用毫秒级的 UNIX 时间表示。对应于日期范围，有一个 range 聚集的变体，称为 date_range 聚集。

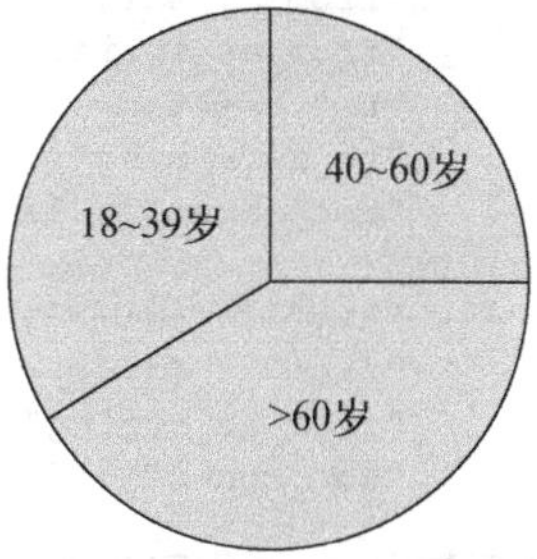

图 7-9　range 聚集统计了每个范围内的文档。对于饼图来说非常恰当

1. range 聚集

回到 get-together 站点用例，然后按照参与者数量来做个活动的分解。用户将给聚集提供一组范围的数组，使用 range 聚集来实现。需要记住的是，桶是包含了范围的最小值（键 from），但是不包含最大值（键 to）。在代码清单 7-11 中将看到 3 个分组：

- 少于 4 个会员的活动。
- 至少 4 个会员但是少于 6 个会员的活动。
- 至少 6 个会员的活动。

注意　范围不必是连续的，它们可以是分离的，或者是重叠的。大多数情况下，覆盖所有的取值更合理，但是你不一定要那么做。

代码清单 7-11 使用 range 聚集，根据参与者数量来划分活动

```
URI=localhost:9200/get-together/event/_search
curl "$URI?pretty&search_type=count" -d '{
"aggregations": {
  "attendees_breakdown": {
    "range": {
      "script": "doc['"'attendees'"'].values.length",    <-- 使用脚本来获取参与者数量，和之前的例子同理
      "ranges": [                                          用于计数的范围
          { "to": 4 },
          { "from": 4, "to": 6 },
          { "from": 6 }
      ]
    }
  }
}}'
### reply
  "aggregations" : {
    "attendees_breakdown" : {
      "buckets" : [ {
        "key" : "*-4.0",
        "to" : 4.0,
        "to_as_string" : "4.0",
        "doc_count" : 4                                   <-- 对于每个范围，你获取了文档的计数……
      }, {
        "key" : "4.0-6.0",
        "from" : 4.0,
        "from_as_string" : "4.0",
        "to" : 6.0,
        "to_as_string" : "6.0",
        "doc_count" : 11
      }, {
        "key" : "6.0-*",
        "from" : 6.0,
        "from_as_string" : "6.0",
        "doc_count" : 0                                   <-- ……即使是 0 也会返回这个桶
```

从代码清单 7-11 中可以看出，没有必要为每个聚集中的范围都指定 from 和 to 参数。忽略其中一个参数，将会去掉相应的边界，这允许用户搜索所有的活动，包括少于 4 个会员和多余 6 个会员的那些。

2. date_range 聚集

如你所想，date_range 聚集和 range 聚集一样运作，除了放在范围定义中的是日期字符串。由于这一点，你应该定义日期格式，这样 Elasticsearch 才知道如何翻译你所提供的字符串，并将其转化为日期字段所存储的形式，即数值型的 UNIX 时间。

代码清单 7-12 将活动划分为两个分类，即 2013 年 7 月之前开始的和 2013 年 7 月开始的。用户可以使用类似的方法来统计未来的活动和过去的活动。

代码清单 7-12 使用 date_range 聚集，根据安排的日期来划分活动

```
URI=localhost:9200/get-together/event/_search
curl "$URI?pretty&search_type=count" -d '{
"aggregations": {
  "dates_breakdown": {
    "date_range": {
      "field": "date",
      "format": "YYYY.MM",        <-- 定义一个格式，解析日期字符串
      "ranges": [
          { "to": "2013.07" },
          { "from": "2013.07"}    <-- 范围也是通过日期字符串来定义的
      ]
    }
  }
}}'
### reply
  "aggregations" : {
    "dates_breakdown" : {
      "buckets" : [ {
        "key" : "*-2013.07",
        "to" : 1.3726368E12,
        "to_as_string" : "2013.07",
        "doc_count" : 8           <-- 对于每个范围，你获得了文档的数量
      }, {
        "key" : "2013.07-*",
        "from" : 1.3726368E12,
        "from_as_string" : "2013.07",
        "doc_count" : 7
```

这里 `format` 字段的值看上去似曾相识，这是因为它和你在第 3 章看到的 Joda 时间标注一样，在那里映射定义了日期格式。

7.3.3 histogram 聚集

为了处理数值型的范围，还可以使用 `histogram` 聚集。这和刚刚看到的 `range` 聚集很像，但是不再手动定义每个范围，而是定义一个固定的间距，然后 Elasticsearch 会为你构建多个范围。例如，如果想获取人们的年龄分组，可以定义一个 10 的整数（10 年），然后得到 0 ~ 10（不包括 10）、10 ~ 20（不包括 20）等这样的桶。

和 `range` 聚集类似，`histogram` 聚集有一个用于日期的变体，称为 `date_histogram` 聚集。这非常有用，举个例子，你可以构建直方图来展示每天邮件列表上有多少封电子邮件被发出。

1. 直方图聚集

运行 `histogram` 聚集和运行 `range` 聚集是类似的。只需要将 `ranges` 数组替换为一个 `interval`，然后 Elasticsearch 将会构建从最小值开始的范围，并不断地加入 `interval`，直到包含了最大值。例如，代码清单 7-13 指定了值为 `1` 的 `interval`，并展示了多少个活动有 3 名

参与者、多少个活动有 4 名参与者、多少个活动有 5 名参与者。

代码清单 7-13 histogram 聚集展示了不同参与者数量所对应的活动数量

```
URI=localhost:9200/get-together/event/_search
curl "$URI?pretty&search_type=count" -d '{
"aggregations": {
  "attendees_histogram": {
    "histogram": {
      "script": "doc['"'attendees'"'].values.length",
      "interval": 1
    }
  }
}}'
### reply
  "aggregations" : {
    "attendees_histogram" : {
      "buckets" : [ {
        "key" : 3,
        "doc_count" : 4
      }, {
        "key" : 4,
        "doc_count" : 9
      }, {
        "key" : 5,
        "doc_count" : 2
```

用于构建范围的间距。这里想看到每个值，所以选择间距为 1

key 显示了范围的起始值。终止值是起始值加上间距值

下一个起始值就是前一个的终止值

和 terms 聚集类似，histogram 聚集让用户可以指定一个 min_doc_count 值。当用户希望文档很少的桶被忽略的时候，这个特性很有帮助。当希望展示空的桶时，min_doc_count 同样非常有用。默认地，如果在最小值和最大值之间的某个间距不包含任何文档，这个间距就会被省略。将 min_doc_count 设置为 0，这种间距仍然会被显示，文档的计数为 0。

2. 日期直方图聚集

如你所想，可以像 histogram 聚集那样，使用 date_histogram 聚集，但是需要在 interval 字段里插入日期。这个日期需要设置为和 date_histogram 聚集一样的 Joda 时间标注，比如 1M 或者 1.5h 这样的值。举个例子，代码清单 7-14 将活动按照月份进行划分。

代码清单 7-14 按照月份统计的活动 histogram

```
URI=localhost:9200/get-together/event/_search
curl "$URI?pretty&search_type=count" -d '{
"aggregations": {
  "event_dates": {
    "date_histogram": {
      "field": "date",
      "interval": "1M"
    }
  }
}}'
### reply
```

这里的间距被指定为日期字符串

```
"aggregations" : {
  "event_dates" : {
    "buckets" : [ {
      "key_as_string" : "2013-02-01T00:00",
      "key" : 1359676800000,
      "doc_count" : 1
    }, {
      "key_as_string" : "2013-03-01T00:00",
      "key" : 1362096000000,
      "doc_count" : 1
    }, {
      "key_as_string" : "2013-04-01T00:00",
      "key" : 1364774400000,
      "doc_count" : 2
[...]
```

这里key_as_string更为有用，因为对于人类而言，它是可读性更强的日期格式

就像普通的 histogram 聚集，可以使用 min_doc_count 选项来显示空的桶，或者是忽略只包含少量文档的桶。

你可能注意到，date_histogram 聚集和其他多桶聚集有两个共同点：

- 它统计了有特定词条的文档；
- 它为每个分类创建了文档的桶。

只有将其他聚集嵌套到多桶聚集中的时候，桶的本身才有价值。这让你能够更加深刻地洞察数据，下个章节将介绍嵌套聚集。首先，花点时间来看下表 7-2，它提供了多桶聚集及其典型用例的快速预览。

表 7-2 多桶聚集及其典型用例

聚集类型	使用样例
terms	展示博客站点上的标签，例如某个新闻站点上本周的热门话题
significant_terms	确定新的技术趋势，看看本月有哪些使用/下载次数比往常更多
range 和 date_range	显示入门级、价格适中和价格昂贵的笔记本电脑；显示过往的活动、本周活动和即将到来的活动
histogram 和 date_histogram	显示分布：每个年龄段锻炼的人数，或者是显示趋势：每天购买的物品

这张表并没有列出所有的聚集，但是它包含了最为重要的聚集类型和它们的选项。用户可以查看相关文件来获取完整的列表。同样，附录 A 会讲述地理位置的聚集，第 8 章会讲述嵌套和子聚集。

7.4 嵌套聚集

聚集真正的强大之处在于，可以组合它们。例如，如果有一个博客，记录了对帖子的每次访问，就可以使用 terms 聚集来展示看得最多的帖子。但是，也可以在 terms 聚集中嵌套一个 cardinality 聚集，来展示每个帖子里唯一访客的数量；甚至可以修改 terms 聚集的排序，

来展示拥有最多唯一访客的帖子。

如你所想，嵌套聚集为数据的探索开启了全新的可能。嵌套是 Elasticsearch 中聚集逐步取代切面（facet）的主要原因，因为切面是无法组合的。

多桶聚集通常是开始聚集的起始点。举个例子，`terms` 聚集允许用户展示 get-together 分组的热门标签；这意味着将为每个标签创建一个文档桶。然后，可以使用子聚集来展现每个桶的更多度量。例如，可以展示对于每个标签，人们每个月创建了多少组，如图 7-10 所示。

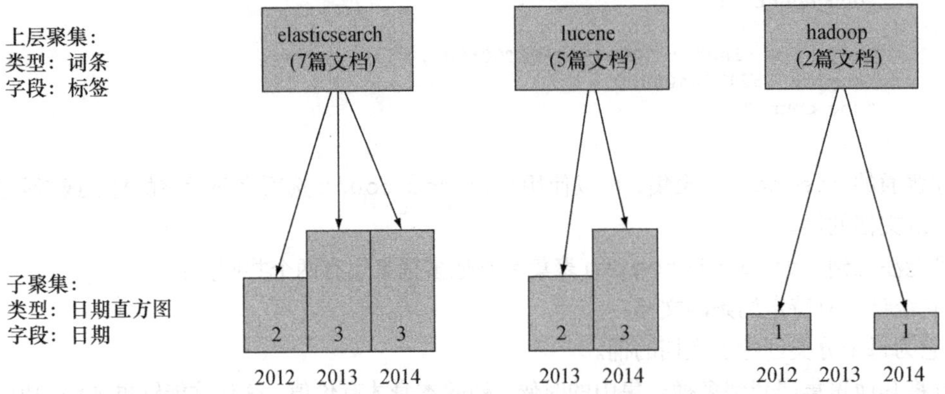

图 7-10 在 **terms** 聚集中嵌套 **date_histogram** 聚集

本章稍后将讨论嵌套的一个特定用例：结果分组（result grouping）。普通的搜索根据相关性，返回排名靠前的 N 个结果。而结果分组和普通搜索不同，它为父聚集所产生的每个文档桶返回前 N 个结果。假设你有一个在线的商店，而某位顾客搜索了"Windows"。通常，相关性排序的结果首先会显示多个版本的 Windows 操作系统。这可能不是最好的用户体验，因为这个阶段还无法 100%明确用户是希望购买一个 Windows 操作系统、运行在 Windows 上的软件，还是和 Windows 兼容的硬件。这种场景下结果分组就有用武之地了，如图 7-11 所示：可以展示操作系统、软件、硬件 3 个分类中每类的前 3 个结果，为用户提供更广泛的结果。用户可能想点击分类的名称，来进一步将搜索的范围缩小到指定类目。

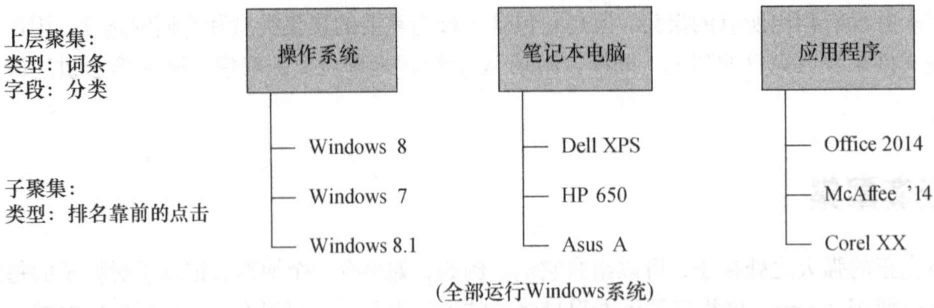

图 7-11 将 **top_hits** 聚集嵌套在 **terms** 聚集之中，来获得结果的分组

在 Elasticsearch 中，可以使用称为 top_hits 的特殊聚集来获得结果的分组。对于父聚集生成的每个桶，该聚集返回前 *N* 个结果，结果都是按照得分或者某个你选择的标准来排序。就像图 7-11 中在线商店的例子一样，父聚集可以是运行在 category 字段上的 terms 聚集。下一节将介绍这种特殊的聚集。

我们讨论的最后一个嵌套使用案例，是控制运行聚集的文档集合。例如，无论何种查询，你可能希望为去年所创建的 get-together 分组展示最热门的标签。为了实现这一点，可以使用 filter 聚集，它创建了和给定过滤器相匹配的文档桶，在其中能够嵌套其他聚集。

7.4.1 嵌套多桶聚集

为了将一个聚集和另一个嵌套起来，只需要在父聚集类型的同一层，使用 aggregations 或 aggs 键，然后在对应的值中放入子聚集的定义。对于多桶聚集，这个操作可以无限地进行下去。例如，代码清单 7-15 将使用 terms 聚集来展示热门标签。对于每个标签，将使用 date_histogram 聚集来显示每个标签中，每个月有多少分组被创建。最后，对于分组中的每个桶，将使用 range 聚集来展示多少分组的会员少于 3 人、多少分组的会员至少有 3 人。

代码清单 7-15 将多桶聚集嵌套 3 次

```
URI=localhost:9200/get-together/group/_search
curl "$URI?pretty&search_type=count" -d '{
"aggregations": {
  "top_tags": {
    "terms": {
      "field": "tags.verbatim"
    },
    "aggregations": {
      "groups_per_month": {
        "date_histogram": {
          "field": "created_on",
          "interval": "1M"
        },
        "aggregations": {
          "number_of_members": {
            "range": {
              "script": "doc['"'members'"'].values.length",
              "ranges": [
                { "to": 3 },
                { "from": 3 }
              ]
            }
          }
        }
      }
    }
  }
}}'
### reply
```

典型的词条聚集，获取热门标签

在其中，使用聚集键来定义一个子聚集

对于每个热门标签，日期直方图子聚集将会运行一次

为日期直方图也定义了子聚集

对于每个标签+月份的桶，运行范围聚集

```
  "aggregations" : {
    "top_tags" : {
      "buckets" : [ {
        "key" : "big data",
        "doc_count" : 3,
        "groups_per_month" : {
          "buckets" : [ {
            "key_as_string" : "2010-04-01",
            "key" : 1270080000000,
            "doc_count" : 1,
            "number_of_members" : {
              "buckets" : [ {
                "key" : "*-3.0",
                "to" : 3.0,
                "to_as_string" : "3.0",
                "doc_count" : 1
              }, {
                "key" : "3.0-*",
                "from" : 3.0,
                "from_as_string" : "3.0",
                "doc_count" : 0
              } ]
            }
          }, {
            "key_as_string" : "2012-08-01",
[...]
```

这里是大家熟悉的内容：big data 是最热门的标签，包含 3 篇文档

根据 big data 文档创建月份来产生的桶

这篇文档是2010年4月创建的

这篇文档包含的会员少于 3 位

big data 下一个桶是 2012 年 8 月创建的

分析还在继续，展示了所有 big data 的桶，以及余下的标签

用户总是可以将度量型聚集嵌套在桶型聚集里。例如，如果想得到每组会员的平均数量，而不是之前代码清单中的“0 到 2 位”和“3 位以上”的范围，可以使用 avg 或 stats 聚集。

在 7.4.1 节中，我们承诺要介绍一种特殊类型的聚集 top_hits。对于父聚集所产生的每个桶，它都会按照你喜欢的标准来排序，并返回前 N 个结果。接下来将介绍如何使用 top_hits 聚集来获得结果分组。

7.4.2 通过嵌套聚集获得结果分组

想按照特定的分类将排名靠前的结果进行分组的时候，结果分组是很有用处的。就像 Google 那样，当同一个站点返回许多结果的时候，有的时候只会看见大约前 3 个，然后就是来自下一个站点的结果。你总是可以点击站点的名字来获得该站点和查询所匹配的全部结果。

这就是结果分组的目的：它给用户一个更好的全局理解。假设希望向用户展示最近的活动，而且为了让结果更具多样性，将展示最为活跃的参与者所参加的活动。代码清单 7-16 在 attendees 字段上运行了 term 聚集，并在其中嵌套了 top_hits 聚集。

代码清单 7-16 使用 top_hits 聚集来获得结果分组

```
URI=localhost:9200/get-together/event/_search
curl "$URI?pretty&search_type=count" -d '{
```

```
"aggregations": {
  "frequent_attendees": {
    "terms": {
      "field": "attendees",
      "size": 2
    },
    "aggregations": {
      "recent_events": {
        "top_hits": {
          "sort": {
            "date": "desc"
          },
          "_source": {
            "include": [ "title" ]
          },
          "size": 1
        }
      }
    }
  }
}}'
### reply
  "aggregations" : {
    "frequent_attendees" : {
      "buckets" : [ {
        "key" : "lee",
        "doc_count" : 5,
        "recent_events" : {
          "hits" : {
            "total" : 5,
            "max_score" : 1.0,
            "hits" : [ {
              "_index" : "get-together",
              "_type" : "event",
              "_id" : "100",
              "_score" : 1.0,
              "_source":{"title":"Liberator and Immutant"},
              "sort" : [ 1378404000000 ]
            } ]
          }
        }
      }, {
        "key" : "shay",
        "doc_count" : 4,
        "recent_events" : {
          "hits" : {
[...]
              "_source":{"title":"Piggyback on Elasticsearch training in San
      Francisco"},
[...]
```

词条聚集返回了参加活动最多的两位用户

这里 top_hits 聚集返回了实际的活动

最近的活动排在前面

你可以选择要包含的字段

使用 size 来选择每个桶的结果数量

Lee 是最活跃的会员，参加了 5 个活动

结果和你查询时返回的结果看上去是一样的

一开始，你会觉得使用聚集来实现结果分组看上去有点奇怪。但是，现在你已经学习了什么是聚集，可以看到这些桶的概念和嵌套是多么强大，它们可以实现更多的事情，而不仅仅是查询结果上的一些统计数据。top_hits 聚集就是一个非统计结果的例子。

运行聚集的时候，你并非被限制在查询结果上。如在 7.1 节所学，在查询结果上聚集，这是

默认的行为。但是如果真的需要，也可以有迂回的办法。举个例子，假设想在博客站点侧边栏的某个位置，展示最为流行的博客帖子之标签。而且，无论用户搜索什么，都想显示这个侧边栏。为了实现这个目标，需要在所有的博客帖子上运行 terms 聚集，让其独立于查询。这里 global 聚集变得很有用处：它生成了一个桶，包含了搜索情景下的所有文档（你所搜索的索引和类型），让嵌套在全局聚集中的其他聚集可以运行在所有的文档上。

global 聚集是单桶聚集之一，可以用其修改用于其他聚集的文档集合，接下来看看单桶聚集。

7.4.3　使用单桶聚集

如在 7.1 节所见，默认情况下，Elasticsearch 在查询结果上运行聚集。如果想改变这种默认行为，将要使用单桶聚集。这里讨论其中的 3 种。

- global 聚集创建了一个桶，包含了搜索的索引和类型中的全部文档。当用户希望无论何种查询，都在所有的文档上运行聚集时，这一点非常有用。
- filter 和 filters 聚集创建的桶包含了所有和若干过滤器相匹配的文档。想进一步限制文档集合的时候，这一点很有用。例如，只在有货的物品上运行聚集，或者是在有货物品和促销物品上进行不同的聚集。
- missing 聚集创建的桶包含了那些缺乏某个特定字段的文档。假想在某个字段上运行了一个聚集，有些文档由于没有这个字段而没有被统计在内，但是你又想对这些文档进行一些计算，那么缺失聚集就很有用了。比如，既显示多个商店内物品的平均价格，同时也显示对这些物品没有标价的商店数量。

1. global 聚集

使用代码样例中的 get-together 站点为例，假设正在查询关于 Elasticsearch 的活动，但是你想看看整体最为热门的标签。正如之前所说，你期望在侧边栏上的某处显示这些标签，和用户的搜索无关。为了实现这一点，需要使用 global 聚集，它可以修改查询到聚集的数据流，如图 7-12 所示。

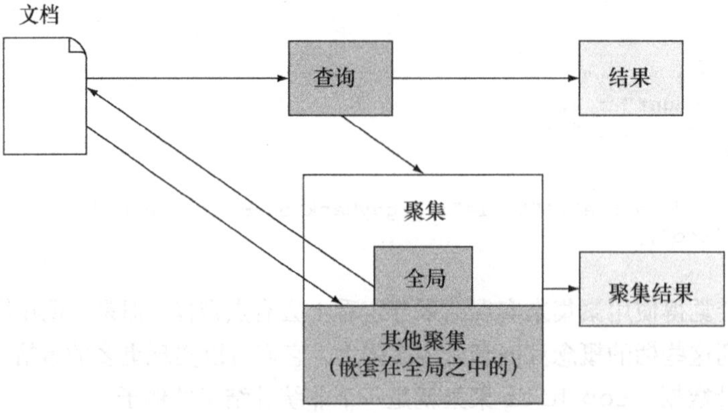

图 7-12　将其他聚集嵌套在 **global** 聚集之中，让它们可以在全部的文档上运行

在代码清单 7-17 中，将 `terms` 聚集嵌套在 `global` 聚集里，以此获得所有文档中最为热门的标签，即使查询只是查找了标题里含有“elasticsearch”字样的文档。

代码清单 7-17 无论是何种查询，global 聚集帮助我们展示整体的热门标签

```
URI=localhost:9200/get-together/group/_search
curl "$URI?pretty&search_type=count" -d '{
"query": {
  "match": {
    "name": "elasticsearch"
  }
},
"aggregations": {
  "all_documents": {          全局聚集是
    "global": {},              父聚集
    "aggregations": {
      "top_tags": {
        "terms": {                        词条聚集嵌套其中，将会运
          "field": "tags.verbatim"        行在所有的数据上
        }
      }
    }
  }
}}'
### reply
[…]
  "hits" : {                 查询返回了
    "total" : 2,             两篇文档
[…]
  "aggregations" : {
    "all_documents" : {            但是聚集是运行在所
      "doc_count" : 5,             有的 5 篇文档上
      "top_tags" : {
        "buckets" : [ {
          "key" : "big data",          词条聚集的结果看上去和没
          "doc_count" : 3              有查询的聚集结果一样
[…]
```

当我们说“所有文档”时，是指搜索 URI 所定义的搜索情景下的所有的文档。这种情况搜索了 get-together 索引的 `group` 类型，所以全部的分组都会被考虑在内。如果是搜索整个 get-together 索引，那么分组和活动（event）都会被聚集统计在内。

2. filter 聚集

还记得 7.1 节的后过滤器吗？它是在直接定义在 JSON 请求中的过滤器，而不是封装在过滤器查询中。后过滤器限制返回的结果，而不会影响聚集。

而 `filter` 聚集恰恰相反：它限制了聚集所统计的文档，而不会影响查询结果，如图 7-13 所示。

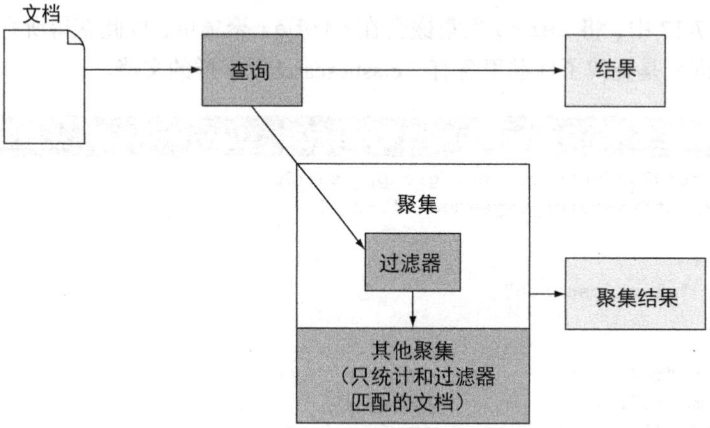

图 7-13 对于嵌套其中的子聚集，过滤器聚集限制了该子聚集统计的查询结果

假设在搜索标题中含“elasticsearch”关键词的活动，并希望从描述的单词中创建一个单词云，不过你只想统计最近的文档——假设是 2013 年 7 月 1 日之后的。

为了实现这一点，代码清单 7-18 和往常一样运行了一个查询，不过加上了聚集。首先拥有一个 filter 聚集，将文档集合限制在 7 月 1 日之后，然后在其中嵌套了 terms 聚集，用于产生单词云的信息。

代码清单 7-18 filter 聚集限制了从查询而来的文档集合

```
URI=localhost:9200/get-together/event/_search
curl "$URI?pretty&search_type=count" -d '{
"query": {
  "match": {
    "title": "elasticsearch"
  }
},
"aggregations": {
  "since_july": {
    "filter": {
      "range": {
        "date": {
          "gt": "2013-07-01T00:00"
        }
      }
    },
    "aggregations": {
      "description_cloud": {
        "terms": {
          "field": "description"
        }
      }
    }
  }
}}'
```

过滤器查询定义了一个桶，子聚集将在这个桶上运行

```
### reply
[...]
  "hits" : {
    "total" : 7,
[...]
  "aggregations" : {
    "since_july" : {
      "doc_count" : 2,
      "description_cloud" : {
        "buckets" : [ {
          "key" : "we",
          "doc_count" : 2
        }, {
          "key" : "with",
          "doc_count" : 2
[...]
```

查询返回了 7 项结果

而 description_cloud 聚集只在和过滤器匹配的两个结果上运行

注意　还有一个 filters（复数）聚集，它允许定义多个过滤器。这个聚集和 filter 聚集类似，除了它会生成多个桶，每个过滤器一个桶——就像 range 聚集产生多个桶一样，每个范围一个桶。

3. missing 聚集

目前为止，我们所见过的聚集大多数是创建文档的桶，并为某个字段获取度量值。如果某篇文档缺失了该字段，它就不再是桶的一部分，也不会对任何度量产生贡献。

举例来说，可能有一个运行在活动日期字段的 date_histogram 聚集，但是某些活动还没有设置日期。用户也可以通过 missing 聚集来统计它们。

```
% curl "$URI?pretty&search_type=count" -d '{
"aggregations": {
  "event_dates": {
    "date_histogram": {
      "field": "date",
      "interval": "1M"
    }
  },
  "missing_date": {
    "missing": {
      "field": "date"
    }
  }
}}'
```

和其他单桶型聚集一样，missing 聚集允许用户在其中嵌套其他聚集。例如，可以使用 max 聚集来显示尚未设置日期的活动中，最大的参加人数。

还有几个重要的单桶型聚集这里尚未讨论，就像 nested 聚集和 reverse_nested 聚集，它们可以对嵌套文档充分使用聚集的能力。

使用嵌套文档是 Elasticsearch 中处理关系型数据的方法之一。在下一章你将了解所有涉及文档间关系的内容，包括嵌套文档和嵌套聚集。

7.5 小结

本章涵盖了主要的聚集类型，以及如何将它们组合起来，用于和查询相匹配的文档，洞悉其本质。

- 通过结果文档的词条计数和统计值计算，聚集帮助用户获得查询结果的概览。
- 聚集是 Elasticsearch 中一种新形式的切面，拥有更多类型，还可以将它们组合以获取对数据更深入的理解。
- 主要有两种类型的聚集：桶型和度量型。
- 度量型聚集计算一组文档上的统计值，如某个数值型字段的最小值、最大值或者平均值。
- 某些度量型聚集通过近似算法来计算，这使得它们具有比精确聚集更好的扩展性。百分位 percentiles 和 cardinality 聚集就是如此。
- 桶型聚集将文档放入 1 个或多个桶中，并为这些桶返回计数器。例如，某个论坛中最流行的帖子。用户可以在桶型聚集中嵌入子聚集，对于父聚集所产生的每个桶一次性地运行子聚集。比如，对于匹配每个标签的博客帖，可以使用嵌套来获得该结果集的平均评论数。
- top_hits 聚集可以用作一种子聚集，来实现结果的分组。
- terms 聚集通常用于发现活跃的用户、常见地址、热门的物品等场景。其他的多桶型聚集是 terms 聚集的变体，如 significant_terms 聚集，返回了相对于整体索引而言，查询结果集中经常出现的词。
- range 和 date_range 聚集用于对数值和日期数据的分类。而 histogram 和 date_histogram 聚集是类似的，不过它们使用固定的间距而不是人工定义的范围。
- 单桶型聚集，如 global、filter、filters 和 missing 聚集，可以修改用于其他聚集运行的文档集合，因为默认情况下文档集合是由查询所确定的。

第 8 章　文档间的关系

本章主要内容

- 对象和对象数组
- 嵌套映射、查询和过滤器
- 父映射、has_parent 和 has_child 查询和过滤器
- 反规范化（denormalization）技术

有些数据天生就是有关联的。例如，在我们全书使用的 get-together 站点上，人们按照兴趣是否相同组成了多个分组，而活动又是根据分组来组织的。根据特定主题，你将如何搜索哪些分组举办了相关的活动？

如果数据是扁平的结构，那么你可以跳过本章，进入到第 9 章所讨论的扩展性话题。日志数据通常是这种情况，字段之间是相互独立的，如时间戳、严重程度和消息。另一方面，如果数据中有相关联的实体，如博客帖和评论、用户和产品等，那么你可能就会好奇，如何最好地表示文档之间的关系，以便针对这些关系来运行查询和聚集。

有了 Elasticsearch，就不必像 SQL 数据库那样进行连接（join）操作。正如 8.4 节所讨论的反规范化（复制数据），那样做的原因是，在分布式系统中进行查询时的连接操作通常是很缓慢的，而 Elasticsearch 试图成为实时性的系统，并在毫秒级返回查询的结果。整体来看，在 Elasticsearch 中有多种方法来定义关系。比如，可以根据位置来搜索活动，或者根据活动的属性来搜索分组。我们将探索所有的可能性，来定义 Elasticsearch 文档间的关系——对象类型、嵌套文档、父子关系和反规范化，本章也会研究每项的优缺点。

8.1　定义文档间关系的选项概览

首先来快速定义每种方法：

- 对象类型——这允许你将一个对象作为文档字段的值。例如，活动地址的 address 字段可以是某个对象，该对象拥有自己的字段：city，postal code，street name

等等。如果同样的活动在多个城市举行，甚至可以拥有一个地址数组。

- 嵌套文档——对象类型的问题在于，所有的数据都存储在同一篇文档中，所以搜索可能会查找多个子文档。例如，尽管在巴黎并没有百老汇大街，city=Paris AND street_name=Broadway 这个查询仍然会返回非预期的结果，那就是在纽约和巴黎同时举行的活动。嵌套文档允许你索引同样的 JSON 文档，但是将地址保存在单独的 Lucene 文档中，如此一来，只有像 city=New York AND street_name=Broadway 这样的搜索才会返回期望的结果。
- 文档间的父子关系——这种方法可以为不同类型的数据，使用完全独立的 Elasticsearch 文档，就像活动和分组，不过仍然可以定义它们之间的关系。举个例子，可以让分组作为活动的父辈，用于表示哪些分组举行了哪些活动。这允许你搜索当地分组所主持的活动，或者是主持了 Elasticsearch 活动的分组。
- 反规范化——这是一项普遍使用的技术，将数据进行复制，达到表示关系的目的。在 Elasticsearch 中，你将会利用它来表达多对多的关系，因为其他的选项只能用于一对多的关系。例如，所有的分组有会员，而且会员属于多个分组。可以将某个分组的全部会员放入该分组的文档中，来复制一个方向的关系。
- 应用端的连接——这是另一项普通使用的技术，使用它在应用程序中处理关系。当数据很少、并且可以承受规范化所带来的开销时，这能很好地运作。比如，可以将会员单独存储，在分组中只包含他们的 ID，如此一来就无须将会员复制到他们所属的分组中去。然后，运行两个查询：首先，根据会员条件来过滤会员。然后，将过滤后的会员 ID 放入分组的搜索条件。

在深入每种可能性的细节之前，先来看看它们及其典型用例的概览。

8.1.1 对象类型

表达一个共同兴趣小组和相关活动最简单的方式是使用对象类型（object type）。这让你可以将 JSON 对象或者 JSON 对象数组作为字段的值，就像下面的例子：

```
{
  "name": "Denver technology group",
  "events": [
    {
      "date": "2014-12-22",
      "title": "Introduction to Elasticsearch"
    },
    {
      "date": "2014-06-20",
      "title": "Introduction to Hadoop"
    }
  ]
}
```

如果你希望搜索一个关于 Elasticsearch 的活动分组，可以在 event.title 字段里搜索。在系统内部，Elasticsearch（或说 Lucene）并不了解每个对象的结构；它只知道字段和值。

文档最终是像下面这样进行索引的：

```
{
  "name": "Denver technology group",
  "events.date": ["2014-12-22", "2014-06-20"],
  "events.title": ["Introduction to Elasticsearch", "Introduction to Hadoop"]
}
```

由于索引的方式，当每次只需要查询 1 个对象字段的时候（通常是一对一的关系），对象类型可以运作得非常出彩。但是当查询多个字段的时候（通常是一对多的关系），可能会得到意想不到的结果。例如，假设你想过滤于 2014 年 12 月主办过 Hadoop 会议的分组，查询可以是这样的：

```
"bool": {
  "must": [
    {
      "term": {
        "events.title": "hadoop"
      }
    },
    {
      "range": {
        "events.date": {
          "from": "2014-12-01",
          "to": "2014-12-31"
        }
      }
    }
  ]
}
```

这将匹配上一个样本文档，它的标题匹配了 hadoop，日期在确切的范围内。但是这并不是你想要的：样本文档的 Elasticsearch 活动是在 12 月，而 Hadoop 活动却是在 6 月。坚持使用默认的对象类型是最快、最便捷的方法来处理关系，但是 Elasticsearch 并不知道内部文档之间的边界，如图 8-1 所示。

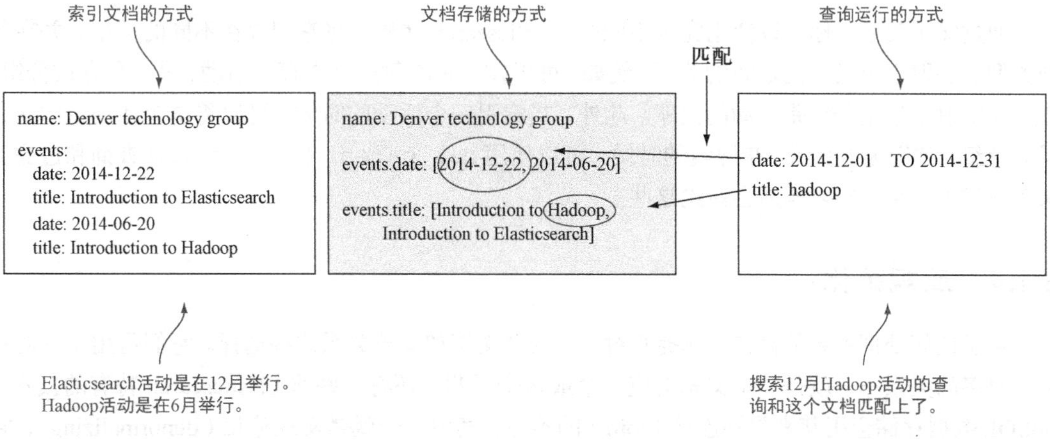

图 8-1 在存储的时候，内部对象的边界并未考虑在内，这导致了意外的搜索结果

8.1.2　嵌套类型

如果想避免这种跨对象的匹配的发生，可以使用嵌套类型（nested type），它将活动索引到分隔的 Lucene 文档。在两种情况下，分组的 JSON 文档看上去一模一样，应用程序也将按照同样的方式来索引它们。不同之处在于映射，这会促使 Elasticsearch 将嵌套的内部对象索引到邻近的位置，但是保持独立的 Lucene 文档，如图 8-2 所示。在搜索的时候，需要使用将在 8.2 节介绍的 nested 过滤器和查询，这些会在所有的 Lucene 文档中搜索。

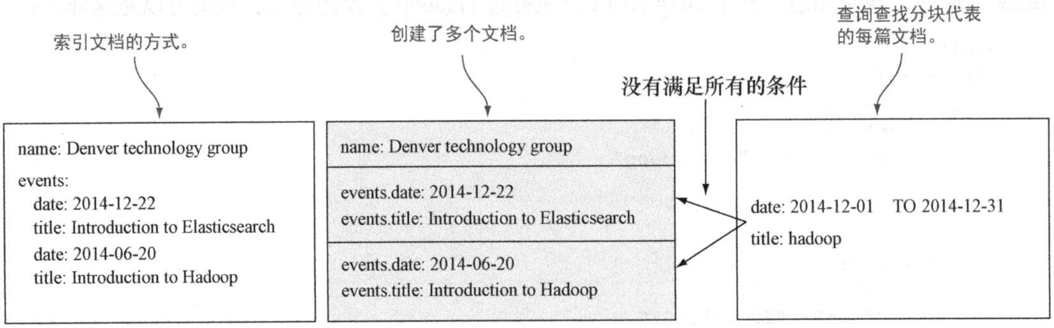

图 8-2　嵌套类型使得 Elasticsearch 将多个对象索引到多个分隔的 Lucene 文档

在某些用例中，像对象和嵌套类型那样，将所有的数据硬塞在同一篇文档中不见得是明智之举。拿分组和活动的例子来说：如果一个分组所有数据都放在同一篇文档中，那么它创建一项新的活动时，你不得不为了这个活动来重新索引整篇文档。这可能会降低性能和并发性，取决于文档有多大，以及操作的频繁程度。

8.1.3　父子关系

通过父子关系，你可以使用完全不同的 Elasticsearch 文档，将它们放在不同的类型，并在每种类型的映射中定义它们之间的关系。例如，可以在一种映射类型中存放活动，另一种存放分组，然后在映射中指定分组是活动的父辈。此外，当索引一个活动的时候，可以将这个活动指向它所属的分组，如图 8-3 所示。在搜索的时候，可以使用 has_parent 和 has_child 查询和过滤器来考虑父子关系。本章稍后会讨论这些。

8.1.4　反规范化

对于任何处理关系的操作，你拥有对象、嵌套文档和父子关系这些选择。它们可用于一对一和一对多的关系——就是一个父辈对应一个或多个子辈。还有一些非 Elasticsearch 特有的技术，NoSQL 数据存储会用其来弥补连接（join）的不足：其中一个就是反规范化（denormalizing），它意味着一篇文档将包含所有相关的数据，即使是同样的数据在其他文档中有复本。另一种是在应用程序中进行连接。

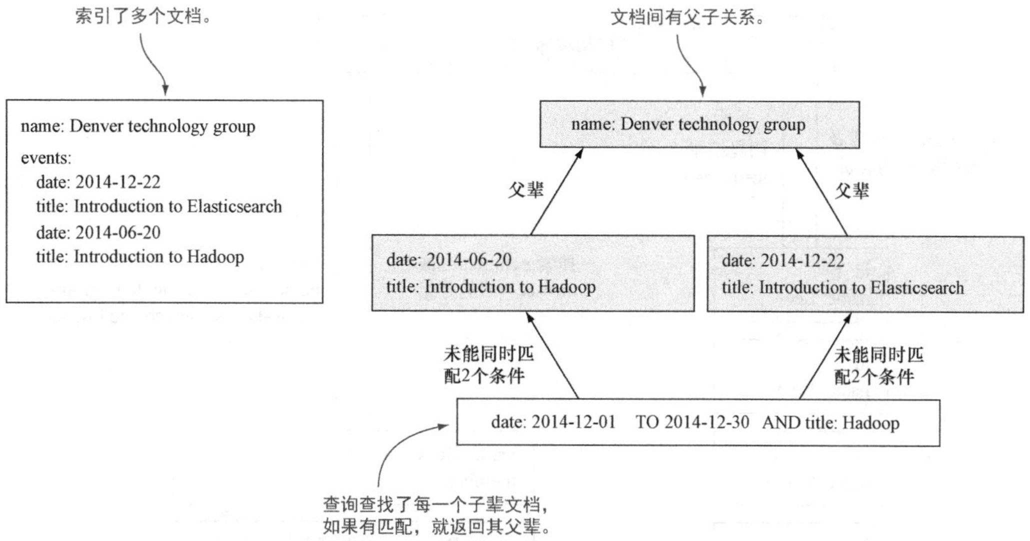

图 8-3　不同类型的 Elasticsearch 文档可以有父子关系

让我们以分组和其中的会员为例。一个分组可以拥有多于一个的会员，一个用户也可以成为多个分组的会员。分组和会员都有它们自己的一组属性。为了表示这种关系，可以让分组成为会员的父辈。对于身为多个分组会员的用户而言，可以反规范化他们的数据：每次表示一个其所属分组，如图 8-4 所示。

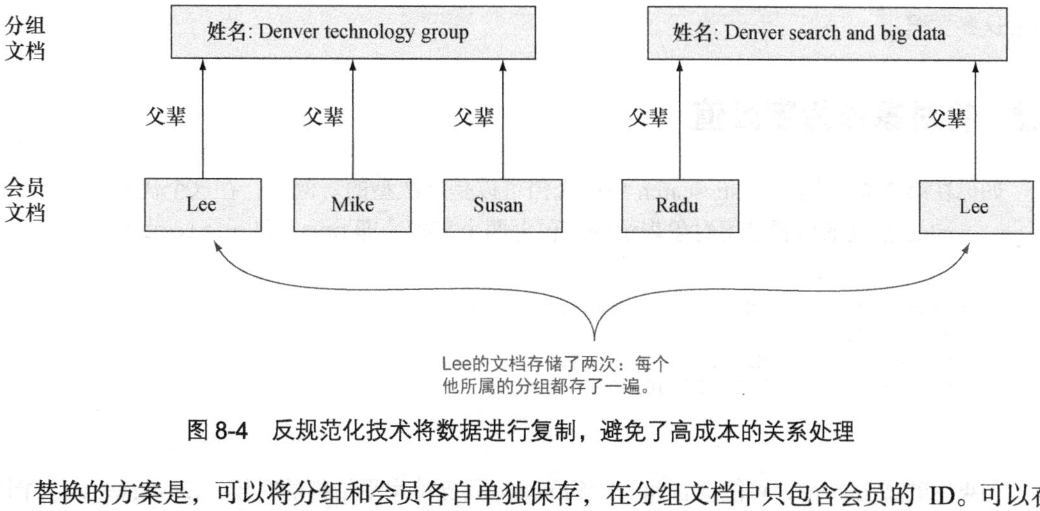

图 8-4　反规范化技术将数据进行复制，避免了高成本的关系处理

替换的方案是，可以将分组和会员各自单独保存，在分组文档中只包含会员的 ID。可以在应用程序中根据会员 ID 来连接（join）分组及其会员。如果所要查询的会员 ID 数量很小，这样操作也能很好地运作，如图 8-5 所示。

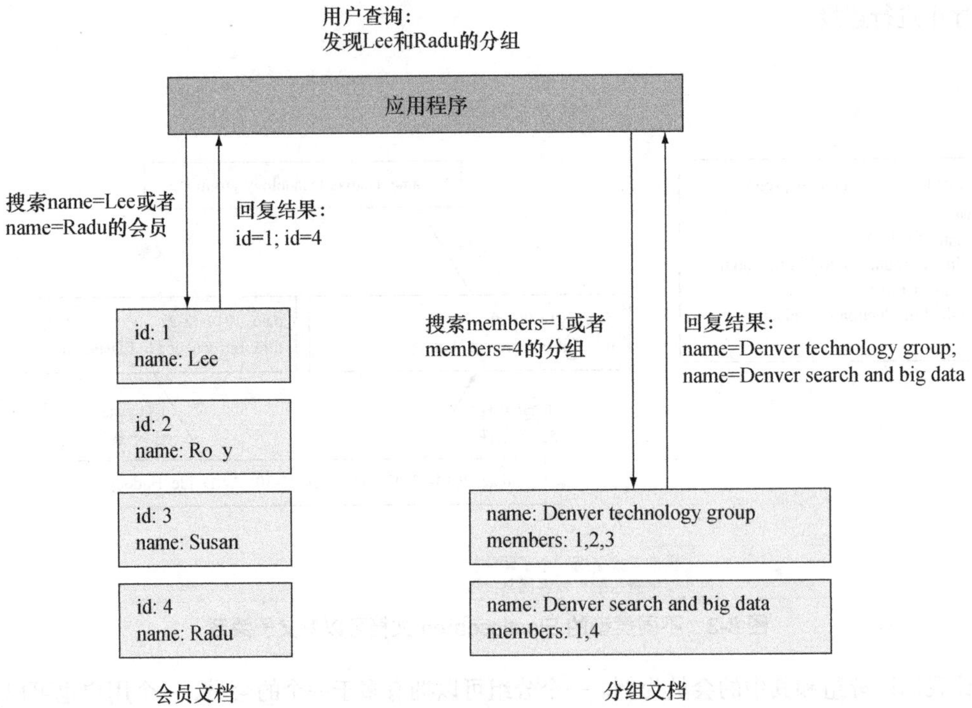

图 8-5 你可以将数据保持规范化（标准化），而在应用程序中进行连接（join）

本章余下的部分将深入探讨每项技术：对象和数组，嵌套类型、父子关系、反规范化和应用端的连接。你将学习它们内部是如何运作的，如何在映射中定义它们，如何索引它们，以及如何搜索这些文档。

8.2 将对象作为字段值

如你在第 2 章所见，Elasticsearch 中的文档可以是层次型的。例如，在这个代码样例中，一个 get-together 活动的位置是用对象表示的，包含两个字段，即 name 和 geolocation。

```
{
  "title": "Using Hadoop with Elasticsearch",
  "location": {
    "name": "SkillsMatter Exchange",
    "geolocation": "51.524806,-0.099095"
  }
}
```

如果你熟悉 Lucene，可能会自问：“当 Lucene 只支持扁平结构的时候，Elasticsearch 文档怎么可能是层级式的呢？”通过对象，Elasticsearch 在内部将层级结构进行了扁平化，使用每个内部字段的全路径，将其放入 Lucene 内的独立字段。整个流程如图 8-6 所示。

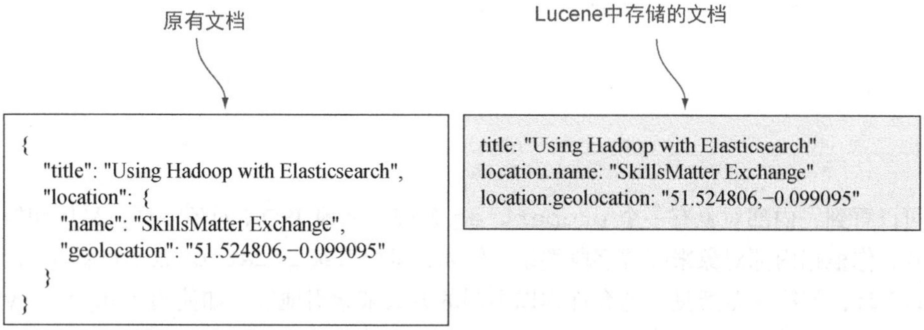

图 8-6 JSON 层次型结构，在 Lucene 中被存储为扁平结构

通常，当你希望搜索一个活动的位置名称时，会使用 `location.name` 来引用它。我们将在 8.2.2 节来介绍这一点，不过在开始搜索之前，先定义一个映射，并看看如何索引一些文档。

8.2.1 映射和索引对象

默认情况下，内部对象的映射是自动识别的。代码清单 8-1 将索引一个层次型的文档，并且观察映射识别是如何工作的。这些活动文档看上去似曾相识，这是因为代码样例在对象中也存储了活动的位置。可以在本书配套源代码文件中获得这个代码样例。

代码清单 8-1 内部 JSON 对象映射为对象类型

```
curl -XPUT 'localhost:9200/get-together/event-object/1' -d '{
  "title": "Introduction to objects",
  "location": {
    "name": "Elasticsearch in Action book",
    "address": "chapter 8"
  }
}'
curl 'localhost:9200/get-together/_mapping/event-object?pretty'
# expected reply:
{
  "get-together" : {
    "mappings": {
      "event-object" : {
        "properties" : {
          "location" : {
            "properties" : {
              "address" : {
                "type" : "string"
              },
              "name" : {
                "type" : "string"
              }
            }
          },
```

在 JSON 文档中的一个对象

和根对象一样，内部对象及其属性的映射是自动识别的

```
            "title" : {
              "type" : "string"
            }
          }
        }
      }
    }
  }
```

你可以看到，内部对象有一个 properties 列表，和根 JSON 对象一样。采用和根对象的同样方式，你根据内部对象来配置字段类型。例如，可以升级 location.address，让其拥有多个 fields，如第 3 章所见。这允许你以不同的方式来索引地址，如使用 not_analyzed 非分析的版本来进行精确匹配，或者是默认的 analyzed 分析后的版本。

提示 如果需要看看核心类型或者是多字段的使用，可以重温下第 3 章。对于分析的更多细节，请回顾第 5 章。

如果你有多个这样的对象所构成的数组，单个内部对象的映射同样奏效。例如，如果索引了下面的文档，代码清单 8-1 的映射将会保持不变。

```
{
  "title": "Introduction to objects",
  "location": [
    {
      "name": "Elasticsearch in Action book",
      "address": "chapter 8"
    },
    {
      "name": "Elasticsearch Guide",
      "address": "elasticsearch/reference/current/mapping-object-type.html"
    }
  ]
}'
```

总结一下，映射中的对象和对象数组的处理，和第 3 章所介绍的字段和数组处理非常相像。下面来看看搜索部分，这和你在第 4 章及第 6 章所看到的也是类似的。

8.2.2 在对象中搜索

默认地，Elasticsearch 无须预先定义任何事物，就能识别并索引拥有内部对象的层次型 JSON 文档。如图 8-7 所示，搜索也是这样。默认情况下，你需要设置所查找的字段路径，来引用内部对象，如 location.name。

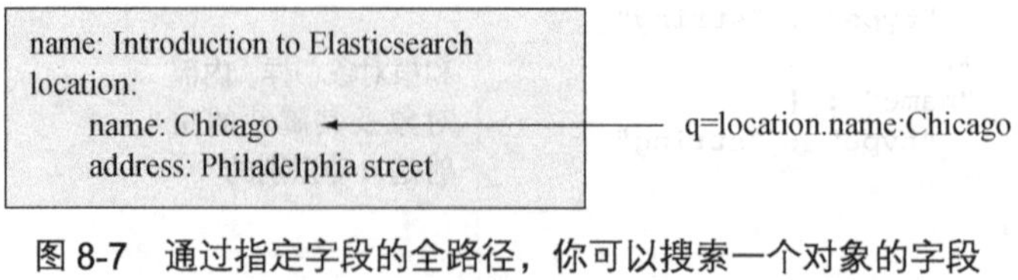

图 8-7 通过指定字段的全路径，你可以搜索一个对象的字段

在第 2 章和第 4 章中，你使用代码样例来索引文档。现在，如代码清单 8-2 所示，可以指定 location.name 的全路径将其作为搜索的字段，从而搜索在办公室举办的活动。

代码清单 8-2 代码样例索引了活动之后，搜索这些活动的 location.name 字段

在 location 对象的 name 字段上，和 office 关键词匹配的两个活动

```
EVENT_PATH="localhost:9200/get-together/event"
curl "$EVENT_PATH/_search?q=location.name:office&pretty"
# reply: [...] "title": "Hortonworks, the future of Hadoop and big data",
[...] "location": { "name": "SendGrid Denver office",
    "geolocation": "39.748477,-104.998852"[...]
      "title": "Big Data and the cloud at Microsoft",
[...] "location": { "name": "Bing Boulder office",
    "geolocation": "40.018528,-105.275806"[...]
```

1. 聚集

在搜索的时候，采用对其他字段一样的处理方式，来对待 location.name 这样的对象字段。这对于第 7 章所介绍的聚集而言，同样适用。例如，下面的 terms 聚集返回了 location.name 字段中最为常用的单词，来帮助你构建一个单词云。

```
% curl "localhost:9200/get-together/event/_search?pretty" -d '{
"aggregations" : {
  "location_cloud" : {
    "terms" : {
      "field" : "location.name"
    }
  }
}}'
```

2. 对象最擅于处理一对一的关系

一对一的关系是对象的完美使用场景：你可以搜索内部对象的字段，就像它们是根文档的字段一样。因为本就如此！在 Lucene 的角度来看，location.name 是同层扁平结构中的另一个字段。

将对象放入数组，你还可以拥有一对多的对象关系。例如，一个包含多位会员的分组。如果每位会员都有自己的对象，可以这样表示：

```
"members": [
  {
    "first_name": "Lee",
    "last_name": "Hinman"
  },
  {
    "first_name": "Radu",
    "last_name": "Gheorghe"
  }
]
```

你仍然可以搜索 members.first_name:lee，而且系统也会如期地去匹配“Lee”。但是，需要记住的是，在 Lucene 中，文档的结构看上去是这样的：

```
"members.first_name": ["Lee", "Radu"],
"members.last_name": ["Hinman", "Gheorghe"]
```

只有在一个字段中搜索的时候，系统才能正常地查询。如果搜索多个字段，即使设置了多个条件，也未必能准确无误。假设搜索的条件是 members.first_name:lee AND members.last_name:gheorghe，上面这个文档仍然会被匹配，因为它符合这两个条件。即使没有一个会员名叫 Lee Gheorghe，这还是会发生，原因就是 Elasticsearch 将所有的东西都扔进同一篇文档，而且并不知晓对象之间的边界。为了让 Elasticsearch 理解这些边界的存在，可以使用下面介绍的嵌套类型。

使用对象来定义文档间关系：优缺点

在继续之前，我们进行一个快速的温习，告诉你为什么应该（或不应该）使用对象。

其优势如下。

- 它们容易使用。默认情况下，Elasticsearch 就会识别它们；多数情况下不必为了索引对象而进行任何特殊的定义。
- 可以查询和聚集对象，就像你处理扁平结构的文档那样。这是因为在 Lucene 的层级，它们就是扁平结构的文档。
- 无须使用连接（join）。由于所有的内容都属于同一篇文档，因此在本章所讨论的选项中，使用对象将使你获得最佳的性能。

其不足如下。

- 对象之间没有边界。如果需要这种功能，你需要考虑其他选择——嵌套类型、父子关系以及反规范化，并最终将它们和对象相结合，以满足你的需要。
- 更新一个单独的对象，需要重新索引整篇文档。

8.3 嵌套类型：联结嵌套的文档

嵌套类型在映射中的定义方式，和已经探讨的对象类型非常相似。从内部来看，嵌套的文档被索引为不同的 Lucene 文档。为了告诉系统你想使用嵌套类型，而不是对象类型，必须将 type 设置为 nested，如 8.3.1 节所示。

从应用程序的角度来看，索引嵌套的文档和索引对象是一样的，因为索引到 Elasticsearch 的 JSON 文档看上去是相同的。例如：

```
{
  "name": "Elasticsearch News",
```

```
  "members": [
    {
      "first_name": "Lee",
      "last_name": "Hinman"
    },
    {
      "first_name": "Radu",
      "last_name": "Gheorghe"
    }
  ]
}
```

在 Lucene 的层面，Elasticsearch 将根文档和所有的 members 会员对象分别索引到多个分隔的文档。不过，系统仍然会将它们放在同一个单独的分块（block）中，如图 8-8 所示。

first_name: Lee last_name: Hinman	first_name: Radu last_name: Gheorghe	name: Elasticsearch news Previous 2 documents are members

图 8-8 Lucene 中的文档块存储了拥有嵌套对象的 Elasticsearch 文档

一个分块中的所有文档总是会待在一起，确保对于它们的查询和获取操作次数最少。

既然你已经了解了嵌套文档是怎样工作的，下面看看如何通过 Elasticsearch 来使用它们。必须在索引和搜索阶段都指定它们是嵌套的。

- 内部对象必须要有嵌套映射，以确保它们索引为同个分块中的不同文档。
- 在搜索的时候，必须使用嵌套查询和过滤器来利用分块。

接下来的两个部分将讨论如何做到这两点。

8.3.1 映射并索引嵌套文档

嵌套映射和对象映射看上去差不多，不过其 type 不是 object，而必须是 nested。代码清单 8-3 将定义一个拥有 nested type 字段的映射，并索引一篇包含嵌套对象数组的文档。

代码清单 8-3 映射并索引嵌套文档

```
curl -XPUT localhost:9200/get-together/_mapping/group-nested -d '{
  "group-nested": {
    "properties": {
      "name": { "type": "string" },
      "members": {
        "type": "nested",
        "properties": {
          "first_name": { "type": "string" },
          "last_name": { "type": "string" }
        }
```

这里告诉 Elasticsearch 将会员对象索引到同一个分块中的不同文档中

```
      }
    }
  }
}'
curl -XPUT localhost:9200/get-together/group-nested/1 -d '{
  "name": "Elasticsearch News",          <-- 这个属性将存入主文档
  "members": [
    {
      "first_name": "Lee",
      "last_name": "Hinman"
    },                                   这些对象存入自己的文档中，共
    {                                    同组成根文档中的一个分块
      "first_name": "Radu",
      "last_name": "Gheorghe"
    }
  ]
}'
```

就像代码清单 8-3 索引的那些对象，拥有嵌套映射的 JSON 对象允许你使用 nested 查询和过滤器来搜索它们。很快我们将探索这些搜索，不过现在要记住的是，嵌套查询和过滤器让你可以在文档的边界之内搜索。举例来说，可以搜索名为“Lee”且姓为“Hinman”的分组会员。嵌套的查询不会进行跨多个对象的匹配，因此避免了名为“Lee”而姓为“Gheorghe”这样的意外匹配。

1. 开启跨对象的匹配

某些场合下，可能还需要跨多个对象的匹配。在 8.1.1 节我们讨论了普通的 JSON 对象，假设你正在这些对象中搜索同时包含 Lee 和 Radu 会员的分组，下面这样的查询也会奏效：

```
"query": {
  "bool": {
    "must": [
      {
        "term": {
          "members.first_name": "lee"
        }
      },
      {
        "term": {
          "members.first_name": "radu"
        }
      }
    ]
  }
}
```

之所以能正确运行，是因为全部内容都在同一篇文档中，两个条件都会满足。

而对于嵌套文档，这样结构的查询不会奏效，因为 members 对象将存储在分离的若干 Lucene 文档中。没有一个 members 对象可以同时满足两个条件：有一篇包含了 Lee，另一篇包含了 Radu，但是没有一篇同时包含了两者。

这种情况下，你可能希望同时拥有两者：支持跨对象匹配的对象类型，以及避免跨对象匹配的嵌套文档。Elasticsearch 让你可以通过几个映射的选项来实现这个愿望：include_in_root 和 include_in_parent。

2. Include_in_root

将 include_in_root 加入嵌套映射，内部的 members 对象被索引两次：一次作为嵌套文档，一次作为根文档中的对象类型，如图 8-9 所示。

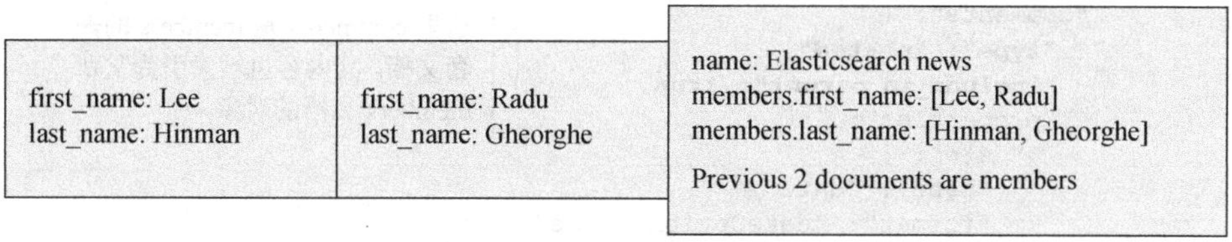

图 8-9 通过 include_in_root 设置，嵌套文档的字段也会被索引到根文档

下面的映射让你可以针对嵌套文档使用嵌套查询，而在需要跨对象匹配时使用普通查询：

```
"members": {
  "type": "nested",
  "include_in_root": true,
  "properties": {
    "first_name": { "type": "string" },
    "last_name": { "type": "string" }
  }
}
```

3. Include_in_parent

Elasticsearch 允许你拥有多个层级的嵌套文档。举个例子，分组拥有会员的嵌套子辈，而会员也可以有自己的子辈，如他们对于分组的评价。图 8-10 展示了这种层级关系。

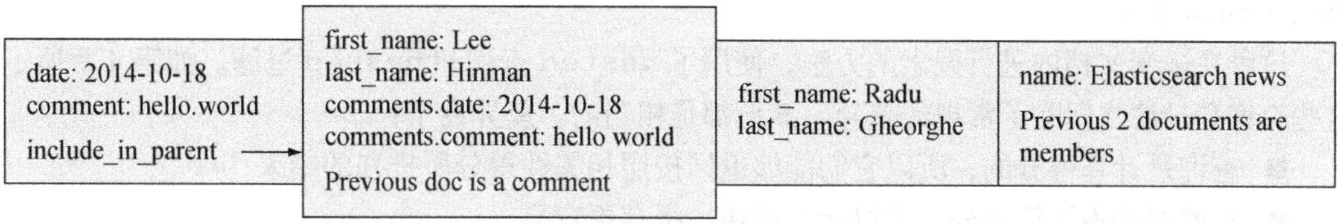

图 8-10 include_in_parent 将一个嵌套文档的字段也索引到了其最近的父辈中

有了刚刚所见的 include_in_root 选项，你可以将任何一层的字段加入到根文档之中（在我们的例子中，就是祖父辈）。还有一个 include_in_parent 选项，它允许你将某个嵌套文档的字段索引到最近的父辈文档中。例如，代码清单 8-4 将 comments 字段的内容也放入了 members 文档。

代码清单 8-4 当有多个嵌套层级时，使用 include_in_parent

```
curl -XPUT localhost:9200/get-together/_mapping/group-multinested -d '{
  "group-multinested": {
    "properties": {
      "name": { "type": "string" },
      "members": {
        "type": "nested",
        "properties": {
          "first_name": { "type": "string" },
          "last_name": { "type": "string" },
          "comments": {
            "type": "nested",
            "include_in_parent": true,
            "properties": {
              "date": {
                "type": "date",
                "format": "dateOptionalTime"
              },
              "comment": { "type": "string" }
            }
          }
        }
      }
    }
  }
}'
```

相对于根部的 group 多级嵌套文档，members 是嵌套文档，这里没有使用 include 选项

这里 comments 是 members 的嵌套文档。其内容也被索引为父辈 members 文档的对象

现在，你可能会好奇如何查询这些嵌套的文档。这正是下面所要讲述的。

8.3.2 搜索和聚集嵌套文档

对于映射而言，在嵌套文档上运行搜索和聚集时，你需要指明所查找的对象是相互嵌套的。这里 nested 查询、过滤器和聚集可以帮助你实现这个需求。运行这些特殊的查询和聚集，将促使 Elasticsearch 连接在同一个分块中的多个 Lucene 文档，并将连接后的结果数据看作普通的 Elasticsearch 文档。

这种在嵌套文档内进行搜索的方法，使用了 nested 查询和 nested 过滤。如第 4 章所示，这些查询和过滤之间除了常规的差异，其他都是相当的。差异在于：

- 查询是计算得分的，所以它们能够返回按照相关性得分所排列的结果；
- 过滤器并不计算得分，所以运行更快，缓存更容易。

提示 特别要注意的是，nested 过滤器默认是不缓存的。和所有的过滤器一样，可以修改_cache 选项，将其设置为 true。

如果你想在嵌套的字段上运行聚集（例如，找出最活跃的分组会员），需要将它们封装在 nested 聚集中。如果子聚集必须引用父辈的 Lucene 文档，就像为每位会员展示排名靠前的分

组标签那样，可以使用 reverse_nested 逆向聚集来向上访问层级结构。

1. Nested 查询和过滤器

当运行 nested 查询或者过滤器时，你需要指定 path 参数，告诉 Elasticsearch 这些嵌套对象位于哪里的 Lucene 分块中。除此之外，nested 查询或者过滤器将会分别封装一个常规的查询或者过滤器。代码清单 8-5 将搜索名为“Lee”、姓为“Gheorghe”的会员，你会看到代码清单 8-3 索引的文档不会匹配上，原因是只有 Lee Hinman 和 Radu Gheorghe，而没有会员的名字是 Lee Gheorghe。

代码清单 8-5 嵌套查询的例子

```
curl 'localhost:9200/get-together/group-nested/_search?pretty' -d '{
  "query": {
    "nested": {
     "path": "members",
     "query": {
       "bool": {
         "must": [
          {
            "term": {
               "members.first_name": "lee"
            }
          },
          {
            "term": {
               "members.last_name": "gheorghe"
            }}]}}}}
}'
```

在 members 中查找嵌套的文档

通常你在同一篇文档中的对象上运行查询

没有名字为 Lee Gheorghe 的会员，将这个查询条件改为 hinman，就会匹配上 Lee Hinman

一个 nested 过滤器和 nested 查询看上去是一样的。只需要将关键词 query 替换为 filter。

2. 在多个嵌套层级上搜索

Elasticsearch 也允许你拥有多级的嵌套。例如，回到代码清单 8-4，所添加的映射在两个层面上都有嵌套：会员（members）和他们的评论（comments）。为了在内嵌的评论文档中搜索，需要指定 members.comments 的路径，如代码清单 8-6 所示。

代码清单 8-6 索引和搜索多级嵌套文档

```
curl -XPUT localhost:9200/get-together/group-multinested/1 -d '{
  "name": "Elasticsearch News",
  "members": {
    "first_name": "Radu",
    "last_name": "Gheorghe",
    "comments": {
      "date": "2013-12-22",
      "comment": "hello world"
    }
  }
```

如清单 8-4 所配置的那样，多个会员对象嵌套于分组中，而多个评论对象又嵌套在会员对象之中

```
}'
curl 'localhost:9200/get-together/group-multinested/_search' -d '{
  "query": {
    "nested": {
     "path": "members.comments",        ⊲— 查找位于 members 之中的 comments 字段
     "query": {
       "term": {
        "members.comments.comment": "hello"    ⊲— 查询仍然提供了字段的全路径用于查找
       }
     }
    }
  }
}'
```

3. 整合嵌套对象的得分

一个 nested 查询会计算得分，不过我们尚未提及如何计算。假设一个分组中有 3 位会员：Lee Hinman、Radu Gheorghe 和另一个叫作 Lee Smith 的人。如果运行“Lee”的 nested 查询，它会匹配上两位会员。根据和查询条件的匹配程度，每个内部会员文档会获得自己的得分。但是，来自应用的查询是为了查找分组文档，所以 Elasticsearch 需要为整个分组文档给出一个得分。在这一点上，一共有 4 种选项，通过 score_mode 来设置。

- avg——这是默认的选项，系统获取所有匹配的内部文档之分数，并返回其平均分。
- total——系统获取所有匹配的内部文档之分数，将其求和并返回。当匹配的数量值得考虑时，这一点很有用处。
- max——返回匹配的内部文档之最大得分。
- none——考虑总文档得分的计算时，不保留、不统计嵌套文档的得分。

如果觉得在根文本和父辈中包含嵌套类型以及得分计算有太多的选择，请参考表格 8-1，它列出了所有的选项，以及它们何时能发挥作用。

表 8-1 嵌套类型的选项

选项	描述	例子
include_in_parent:true	将嵌套的文档也索引到父辈文档中	对于"first_name:Lee AND last_name:Hinman"这个查询你需要嵌套类型，而对于"first_name:Lee AND first_name:Radu"查询，你需要对象类型
include_in_root:true	将嵌套的文档索引到根文档	和之前的场景一样，不过你有多个层级，例如 event>members>comments
score_mode: avg	将匹配的嵌套文档之得分进行平均	搜索举办 Elasticsearch 活动的分组
score_mode: total	将匹配的嵌套文档之得分进行加和	搜索举办 Elasticsearch 相关活动最多的分组
score_mode: max	返回匹配的嵌套文档之最大得分	搜索举办顶级 Elasticsearch 活动的分组
score_mode: none	总得分并不考虑嵌套文档的得分	过滤举办 Elasticsearch 活动的分组。也可以使用嵌套过滤器

4．获知哪些内部文档匹配上了

当你索引嵌套了很多子文档的大型的文档时，可能会好奇对于给定的嵌套查询，究竟哪些嵌套文档是匹配的——在当前的例子中，就是哪些分组会员匹配了寻找 first_name 为 lee 的查询。在版本 1.5 的 Elasticsearch 中，可以在嵌套查询或过滤器中添加一个 inner_hits 对象，来展示匹配上的嵌套文档。就像主搜索请求那样，它也支持 from 和 size 这样的选项。

```
"query": {
  "nested": {
    "path": "members",
    "query": {
      "term": {
        "members.first_name": "lee"
      }
    },
    "inner_hits": {
      "from": 0,
      "size": 1
    }
  }
}
```

对于每篇匹配的文档，返回的内容都将包含一个 inner_hits 对象，看上去就像通常的查询返回，不同在于其中的每篇文档都是嵌套的子文档。

```
      "_source":{
        "name": "Elasticsearch News",
[...]
      "inner_hits" : {
        "members" : {
          "hits" : {
            "total" : 1,
            "max_score" : 1.4054651,
            "hits" : [ {
              "_index" : "get-together",
              "_type" : "group-nested",
              "_id" : "1",
              "_nested" : {
                "field" : "members",
                "offset" : 0
              },
              "_score" : 1.4054651,
              "_source":{"first_name":"Lee","last_name":"Hinman"}
            } ]
          }
        }
```

要识别子文档，可以查看_nested 对象。其中 field 字段是嵌套对象的路径，而 offset 显示了嵌套文档在数组中的位置。这个例子中，Lee 是查询结果中的第一位 member。

5. 嵌套的排序

在很多例子中，你按照得分来排列根文档，但是也可以按照内嵌文档的数值来排列它们。这和第 6 章所介绍的按其他字段排序是类似的。举个例子，如果有一个价格信息收集站点，产品是根文档，而来自不同商铺的报价是其内嵌的文档，那么你就可以按照最低价格来排序。和之前的 score_mode 选项类似，可以指定 mode 选项为 min、max、sum 或者 avg，来处理嵌套文档的数值，并将处理结果作为根文档的排序值：

```
"sort": [ {
  "offers.price": {
      "mode":  "min",
      "order": "asc"
    }
  }
]
```

Elasticsearch 很聪明，知道 offers.price 位于 offers 对象中（如果在映射中是这么定义的），就会访问嵌套文档的 price 价格字段用于排序。

6. 嵌套和逆向嵌套聚集

为了在嵌套类型的对象上进行聚集，需要使用 nested 聚集。这是一个单桶的聚集， 在其中可以指定包含你所需字段的嵌套对象之路径。如图 8-11 所示，nested 聚集促使 Elasticsearch 进行了必要的连接，以确保其他聚集在指定路径上能正常地运作。

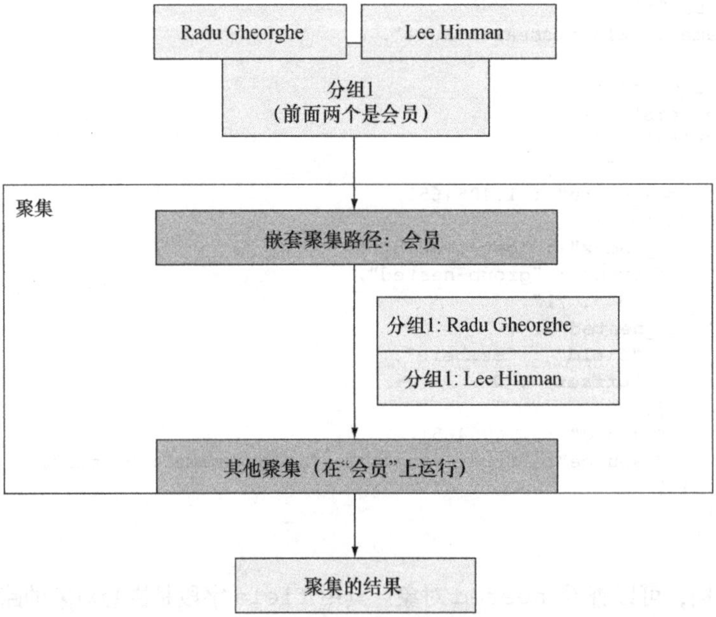

图 8-11 嵌套聚集执行了必要的连接，让其他聚集可以运行在指定的路径上

例如，为了获得参与分组最多的活跃用户，通常会在会员名称字段上运行一个 terms 聚集。如果这个 name 字段存储在嵌套类型的 member 对象中，那么需要将 terms 聚集封装在 nested 聚集中，并将该聚集的路径 path 设置为会员 members：

```
% curl "localhost:9200/get-together/group/_search?pretty" -d '{
  "aggregations" : {
    "members" : {
      "nested" : {
        "path" : "members"
      },
      "aggregations" : {
        "frequent_members" : {
          "terms" : {
            "field" : "members.name"
          }
        }
      }
    }
  }
}'
```

你可以在 members 这个嵌套的聚集下，放入更多的聚集，而且 Elasticsearch 知道如何在 members 类型中进行查找来完成其他的聚集。

还有些情况下，需要反向访问父辈或者根文档。例如，你希望针对活跃会员，展示他们参加最多的分组之 tags。为了实现这一点，你将使用 reverse_nested 聚集，它会告诉 Elasticsearch 在嵌套层级中向上返回查找：

```
        "frequent_members" : {
          "terms" : {
            "field" : "members.name"
          },
          "aggregations": {
            "back_to_group": {
              "reverse_nested": {},
              "aggregations": {
                "tags_per_member": {
                  "terms": {
                    "field": "tags"
                  }
                }
              }
            }
          }
        }
```

Nested 和 reverse_nested 聚集可以快速地告诉 Elasticsearch，在哪些 Lucene 文档中查找下一项聚集的字段。这赋予你了足够的灵活性，让第 7 章所介绍的所有聚集类型，不仅可以用于对象类型，还可以用于嵌套文档。这种灵活性的唯一缺点是性能会有所下降。

7. 考虑性能

第 10 章将讨论更多关于性能的细节问题，不过总体上来讲，你可以预见嵌套查询和聚集会比拥有同等功能的对象类型更慢。原因是 Elasticsearch 需要进行额外的工作来连接同一个分块中的多篇文档。但是，如果确实需要完全连接多个单独的 Elasticsearch，这些查询和聚集已经比原本提速了很多，原因是 Elasticsearch 使用了分块的底层实现。

这种分块的实现也有其缺点。由于嵌套的文档都捆绑在一起，更新或者添加一篇内部文档需要将整个集合都进行重新索引。应用程序也可以使用单个 JSON 中的多个嵌套文档。

如果你嵌套的文档变得很大，就像 get-together 站点的例子那样，将每组作为一篇文档，然后分组所有的活动作为其内嵌文档，那么更好的选择可能是使用单独的 Elasticsearch 文档，然后定义它们之间的父子关系。

使用嵌套类型来定义文档关系：优缺点

在继续之前，我们快速总结一下，你为什么应该（或不应该）使用嵌套文档。其优势如下。

- 嵌套类型知道对象的边界：不再会匹配“Radu Hinman”了！
- 在定义了嵌套映射之后，你可以一次性索引整个文档，就像索引对象那样。
- 嵌套查询和聚集将父辈和子辈的部分连接起来，可以在这个集合上运行任何的查询。本章所描述的其他选择并不提供这项特性。
- 在查询阶段的连接是很快速的，因为组成 Elasticsearch 文档的所有 Lucene 文档，都是放在同一分段中的同一分块中。
- 如果需要，可以在父辈中包含子文档，来获得对象类型的所有功能。这些功能对于应用而言是透明的。

其不足如下。

- 查询比相应的对象要慢。如果对象提供了你所需的全部功能，那么它将是更好的选择因为其速度更快。
- 更新子辈需要重新索引整篇文档。

8.4 父子关系：关联分隔的文档

在 Elasticsearch 中，描述数据间关系的另一种选择是将某个类型定义为同索引中另一个类型的子辈。当我们需要经常更新文档或其间关系的时候，这个选择就非常有用了。在映射中，要通过_parent 字段来定义关系。举个例子，你可以参考本书代码样例中的 mapping.json 文件，其中活动（event）是分组（group）的子辈，如图 8-12 所示。

一旦在映射中定义了这种关系，就可以开始索引文档了。父辈（本例中的分组文档）按照正常的方式索引。对于子辈而言（本例中的活动），需要在_parent 字段中指定父辈的 ID。这主要将活动指向它的分组，并允许你搜索包含满足某些条件的活动之分组，或者反之，如图 8-13 所示。

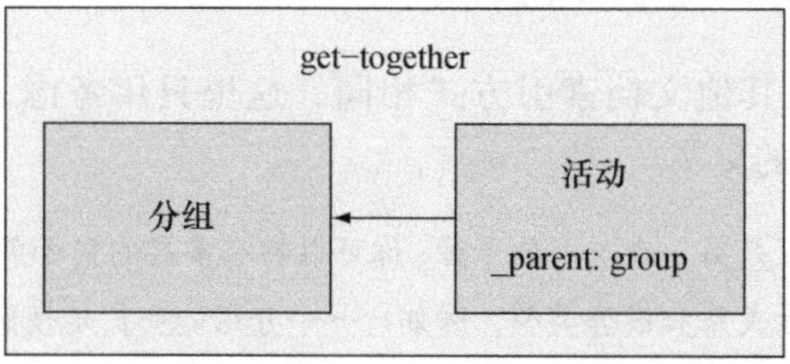

图 8-12 活动和分组之间的关系定义在映射（mapping）中

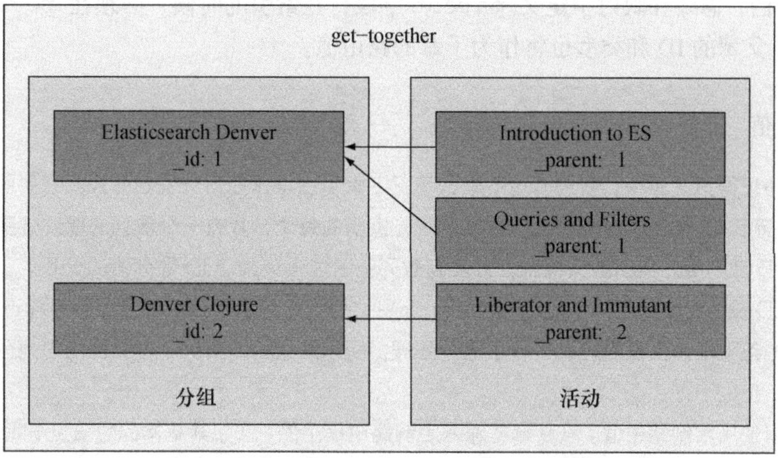

图 8-13 每个子文档的_parent 字段都指向了其父辈的_id 字段

和嵌套的方法相比，通过关系来进行搜索是比较慢的。在嵌套的文档中，实际情况是所有内部的对象是集中在同一个分块中的 Lucene 文档，这对于对象便捷地连接到根文档而言，是非常有好处的。父辈和子辈文档则是完全不同的 Elasticsearch 文档，所以只能分别搜索它们，效率更低。

对于文档的索引、更新和删除而言，父子的方式就显得出类拔萃了。这是因为父辈和子辈文档都是独立的 Elasticsearch 文档，各自管理。举例来说，如果一个分组有很多活动，而你要增加一个新活动，那么就是增加一篇新的活动文档。如果使用嵌套类型的方式，Elasticsearch 不得不重新索引分组文档，来囊括新的活动和全部现有活动，这个过程就会更慢。

当索引子辈的时候，其辈文档可能已经被索引，也可能尚未被索引。如果有许多新文档，并且希望异步地索引它们，那么这个特性就很有用处。例如，你在索引站点上用户创建的活动和这些用户。活动可能是来源于你的日志系统，而用户可能是从数据库同步而来。你没有必要担心在索引某个活动之前，其父辈的用户是否已经存在。即使该用户不存在，系统还是会继续索引用户所创建的活动。

但是，最开始你是如何索引父辈和子辈文档的呢？下面来探讨一下。

8.4.1 子文档的索引、更新和删除

由于父文档的索引和其他文档索引方式相同，这里只用考虑子文档。子文档必须通过_parent 字段，指向它们的父辈。

注意 文档的父辈也可以是另一个类型的子辈。你可以拥有多层的父子关系，就像嵌套类型那样。你甚至可以组合使用父子关系和嵌套类型。例如，一个分组的会员是按照嵌套类型来存储，而分组的活动被单独存储为子文档。

对于子文档，需要在映射中定义_parent 字段，在索引的时候，必须在_parent 字段中指定父辈的 ID。父辈的 ID 和类型也将作为子辈的路由值。

路由和路由值

你可能还记得第 2 章中，我们介绍了默认情况下索引的操作如何分发到分片：索引的每篇文档都有一个 ID，而且 ID 经过了散列处理。与此同时，索引的每个分片有一个散列的取值范围，可能就包括了文档的 ID 散列值。索引的文档就会分发到散列范围包含该文档 ID 散列值的分片。

散列的 ID 被称为*路由值*（routing value），而将文档分配到某个分片的过程称为*路由*（routing）。由于每个 ID 都不同，而且你对其进行了散列处理，所以默认的路由机制将文档均匀地分配到不同的分片上。

你也可以使用定制路由值。第 9 章将深入定制路由使用的细节。其基本的想法是 Elasticsearch 散列定制的路由值，而不是文档的 ID 来确定文档所属分片。当你希望确保多个文档在同一个分片时，最好使用定制路由。让这些文档拥有同样的路由值，那么散列之后总是能产生同样的散列值，并最终被分配到同样的分片上。

在搜索的时候，定制路由非常有用。这是因为你可以在查询中提供一个路由值。如此操作后，Elasticsearch 只会访问拥有对应路由值的分片，而不是查询所有的分片。这会大幅降低集群的负载，而且通常用于将每位用户的文档集中在一起。

_parent 字段向 Elasticsearch 提供了父文档的 ID 和类型，这使得 Elasticsearch 将子文档路由到父文档同样的散列。实质上来看，_parent 就是一个路由值，搜索的时候你就能从中获益。Elasticsearch 会自动地使用这个路由值来查询父辈的分片并获得其子辈，或者是查询子辈的分片来获得其父辈。

共同的路由值使得拥有同一个父辈的所有子辈，都存放于其父辈的分片上。搜索的时候，Elasticsearch 所需要处理的全部父子关联都发生在同一个节点上。这比在网络上广播子文档来搜索父辈要快得多。路由的另一层含义是，在更新或者删除子文档的时候，需要指定_parent 字段。

下面来看看如何实际操作这些。

- 在映射中定义_parent 字段。

■ 通过设置_parent 字段，索引、更新和删除子文档。

1. 映射

代码清单 8-7 展示了代码样例中 events 映射的相关部分。其中，_parent 字段指向了父辈的类型（本例中是 group）。

代码清单 8-7 代码样例中的_parent 映射

```
# from mapping.json
    "event" : {                          <- 活动类型的映射从这里开始
      "_source" : {
        "enabled" : true
      },
      "_all" : {
        "enabled" : false
      },
      "_parent" : {                      <- 父辈指向分组类型
        "type" : "group"
      },
      "properties" : {                   <- 活动类型的属性（字段）从这里开始
```

2. 索引和检索

映射就绪之后，就可以开始索引文档了。为了这些文档，需要在 URI 中放置 parent 值作为参数。对于你的活动而言，parent 值是它们所属分组的文档 ID，例如，Elasticsearch Denver 分组的 ID 是 2：

```
% curl -XPOST 'localhost:9200/get-together/event/1103?parent=2' -d '{
  "host": "Radu,
  "title": "Yet another Elasticsearch intro in Denver"
}'
```

这个_parent 字段是被存储的，因此可以稍后来检索其内容。同时，这个字段也是被索引的，这样你可以通过条件来搜索其值。如果查询作为分组的_parent 内容，你将看见映射中定义的类型，以及索引时所指定的分组 ID。

为了检索一篇活动文档，这里运行了一个普通的索引请求，而且必须指定_parent 值：

```
% curl 'localhost:9200/get-together/event/1103?parent=2&pretty'
{
  "_index" : "get-together",
  "_type" : "event",
  "_id" : "1103",
  "_version" : 1,
  "found" : true, "_source" : {
  "host": "Radu",
  "title": "Yet another Elasticsearch intro in Denver"
  }
}
```

这里_parent 值是必需的，原因在于你拥有多项属于不同分组的活动，它们的 ID 是有重复的。但是，_parent 和_id 的组合是唯一的。如果试图在不指定父辈的情况下获取子文档，系统会返回一个错误提示，告诉你需要一个路由值。而_parent 值正是 Elasticsearch 所等待的路由值：

```
% curl 'localhost:9200/get-together/event/1103?pretty'
{
  "error" : "RoutingMissingException[routing is required for [get-together]/
    [event]/[1103]]",
  "status" : 400
}
```

3. 更新

可以使用更新的 API 来更新子文档，方式和 3.5 节所介绍的类似。唯一的区别在于，这里必须再次提供父辈。在检索活动文档的案例中，需要父辈来获取路由值，然后使用该值来改变活动文档。否则，你仍然会碰到 RoutingMissingException 异常，这和早前检索文档时不指定父辈所抛出的异常是一样的。

作为样例，下面的代码片段为刚刚索引的文档增加了一个描述，其中指定了父辈的 ID 为 2：

```
curl -XPOST 'localhost:9200/get-together/event/1103/_update?parent=2' -d '{
  "doc": {
    "description": "Gives an overview of Elasticsearch"
  }
}'
```

4. 删除

为了删除某篇活动文档，运行一个如 3.6.1 节所示的删除请求，并加上 parent 父辈参数：

```
curl -XDELETE 'localhost:9200/get-together/event/1103?parent=2'
```

通过查询来进行的删除，和以前一样运作：匹配上的文档被删除。这个 API 无须父辈的值，而且也不会考虑这个值：

```
curl -XDELETE 'http://localhost:9200/get-together/event/_query?q=host:radu'
```

说到查询，让我们看看如何搜索父子关系。

8.4.2 在父文档和子文档中搜索

有了分组和活动这样的父子关系，就可以使用活动的条件来搜索分组，反之亦然。来看看将要使用的查询和过滤器。

- 使用子辈的条件来搜索父辈的时候，has_child 查询和过滤器是很有用处的。例如，你需要搜索举办 Elasticsearch 活动的分组。
- 使用父辈的条件来搜索子辈的时候，has_parent 查询和过滤器是很有用处的。例如，当地理位置是分组的属性时，搜索 Denver 地区举办的活动。

1. has_child 查询和过滤器

如果想搜索举办 Elasticsearch 活动的分组，可以使用 has_child 的查询或过滤器。两者典型的差异就在于过滤器并不关心文档的得分。

一个 has_child 过滤器可以封装另一个过滤器或查询。它会在指定的子辈类型上运行过滤器或查询，并收集匹配的文档。匹配上的子文档之_parent 字段包含其父辈的 ID。Elasticsearch 收集这些父辈的 ID，然后删除冗余的部分——这是因为父辈 ID 针对每个子辈出现一次，最终可能会导致某个父辈 ID 出现多次，并且返回父辈文档的列表。所有的流程如图 8-14 所示。

在该图的第一阶段，发生了下面的操作。

- 应用程序运行了 has_child 过滤器，要求分组文档的子辈必须是 event 类型，而且活动标题里要包含“Elasticsearch”的关键词。
- 过滤器运行于 event 类型之上，查找匹配了“Elasticsearch”的文档。
- 结果集中的 event 文档指向它们相应的父辈。多个活动可以指向同一个分组。

在第二阶段，Elasticsearch 收集了所有的唯一分组文档，并将它们返回给应用程序。

图 8-14 的过滤器看上去是这样的：

```
% curl 'localhost:9200/get-together/group/_search?pretty' -d '{
"query": {
  "filtered": {
    "filter": {
      "has_child": {
        "type": "event",
        "filter": {
          "term": {
            "title": "elasticsearch"
          }
        }
      }
    }
  }
}}'
```

Has_child 查询和这个过滤器的运行方式差不多，不过它可以通过聚集子文档的得分，对每个父辈进行评分。你可以将 score_mode 设置为 max、sum、avg 或者 none，和嵌套查询是一样的。

注意 Has_child 过滤器可以封装一个过滤器和查询，而 has_child 查询只能封装另一个查询。

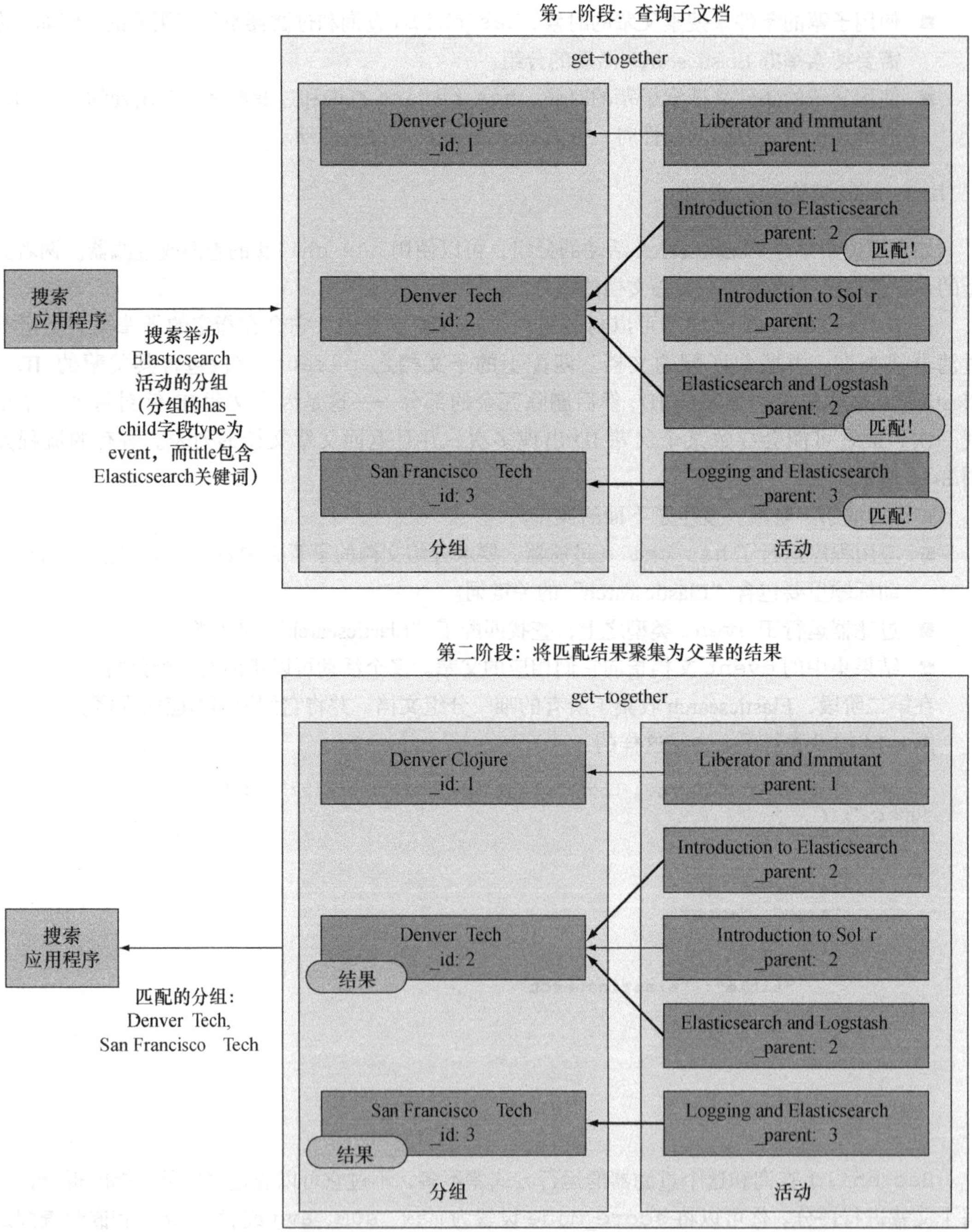

图 8-14　`has_child` 过滤器首先在子辈上运行，然后将结果聚集到父辈，最后返回父辈的结果

例如，可以将 `score_mode` 设置为 `max`，让如下的查询在返回分组时，按照举办的 Elasticsearch

活动之最高相关性来排列这些分组：

```
% curl 'localhost:9200/get-together/group/_search?pretty' -d '{
"query": {
  "has_child": {
    "type": "event",
    "score_mode": "max",
    "query": {
      "term": {
        "title": "elasticsearch"
      }
    }
  }
}}'
```

警告 为了让 has_child 查询和过滤器可以快速地删除父辈中的重复项，系统将父辈的 ID 缓存在第 6 章介绍的字段缓存之中。如果有很多父辈文档和查询相匹配，那么这可能会消耗很多 JVM 的堆内存。一旦将_parent 字段作为文档值来处理，那么这个问题就会得到缓解。

2. 在结果中获得子文档

默认情况下，has_child 查询只会返回父辈文档，不会返回匹配的子文档。通过添加之前在嵌套文档部分介绍的 inner_hits 选项，也可以获得子文档：

```
"query": {
  "has_child": {
    "type": "event",
    "query": {
      "term": {
        "title": "elasticsearch"
      }
    },
    "inner_hits": {}
  }
}
```

在嵌套文档中，每个匹配的分组其结果返回也包含了匹配的活动，除了那些拥有自己 ID 的单独的活动文档：

```
  "name": "Elasticsearch Denver",
[...]
    "inner_hits" : {
      "event" : {
        "hits" : {
          "total" : 2,
          "max_score" : 0.9581454,
          "hits" : [ {
            "_index" : "get-together",
            "_type" : "event",
            "_id" : "103",
            "_score" : 0.9581454,
```

```
                "_source":{
  "host": "Lee",
  "title": "Introduction to Elasticsearch",
```

3. Has_parent 查询和过滤器

如你所想，has_parent 和 has_child 相对等。当搜索活动的时候，如果条件是关于其所属的分组，你就会用到 has_parent。

这里 has_parent 过滤器可以封装一个查询或过滤器。它运行在你所提供的"type"上，获取父辈的结果，然后返回子辈，它们都通过_parent 字段指向父辈的 ID。

代码清单 8-8 展示了如何搜索关于 Elasticsearch 的活动，而且它们只在 Denver 举办。

代码清单 8-8　has_parent 查询用于发现 Denver 举办的 Elasticsearch 活动

```
curl 'localhost:9200/get-together/event/_search?pretty' -d '{
"query": {
  "bool": {
    "must": [
      {
        "term": {
          "title": "elasticsearch"
        }
      },
      {
        "has_parent": {
          "type": "group",
          "query": {
            "term": {
              "location": "denver"
            }
          }
        }
      }
    ]
  }
}}'
```

主查询包含 2 个必须（must）满足的子查询

这个查询运行在活动上，确保标题中包含“elasticsearch”关键词

这个查询运行在每个活动的分组上，确保活动在 Denver 举办

由于每个子辈只有一个父辈，因此无须像 has_child 那样聚集得分。默认地，has_parent 对于子辈的得分没有影响（"score_mode": "none"）。可以将"score_mode"修改为"score"，让活动继承它们父辈分组的得分。

就像 has_child 查询和过滤器，has_parent 查询和过滤器必须要将父辈的 ID 加载到字段数据，来支持快速的查找。也就是说，可以认为所有的父辈/子辈查询要比对等的嵌套查询速度更慢。这是为了能够单独索引和搜索所有文档而付出的代价。

另一个同 has_child 查询和过滤器相类似的地方在于，has_parent 默认情况下只返回关系的一端（在这个例子中，就是子辈的文档）。从版本 1.5 的 Elasticsearch 开始，也可以通过在查询中加入 inner_hits 对象来获取父辈。

4. 子辈聚集

从版本 1.4 开始，Elasticsearch 引入了 children 聚集，允许你在子文档上嵌入聚集，就像在父文档上那样。假设你已经通过词条聚集，获得了 get-together 分组中最流行的标签。对于这些标签，你也需要知道每个标签分组中，谁是最积极的活动参与者。换言之，你想看看哪些会员对某类活动特别感兴趣。

代码清单 8-9 在流行标签的 terms 聚集下嵌套了 children 聚集，以此来发现这类会员。在 children 聚集中，又嵌套了另一个 terms 聚集来统计每个标签所对应的活动参与者。

代码清单 8-9 结合 parent 和 children 聚集

```
curl "localhost:9200/get-together/_search?pretty" -d '{
  "aggs": {
    "top-tags": {
      "terms": {
        "field": "tags.verbatim"
      },
      "aggs": {
        "to-events": {
          "children": {
            "type" : "event"
          },
          "aggs": {
            "frequent-attendees": {
              "terms": {
                "field": "attendees"
              }
            }
          }
        }
      }
    }
  }
```

流行标签的聚集为每个标签创建了一个分组的桶

to-events 为每个标签中的分组创建了一个活动的桶

frequent-attendees 统计了每个活动桶的参与者

```
}'
### reply
  "aggregations" : {
    "top-tags" : {
      "buckets" : [ {
        "key" : "big data",
        "doc_count" : 3,
        "to-events" : {
          "doc_count" : 9,
          "frequent-attendees" : {
            "buckets" : [ {
              "key" : "andy",
              "doc_count" : 3
            }, {
              "key" : "greg",
              "doc_count" : 3
[...]
        "key" : "open source",
        "doc_count" : 3,
        "to-events" : {
          "doc_count" : 9,
          "frequent-attendees" : {
            "buckets" : [{
              "key" : "shay",
              "doc_count" : 4
            }, {
              "key" : "andy",
              "doc_count" : 3
[...]
```

有3个分组拥有“大数据”的标签

这3个分组总共有9个活动子文档

Andy和Greg参加了全部的3个大数据活动

Shay参加了4个开源的活动

注意 你可能注意到了 children 聚集和 nested 聚集是类似的——它将子文档传入父文档的聚

集中进行处理。不幸的是，至少在版本 1.4 中，Elasticsearch 还未提供一个和 `reverse nested` 聚集对等的逆向父子聚集，让你进行如下的反向操作：将父文档传入子文档的聚集中。

可以认为嵌套文档是索引阶段的连接，而父子关系是查询阶段的连接。有了嵌套机制，一个父辈和其子辈们可以在索引的时候连接为一个单独的 Lucene 分块。对比之下，`_parent` 字段允许不同类型的文档在查询的时候相互关联。

嵌套和父子结构对于一对多的关系来说非常好用。对于多对多的关系，你不得不借助 NoSQL 领域常用的技术：反规范化。

使用父子指派来定义文档关系
优缺点

在继续之前，这里我们快速总结下为什么或为什么不使用父子关系。

其优势如下。

- 子辈和父辈可以各自单独更新。
- 查询阶段的连接比你在应用程序中的连接性能更好，因为所有相关的文档都路由到同一个分片，连接都是在该分片内进行，无须额外的网络传输开销。

其不足如下。

- 查询比对等的嵌套更耗资源，而且比字段数据需要更多的内存。
- 至少在版本 1.4 及之前，聚集只能将子文档连接到父辈，而不能将父文档连接到子辈。

8.5 反规范化：使用冗余的数据管理

反规范化（denormalizing）是指使用复制数据来避免昂贵的连接（join）操作。让我们看一个之前的例子：分组和活动。这是一对多的关系，因为一个活动只能由一个分组举办，而一个分组可以举办多个活动。

有了父子关系或嵌套结构，分组和活动就会被存储于不同的 Lucene 文档，如图 8-15 所示。

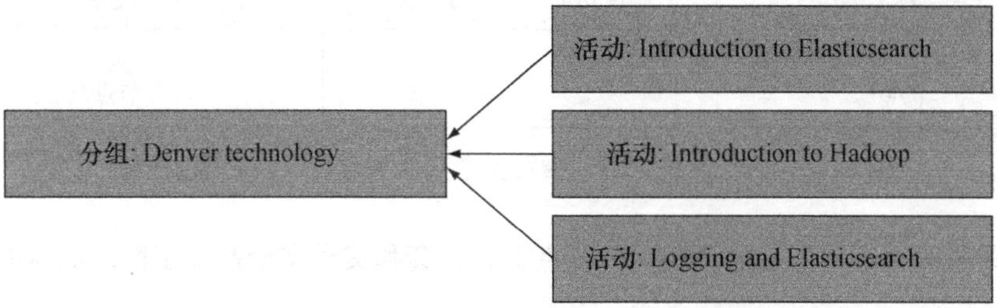

图 8-15 不同 Lucene 文档间的层级关系（嵌套或父子）

这种关系可以通过将分组信息加入所属活动中，来进行反规范化，如图 8-16 所示。

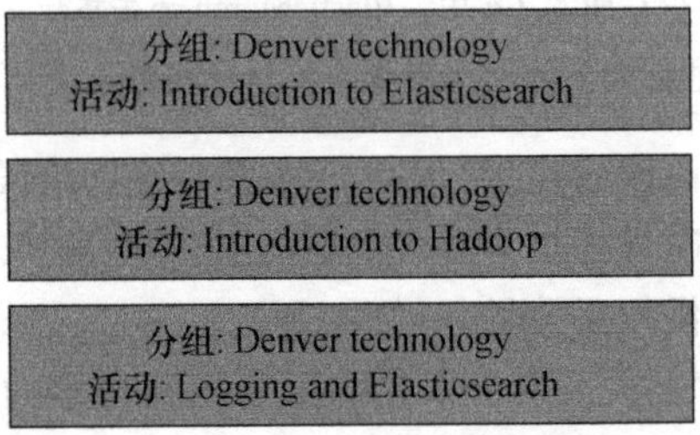

图 8-16 通过复制分组信息到每个活动，反规范化层级型的关系

下面来看看反规范化何时何地可以帮助到你，以及如何具体地索引和查询反规范化之后的数据。

8.5.1 反规范化的使用案例

让我们从其缺点开始：反规范化后的数据比规范化数据占用了更多的存储空间，而且更难管理。在图 8-16 的例子中，如果修改了分组的细节，你必须要更新 3 个文档，因为那些细节出现了 3 次。

从好的方面来看，在查询的时候，没有必要连接不同的文档。在分布式系统中这一点尤为重要，因为跨过网络来连接多个文档引入了很大的延时，如图 8-17 所示。

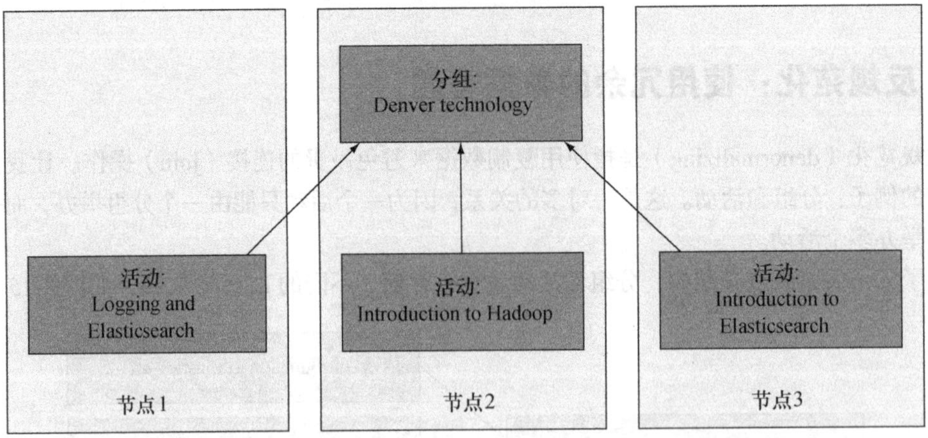

图 8-17 由于网络延时，横跨多个节点来连接文档是很困难的

通过确保父辈和子辈都是存储在同一节点上，嵌套和父子文档避免了网络的延时，如图 8-18 所示。

- 嵌套文档索引于 Lucene 的分块中，总是在同一分片中的同一分段。
- 子文档和父辈在索引时使用的同一个路由值，保证它们属于同一分片。

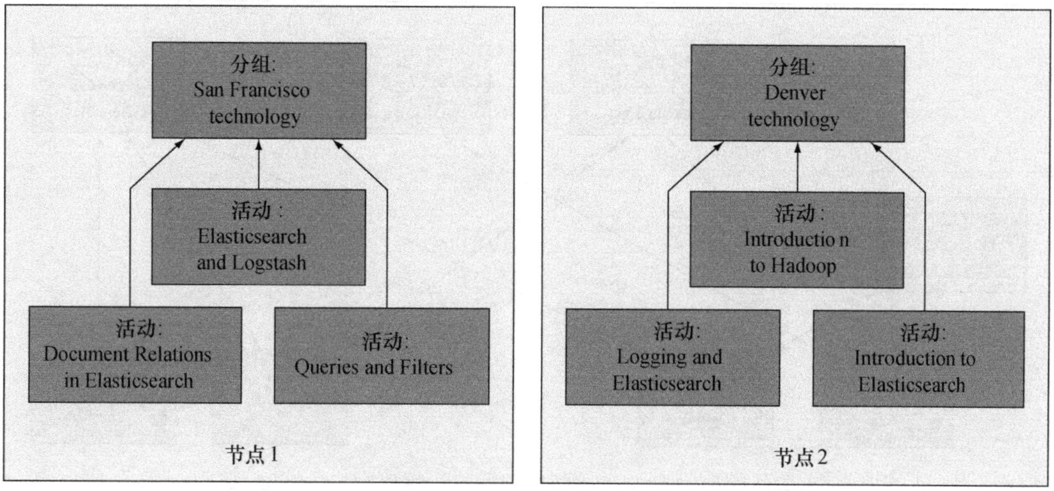

图 8-18 嵌套和父子关系确保所有的连接都在本地进行

1. 反规范化一对多的关系

嵌套和父子结构的本地连接比远程连接要快得多。尽管如此，它们还是比没有连接更耗资源。这里反规范化可以帮助我们，不过意味着需要更多的数据。索引操作会导致更多的负载，因为你将索引更多的数据，而查询会运行于更大的索引之上，让它们变得更慢。

你可以看到，在嵌套类型、父子关系和反规范化之间进行选择时，需要衡量一下各自的利弊。通常，如果数据规模真的非常小，内容基本不变，而且有很多查询请求，那么可以反规范化一对多的关系。这种情况下，其负面影响不大（索引的大小可以接受，也没有太多的索引操作），而且没有了连接，查询会更快。

提示 如果性能对你而言非常重要，请参考第 10 章，那里都是讨论如何让索引和搜索更快的内容。

2. 反规范化多对多的关系

在 Elasticsearch 中，多对多的关系处理和一对多的关系处理有所不同。例如，一个分组可以包含多个会员，而一个人也可以是多个分组的会员。

这里反规范化是一个更好的提议，因为和嵌套、父子的一对多实现不同，Elasticsearch 无法承诺让多对多的关系保持在一个节点内。如图 8-19 所示，一个单独的关系可能会延伸到整个数据集。这种操作可能会非常昂贵，跨网络的连接无法避免。

在版本 1.5 中，由于跨网络的连接非常缓慢，反规范化是 Elasticsearch 中唯一表示多对多关系的方式。图 8-20 展示了当会员反规范化为每个分组的子辈后，图 8-19 的结构会变成什么样子。我们将多对多关系的一端反规范化为许多一对多的关系。

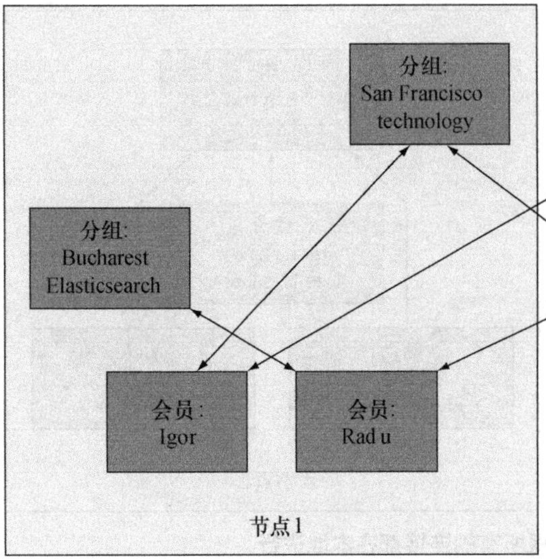

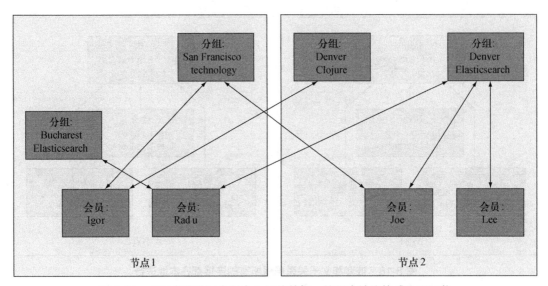

图 8-19 多对多的关系会包含大量的数据，使得本地连接成为不可能

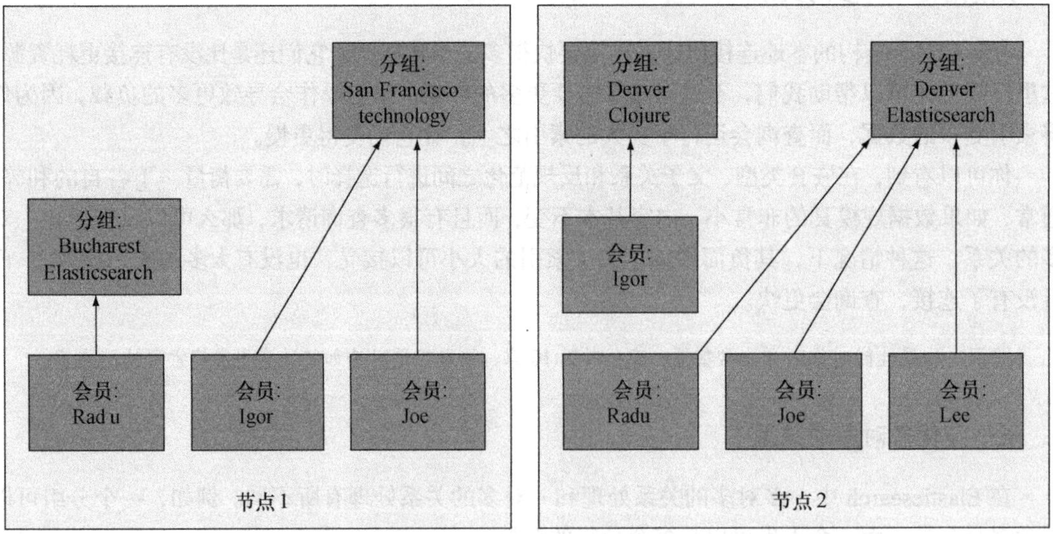

图 8-20 多对多的关系反规范化为多个一对多的关系，让本地连接成为可能

下面来看看如何索引、更新、并且查询图 8-20 的这种结构。

8.5.2 索引、更新和删除反规范化的数据

在开始索引之前，你必须要决定如何将多对多的关系反规范化成为一对多的关系，这里有两

个主要的决策点：应该反规范化哪个方向的关系，以及如何表示反规范化之后的一对多关系。

1. 反规范化哪一个方向

是将会员复制为分组的子文档呢，还是反过来将分组复制为会员的子文档？你必须要理解数据是如何索引、更新、删除和查询的，才能做出选择。被反规范化的部分（也就是子文档）从各方面来看都是难以管理的。

- 会多次索引这些文档，某文档在父辈中每出现一次，就会被索引一次。
- 当更新的时候，必须更新这篇文档的所有实例。
- 当删除的时候，必须删除所有的实例。
- 当单独查询这些子文档的时候，你将获得多个同样的内容，所以需要在应用端移除重复项。

基于这些假设，看上去让会员成为分组的子文档更合理一些。会员文档的规模更小，变动没有那么频繁，查询频率也不像分组活动那么高。因此，管理复制后的会员文档要容易一些。

2. 如何表示一对多的关系

你是选择父子关系还是嵌套文档？这里，最好按照分组和会员一起搜索并获取的频率来选择。嵌套查询比 `has_parent` 或 `has_child` 查询的性能更佳。

另一个重要的方面是，会员变化有多么频繁。此时，父子结构的性能更好，因为它们可以各自单独更新。

对于这个例子，让我们假设一并搜索并获取分组和会员是很罕见的行为，而会员经常会加入或者退出分组，因此选择父子关系。

3. 索引

分组及其活动之前已经索引过，但是对于会员而言，在每个它所属的分组中该会员都要被索引一次。代码清单 8-10 首先定义了新的 `member` 类型映射，然后索引了 Hinman 先生，将其作为 Denver Clojure 和 Denver Elasticsearch 分组的会员。

代码清单 8-10 索引反规范化之后的会员

```
curl -XPUT 'localhost:9200/get-together/_mapping/member' -d '{
"member": {
  "_parent": { "type": "group"},
  "properties": {
    "first_name": { "type": "string"},
    "last_name": { "type": "string"}
  }
}}'
curl -XPUT 'localhost:9200/get-together/member/10001?parent=1' -d '{
  "first_name": "Matthew",
  "last_name": "Hinman"
```

首先定义映射，指定会员的父辈类型是分组

这里 parent=1 指向了 Denver Clojure 分组

```
}'
curl -XPUT 'localhost:9200/get-together/member/10001?parent=2' -d '{
  "first_name": "Matthew",
  "last_name": "Hinman"
}'
```

这里 parent=2 指向了 Denver Elasticsearch 分组

注意 使用批处理（bulk）API，在一次 HTTP 请求可以进行多次索引操作。我们将在关于性能的第 10 章讨论批处理 API。

4. 更新

再强调一次，分组是很幸运的，你只需要按照 3.5 节那样更新它们。但是，如果修改了一位会员的细节信息，由于会员数据已经被反规范化了，你首先需要搜索全部的复制数据，然后更新每一个副本。代码清单 8-11 将搜索_id 为“10001”的全部文档，并将其名更新为 Lee，这是他希望别人对其的称呼。

你搜索的是 ID 而不是名字，这是因为 ID 相比其他字段（如名字）而言更为可靠。你可能还记得在讨论父子关系的章节，使用了_parent 字段，在同一索引的同一类型中，多篇文档可以拥有同样的_id 值。只有_id 和_parent 的组合才能确保唯一性。在反规范化的时候，可以利用这种特性，为同一位会员有意地使用同样的_id，对于会员所属的分组每组使用一次。这允许你通过会员的 ID，快速并可靠地检索某位会员的全部实例。

代码清单 8-11 更新反规范化的会员

```
curl 'localhost:9200/get-together/member/_search?pretty' -d '{
"query": {
  "filtered": {
    "filter": {
      "term": {
        "_id": "10001"
      }
    }
  }
},
"fields": ["_parent"]
}'
curl -XPOST 'localhost:9200/get-together/member/10001/_update?parent=1' -d '{
"doc": {
  "first_name": "Lee"
}
}'
curl -XPOST 'localhost:9200/get-together/member/10001/_update?parent=2' -d '{
"doc": {
  "first_name": "Lee"
}
}'
```

搜索拥有同样 ID 的所有会员，这将返回此人的全部复制

你只需要每篇文档的_parent 字段，就能知道如何进行更新了

对于每篇返回的文档，将名字更新为“Lee”

注意 使用批处理（bulk）API，在一次 HTTP 请求可以进行多次更新操作。和批量索引一样，

我们将在第 10 章讨论批量更新。

5. 删除

删除一个反规范化的会员，需要你再次识别所有的副本。还记得在介绍父子关系的章节中，为了删除一篇特定的文档，必须同时指定_id 和_parent，这是因为两者的结合才能决定索引和类型中的唯一存在。首先，需要通过词条过滤器来识别会员，就像代码清单 8-11 那样。然后再来删除每个会员实例。

```
% curl -XDELETE 'localhost:9200/get-together/member/10001?parent=1'
% curl -XDELETE 'localhost:9200/get-together/member/10001?parent=2'
```

现在你已经了解了如何索引、更新和删除反规范化会员，接下来看看如何在它们之上运行查询。

8.5.3 查询反规范化的数据

如果你需要查询分组，那么没有什么特别的，因为分组并未反规范化。如果需要通过设置其会员相关的条件来搜索分组，使用 has_child 查询吧，就像 8.4.2 节那样。

如果直接查询会员，处理起来就比较麻烦，因为它们已经被反规范化了。你可以搜索它们，甚至可以使用 has_parent 查询包含关于其所属分组的条件。但是，有一个问题：你将获得多个重复的会员。代码清单 8-12 首先索引另外两个会员，然后在搜索的时候，你将同时获得两者。

代码清单 8-12 查询反规范化的数据将返回重复的结果

```
curl -XPUT 'localhost:9200/get-together/member/10002?parent=1' -d '{
  "first_name": "Radu",
  "last_name": "Gheorghe"
}'
curl -XPUT 'localhost:9200/get-together/member/10002?parent=2' -d '{
  "first_name": "Radu",
  "last_name": "Gheorghe"
}'
curl -XPOST 'localhost:9200/get-together/_refresh'
curl 'localhost:9200/get-together/member/_search?pretty' -d '{
"query": {
  "term": {
    "first_name": "radu"
  }
}}'
# reply    "hits" : [ {      "_index" : "get-together",      "_type" :
"member",      "_id" : "10002",      "_score" : 2.871802, "_source" : {
"first_name": "Radu","last_name": "Gheorghe"}    }, {     "_index" :
"get-together",      "_type" : "member",      "_id" : "10002",
"_score" : 2.5040774, "_source" : {
"first_name": "Radu","last_name": "Gheorghe"}    } ]
```

索引一位会员两次，每个分组一次

使用名字来搜索该会员

同样的会员返回了两次，每个分组返回一次

在版本 1.5 中，只能在应用端删除这些重复的会员。如果这些会员总是拥有同样的 ID，那么可以使用 ID 让这个任务变得更简单一些：同样 ID 的两个结果就是同一个人。

对于聚集而言，存在同样的问题：如果你想统计会员的某些属性，这些数据不会准确，因为同样的会员出现在多处。

对于多数的搜索和聚集，一种变通的方式是在独立的索引中维护所有会员的副本。让我们称其为"members"。查询这个索引将只会返回每个会员唯一的副本。这种变通方式的问题在于，如果你不进行应用端的连接，那么它只能在仅仅查询会员的时候才能起到作用。后面我们来讨论应用端的连接。

使用反规范化来定义关系的优缺点

和其他方法一样，我们为反规范化的强弱项提供了快速概览。

其优势如下。

- 它允许使用多对多的关系。
- 没有引入连接，如果集群可以处理复制导致的额外数据，那么查询将更为快速。

其不足如下。

- 在索引、更新和删除的时候，应用程序不得不处理复制的数据。
- 由于数据的复制，导致某些搜索和聚集无法按照预期那样工作。

8.6 应用端的连接

如果不进行反规范化，处理分组和会员之间关系的另一种选择是，将它们保存在各自单独的索引中，然后在应用程序中进行连接。就像 Elasticsearch 处理父子关系那样，这需要存储 ID 来表示哪些会员属于哪些分组，而且两者都需要查询。

举个例子，如果查询名字包含"Denver"而会员包含"Lee"或者"Radu"的分组，那么可以先在会员上运行一个 `bool` 查询来查找谁是 Lee 和 Radu。一旦有了这些 ID，你可以在分组上运行第二次查询，在 Denver 查询中加入会员 ID 的 `terms` 过滤器。整个流程如图 8-21 所示。

在没有太多匹配的会员时，这样操作可以奏效。但是，假如你想包含一个城市中所有的会员，第二个查询将不得不运行一个有着成千上万会员的 `terms` 过滤器，使得操作的成本非常昂贵。不过，还可以像下面这样处理。

- 当运行第一个查询的时候，如果只需要会员 ID，你可以关闭_source 字段的检索，来降低网络传输的流量：

```
"query": {
  "filtered": {
 [...]
  }
},
"_source": false
```

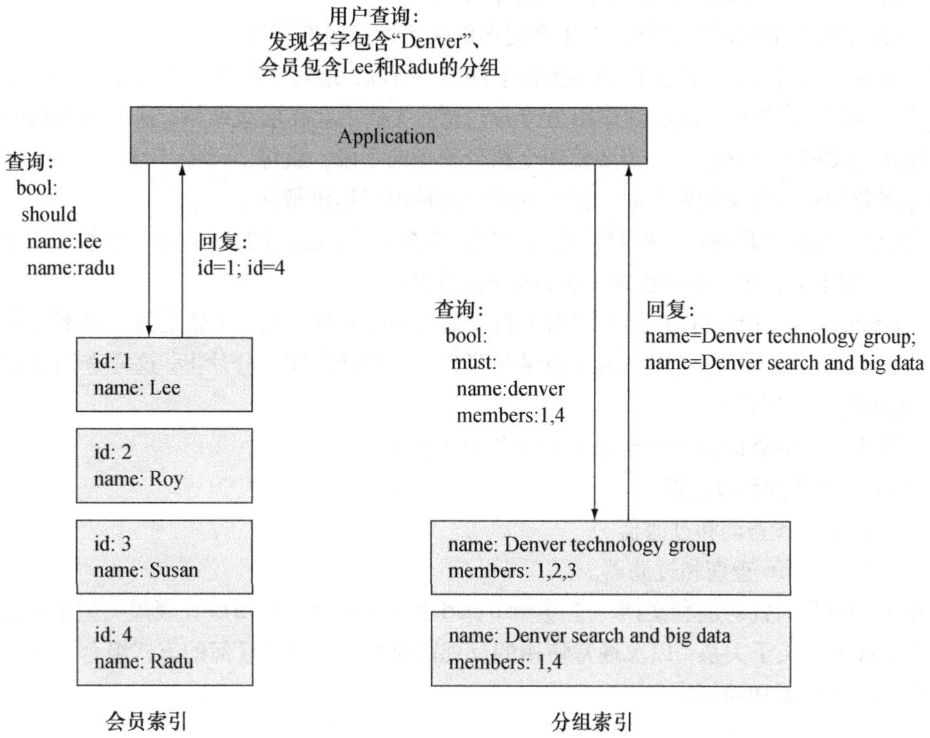

图 8-21 应用端的连接需要运行两次查询

- 在第二次查询中，如果有非常多的 ID，也许在字段数据上执行 terms 过滤器会更快：

```
"query": {
  "filtered": {
    "filter": {
      "terms": {
        "members": [1, 4],
        "execution": "fielddata"
      }
    }
  }
}
```

第 10 章将涵盖更多关于性能的内容，但是，对文档关系进行建模时，最终还是需要你来抉择实施的方案。

8.7 小结

很多用例不得不处理关系型数据，在本章中你学习了如何处理这些。

- 对象映射，对于一对一关系最为有用。

- 嵌套文档和父子结构，处理了一对多的关系。
- 反规范化和应用端的连接，对于多对多的关系而言最有帮助。

即使是在本地进行，连接操作仍然损害了性能。所以，通常情况下将尽量多的属性放入单个文档是个好主意。对象映射能起到作用是因为它允许文档中存在层级结构。这里搜索和聚集就像在扁平结构的文档上一样运作。需要使用全路径来指向字段，就像 location.name。

当你需要避免跨对象的匹配时，嵌套和父子文档可以提供帮助。

- 嵌套文档通常是在索引的时候进行连接，将多个 Lucene 文档放入单个分块。对于应用，分块看上去就像一篇单独的 Elasticsearch 文档。
- _parent 字段允许你在同一索引中将一篇文档指向其父辈，也就是另一篇不同类型的文档。Elasticsearch 将使用路由来确保父辈和子辈存储在同一分片上，这样查询的时候只需要进行本地连接。

可以使用下面的查询和过滤器来搜索嵌套和父子文档。

- nested 查询和过滤器。
- has_child 查询和过滤器。
- has_parent 查询和过滤器。

关系上的聚集只针对嵌套文档，通过 nested 和 reverse_nested 聚集类型来实现。

对象、嵌套和父子关系，以及通常使用的反规范化技术，能以任何的方式组合，这样就可以同时获得不错的性能和功能。

第二部分

在这部分中，我们将焦点从开发转移到生产环境。有 3 章聚焦在如何扩展 Elasticsearch，调优系统以获得更好的性能，并进行维护。随着各种特性之性能的探讨，你将更加深入地理解第一部分所介绍的功能。这些信息对于开发和运维而言都是很有价值的，因为它们通常需要一起协同来建立 Elasticsearch，使得其可以扩展规模，满足生产环境的需求，并且易于维护。

第 9 章　向外扩展

本章主要内容

- 向 Elasticsearch 集群添加节点
- Elasticsearch 集群中的主节点选举
- 删除和停用节点
- 使用_cat API 接口来理解你的集群
- 计划和扩展策略
- 别名和定制路由

现在你已经很好地理解了 Elasticsearch 能够做什么，接下来你将见识 Elasticsearch 下一个杀手级的特性——扩展能力，也就是，能够处理更多的索引和搜索请求，或者是更快地处理索引和搜索请求。如今，在处理百万级甚至数十亿级的文档时，扩展性是一个非常重要的因素。没有了某种形式的扩展，在单一的 Elasticsearch 运行实例或节点（node）上就无法一直支持规模持续增大的流量。幸运的是，Elasticsearch 很容易扩展。本章将介绍 Elasticsearch 所拥有的扩展能力，以及你可以如何使用这些特性来给予 Elasticsearch 更多的性能、更多的可靠性。

在第 2 章和第 3 章中，你已经学习了 Elasticsearch 是如何处理 get-together 数据。现在，我们准备谈谈如何扩展搜索系统，来处理更多的流量。想象一下，你坐在办公室里，然后老板走进来宣布你的站点已经被连线（Wired）杂志评选为最热门的新站点，每个人都会使用该网站来预订社交的聚会（get-together）。你现在的任务是：确保 Elasticsearch 可以处理新的分组和活动不断涌入，一旦连线杂志的文章公布后，还要处理所有访问站点的新搜索请求！还有 24 小时。在所剩不多的时间里，你准备如何扩展 Elasticsearch 的服务器来应对这些流量？谢天谢地，Elasticsearch 使其扩展变成了举手之劳，只需要向现有的 Elasticsearch 集群加入节点。

9.1　向 Elasticsearch 集群加入节点

即使你在工作中的境遇和刚刚描述的有所不同，在实验 Elasticsearch 的过程中，最终还是需要为 Elasticsearch 集群加入更多的处理能力。

你可能需要在索引中更快速地、并行地搜索和索引数据。机器可能没有磁盘空间了，或者 Elasticsearch 节点在查询数据的时候内存快耗尽了。在这些情况下，为 Elasticsearch 节点增加性能的最简单方式通常是通过增加更多的节点，将其变为 Elasticsearch 集群，就像之前第 2 章介绍的那样。Elasticsearch 的水平扩展很容易，向集群中加入更多的节点，这样它们就能分担索引和搜索的负载。通过向 Elasticsearch 集群加入节点，你很快就能处理面前上百万的分组及活动的索引和搜索。

向集群中加入节点

创建 Elasticsearch 集群的第一步，是为单个节点加入另一个节点（或多个节点），组成节点的集群。向本地的开发环境增加节点，就和这个过程一样简单：在单独目录中展开 Elasticsearch 的发行版本、进入该目录、并运行 `bin/elasticsearch` 的命令，如下代码片段所示。Elasticsearch 将自动地挑选下一个可绑定的端口（在这个例子中是 9201）并自动地联结现有节点，多么神奇啊！如果更进一步，甚至不需要多次展开 Elasticsearch 的发行版本，多个 Elasticsearch 的实例可以从同一个目录运行，也不会相互干扰：

```
% bin/elasticsearch                          <-- 原有的 Elasticsearch
                                                 节点，如第 2 章所介绍
[in another terminal window or tab]
% mkdir elasticsearch2
% cd elasticsearch2
% tar zxf elasticsearch-1.5.0.tar.gz            新启动的 Elasticsearch
% cd elasticsearch-1.5.0                         节点
% bin/elasticsearch                          <--
```

现在你有了第二个 Elasticsearch 节点加入了集群，可以先运行 `health` 健康检查命令来查看集群状态的变化，如代码清单 9-1 所示。

代码清单 9-1　获取 2 个节点集群的健康状态

```
% curl -XGET 'http://localhost:9200/_cluster/health?pretty'
{
  "cluster_name" : "elasticsearch",           现在集群是绿色状态，
  "status" : "green",                    <--  而不是黄色状态
  "timed_out" : false,
  "number_of_nodes" : 2,                      现在集群中有两个
  "number_of_data_nodes" : 2,                 节点可以处理数据
  "active_primary_shards" : 5,
  "active_shards" : 10,                  <--  所有 10 个分片
  "relocating_shards" : 0,                    都是激活状态
  "initializing_shards" : 0,
  "unassigned_shards" : 0                <--  没有未分
}                                             配的分片
```

在这个集群中，不存在尚未分配的分片，你可以通过 `unassigned_shards` 的计数看出这

一点，它的值是 0。那么新增节点上的分片是如何运作的呢？请参考图 9-1，看看向集群增加一个节点前后，测试（test）索引发生了些什么。在左端，test 索引的主分片全部分配到节点 Node1，而副本分片[①]分配没有地方分配。在这种状态下，集群是黄色的，因为所有的主分片有了安家之处，但是副本分片还没有。一旦第二个节点加入，尚未分配的副本分片就会分配到新的节点 Node2，这使得集群变为了绿色的状态。

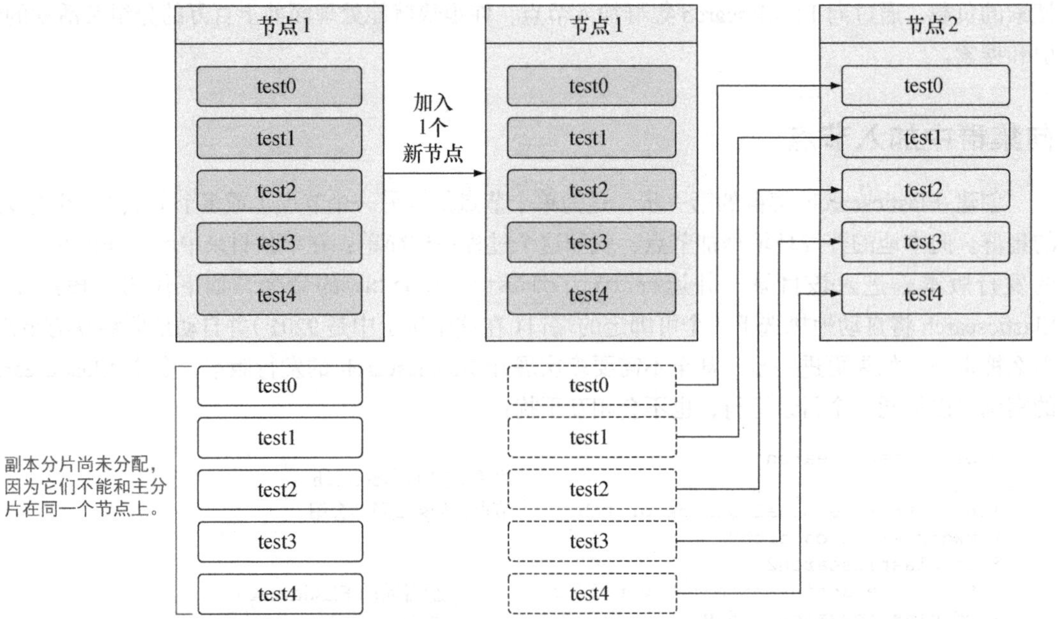

图 9-1 从 1 个节点到 2 个节点，测试（test）索引的分片配置所发生的变化

当另一个节点加入的时候，Elasticsearch 会自动地尝试将分片在所有节点上进行均匀分配。图 9-2 展示了同样的分片如何在 Elasticsearch 集群中的 3 个节点上分发。请注意，只要编号相同（同一份内容）的主分片和副本分片不在同一个节点上，那么我们并不禁止将主分片和副本分片放在同一个节点上。

如果更多的节点加入集群，Elasticsearch 将试图在所有的节点上均匀地配置分片数量，这样每个新加入的节点都能够通过部分数据（以分片的形式）来分担负载。祝贺你刚刚水平扩展了 Elasticsearch 的集群！

将节点加入 Elasticsearch 集群带来了大量的好处，主要的收益是高可用性和提升的性能。当副本分片是激活状态时（默认情况下是激活的），如果无法找到主分片，Elasticsearch 会自动地将一个对应的副本分片升级为主分片。这样，即使失去了索引主分片所在的节点，仍然可以访问副本分片上的数据[②]。数据分布在多个节点上同样提升了性能，原因是主分片和副本分片都可以处

① 此书使用的 Elasticsearch 版本其默认的副本分片数量是 1。——译者注

② 这就是为什么我们要求编号相同（同一份内容）的主分片和副本分片不在同一个节点上。否则，一个节点的宕机会导致主分片和副本分片都无法访问。——译者注

理搜索和获取结果的请求，图 2-9 可以帮助你回忆这些内容。如此扩展还为整体集群增加了更多的内存，所以如果过于消耗内存的搜索和聚集运行了太长时间或致使集群耗尽了内存，那么加入更多的节点总是一个处理更多更复杂操作的便捷方式。

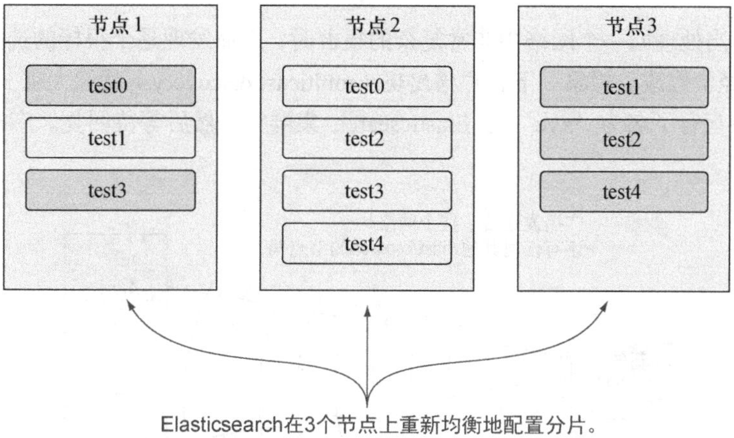

图 9-2　在 3 个 Elasticsearch 节点上，测试索引的分片配置

现在，通过增加一个节点，将 Elasticsearch 节点转变成了一个真正的集群。你可能会好奇每个节点是如何发现其他节点并和它们相互通信的。下面这个章节将讨论 Elasticsearch 发现节点的方法。

9.2　发现其他 Elasticsearch 节点

你可能会好奇加入集群的第二个节点是如何发现第一个节点、并自动地加入集群的。创造性地，Elasticsearch 节点使用两种不同的方式来发现另一个节点：广播或单播。Elasticsearch 可以同时使用两者，不过默认的配置是仅使用广播，因为单播需要已知节点的列表来进行连接。

9.2.1　通过广播来发现

当 Elasticsearch 启动的时候，它发送了广播（multicast）的 ping 请求到地址 224.2.2.4 的端口 54328，而其他的 Elasticsearch 节点使用同样的集群名称，响应了这个请求。所以，如果你注意到同事的 Elasticsearch 本地副本正在运行，而且加入了你的集群，请确保修改 elasticsearch.yml 配置文件中的 `cluster.name` 设置，将默认的 `elasticsearch` 改为一个更为具体的名称。通过设置 elasticsearch.yml 中如下的选项（展示了默认值），可以修改或者完全关闭广播发现的若干选项：

```
discovery.zen.ping.multicast:
  group: 224.2.2.4
  port: 54328
  ttl: 3
  address: null      <- 地址设置为 null 意味着绑定所有的网络接口
  enabled: true
```

通常而言，当处理同一个网络中非常复杂的集群时，广播发现是个很棒的选择，因为加入的节点之 IP 地址经常修改。想象一下，广播发现（multicast discovery）就像大吼一声：“嗨，还有哪些其他的节点运行了名为‘xyz’的 Elasticsearch 集群？”然后等待回复。广播发现的过程如图 9-3 所示。

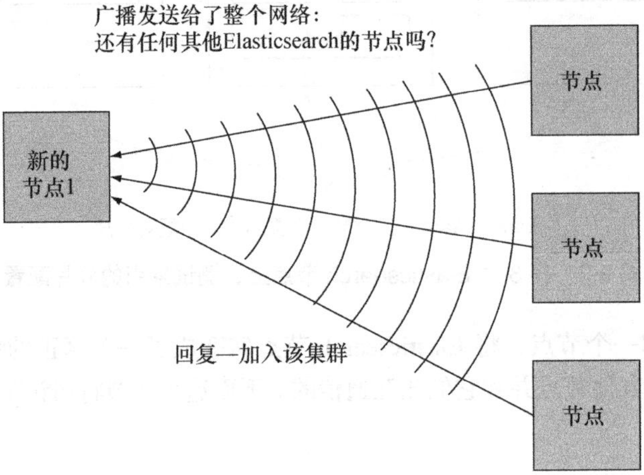

图 9-3 Elasticsearch 使用广播来发现集群中的其他节点

尽管广播发现对于本地开发和快速的概念验证测试而言是很棒的，但是开发生产环境的集群，Elasticsearch 发现其他节点更可靠的方式是使用某些或全部的节点作为“口口相传的路由”，来发现集群更多的信息。当某人将笔记本电脑接入网络时，这样的发现方式可以防止节点意外地连接到不属于它们的集群。单播帮助我们解决这个问题，它不会将消息发送给网络上的每个人，而是连接指定列表中的节点。

9.2.2 通过单播来发现

单播发现（unicast discovery）让 Elasticsearch 连接一系列的主机，并试图发现更多关于集群的信息。当节点的 IP 地址不会经常变化，或者 Elasticsearch 的生产系统只连接特定的节点而不是整个网络的时候，单播是很理想的模式。使用单播时，我们告诉 Elasticsearch 集群中其他节点的 IP 地址以及（可选的）端口或端口范围。一个单播配置的例子可以是为网络中的 Elasticsearch 节点，在其 elasticsearch.yml 中设置 `discovery.zen.ping.unicast.hosts: ["10.0.0.3", "10.0.0.4:9300", "10.0.0.5[9300-9400]"]`。并非所有的 Elasticsearch 集群节点需要出现在单播列表中来发现全部的节点，但是必须为每个节点配置足够的地址，让其认识可用的“口口相传”节点。例如，如果单播列表中的第一个节点认识 7 个集群节点中的 3 个，而单播列表中的第二个节点认识 7 个节点中的其他 4 个，那么该节点执行发现操作后能找到集群中的全部 7 个节点。单播发现的图形化表示如图 9-4 所示。

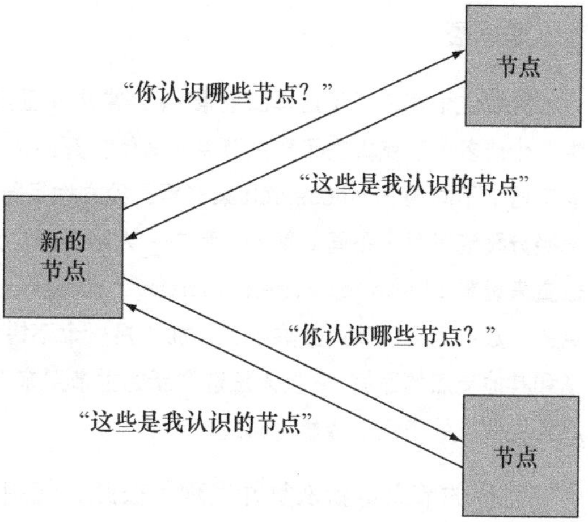

图 9-4 Elasticsearch 使用单播来发现集群中的其他节点

没有必要关闭单播发现。如果你只使用广播发现来查找 Elasticsearch 节点，在配置文件中将列表保持空白。在发现集群中的部分节点后，Elasticsearch 节点将进行主节点选举。

9.2.3 选举主节点和识别错误

一旦集群中的节点发现了彼此，它们会协商谁将成为主节点。主节点负责管理集群的状态，也就是当前的设置和集群中分片、索引以及节点的状态。在主节点被选举出来之后，它会建立内部的 ping 机制来确保每个节点在集群中保持活跃和健康，这被称为错误识别（fault detection），本节的最后会详细介绍这一点。Elasticsearch 认为所有的节点都有资格成为主节点，除非某个节点的 `node.master` 选项设置为 `false`。本章中，当涉及如何让搜索运行地更快时，我们将讨论为什么你可能想设置 `node.master` 选项，以及不同类型的 Elasticsearch 节点。当集群只有一个节点的时候，该节点先等待一段时间，如果没有发现任何其他集群的节点，它就将自己选为主节点。

对于节点数量稀少的生产集群，设置主节点的最小数量是个不错的主意。尽管这个设置可能使得 Elasticsearch 看上去可以拥有多个主节点，实际上它是告诉 Elasticsearch 在集群成为健康的状态前，集群中多少个节点有资格成为主节点。设置可成为主节点之节点的最小数量，可以帮助你确保集群在没有其全局状态的情况下，避免尝试执行存在危险的操作。如果节点数量不会随着时间而变化，可以将最小数量设置为集群的总节点数，或者遵循一个常用的规则，将其设置为集群节点数除以 2 再加上 1。将 `minimum_master_nodes` 设置为高于 1 的数量，可以预防集群产生脑裂（split brain）的问题。遵守常用规则，3 个节点的集群其 `minimum_master_nodes` 要设置为 `2`，而对于 14 个节点的集群，最好将其设置为 `8`。为了修改这个设置，修改 elasticsearch.yml 文件中的 `discovery.zen.minimum_master_nodes`，将其设置为符合集群需求的数值。

什么是脑裂

脑裂这个词描述了这样的场景：（通常是在重负荷或网络存在问题的情况下）Elasticsearch 集群中一个或多个节点失去了和主节点的通信，开始选举新的主节点，并且继续处理请求。这个时候，可能有两个不同的 Elasticsearch 集群相互独立地运行着，这就是“脑裂”一词的由来，因为单一的集群已经分裂成了两个不同的部分，和左右大脑类似。为了防止这种情况的发生，你需要根据集群节点的数量来设置 discovery.zen.minimum_master_nodes。如果节点的数量不变，将其设置为集群节点的总数；否则将节点数除以 2 并加 1 是一个不错的选择，因为这就意味着如果一个或多个节点失去了和其他节点的通信，它们无法选举新的主节点来形成新集群，因为对于它们不能获得所需的节点（可成为主节点的节点）数量（超过一半）。

一旦你的节点重新恢复并发现了彼此，使用代码清单 9-2 中的 curl 命令，就可以查看集群选举了哪个节点作为主节点。

代码清单 9-2 使用 curl 命令获取集群节点的信息

```
% curl 'http://localhost:9200/_cluster/state/master_node,nodes?pretty'
{
  "cluster_name" : "elasticsearch",
  "master_node" : "5jDQs-LwRrqyrLm4DS_7wQ",          <-- 当前主节点的ID
  "nodes" : {
    "5jDQs-LwRrqyrLm4DS_7wQ" : {                      <-- 集群中的第一个节点
      "name" : "Kosmos",
      "transport_address" : "inet[/192.168.0.20:9300]",
      "attributes" : { }
    },
    "Rylg633AQmSnqbsPZwKqRQ" : {                      <-- 集群中的第二个节点
      "name" : "Bolo",
      "transport_address" : "inet[/192.168.0.20:9301]",
      "attributes" : { }
    }
  }
}
```

9.2.4 错误的识别

现在你的集群有两个节点了，包括一个选举出来的主节点，它需要和集群中所有节点通信，以确保一切正常，这称为错误识别（fault detection）的过程。主节点 ping 集群中所有其他的节点，而且每个节点也会 ping 主节点来确认无须选举，如图 9-5 所示。

图 9-5 中，每个节点每隔 discovery.zen.fd.ping_interval 的时间（默认是 1s）发送一个 ping 请求，等待 discovery.zen.fd.ping_timeout 的时间（默认是 30s），并尝试最多 discovery.zen.fd.ping_retries 次（默认 3），然后宣布节点失联，并且在需要的时候进行新的分片路由和主节点选举。如果你的环境有很高的延迟，请确定修改这些值。例如，运

行于可能不在同一个 Amazon AWS 区域的 ec2 节点上。

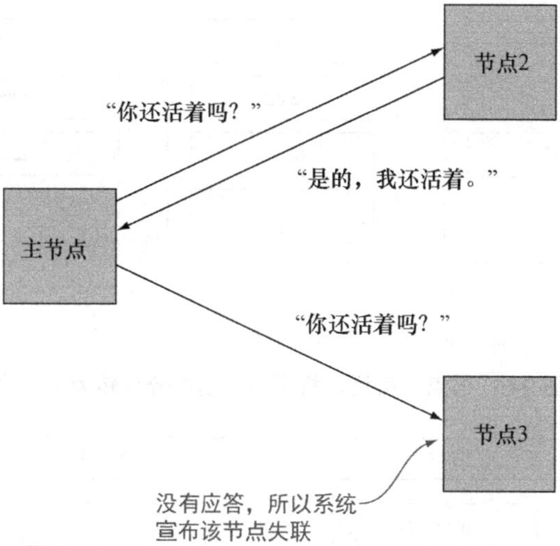

图 9-5　主节点所进行的集群错误识别

集群中的节点宕机是不能完全避免的，所以下个章节将讨论节点被移出集群时发生了些什么，以及如何在不丢失数据的情况下、在分布式系统中删除节点。

9.3　删除集群中的节点

添加节点是扩展的好方法，但是如果 Elasticsearch 集群中的一个节点掉线了或者被停机了，那又会发生什么呢？这里使用图 9-2 中 3 个节点的集群为例，其中包含了测试的索引，5 个主分片和每个主分片对应的 1 个副本分片都分布在这 3 个节点上。

让我们假设系统管理员 Joe，意外地踢掉了节点 `Node1` 的电源线。那么在节点 `Node1` 上的 3 个分片怎么办？Elasticsearch 所做的第一件事情是自动地将节点 `Node2` 上的 `test0` 和 `test3` 副本分片转为主分片，如图 9-6 所示。这是由于索引操作会首先更新主分片，所以 Elasticsearch 要尽力使索引的主分片正常运作。

注意　Elasticsearch 可以选择任一个副本分片并将其转变为主分片。只是在本例中每个主分片仅有一个副本分片供选择：就是节点 `Node2` 上的副本分片。

在 Elasticsearch 将副本分片转为主分片后，集群看上去就是图 9-6 的样子。

副本分片变为主分片之后，集群就会变为黄色的状态，这意味着某些副本分片尚未分配到某个节点。Elasticsearch 下一步需要创建更多的副本分片来保持 test 索引的高可用性。由于所有的主分片现在都是可用的，节点 `Node2` 上 `test0` 和 `test3` 主分片的数据会复制到节点 `Node3` 上作为副本分片，而节点 `Node3` 上 `test1` 主分片的数据会复制到节点 `Node2`，如图 9-7 所示。

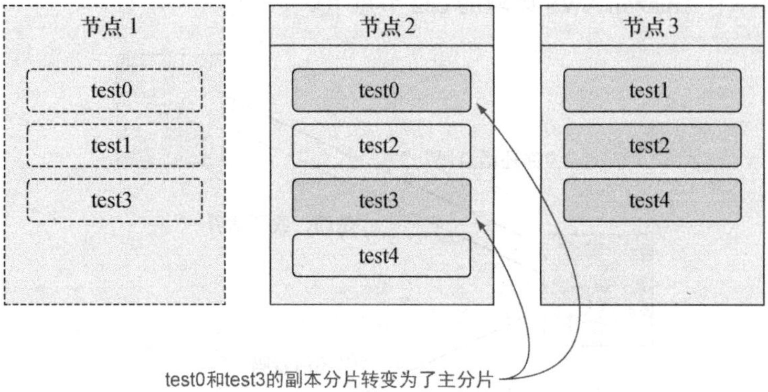

图 9-6 节点宕机后，将可用的副本分片转为主分片

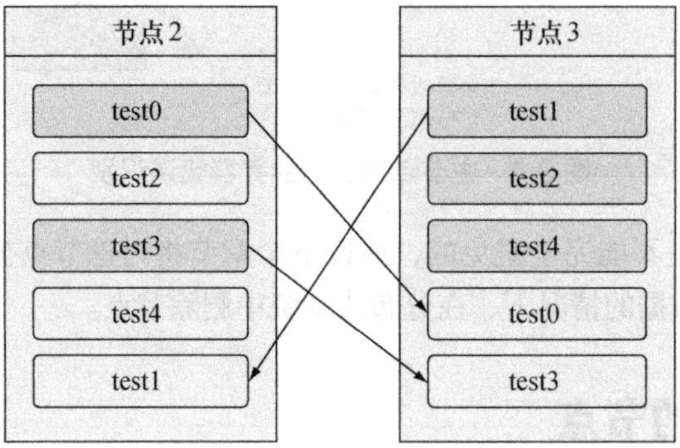

图 9-7 失去一个节点后，重新创建副本分片

一旦副本分片被重新创建，并用于弥补损失的节点，那么集群将重新回归绿色的状态，全部的主分片及其副本分片都分配到了某个节点。请记住，在这个时间段内，整个集群都是可用于搜索和索引的，因为实际上没有丢失数据。如果失去的节点多于 1 个，或者某个没有副本分片丢失了，那么集群就会变为红色的状态，这意味着某些数据永远地丢失了，你需要让集群重连拥有丢失数据的节点，或者对丢失的数据重新建立索引。

就副本分片的数量而言，你需要理解自己愿意承担多少风险，这一点非常重要。有 1 份副本分片意味着集群可以缺失 1 个节点而不丢失数据。如果有 2 个副本分片，可以缺失 2 个节点而不丢失数据，以此类推。所以，确保你选择了合适的副本数量[①]。备份你的索引永远是个不错的主意，第 11 章谈论集群管理的时候会再次涉及这个主题。

你已经了解了增加或删除一个节点会是什么样子，但是在关闭一个节点的情况下，如何避免集群进入黄色的状态呢？下个章节将讨论节点的停用（decommissioning），这样就可以在不干扰

① 由于硬件资源是有限的，你不可能无限制增加副本。你需要合理地均衡可用性和资源这两者。这也是为什么原著作者说你需要理解自己愿意承担多少风险。——译者注

集群使用者的前提下，将节点从集群中移除。

停用节点

当节点宕机时，让 Elasticsearch 自动地创建新副本分片是很棒的选择。可是，当集群进行例行维护的时候，你总是希望关闭某个包含数据的节点，而同时不让集群进入黄色的状态。也许硬件过于老旧，或者处理的请求流量有所下降，总之你不再需要这么多节点了。可以通过杀掉 Java 进程来停止节点，然后让 Elasticsearch 将数据恢复到其他节点，但是如果你的索引没有副本分片的时候怎么办？这意味着，如果不预先将数据转移，关闭节点就会让你丢失数据！

值得庆幸的是，Elasticsearch 有一种停用节点（decommission）的方式，告诉集群不要再分配任何分片到某个或一组节点上。在 3 个节点的例子中，假设节点 `Node1`、节点 `Node2` 和节点 `Node3` 的 IP 地址分别是 192.168.1.10、192.168.1.11 和 192.168.1.12。如果你想关闭节点 `Node1` 的同时保持集群为绿色状态，可以先停用节点，这个操作会将待停用节点上的所有分片转移到集群中的其他节点。系统通过集群设置的临时修改，来为你实现节点的停用，如代码清单 9-3 所示。

代码清单 9-3 停用集群中的节点

```
curl -XPUT localhost:9200/_cluster/settings -d '{
    "transient" : {
        "cluster.routing.allocation.exclude._ip" : "192.168.1.10"
    }
}'
```

这个设置是短暂的，集群重启后不再有效

192.168.1.10 是节点 1 的 IP 地址

一旦运行了这个命令，Elasticsearch 将待停用节点上的全部分片开始转移到集群中的其他节点上。你可以通过这个方法来查看分片位于集群中的何处：首先使用_nodes 端点来确定集群节点的 ID，然后查看集群的状态，来了解集群中每个分片目前分配到哪里。请参考代码清单 9-4 中的命令输出样例。

代码清单 9-4 通过集群的状态来确定分片的位置

```
% curl -s 'localhost:9200/_nodes?pretty'
{
  "cluster_name" : "elasticsearch",
  "nodes" : {
    "lFd3ANXiQlug-0eJztvaeA" : {
      "name" : "Hayden, Alex",
      "transport_address" : "inet[/192.168.1.10:9300]",
      "ip": "192.168.1.10",
      "host" : "Perth",
      "version" : "1.5.0",
      "http_address" : "inet[/192.168.1.10:9200]"
    },
    "JGG7qQmBTB-LNfoz7VS97Q" : {
```

首先获取集群中节点的列表

节点的唯一 ID

停机节点的 IP 地址

```
      "name" : "Magma",
      "transport_address" : "inet[/192.168.1.11:9300]",
      "ip": "192.168.1.11",
      "host" : "Xanadu",
      "version" : "1.5.0",
      "http_address" : "inet[/192.168.1.11:9200]"
    },
    "McUL2T6vTSOGEAjSEuI-Zw" : {
      "name" : "Toad-In-Waiting",
      "transport_address" : "inet[/192.168.1.12:9300]",
      "ip": "192.168.1.12",
      "host" : "Corinth",
      "version" : "1.5.0",
      "http_address" : "inet[/192.168.1.12:9200]"
    }
  }
}

% curl 'localhost:9200/_cluster/state/routing_table,routing_nodes?pretty'   <-- 获取一个过滤后的集群状态
{
  "cluster_name" : "elasticsearch",
  "routing_table" : {
    "indices" : {
      "test" : {
        "shards" : {
          ...                 <-- 缩写以适应这个页面的大小
        }
      }
    }
  },
  "routing_nodes" : {
    "unassigned" : [ ],
    "nodes" : {
      "JGG7qQmBTB-LNfoz7VS97Q" : [ {    <-- 这个键列出了每个节点以及分配在其上的分片
        "state" : "STARTED",
        "primary" : true,
        "node" : "JGG7qQmBTB-LNfoz7VS97Q",
        "relocating_node" : null,
        "shard" : 0,
        "index" : "test"
      }, {
        "state" : "STARTED",
        "primary" : true,
        "node" : "JGG7qQmBTB-LNfoz7VS97Q",
        "relocating_node" : null,
        "shard" : 1,
        "index" : "test"
      }, {
        "state" : "STARTED",
        "primary" : true,
        "node" : "JGG7qQmBTB-LNfoz7VS97Q",
        "relocating_node" : null,
        "shard" : 2,
        "index" : "test"
```

```
      }, ...],
      "McUL2T6vTSOGEAjSEuI-Zw" : [ {
        "state" : "STARTED",
        "primary" : false,
        "node" : "McUL2T6vTSOGEAjSEuI-Zw",
        "relocating_node" : null,
        "shard" : 0,
        "index" : "test"
      }, {
        "state" : "STARTED",
        "primary" : false,
        "node" : "McUL2T6vTSOGEAjSEuI-Zw",
        "relocating_node" : null,
        "shard" : 1,
        "index" : "test"
      }, {
        "state" : "STARTED",
        "primary" : false,
        "node" : "McUL2T6vTSOGEAjSEuI-Zw",
        "relocating_node" : null,
        "shard" : 2,
        "index" : "test"
      }, ...]
    }
  },
  "allocations" : [ ]
}.
```

这个代码清单好长啊！别担心，本章稍后我们将讲述称为_cat API 的接口，它是一个可读性更好的版本。

从这里可以看出，在 `lFd3ANXiQlug-0eJztvaeA` 节点上没有分片，这正是被停机的节点 192.168.1.10，所以现在停止这个节点上的 Elasticsearch 是安全的，无须让集群进入非绿色的状态。该过程可以重复，每次停止一个你想关闭的节点，或者也可以使用一个通过逗号分隔的 IP 地址列表，一次停止多个节点。请记住，集群中的其他节点必须有足够的磁盘和内存来处理分片的分配，所以在停止多个节点之前，做出相应的计划来确保你有足够的资源。

Elasticsearch 索引能处理多大的数据

很好的问题！不幸的是，单一索引的极限取决于存储索引的机器之类型、你准备如何处理数据以及索引备份了多少副本。通常来说，一个 Lucene 索引（也就是一个 Elasticsearch 分片）不能处理多于 21 亿篇文档，或者多于 2740 亿的唯一词条，但是在达到这个极限之前，你可能就已经没有足够的磁盘空间了。确定是否能将数据存储于单个索引内的最好方式是，在一个非生产环境中尝试，按需调整参数获得理想的性能。一旦索引创建，你就不能修改主分片的数量了，只能修改副本分片的数量，所以请事先计划周详！

现在你已经理解了如何添加节点并删除集群中的节点，接下来谈论一下如何升级 Elasticsearch 的节点。

9.4 升级 Elasticsearch 的节点

对于每个 Elasticsearch 的安装而言，总有需要升级到最新版的时候。我们推荐你总是运行最新版的 Elasticsearch，因为经常有新的特性加入，同时还修复了一些 bug。根据你的环境限制，升级有着或多或少的复杂性。

> **关于升级的警告**
>
> 在介绍升级的指导之前，理解升级 Elasticsearch 实例的一些限制是非常重要的。一旦你升级了某台 Elasticsearch 服务器，而且新的文档被写入，那么它再也无法降级。当升级生产环境的实例时，你应该在进行升级前备份数据。第 11 章将讨论更多关于数据备份的内容。
>
> 另一件需要考虑的重要事项是，尽管 Elasticsearch 可以轻松处理一个混合版本的环境，还是存在这样的情况：不同的 JVM 版本序列化信息的方法不同。所以我们建议不要在同一个 Elasticsearch 集群中混用不同版本的 JVM。

升级一个 Elasticsearch 集群最简单的方法是关闭所有的节点，然后使用你之前的任何方法来升级每个 Elasticsearch 安装。例如，解压.tar.gz 后缀的分发包，或者，如果你使用基于 Debian 的系统，通过 dpkg 来安装.deb 后缀的包。一旦每个节点都被升级，就可以重启整个集群并等待 Elasticsearch 进入绿色的状态。瞧瞧，升级完成了！

并非每次都能这么干。很多情况下，即使在非高峰的时候，停机也是不能容忍的。值得庆幸的是，你可以在服务索引和搜索请求的同时，进行轮流重启来升级 Elasticsearch 集群。

9.4.1 进行轮流重启

轮流重启（rolling restart）是另一种重启集群的方式，它是为了在不牺牲数据可用性的前提下，升级一个节点或进行非动态的配置修改。这对于 Elasticsearch 生产环境的部署是非常有益的。每次关闭一个节点，而无须关闭整个集群。这个过程比完全重启要稍微复杂一些，因为需要多个步骤。

进行轮流重启的第一步是决定当每个单独节点不在运行的时候，是否希望 Elasticsearch 自动均衡分片。对于升级而言，大多数的人不希望 Elasticsearch 在节点离开集群的情况下开始自动恢复，因为这意味着每个节点都要进行重新均衡。实际上，数据还在那里，节点只是需要重启然后再次加入集群而变为可用。

对于多数人来说，升级过程中不在集群中转移数据是很合理的。可以通过设置 `cluster.routing.allocation.enable` 选项为 none 做到这一点。为了清晰起见，整个过程梳理如下。

- 关闭集群的分配设置。
- 关闭即将升级的节点。

- 升级节点。
- 启动升级后的节点。
- 等待升级后的节点加入集群。
- 开启集群的分配设置。
- 等待集群恢复绿色的状态。

为每个需要升级的节点重复这个过程。为了关闭集群的分配设置，可以使用集群的设置 API 进行如下设置。

```
curl -XPUT 'localhost:9200/_cluster/settings' -d '{
  "transient" : {
    "cluster.routing.allocation.enable" : "none"
  }
}'
```

将这个设置为 none 意味着分片不会在集群中进行分配

一旦你运行了这个命令，Elasticsearch 就不会在集群中重新均衡分片。例如，如果索引的一个主分片由于其所在主机的关闭而丢失，那么 Elasticsearch 仍然会将副本分片转变为新的主分片，但是不会创建新的副本分片。在这种状态下，可以安全地关闭单独的 Elasticsearch 节点并进行升级。

节点升级完毕后，请确保重新开启了集群的分配设置，否则你会奇怪为什么从此以后 Elasticsearch 不会自动复制数据！可以通过设置 `cluster.routing.allocation.enable` 选项为 `all` 来重新开启分配，就像这样：

```
curl -XPUT 'localhost:9200/_cluster/settings' -d '{
  "transient" : {
    "cluster.routing.allocation.enable" : "all"
  }
}'
```

将这个选项设置为 all 意味着所有的分片都可以分配，包括主分片和副本分片。

对于集群中每个升级的节点，都需要执行开始和收尾这两个步骤，即关闭分配和重启分配。如果只在整个升级开始和结束的时候各执行一次，那么每次升级一个节点的时候，Elasticsearch 不会分配该节点上的分片，一旦升级多个节点集群就可能会变为红色状态。每个节点升级后，重新开启分配选项并等待集群变为绿色状态，这样当进行下一个节点升级的时候，你的数据就是可分配、可用的。为每个待升级的节点重复这些步骤，直到你升级了整个集群。

在本节还有件事情要说明，那就是没有副本分片的索引。因为之前的例子都是考虑至少有一个副本分片的数据，所以节点的下线不会阻碍数据的访问。如果你的索引没有任何副本分片，可以使用 9.3.1 节介绍的停用（decommissioning）步骤，在关闭节点进行升级前，先转移它上面的全部数据并停用它。

9.4.2 最小化重启后的恢复时间

你可能注意到了在升级单个节点时，即使采取了关闭和开启分配选项的步骤，集群仍然需要一些时间回归到绿色的状态。很不幸，这是由于 Elasticsearch 使用的复制策略是针对每个分片的分段，而不是文档。这就意味着，当 Elasticsearch 节点发送副本数据时会问“你有分段 segments_1 吗？”如果没有这个文件，或者文件不一致，整个分段文件都会被复制[①]。在文档都是相同的情况下，大量的数据被复制。在主分片和副本分片之间复制数据的时候，Elasticsearch 不得不复制任何不同的文件，除非它有办法验证写入分段文件的最后一篇文档。

有两种不同的方法使得主分片和副本分片上的分段文件完全相同。第一种是使用第 10 章我们将要谈及的优化 API，它为主分片和副本分片创建一个单独的、大的分块。第二种是将副本分片的数量切换到 0 然后再切换到某个更高的值。这确保了所有副本分片拥有和主分片同样的分段文件。不过这意味着短期内，你只有一个单独的数据副本，所以在生产环境中请慎用！

最后，为了最小化恢复的时间，在进行节点升级的时候，你也可以停止将新的数据索引到集群。

现在，我们已经讨论了节点的升级，接下来了解一个很有帮助的 API 接口，它让我们可以获得更为友好的集群信息：_cat API。

9.5 使用_cat API

使用 9.1 节、9.2 节和 9.3 节所介绍的 `curl` 命令查看集群状态是很棒的选择，可是有的时候可读性更好的输出是更有帮助的（如果你不信，试试在大型集群上使用 curl 来访问 http://localhost:9200/_cluster/state 链接，看看返回了多少信息！）。这就是为什么需要更方便的 `_cat` API 接口。这个 `_cat` API 提供了很有帮助的诊断和调试工具，将数据以更好的可读性打印出来，而不是让你不停地翻阅一个巨大的 JSON 回复。代码清单 9-5 展示了其中两个命令，包括健康状态和节点列表，对等的 cURL 命令也列出用于进行比较。

代码清单 9-5 使用_cat API 来查看集群的健康状态和节点

```
curl -XGET 'localhost:9200/_cluster/health?pretty'     <-- 使用 cluster health API
{                                                          查看集群健康状态
  "cluster_name" : "elasticsearch",
  "status" : "green",
  "timed_out" : false,
  "number_of_nodes" : 2,
  "number_of_data_nodes" : 2,
  "active_primary_shards" : 5,
  "active_shards" : 10,
  "relocating_shards" : 0,
  "initializing_shards" : 0,
  "unassigned_shards" : 0
}
                                                       使用_cat API 查看
                                                       集群健康状态
% curl -XGET 'localhost:9200/_cat/health?v'        <--
```

① 某个节点在升级的时候会离开集群，其间集群内部的索引可能会发生变化，所以导致节点重新回归后可能需要同步索引。——译者注

```
cluster       status node.total node.data shards pri relo init
unassignelasticsearch red           2          2     42  22    0    0       23

% curl -XGET 'localhost:9200/_cluster/state/master_node,nodes&pretty'
{
  "cluster_name" : "elasticsearch",
  "master_node" : "5jDQs-LwRrqyrLm4DS_7wQ",
  "nodes" : {
    "5jDQs-LwRrqyrLm4DS_7wQ" : {
      "name" : "Kosmos",
      "transport_address" : "inet[/192.168.0.20:9300]",
      "attributes" : { }
    },
    "Rylg633AQmSnqbsPZwKqRQ" : {
      "name" : "Bolo",
      "transport_address" : "inet[/192.168.0.21:9300]",
      "attributes" : { }
    }
  }
}

% curl -XGET 'localhost:9200/_cat/nodes?v'
host          heap.percent ram.percent load node.role master name
Xanadu.local             8          56 2.29 d         *      Bolo
Xanadu.local             4          56 2.29 d         m      Kosmos
```

使用 JSON API 检索节点列表以及哪个节点是主节点

使用_cat API 做同样的事情。其中 master 列拥有“m”标记的节点就是主节点

除了health和nodes的端点，_cat API 还有很多特性，它们对于调试集群的各个方面都是很有帮助的。你可以运行 curl 'localhost:9200/_cat'来查看所支持的_cat API 接口的完整清单。

_cat API

在本书撰写的时候，这些是最有价值的_cat API 以及它们能做什么，别忘记看看其他的!

- allocation——展示分配到每个节点的分片数量。
- count——统计整个集群或索引中文档的数量。
- health——展示集群的健康状态。
- indices——展示现有索引的信息。
- master——显示目前被选为主节点的节点。
- nodes——显示集群中所有节点的不同信息。
- recovery——显示集群中正在进行的分片恢复状态。
- shards——展示集群中分片的数量、大小和名字。
- plugins——展示已安装插件的信息。

当我们向集群添加节点的时候，为什么不使用代码清单 9-6 中的_cat API 看看分片是如何在节点中分布的呢？和代码清单 9-2 中的 curl 命令相比，这种查看分片在集群中如何分配的方法更容易。

代码清单 9-6 使用_cat API 来显示分片的分配情况

allocation 的命令列出了每个节点上的分片数量

```
% curl -XGET 'localhost:9200/_cat/allocation?v'
shards disk.used disk.avail disk.total disk.percent host ip node
    2   196.5gb    36.1gb     232.6gb            84 Xanadu.local
    192.168.192.16 Molten Man
    2   196.5gb    36.1gb     232.6gb            84 Xanadu.local
    192.168.192.16 Grappler

% curl -XGET 'localhost:9200/_cat/shards?v'
index        shard prirep state    docs store ip             node
get-together 0     p      STARTED    12 15.1kb 192.168.192.16 Molten Man
get-together 0     r      STARTED    12 15.1kb 192.168.192.16 Grappler
get-together 1     r      STARTED     8 11.4kb 192.168.192.16 Molten Man
get-together 1     p      STARTED     8 11.4kb 192.168.192.16 Grappler
```

注意所有的主分片都在同一个节点上，副本分片在另一个节点上[①]。

在执行 9.3.1 节所介绍的停用之后，使用_cat/allocation 和_cat/shards API 也是确定什么时候节点可以被安全地关闭的好方法。比较一下代码清单 9-2 中 curl 命令的输出和代码清单 9-6 中命令的输出，显然阅读_cat API 的输出更轻松！

现在你可以知道分片位于集群中的何处了，接下来我们使用更多的时间来讨论应该如何规划 Elasticsearch 集群，并充分利用节点和数据。

9.6 扩展策略

将节点加入集群以增加性能，看上去很简单，但是稍微做些计划会使得你在获取集群最佳性能的这条道路上走得更远。

Elasticsearch 的使用方式各有各的不同，所以需要根据如何索引和搜索数据，为集群选择最佳的配置。通常来说，规划生产环境的 Elasticsearch 集群至少有 3 件事情需要考虑：过度分片、将数据切分为索引和分片、最大化吞吐量。

9.6.1 过度分片

让我们从过度分片开始说起。过度分片（over-sharding）是指你有意地为索引创建大量分片，用于未来增加节点的过程。使用图片可以很好地展示这一点，来看看图 9-8。

在图 9-8 中，你已经创建了拥有单一分片、无副本分片的 get-together 索引。但是，在增加了另外一个节点之后又会发生什么？

哎呀！你已经完全失去了增加集群节点所带来的好处了。由于全部的索引和查询负载仍然是

① 虽然两个节点的 IP 是一样的，但是节点名称不同，是两个 Elasticsearch 实例。——译者注

由拥有单一分片的节点所处理，所以即使增加了一个节点你也无法进行扩展。因为分片是 Elasticsearch 所能移动的最小单位，所以确保你至少拥有和集群节点一样多的主分片总是个好主意。如果现在有一个 5 个节点、11 个主分片的集群，那么当你需要加入更多的节点来处理额外的请求时，就有成长的空间。使用同样的例子，如果你突然需要多于 11 个的节点，就不能在所有的节点中分发主分片，因为节点的数量将会超出分片的数量。

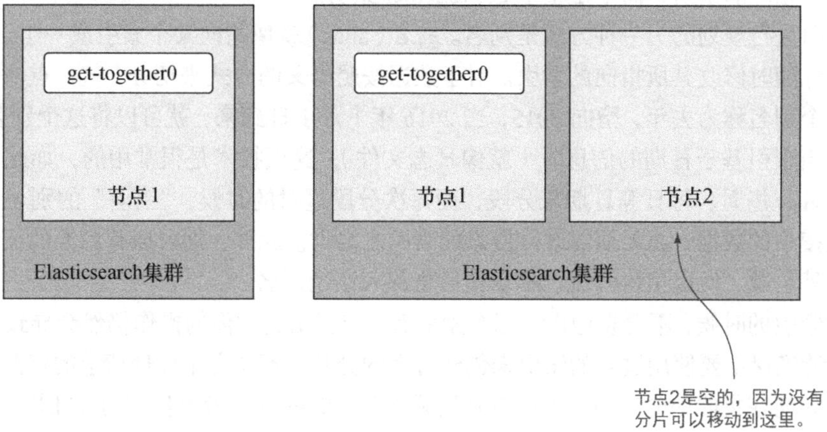

图 9-8 拥有单一分片的单一节点和试图扩展单一分片的两个节点

你可能会说："这很容易解决，我就创建一个有 100 个主分片的索引！"一开始的时候，这看上去是个好主意，但是 Elasticsearch 管理每个分片都隐含着额外的开销。这是因为正如你在第 1 章所看到的那样，每个分片都是完整的 Lucene 索引，它需要为索引的每个分段创建一些文件描述符，增加相应的内存开销。如果为索引创建了过多的分片，可能会占用了本来支撑性能的内存，或者触及机器文件描述符或内存的极限。此外，在压缩数据的时候，需要将数据分为 100 份不同的内容，同合理切分相比这样操作会降低压缩的比例。

值得注意的是，没有对所有案例适用的完美分片-索引比例。Elasticsearch 选择的默认设置是 5 个分片，对于普通的用例是不错的主意，但是考虑你的规划在将来是如何增长（或缩减）所建分片的数量，这总是很件重要的事情。不要忘记：一旦包含某些数量分片的索引被创建，其主分片的数量永远是不能改变的！你不会想处于这种境地的：由于事先没有充分的规划，导致大部分的数据不得不重建，6 个月的数据下了线。在下一章中深入讨论索引的时候，我们将谈及更多关于此的内容。

即使创建索引的分片数量相同，你还需要决定如何切分数据，将它们分配在 Elasticsearch 的索引中。

9.6.2 将数据切分为索引和分片

不幸的是，现在还没有方法让我们增加或者减少某个索引中的主分片数量，但是你总是可以对数据进行规划，让其横跨多个索引。这是另一种完全合理的切分数据的方式。以我们的

get-together 为例，没有什么可以阻止你为每个不同的活动举办城市创建一个索引。例如，如果希望纽约（New York）比萨克拉门托（Sacramento）举办更多的活动，你可以为 sacramento 索引创建 2 个主分片，而为 newyork 索引创建 4 个主分片，或者可以将数据以日期来分段，为每个活动举办的年份创建索引：2014、2015 和 2016 等。以这种方式将数据分段，对于搜索同样有所帮助，因为分段将恰当的数据放在恰当的位置。如果顾客只希望搜索 2014 年和 2015 年的活动或分组，你只需要搜索相应的索引，而不是整个 get-together 索引。

使用索引进行规划的另一种方式是别名。*别名*（alias）就像指向某个索引或一组索引的指针。别名也允许你随时修改其所指向的索引。对于数据按照语义的方式来切分，这一点非常有用。你可以创建一个别名称为去年，指向 2015，当 2016 年 1 月 1 日到来，就可以将这个别名指向 2015 年的索引。当索引基于日期的信息时（就像日志文件），这项技术是很常用的，如此一来数据就可以按照每月、每周、每日等日期来分段，而每次分段过时的时候，"当前"的别名永远可用来指向应该被搜索的数据，而无须修改待搜索的索引之名称。此外，别名拥有惊人的灵活性，而且几乎没有额外负载，所以值得尝试。本章稍后将深入谈论别名。

当创建索引的时候，不要忘记由于每个索引有自己的分片，你的操作仍然会导致创建分片的负载，所以请确保不要使用过多的索引来创建过多的分片，不要占用处理请求的资源。一旦你理解了数据是如何在集群中分布的，就可以开始调整节点的配置，最大化你的吞吐量。

9.6.3　最大化吞吐量

最大化吞吐量是最为模糊的词语之一，意味着相当多的含义。你试图最大化索引的吞吐量？还是让搜索更快一些？一次执行多次搜索？可采用不同的方式来调节 Elasticsearch 使其完成每项任务。例如，如果你接受了上千的新分组和活动，如何尽快地索引它们？加速索引的一个方法是临时地减少集群中副本分片的数量。索引数据的时候，默认情况下，在数据更新到主分片和所有副本分片之前，请求是不会完成的。所以，在索引的阶段将副本分片的数量减少到 1（甚至是 0，如果你愿意承担风险）是有利的，然后在集中索引阶段结束后将这个数量重新增加为 1 个或多个。

那么搜索的时候呢？通过加入更多的副本分片，搜索可以更快，这是因为无论是主分片还是副本分片都可以用于搜索。为了解释这一点，请参考图 9-9，它展示了一个 3 节点的集群，其中最后一个节点无法处理搜索的请求，直到它拥有了相应数据的副本。

但是，不要忘记了在 Elasticsearch 集群中创建更多的分片确实增加了少量的文件描述符和内存负载。如果搜索请求的量太大，集群中的节点很难应付，那么考虑加入节点时将这些节点的 `node.data` 和 `node.master` 设置为 `false`。这些节点就可以被用于处理不断涌入的请求，将请求分发到数据节点，收集返回的结果[①]。而另一方面，搜索分片的数据节点则不必处理和搜索客户端之间的连接，只需要搜索分片就行。第 10 章，我们将讨论更多加速索引和搜索的不同方式。

---

① 这些节点只会处理客户端请求的连接，而不会像数据节点那样搜索分片。——译者注

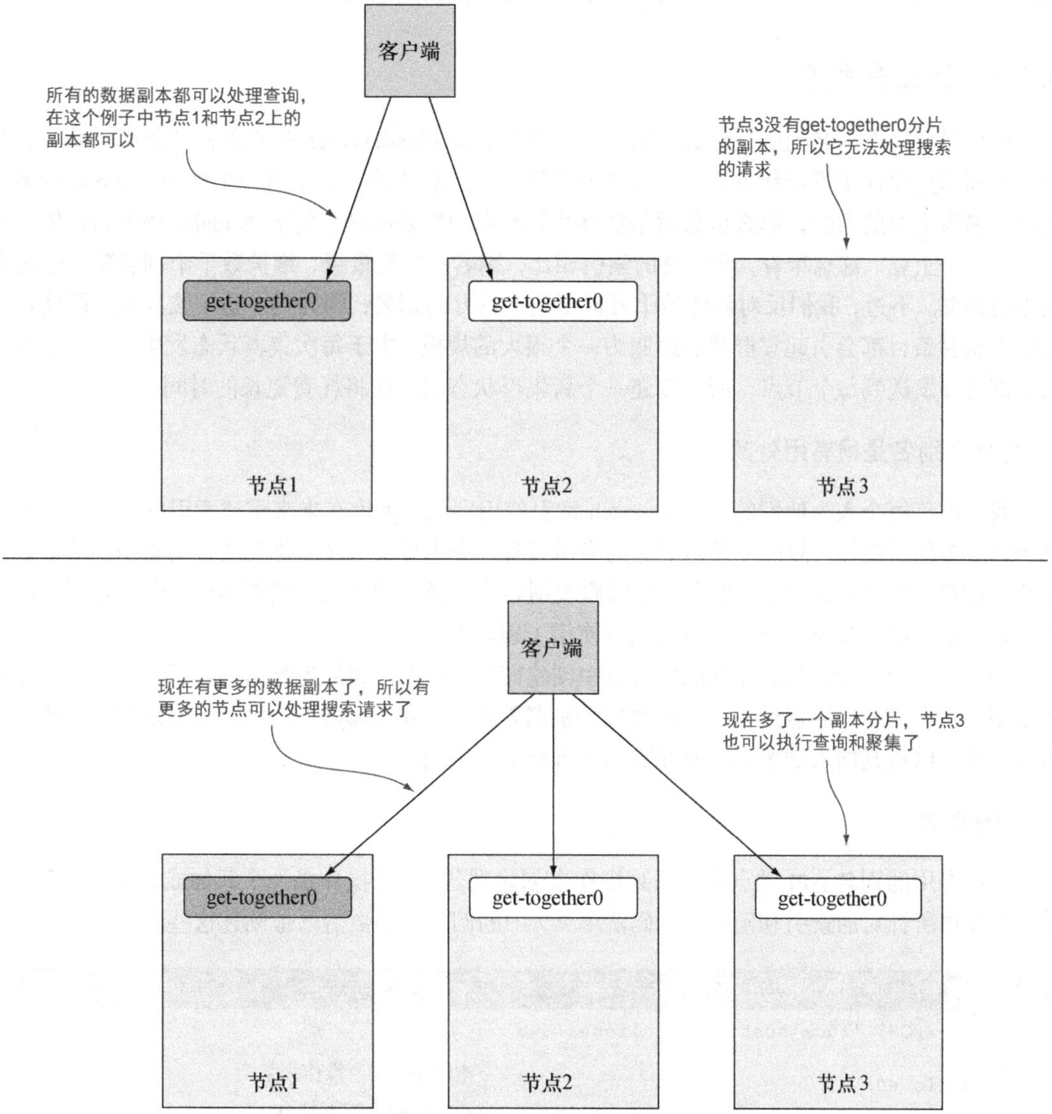

图 9-9 额外的副本分片会处理搜索和聚集

9.7 别名

现在，讨论一下最容易使用、可能也是最有用的 Elasticsearch 特性：别名。别名正如其名，它们是你使用的指针或名称，对应于 1 个或多个具体的索引。由于其提供的灵活性，别名在扩展集群和管理数据在索引中的分布时是非常有用的。即使使用的 Elasticsearch 集群只有一个单独的索引，也请使用别名。今后，你会为其赋予你的灵活性而感谢我们。

9.7.1　什么是别名

你可能会好奇别名到底是什么，创建一个别名会为 Elasticsearch 带来怎样的额外负载。别名的生命周期是存在于集群状态之中，由主节点管理。这意味着，如果有一个称为 idaho 的别名，指向了名为土豆的索引，那么负载就是集群状态映射中额外的键，将名称 idaho 映射为具体的索引名称——土豆。这意味着，和额外的索引相比，别名更加轻量级，维护数千个别名都不会负面地影响集群。不过，我们反对创建数十万甚至是上百万的别名，因为到了这个临界点，即使最小的单个映射条目都会引起集群状态膨胀为一个很大的规模。由于每次集群状态发生变化时，整个状态都需要发送到每个节点，所以创建一个新集群状态的操作将耗费更长的时间。

1. 为什么别名是很有用处的

我们推荐每个人为他们的 Elasticsearch 索引使用别名，因为在未来重建索引的时候，别名会赋予你更多的灵活性。假设一开始创建的索引只有一个主分片，之后你又决定为索引扩容。如果为原有的索引使用的是别名，现在你可以修改别名让其指向额外创建的新索引，而无须修改被搜索的索引之名称（假设一开始你就为搜索使用了别名）。

另一个有用的特性是，在不同的索引中创建窗口。比如，如果为数据创建了每日索引，你可能期望一个滑动窗口涵盖过去一周的数据，别名就称为 last-7-days。然后，每天创建新的每日索引时，你可以将其加入别名，同时删除第 8 天前的旧索引。

2. 管理别名

使用专用的别名 API 端点和一系列操作来创建别名。每个操作是一个添加或删除的映射，外加这个操作所针对的索引和别名。代码清单 9-7 中的例子，会更清晰地阐述这些。

代码清单 9-7　添加和删除别名

```
curl -XPOST 'localhost:9200/_aliases' -d'
{
  "actions": [
    {
      "add" : {
        "index": "get-together",
        "alias": "gt-alias"
      }
    },
    {
      "remove": {
        "index": "old-get-together",
        "alias": "gt-alias"
      }
    }
```

本例中，这个操作为某个索引增加了一个别名

索引 get-together 将增加别名 gt-alias

删除的操作将删除索引的别名

将删除索引 old-get-together 的别名 gt-alias

```
  ]
}'
```

在这个代码清单中，get-together 索引增加了名为 gt-alias 的别名，而虚构的 old-get-together 索引将删除别名 gt-alias。增加别名的行动将为索引创建别名，而删除别名的指向将删除索引的别名，无须手动的别名创建和删除。但是，如果索引并不存在，那么别名操作将会失败，所以请牢记。你可以指定任意多的添加和删除操作。意识到这些操作是自动执行的，非常重要，这意味着之前的例子中，gt-alias 别名不会同时指向 get-together 和 old-get-together 索引。尽管我们刚刚调用的复合型别名 API 可能满足了你的需求，需要注意可以使用普通的、适用于 Elasticsearch 的 HTTP 方法，在别名 API 上执行单个的操作。例如，下面的一系列调用和之前的复合操作调用效果一样。

```
curl -XPUT 'http://localhost:9200/get-together/_alias/gt-alias'
curl -XDELETE 'http://localhost:9200/old-get-together/_alias/gt-alias'
```

当我们探索单个调用的 API 方法时，如果没有涵盖 API 的细节，那么这个章节是不完整的，尤其是创建和列出清单操作这种随手可得的端点。

9.7.2 别名的创建

当创建别名的时候，API 端点有很多选项可供选择。例如，你可以在一个具体的索引上、多个索引上或名称符合某个模式的索引上创建别名。

```
curl -XPUT 'http://localhost:9200/{index}/_alias/{alias}'

curl -XPUT 'http://localhost:9200/myindex/_alias/myalias'
curl -XPUT 'http://localhost:9200/_all/_alias/myalias'
curl -XPUT 'http://localhost:9200/logs-2013,logs-2014/_alias/myalias'
curl -XPUT 'http://localhost:9200/logs-*/_alias/myalias'
```

索引的名称、_all、逗号分隔的索引名称列表，或者是用于匹配名称的模板

创建的别名名称

在 myindex 索引上创建别名 myalias

在所有的索引上创建别名 myalias

在 logs-2013 和 logs-2014 两个索引上创建别名 myalias

在所有名称匹配了 logs-*模式的索引上创建别名 myalias

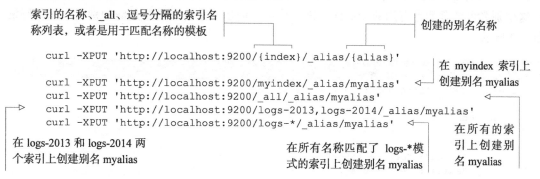

别名的删除接受同样的路径参数格式。

```
curl -XDELETE 'localhost:9200/{index}/_alias/{alias}'
```

你可以向某个索引发送一个`_alias`的 GET 请求，检索指向该索引的全部别名。或者也可以去掉索引名称，检索某个别名所指向的全部索引。代码清单 9-8 展示了如何检索某个索引的全部别名。

代码清单 9-8 检索指向某个具体索引的别名

```
curl 'localhost:9200/get-together/_alias?pretty'
{
```

```
  "get-together" : {
    "aliases" : {
      "gt-alias" : { }      <-- 别名 gt-alias 指向了 get-together 索引
    }
  }
}
```

除了索引的_alias 端点，你有一系列不同的方法来获取索引的别名信息：

```
curl -XGET 'localhost:9200/{index}/_alias/{alias}'
```

{index}：索引的名称、_all、逗号分隔的索引名称列表、用于匹配名称的模板或者是留白

{alias}：你所检索的别名名称。可以是别名的名称、逗号分隔的列表、或者是用于匹配的模板

```
curl -XGET 'http://localhost:9200/myindex/_alias/myalias'   <-- 为索引 myindex 检索别名 myalias
curl -XGET 'http://localhost:9200/myindex/_alias/*'   <-- 检索索引 myindex 的全部别名
curl -XGET 'http://localhost:9200/_alias/myalias'   <-- 检索别名 myalias 所指向的全部索引
curl -XGET 'http://localhost:9200/_alias/logs-*'   <-- 检索匹配模板 logs-*的别名
```

使用别名过滤器来屏蔽文档

别名还有一些其他的灵巧特性：它们可以对正在执行的查询自动地实施过滤。举个例子，对于你的 get-together 数据，一个别名仅仅指向包含 elasticsearch 标签的分组，那么这个别名可能是非常有用的。如此一来，你可以创建一个自动进行过滤的别名，如代码清单 9-9 所示。

代码清单 9-9 创建过滤别名

```
$ curl -XPOST 'localhost:9200/_aliases' -d'
{
  "actions": [
    {
      "add": {
        "index": "get-together",
        "alias": "es-groups",
        "filter": {
          "term": {"tags": "elasticsearch"}    <-- 为 es-groups 别名添加过滤器，过滤条件为包含 elasticsearch 标签
        }
      }
    }
  ]
}'
{"acknowledged":true}

$ curl 'localhost:9200/get-together/group/_count' -d'   <-- 统计 get-together 索引中全部的分组
{
  "query": {
    "match_all": {}
```

```
  }
}'
{"count":5,"_shards":{"total":2,"successful":2,"failed":0}}

$ curl 'localhost:9200/es-groups/group/_count' -d'
{
  "query": {
    "match_all": {}
  }
}'
{"count":2,"_shards":{"total":2,"successful":2,"failed":0}}
```

在 get-together 索引中有 5 个分组

统计别名 es-groups 中全部的分组

别名 es-groups 中有两个分组，因为结果已经被自动过滤了

从这里可以看到，别名 es-groups 只包含了 2 个分组而不是 5 个。这是因为别名自动运行了词条过滤器，只查找了包含 elasticsearch 标签的分组。这种方式有很多的应用，举个例子，如果索引敏感数据，你可以创建过滤别名，确保每个人使用别名后，无法看到他们不应该看到的数据。

别名还能提供另一个特性，那就是路由。不过，在谈论使用别名进行路由之前，我们先来讲述一下通常情况下路由是如何使用的。

9.8 路由

在第 8 章中，我们讨论了文档是如何以通过分片形式来定位的。这个过程被称为路由（routing）文档。为了让你更好地回忆，这里重温一下。当 Elasticsearch 散列文档的 ID 时就会发生文档的路由，来决定文档应该索引到哪个分片中，这可以由你指定也可以让 Elasticsearch 生成。索引的时候，Elasticsearch 也允许你手动地指定文档的路由，使用父子关系实际上就是这种操作，因为子文档必须要和父文档在同一个分片。

路由也可以不使用文档的 ID，而是定制的数值进行散列。通过指定 ULR 中的 `routing` 查询参数，系统将使用这个值进行散列，而不是 ID。

```
curl -XPOST 'localhost:9200/get-together/group/9?routing=denver' -d'{
  "title": "Denver Knitting"
}'
```

在这个例子中，`denver` 是决定文档属于哪个分片的散列值，而不是文档 ID `9`。路由对于扩展策略很有价值，这也是为什么在本章中我们会详细阐述这些。

9.8.1 为什么使用路由

如果你根本就不使用路由，Elasticsearch 将确保你的文档以均衡的方式分布在所有不同的分片中，那么为什么还需要使用路由？定制路由允许你将分享同一个路由值的多篇文档归集到单个分片中，而一旦这些文档放入到同一索引，就可以路由某些查询，让它们可以在索引分片的子集中执行。听上去很困惑？我们将深入细节进行阐述。

9.8.2 路由策略

路由策略需要在两个方面下功夫：在你索引文档的时候挑选合适的路由值，以及在执行查询的时候重用这些值。使用我们 get-together 的例子，你首先需要决定一个良好的方式来分隔文档。在这个例子中，挑选 get-together 分组或活动举办的城市作为路由值。对于路由值而言这是个不错的选择，因为城市之间差别很大，有足够的值供你挑选，而且每个活动和分组都已经关联到了城市，所以很容易在文档索引之前抽取这项信息。如果你准备挑选只有少数取值的项目作为路由值，很容碰到不均衡的索引分片。如果对于所有的文档只有 3 个可能的路由取值，这些文档最多只会在 3 个分片中路由。挑选拥有足够基数的值是非常重要的，这使得数据能够在索引的不同分片中分布。

现在你已经挑选了作为路由值的项目，接下来需要确定索引文档时的路由值，如代码清单 9-10 所示。

代码清单 9-10 使用定制路由值来索引文档

```
% curl -XPOST 'localhost:9200/get-together/group/10?routing=denver' -d'   <-- 使用路由值 denver
{                                                                             来索引这篇文档
  "name": "Denver Ruby",
  "description": "The Denver Ruby Meetup"
}'

% curl -XPOST 'localhost:9200/get-together/group/11?routing=boulder' -d'  <-- 使用路由值 boulder
{                                                                            来索引这篇文档
  "name": "Boulder Ruby",
  "description": "Boulderites that use Ruby"
}'

% curl -XPOST 'localhost:9200/get-together/group/12?routing=amsterdam' -d'
{
  "name": "Amsterdam Devs that use Ruby",
  "description": "Mensen die genieten van het gebruik van Ruby"
}'
```

在这个例子中，你对于 3 篇不同的文档使用了 3 种不同的路由值，即 `denver`、`boulder` 和 `amsterdam`。这意味着你使用了这些路由的散列值来决定哪些分片存放这些文档，而不是 ID `10`、`11` 和 `12` 的散列值。在索引阶段，这对你而言帮助不大；然而在查询阶段使用这些路由的时候，其优点就体现出来了，如代码清单 9-11 所示。在查询阶段，可以使用逗号组合多个路由值。

代码清单 9-11 查询的时候指定路由值

```
% curl -XPOST 'localhost:9200/get-together/group/
  _search?routing=denver,amsterdam' -d'   <-- 使用路由值 denver
{                                             和 amsterdam 来执
  "query": {                                  行一个查询
    "match": {
      "name": "ruby"
```

```
    }
  }
}'
{
    ...
    "hits": {
        "hits": [
            {
                "_id": "10",
                "_index": "get-together",
                "_score": 1.377483,
                "_source": {
                    "description": "The Denver Ruby Meetup",
                    "name": "Denver Ruby"
                },
                "_type": "group"
            },
            {
                "_id": "12",
                "_index": "get-together",
                "_score": 0.9642381,
                "_source": {
                    "description": "Mensen die genieten van het gebruik van
                    Ruby",
                    "name": "Amsterdam Devs that use Ruby"
                },
                "_type": "group"
            }
        ],
        "max_score": 1.377483,
        "total": 2
    }
}
```

很有趣的结果！系统不是返回全部 3 个分组，而是只返回了其中两个。那么实际上发生了什么？从内部来看，当 Elasticsearch 接收到请求的时候，它将对所提供的两个路由值，`denver` 和 `amsterdam`，进行散列，然后在存放它们的分片上执行查询。这个例子中，`denver` 和 `amsterdam` 散列到同一个分片，而 `boulder` 散列到另一个不同的分片。

将这一点延伸到成百上千的分组和城市的情况，在索引和查询的时候指定每个分组的路由，你可以限制搜索请求的查询范围。这对于拥有 100 个分片的索引而言是很好的扩展性提升；如此一来，查询被限制范围后就不用在全部 100 个分片上执行，它可以运行得更快，对于 Elasticsearch 集群的影响也更小。

在前面的例子中，`denver` 和 `amsterdam` 恰巧路由到了同一个分片，但是它们也很容易散列到不同的分片。那么如何确定请求在哪个分片上执行呢？值得庆幸的是，Elasticsearch 提供了一个 API 接口，告诉你一个搜索请求在哪些节点和分片上执行。

9.8.3 使用_search_shards API 来决定搜索在哪里执行

让我们使用之前的例子，在有路由值或者没有路由值的情况下，使用搜索分片（search shards）

的 API 接口来查看请求将在哪些分片上执行，如代码清单 9-12 所示。

代码清单 9-12 在有路由和没有路由的情况下，使用_search_shards API 接口

在没有路由值的情况下，执行_search_shards 的 API

```
% curl -XGET 'localhost:9200/get-together/_search_shards?pretty'
{
  "nodes" : {
    "aEFYkvsUQku4PTzNzTuuxw" : {
      "name" : "Captain Atlas",
      "transport_address" : "inet[/192.168.192.16:9300]"
    }
  },
  "shards" : [ [ {
    "state" : "STARTED",
    "primary" : true,
    "node" : "aEFYkvsUQku4PTzNzTuuxw",
    "relocating_node" : null,
    "shard" : 0,
    "index" : "get-together"
  } ], [ {
    "state" : "STARTED",
    "primary" : true,
    "node" : "aEFYkvsUQku4PTzNzTuuxw",
    "relocating_node" : null,
    "shard" : 1,
    "index" : "get-together"
  } ] ]
}
```

将要执行这个请求的节点

分片 shard 0 和 shard 1 都会执行这个请求并返回结果

在有路由值 denver 的情况下，使用_search_shards API

```
% curl -XGET 'localhost:9200/get-together/
    _search_shards?pretty&routing=denver'
{
  "nodes" : {
    "aEFYkvsUQku4PTzNzTuuxw" : {
      "name" : "Captain Atlas",
      "transport_address" : "inet[/192.168.192.16:9300]"
    }
  },
  "shards" : [ [ {
    "state" : "STARTED",
    "primary" : true,
    "node" : "aEFYkvsUQku4PTzNzTuuxw",
    "relocating_node" : null,
    "shard" : 1,
    "index" : "get-together"
  } ] ]
}
```

只有分片 shard 1 会执行这个请求

可以看到，即使在索引中有两个分片，当指定路由值 denver 的时候，只有分片 shard1 会被搜索。对于搜索需要查找的数据，你有效地切除了一半的数据量！

当处理拥有大量分片的索引时，路由会很有价值，当然对于 Elasticsearch 的常规使用它并不是必需的。将其作为某些场景下扩展效率的方法，并且确保进行了足够的实验。

9.8.4 配置路由

这样的操作也是很有用处的：告诉 Elasticsearch 你想为所有的文档使用定制路由，并拒绝索引没有定制路由值的文档。你可以通过类型的映射来配置。例如，可以使用代码清单 9-13 中的代码，来创建名为 routed-events 的索引，并要求每个事件提供路由值。

代码清单 9-13 在类型映射中将路由定义为必选项

```
% curl -XPOST 'localhost:9200/routed-events' -d'     <-- 创建名为 routed-events 的索引
{
  "mappings": {
    "event" : {
      "_routing" : {
        "required" : true                             指定该活动类型的
      },                                              文档必须提供路由
      "properties": {
        "name": {
          "type": "string"
        }
      }
    }
  }
}'
{"acknowledged":true}
                                                      试图索引一篇没
% curl -XPOST 'localhost:9200/routed-events/event/1' -d'  <-- 有路由值的文档
{"name": "my event"}'
{"error":"RoutingMissingException[routing is required for [routed-events]/
[event]/[1]]","status":400}       <-- 由于缺失了所需的路由值，
                                      Elasticsearch 返回了一个错误
```

9.8.5 结合路由和别名

在之前的章节中，你已经了解到别名是索引之上的抽象，非常强大和灵活。假设别名指向一个单独的索引，那么它们也可以和路由一起使用，在查询或索引的时候自动地使用路由值。如果某个别名指向了多个索引，而你试图将文档索引到该别名，那么 Elasticsearch 就会返回一个错误，原因是系统不知道文档应该被索引到哪个具体的索引数据。

仍然使用前面的例子，你可以创建一个称为 denver-events 的别名，自动地将名称中包含“denver”关键词的活动挑选出来，同时将“denver”加入路由，这样在搜索和索引的时候，系统会限制查询的执行范围，如代码清单 9-14 所示。

代码清单 9-14 结合使用路由和别名

```
% curl -XPOST 'localhost:9200/_aliases' -d'
{
```

```
  "actions" : [
    {
      "add" : {
        "index": "get-together",
        "alias": "denver-events",
        "filter": { "term": { "name": "denver" } },
        "routing": "denver"
      }
    }
  ]
}'
{"acknowledged":true}

% curl -XPOST 'localhost:9200/denver-events/_search?pretty' -d'
{
  "query": {
    "match_all": {}
  },
  "fields": ["name"]
}'
{
  ...
  "hits" : {
    "total" : 3,
    "max_score" : 1.0,
    "hits" : [ {
      "_index" : "get-together",
      "_type" : "group",
      "_id" : "2",
      "_score" : 1.0,
      "fields" : {
        "name" : [ "Elasticsearch Denver" ]
      }
    }, {
      "_index" : "get-together",
      "_type" : "group",
      "_id" : "4",
      "_score" : 1.0,
      "fields" : {
        "name" : [ "Boulder/Denver big data get-together" ]
      }
    }, {
      "_index" : "get-together",
      "_type" : "group",
      "_id" : "10",
      "_score" : 1.0,
      "fields" : {
        "name" : [ "Denver Ruby" ]
      }
    } ]
  }
}
```

为 get-together 索引添加别名

别名叫做 denver-events

过滤结果集合，只选择名称包含“denver”的文档

自动地使用路由值 denver

使用 denver-events 的别名，查询所有的文档

你也可以使用刚刚创建的别名来索引。当使用 denver-events 别名来建立索引的时候，这和使

用 `routing=denver` 字符串参数的效果相同。由于别名是轻量级的，可以根据需要创建很多，而与此同时使用定制路由来支持更好的扩展。

9.9 小结

现在，你应该对于这些内容有了更加深入的理解：Elasticsearch 集群是如何组建的、是如何由多个节点构成的，每个节点包含了多个索引，而每个索引又是由多个分片组成。本章中我们还讨论了这些：

- 当节点加入 Elasticsearch 集群的时候会发生什么。
- 主节点是如何选举的。
- 删除和停用节点。
- 使用_cat API 接口来了解你的集群。
- 什么是过度分片，以及如何使用它来规划集群的未来成长。
- 如何使用别名和路由来提升集群的灵活性和可扩展性。

第 10 章将从提升 Elasticsearch 集群性能的角度出发，继续讨论从如何进行扩展。

第 10 章　提升性能

本章主要内容

- 批量处理、多条获取和多条搜索 API 接口
- 刷新、冲刷、合并和存储
- 过滤器缓存和过滤器调优
- 调优脚本
- 查询预热器
- 均衡 JVM 堆大小和操作系统缓存

Elasticsearch 在进行索引、搜索和抽取统计数值的聚集操作时，通常被认为是很快的。“快”是个模糊的概念，我们不免要问“到底有多快？”对于任何事情，“有多快”取决于具体的用例、硬件和配置。

在本章，我们的目标是为你展示配置 Elasticsearch 的最佳实践，这样你可以使系统在应用场景下表现良好。在每种情况下，都需要牺牲一些东西来提升性能，所以你需要进行抉择。

- *应用的复杂性*——在 10.1 节，我们将展示如何在单个 HTTP 访问中合并多个请求，如 `index`、`update`、`delete`、`get` 和 `search`。你的应用程序对于这种合并需要保持谨慎[①]，但是它可以大幅地提升系统的整体性能。想想看，由于更少的网络传输，索引能快 20 到 30 倍。
- *牺牲索引速度换取搜索速度还是反之*——在 10.2 节，我们将深入理解 Elasticsearch 是如何处理 Lucene 分段的：刷新、冲刷、合并策略，以及存储设置是如何运作的，又是怎样影响索引和搜索的性能的。调优索引的性能常常会对搜索产生负面的影响，反之亦然。
- *内存*——影响 Elasticsearch 速度的一大因素是缓存。这里我们将深入过滤器缓存的细节，理解如何最好地利用过滤器。我们还会阐述分片查询缓存，以及为 Elasticsearch 的堆充分预留空间的同时，如何为操作系统保留足够的空间让其缓存你的索引。如果在冷启动的缓存上运行搜索时慢得让人无法忍受，那么你可以使用索引预热器在后台运行查询，

① 因为这会增加应用程序的复杂度。——译者注

来为缓存热身。

- 以上所有——根据使用的场景，在索引阶段你分析文本的方式，以及所使用的查询类型可能会越来越复杂，这将拖慢其他的操作，或者消耗更多的内存。本章的最后将探索对数据和查询建模的时候，你通常采用的权衡之计：是应该在建立索引的时候生成更多的词条，还是应该在搜索的时候查找更多的词条？是应该利用脚本的优势还是应该尽量避免使用脚本？应该如何处理深入分页？

在本章中我们将讨论这些点，并且回答上述问题。最后，你将学会在某个应用场景下，如何使得 Elasticsearch 运行得更快，而且你会深入理解系统如何运作得更快。将多个操作合并到单个 HTTP 请求通常是提升性能最简单的方法，而且它会带来最大的性能提升。让我们从批量（bulk）、多条获取（multiget）和多条搜索（multisearch）的 API 开始，看看你如何通过这些接口达到合并请求的目的。

10.1 合并请求

为了获得更快的索引速度，你能做的一项优化是通过 bulk 批量 API，一次发送多篇文档进行索引。这个操作将节省网络来回的开销，并产生更大的索引吞吐量。一个单独的批量可以接受任何索引操作。例如，你可以创建或者重写文档。也可以将 `update` 或 `delete` 操作加入批量，不限于索引操作。

如果应用需要一次发送多条 `get` 或 `search` 操作，也有对应的批量处理：多条获取和多条搜索 API。稍后我们将探索这些，不过这里先从 bulk 批量 API 开始，因为在生产环境中这是大多数情况下索引的“方式”。

10.1.1 批量索引、更新和删除

在本书中，到目前为止你每次只索引一篇文档。如果随便玩玩这是没什么问题的，但是如此操作意味着两个方面的性能损失。

- 应用程序必须等待 Elasticsearch 的答复，才能继续运行下去。
- 对于每篇被索引的文档，Elasticsearch 必须处理请求中的所有数据

如果需要更快的索引速度，Elasticsearch 提供了批量（bulk）API，你可以用来一次索引多篇文档，如图 10-1 所示。

如图 10-1 所示，你可以使用 HTTP 完成这个操作，就像索引单篇文档那样，而且你将获得包含全部索引请求结果的答复。

1. 使用批量的索引

在下面的代码清单 10-1 中，你将批量索引两篇文档。为了实现这个目标，你需要发送 HTTP `POST` 请求到 `_bulk` 端点，数据也要按照一定的格式。格式有如下的要求。

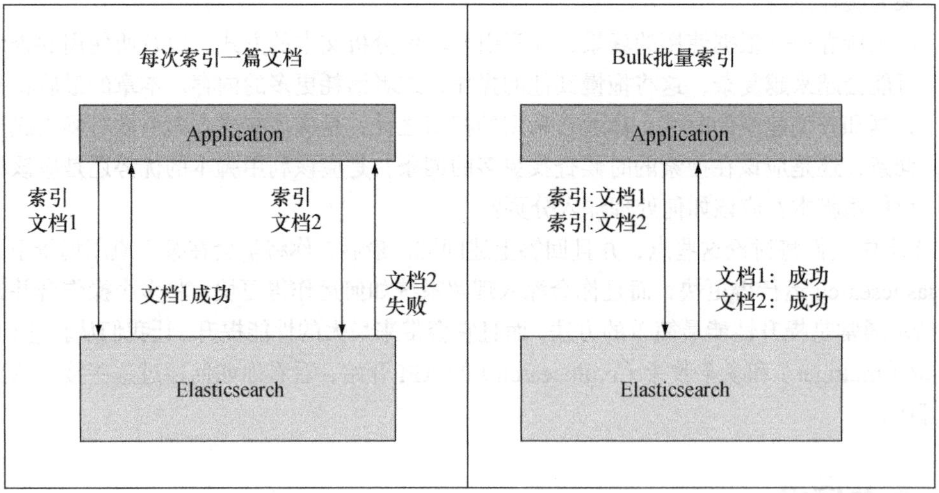

图 10-1 批量索引允许你在同一个请求中发送多篇文档

- 每个索引请求由两个 JSON 文档[①]组成，由换行符分隔开来：一个是操作（本例中是索引 `index`）和元数据（如索引、类型和文档 ID），另一个是文档的内容。
- 每行只有一个 JSON 文档。这意味着每行需要使用换行符（\n，或者是 ASCII 码 10）结尾，包括整个批量请求的最后一行。

代码清单 10-1 在单个批量请求中索引两篇文档

使用一个文件来保存索引内容中的换行符，然后通过--data-binary @file-name 指向这个文件

请求的第一行，包括操作（index）和元数据（索引 index，类型 type 和文档 ID）

每个 JSON 都需要以换行符结尾(包括最后一行)，也不能是格式优化后的

```
REQUESTS_FILE=/tmp/test_bulk
echo '{"index":{"_index":"get-together", "_type":"group", "_id":"10"}}
{"name":"Elasticsearch Bucharest"}
{"index":{"_index":"get-together", "_type":"group", "_id":"11"}}
{"name":"Big Data Bucharest"}
' > $REQUESTS_FILE
curl -XPOST localhost:9200/_bulk --data-binary @$REQUESTS_FILE
```

文档的内容

使用一个文件来保存索引内容中的换行符，然后通过--data-binary @file-name 指向这个文件

对于两个索引请求中的每一个而言，在第一行你添加了操作类型和一些元数据。主要的字段名是操作类型：它表示 Elasticsearch 要如何处理后面紧跟的数据。现在，你已经使用了 `index` 来进行索引，如果同样 ID 的文档已经存在，那么这个操作将使用新数据覆盖原有文档。可以将

① 这里的 JSON 文档和索引中的文档是不同的概念，这里 JSON 文档可以认为是 JSON 对象。——译者注

操作改为创建 create[①]，确保已有的文档不会被覆盖。稍后会介绍，你也可以使用 update 和 delete，一次处理多篇文档。

这里_index 和_type 表示每篇文档索引到何处。可以在 URL 中放入索引的名称，或者索引加上类型的名称。这使得它们成为 bulk 中每次操作的默认索引和类型。例如：

```
curl -XPOST localhost:9200/get-together/_bulk --data-binary @$REQUESTS_FILE
```

或者

```
curl -XPOST localhost:9200/get-together/group/_bulk --data-binary
    @$REQUESTS_FILE
```

这样你就可以不用在请求本身中放入_index 和_type。不过，如果在请求本身中指定了索引和类型的值，那么这些值会覆盖 URL 中所带的值。

这里_id 字段意味着你索引的文档 ID。如果你省略了这个参数，Elasticsearch 会自动地生成一个 ID，在你的文档没有唯一 ID 的时候，这一点很有帮助。举个例子，对于日志记录而言，自动生成的 ID 就已经很好了，因为日志记录通常无须有意义的唯一 ID，也没有必要通过 ID 来检索它们。

如果无须提供 ID，而且你将全部的文档索引到同一个索引和类型中，那么代码清单 10-1 中的批量请求就会简单得多，如代码清单 10-2 所示。

代码清单 10-2　使用自动 ID，在同一个索引和类型中索引两篇文档

```
REQUESTS_FILE=/tmp/test_bulk
echo '{"index":{}}                          <-- 只需指定操作，因为索引和类型已经
{"name":"Elasticsearch Bucharest"}              由 URL 提供，而 ID 会自动生成
{"index":{}}                                <--
{"name":"Big Data Bucharest"}
' > $REQUESTS_FILE
URL='localhost:9200/get-together/group'                    <-- 在 URL 中指
curl -XPOST $URL/_bulk?pretty --data-binary @$REQUESTS_FILE     定索引和类型
```

这个批量操作的结果应该是一个 JSON 对象，包含了索引花费的时间，以及针对每个操作的回复。还有一个名为 errors 的错误旗标，表示是否有任何一个操作失败了。整体的回复看上去是这样的：

```
{
  "took" : 2,
  "errors" : false,
  "items" : [ {
    "create" : {
      "_index" : "get-together",
      "_type" : "group",
      "_id" : "AUyDuQED0pziDTnH-426",
      "_version" : 1,
      "status" : 201
```

① 如果同样 ID 的文档已经存在，create 不会使用新数据覆盖原有文档。——译者注

```
      }
    }, {
      "create" : {
        "_index" : "get-together",
        "_type" : "group",
        "_id" : "AUyDuQED0pziDTnH-426",
        "_version" : 1,
        "status" : 201
      }
    } ]
  }
```

请注意由于你使用了自动的 ID 生成，操作 index 会被转变为 create。如果一篇文档由于某种原因无法索引，那么并不意味着整个批量操作失败了，因为同一个批量中的各项是彼此独立的。这也是为什么每个操作都给你了一个请求回复，而不是整个批量给你一个单独的回复。在你的应用中，你可以使用回复的 JSON 来确定哪些操作成功了而哪些操作失败了。

提示　涉及性能的时候，批量的大小很关键。如果你的批量太大，它们会占用过多的内存。如果它们太小，网络开销又会很大。最佳的平衡点，取决于文档的大小——如果文档很大，每个批量中就少放几篇；如果文档很小，就多放几篇——以及集群的能力。一个拥有强劲机器的大规模集群可以更快地处理更大的批量请求，并且仍然保持良好的搜索服务性能。最后，你需要自行测试，发现适合你用例的最佳点。你可以从像每个批量 1,000 篇小文档这样的值开始（如日志文件），然后逐步增加数量直到你无法获得明显的性能提升。同时，记得监控你的集群，我们会在第 11 章讨论监控相关的内容。

2. 使用批量的更新或删除

在单个批量中，你可以包含任意数量的 index 和 create 操作，同样也可以包含任意数量的 update 和 delete 操作。

Update 操作看上去和刚刚讨论的 index、create 操作差不多，除了你必须指定 ID。而且，按照更新的方式，文档的内容需要包含 doc 文档或者 script 脚本，就像第 3 章中你对于单个更新操作所做的那样。

Delete 操作和其他的有所不同，这是因为删除时不用提供文档内容。你只需要元数据这一行。和更新操作一样，必须包含文档的 ID。

在代码清单 10-3 中，有一个包含 4 种操作的批量处理：index、create、update 和 delete。

代码清单 10-3　Index、create、update 和 delete 的批量

```
echo '{"index":{}}
{"title":"Elasticsearch Bucharest"}
{"create":{}}
{"title":"Big Data in Romania"}
{"update":{"_id": "11"}}
{"doc":{"created_on" : "2014-05-06"} }
```

更新操作：指定 ID 和部分文档

```
{"delete":{"_id": "10"}}
' > $REQUESTS_FILE
URL='localhost:9200/get-together/group'
curl -XPOST $URL/_bulk?pretty --data-binary @$REQUESTS_FILE
# expected reply
  "took" : 37,
  "errors" : false,
  "items" : [ {
    "create" : {
      "_index" : "get-together",
      "_type" : "group",
      "_id" : "rVPtooieSxqfM6_JX-UCkg",
      "_version" : 1,
      "status" : 201
    }
  }, {
    "create" : {
      "_index" : "get-together",
      "_type" : "group",
      "_id" : "8w3GoNg5T_WEIL5jSTz_Ug",
      "_version" : 1,
      "status" : 201
    }
  }, {
    "update" : {
      "_index" : "get-together",
      "_type" : "group",
      "_id" : "11",
      "_version" : 2,
      "status" : 200
    }
  }, {
    "delete" : {
      "_index" : "get-together",
      "_type" : "group",
      "_id" : "10",
      "_version" : 2,
      "status" : 200,
      "found" : true
```

删除操作：无需文档，只要提供 ID

和普通的更新及删除相同，更新和删除操作增加了文档的版本号

如果批量 API 接口可以用于合并多个索引、更新和删除操作，那么你也可以通过多条搜索和多条获取 API 接口，分别为搜索和获取请求做同样的事情，下面我们来看看。

10.1.2 多条搜索和多条获取 API 接口

使用多条搜索（multisearch）及多条获取（multiget）所带来的好处和批量相同：当你不得不进行多个 search 或 get 请求的时候，将它们合并在一起将会节省花费在网络延迟上的时间。

1. 多条搜索

一次发送多条搜索请求的一个使用场景是你正在搜索不同类型的文档。例如，我们假设在

get-together 站点上有一个搜索框。你并不知道搜索是针对分组还是活动，所以准备同时搜索两者，并在用户界面上提供不同的标签页：一个用于显示分组的搜索结果，而另一个用于显示活动的搜索结果。这两个搜索应该有着完全不一样的评分机制，所以需要在不同的请求中执行，或者将这些请求合并在一个多条搜索请求中。

这个多条搜索 API 接口和批量 API 接口有很多相似之处。

- 访问了_msearch 端点，在 URL 中你可以指定、也可以不指定索引和类型。
- 每个请求有个两行的 JSON 字符串：第一行可能包含索引、类型、路由值或搜索类型这样的参数——在单个请求的 URI 中你通常也会放入这些。第二行包含了查询的主体，通常是单个请求的有效负荷。

代码清单 10-4 展示了一个多条搜索请求的例子，它会搜索 Elasticsearch 相关的活动和分组。

代码清单 10-4　一个多条搜索请求，它将查找关于 Elasticsearch 的活动和分组

```
echo '{"index" : "get-together", "type": "group"}
{"query" : {"match" : {"name": "elasticsearch"}}}
{"index" : "get-together", "type": "event"}
{"query" : {"match" : {"title": "elasticsearch"}}}
' > request
curl localhost:9200/_msearch?pretty --data-binary @request
# reply
{
  "responses" : [ {
    "took" : 4,
[...]
      "hits" : [ {
        "_index" : "get-together",
        "_type" : "group",
        "_id" : "2",
        "_score" : 1.8106999,
        "_source":{
  "name": "Elasticsearch Denver",
[...]
   }, {
    "took" : 7,
[...]
      "hits" : [ {
        "_index" : "get-together",
        "_type" : "event",
        "_id" : "103",
        "_score" : 0.9581454,
        "_source":{
  "host": "Lee",
  "title": "Introduction to Elasticsearch",
[…]
```

对于每个搜索，你有一个头部行和主体行

每个搜索的头部包含了可作为单独搜索的数据

主体包含了查询，和单个搜索的情况一样

和批量请求一样，保留换行符至关重要

回复是单个搜索结果的数组

第一个查询是关于分组的，这是该请求的回复

所有的回复和单个查询回复看上去是一样的

2. 多条获取

某些 Elasticsearch 系统之外的处理要求你在不进行任何搜索的前提下获取一组文档，这个时候多条获取就很有意义了。例如，你正在存储系统的度量指标，而时间戳作为文档 ID，你可以在不使用任何过滤器的情况下，检索特定时间的特定度量值。为了实现这一点，要调用_mget 端点并发送包含索引、类型和待查文档 ID 的 docs 数组，如代码清单 10-5 所示。

代码清单 10-5 _mget 端点和包含索引、类型和文档 ID 参数的 docs 数组

```
curl localhost:9200/_mget?pretty -d '{
    "docs" : [
        {
            "_index" : "get-together",
            "_type" : "group",
            "_id" : "1"
        },
        {
            "_index" : "get-together",
            "_type" : "group",
            "_id" : "2"
        }
    ]
}'
# reply
{
  "docs" : [ {
    "_index" : "get-together",
    "_type" : "group",
    "_id" : "1",
    "_version" : 1,
    "found" : true,
    "_source":{
  "name": "Denver Clojure",
[...]
  }, {
    "_index" : "get-together",
    "_type" : "group",
    "_id" : "2",
    "_version" : 1,
    "found" : true,
    "_source":{
  "name": "Elasticsearch Denver",
[...]
```

文档数组确定了你想检索的全部文档

回复也包含了一个文档数组

数组的每个元素是你可以通过单个 GET 请求所获得的文档

对于多数 API 接口而言，索引和类型参数是可选的，因为你还可以将它们放在请求的 URL 中。当所有 ID（即文档）的索引和类型都是相同的时候，建议你将他们放在 URL 中，然后将 ID 放入 ids 数组，使得代码清单 10-5 中的请求更简短。

```
% curl localhost:9200/get-together/group/_mget?pretty -d '{
    "ids" : [ "1", "2" ]
}'
```

使用多条获取 API 将多个操作合并到同一个的请求中，这样做可能会使得你的应用程序变得稍微复杂一点，但是它会使得这些查询运行得更快，而且没有明显的成本。对于多条搜索和 bulk 批量 API 同样如此，而且为了充分地挖掘这些 API 的潜力，可以使用不同的请求大小进行实验，然后看看对于你的文档和硬件来说何种规模是最佳的。

下面，我们来看看在内部，Elasticsearch 是如何使用 Lucene 分段的形式来处理批量请求中的文档，以及如何调优这些过程来加速索引和搜索。

10.2 优化 Lucene 分段的处理

一旦 Elasticsearch 接收到了应用所发送的文档，它会将其索引到内存中称为分段（segments）的倒排索引。这些分段会不时地写入磁盘。第 3 章曾经提到过，这些分段是不能改变的，只能被删除，这是为了操作系统更好地缓存它们。另外，较大的分段会定期从较小的分段创建而来，用于优化倒排索引，使搜索更快。

有很多调节的方式来影响每一个环节中 Elasticsearch 对于这些分段的处理，根据你的使用场景来配置这些，常常会带来意义重大的性能提升。本章将讨论这些调优的方式，可以将它们分为以下 3 类。

- *刷新（refresh）和冲刷（flush）的频率*——刷新会让 Elasticsearch 重新打开索引，让新建的文档可用于搜索。冲刷是将索引的数据从内存写入磁盘。从性能的角度来看，刷新和冲刷操作都是非常消耗资源的，所以为你的应用正确地配置它们是十分重要的。
- *合并的策略*——Lucene（Elasticsearch 也是如此）将数据存储在不可变的一组文件中，也就是分段中。随着索引的数据越来越多，系统会创建更多的分段。由于在过多的分段中搜索是很慢的，因此在后台小分段会被合并为较大的分段，保持分段的数量可控。不过，合并也是十分消耗性能的，对于 I/O 子系统尤其如此。你可以调节合并的策略，来确定合并多久发生一次，而且分段应该合并到多大。
- *存储和存储限流*——Elasticsearch 调节每秒写入的字节数，来限制合并对于 I/O 系统的影响。根据硬件和应用，你可以调整这个限制。还有一些其他的选项告诉 Elasticsearch 如何使用存储。例如，可以选择只在内存中存放索引。

这 3 个分类中，通常有一类会给你带来最大的性能收益，我们就从它开始：选择刷新和冲刷的频率。

10.2.1 刷新和冲刷的阈值

还记得第二章的介绍吗？Elasticsearch 通常被称为近实时（或准实时）系统。这是因为搜索不是经常运行于最新的索引数据之上（这个数据是实时的），但是很接近了。

打上近实时的标签是因为通常 Elasticsearch 保持了某个时间点索引打开的快照，所以多个搜索会命中同一个文件并重用相同的缓存。在这个时间段中，新建的文档对于那些搜索是不可见的，直到你再次刷新。

刷新，正如其名，是在某个时间点刷新索引的快照，这样你的搜索就可以命中新索引的数据。这是其优点。其不足是每次刷新都会影响性能：某些缓存将失效，拖慢搜索请求，而且重新打开索引的过程本身也需要一些处理能力，拖慢了索引的建立。

1. 何时刷新

默认的行为是每秒自动地刷新每份索引。你可以修改其设置，改变每份索引的刷新间隔，这个是可以在运行时完成的。例如，下面的命令将自动刷新的间隔设置为了 5 秒。

```
% curl -XPUT localhost:9200/get-together/_settings -d '{
    "index.refresh_interval": "5s"
}'
```

提示 为了确定你的修改生效了，可以运行如下命令来获得全部的索引设置：curl localhost:9200/get-together/_settings?pretty。

当增加 refresh_interval 的值时，你将获得更大的索引吞吐量，因为花费在刷新上的系统资源更少了。

或者你也可以将 refresh_interval 设置为-1，彻底关闭自动刷新并依赖手动刷新。这对于索引只是定期批量变化的应用非常有效，如产品和库存每晚更新的零售供应链。索引的吞吐量是非常重要的，因为你总想快速地进行更新，但是数据刷新不一定是最重要的，因为无论如何都不可能获得完全实时的更新。所以每晚你可以关闭自动刷新，进行批量的 bulk 索引和更新，完成后再进行手动刷新。

为了实现手动刷新，访问待刷新索引的_refresh 端点。

```
% curl localhost:9200/get-together/_refresh
```

2. 何时冲刷

如果你习惯了老版本的 Lucene 或者 Solr，可能会倾向于认为，当刷新发生的时候，所有的数据（内存中的）都已经完成了索引，因为最近一次的刷新也会将其写入磁盘。

对于 Elasticsearch（还有 4.0 及之后版本的 Solr）而言，刷新的过程和内存分段写入磁盘的过程是相互独立的。实际上，数据首先索引到内存中，经过一次刷新后，Elasticsearch 也会开心地[①]搜索相应的内存分段。将内存中的分段提交到磁盘上的 Lucene 索引的过程，被称为冲刷（flush），无论分段是否能被搜到，冲刷都会发生。

为了确保某个节点宕机或分片移动位置的时候，内存数据不会丢失，Elasticsearch 将使用事物日志来跟踪尚未冲刷的索引操作。除了将内存分段提交到磁盘，冲刷还会清理事物日志，如图 10-2 所示。

① 由于内存中的搜索会快很多，所以作者使用“开心”（happy）一词体现 Elasticsearch 的性能提升。——译者注

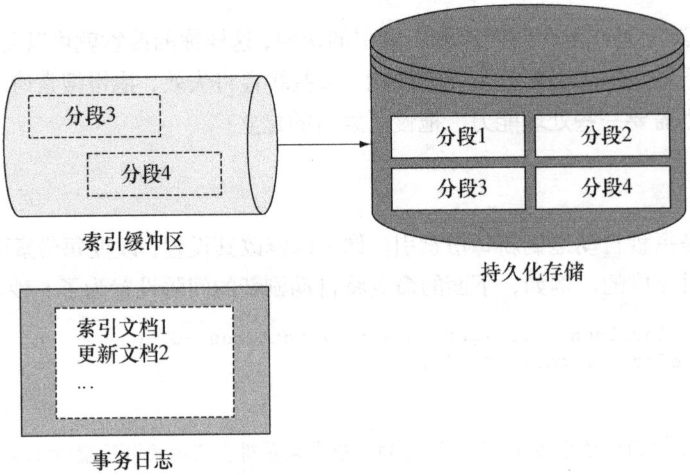

图 10-2 冲刷操作将分段从内存中移动到磁盘上，并清除事务日志

如图 10-3 所示，满足下列条件之一就会触发冲刷操作。

- 内存缓冲区已满。
- 自上次冲刷后超过了一定的时间。
- 事物日志达到了一定的阈值。

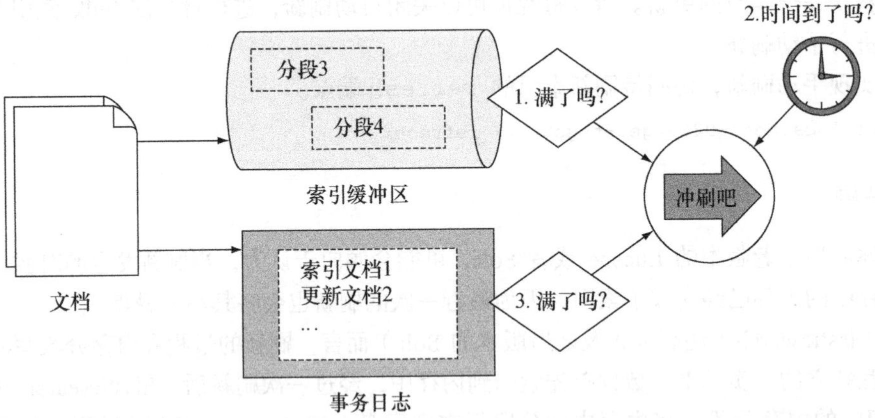

图 10-3 内存缓冲区已满、事物日志已满、时间间隔已到，都会触发冲刷操作

为了控制冲刷发生的频率，你需要调整控制这 3 个条件的设置。

内存缓冲区的大小在 elasticsearch.yml 配置文件中定义，通过 `indices.memory.index_buffer_size` 来设置。这个设置控制了整个节点的缓冲区，其值可以是全部 JVM 堆内存的百分比，如 10%，也可以是 100 MB 这样的固定值。

事物日志的设置是具体到索引上的，而且同时控制了触动冲刷的规模（通过 index.translog.flush_threshold_size）和冲刷之间的时间间隔（通过 index.translog.flush_threshold_period）。和多数索引设置一样，你可以在运行时修改它们。

```
% curl -XPUT localhost:9200/get-together/_settings -d '{
  "index.translog": {
    "flush_threshold_size": "500mb",
    "flush_threshold_period": "10m"
  }
}'
```

当冲刷发生的时候，它会在磁盘上创建一个或多个分段。执行一个查询的时候，Elasticsearch（通过 Lucene）查看所有的分段，然后将结果合并到一个整体的分片中。如你在第 2 章所见，搜索的时候每个分片上的结果将被聚集为一个完整的结果集合，然后返回给应用程序。

关于分段，这里需要记住的关键点是你需要搜索的分段越多，搜索的速度就越慢。为了防止分段的数量失去控制，Elasticsearch（也是通过 Lucene）在后台将多组较小的分段合并为较大的分段。

10.2.2 合并以及合并策略

在第 3 章中我们首次介绍分段，它是不变的一组文件，Elasticsearch 用其存储索引的数据。由于分段是不变的，它们很容易被缓存，使得搜索更快。此外，修改数据集时，如添加一篇文档，无须重建现有分段中的数据索引。这使得新文档的索引也是很快的，但也不都是好消息。更新文档不能修改实际的文档，只是索引一篇新的文档。如此处理还需要删除原有的文档。接下来，删除也不能从分段中移除文档（这需要重建倒排索引），只是在单独的.del 文件中将其标记为“已被删除”。文档只会在分段合并的时候真正地被移除。

这告诉我们合并分段的两个目的：第一个是将分段的总数量保持在受控的范围内（这用来保障查询的性能）。第二个是真正地删除文档。

按照已定义的合并策略，分段是在后台进行的。默认的合并策略是分层配置，如图 10-4 所示，该策略将分段划分为多个层次，如果你的分段多于某一层中所设置的最大分段数，该层的合并就会被触发。

还有其他的合并策略，但是在这章中我们只会聚焦于默认的分层合并策略，原因是多数情况下这个策略能起到很好的效果。

1. 调优合并策略的选项

合并的最终目的是提升搜索的性能而均衡 I/O 和 CPU 计算能力。合并发生在索引、更新或者删除文档的时候，所以合并的越多、这些操作的成本就越昂贵。反之，如果想快速地索引，你需要较少的合并，而且牺牲一些查询的性能，如图 10-4 所示。

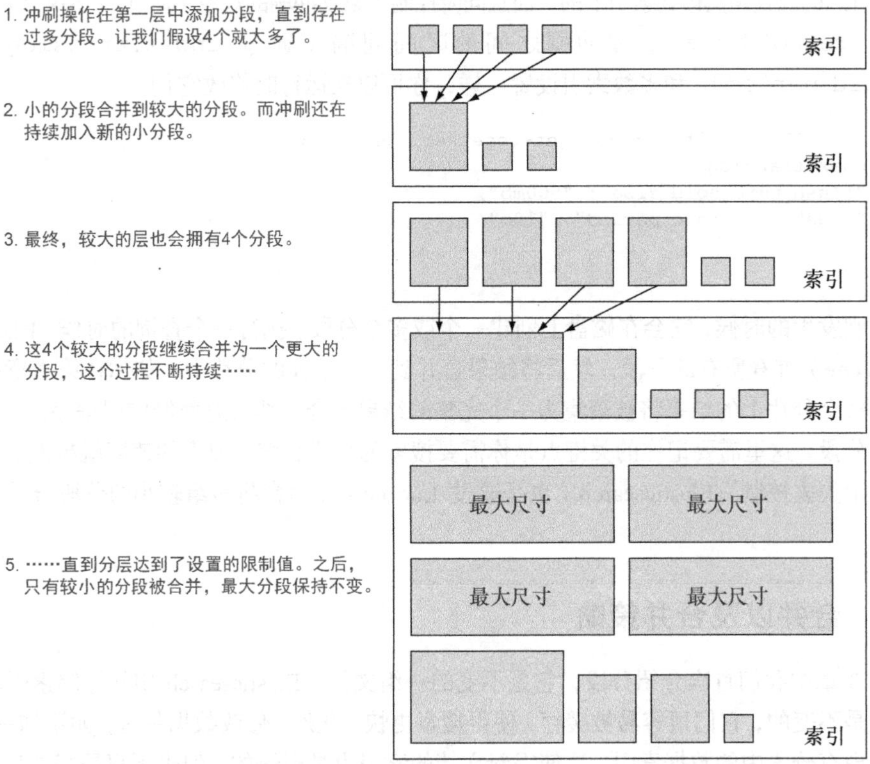

图 10-4 当分层的合并策略发现某层中存在过多的分段时，它将进行一次合并

为了设置合并的多少，你有几个设置选项。这里列出最重要的几个。

- index.merge.policy.segments_per_tier——这个值越大，每层可以拥有的分段越多。这就意味着更少的合并以及更好的索引性能。如果索引次数不多，而你希望获得更好的搜索性能，将这个值设置的低一些。
- index.merge.policy.max_merge_at_once——这个设置限制了每次可以合并多少个分段。通常，你可以将其等同于 segments_ per_tier value 的值。可以降低 max_merge_at_once 的值来强制性地减少合并，但是最好是通过增加 segments_per_tier 来实现这个目的。请确保 max_merge_at_once 的值不会比 segments_per_tier 的值高，因为这会引起过多的合并。
- index.merge.policy.max_merged_segment——这个设置定义了最大的分段规模。不会再使用其他的分段合并为比这个更大的分段了。如果你想获得较少的合并次数，以及更快的索引速度，最好降低这个值，因为较大的分段更难以合并。
- index.merge.scheduler.max_thread_count——在后台，合并发生于多个彼此分隔的线程中，而这个设置控制了可用于合并的最大线程数量。这是每次可以进行的合并的硬性限制。在一台多 CPU 和高速 I/O 的机器上，你可以增加这个设置来实行激进的合并策略，在低速 CPU 和 I/O 的机器上需要降低这个值。

所有这些选项是具体到索引上的，而且和事物日志及刷新设置一样，你可以在运行时修改这些设置。例如，下面的代码片段将 `segments_per_tier` 减少到 5，会导致更多的合并（还有 `max_merge_at_once`），将最大的分段规模降低到 1 GB，并将线程数量降低到 1，让磁盘更好地运转。

```
% curl -XPUT localhost:9200/get-together/_settings -d '{
  "index.merge": {
    "policy": {
      "segments_per_tier": 5,
      "max_merge_at_once": 5,
      "max_merged_segment": "1gb"
    },
    "scheduler.max_thread_count": 1
  }
}'
```

2. 优化索引

有了刷新和冲刷，你可以手动触发一次合并。一次强制性的合并也被称为优化（optimize），之所以起这样的名字是因为通常是在一个今后不会更改的索引上运行这个操作，将其优化到一定（较低）数量的分段，使得更快的搜索成为可能。

对于激进的合并而言，优化是非常消耗 I/O 的，而且使得许多缓存失效。如果你持续地索引、更新和删除索引文件中的文档，新的分段就会被创建，而优化操作的好处就无法体现出来。因此，在一个不断变化的索引上，如果希望分段的数量较少，那么你应该调优合并的策略。

在静态的索引上优化是很有意义的。例如，如果索引了社会媒体的数据，而且每天新建一个索引，那么你知道自己永远不会修改昨天的索引，直到有一天永远删除它。这种情况下，将分段优化为较少的数量可能是很有帮助的，如图 10-5 所示。图 10-5 中，系统会减少分段的总数量，一旦缓存再次被预热加载，就会加速查询。

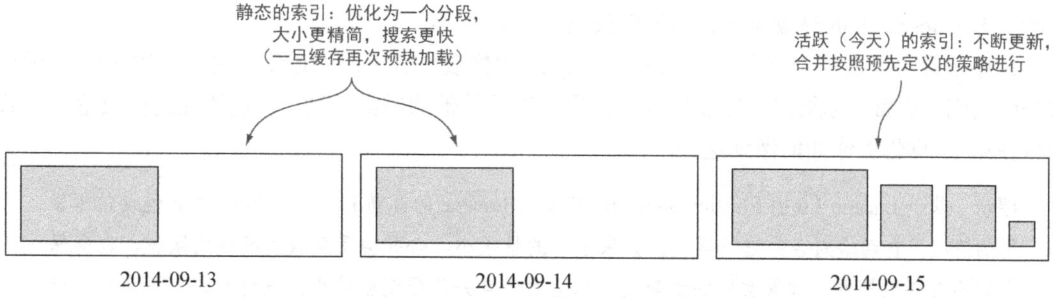
静态的索引：优化为一个分段，
大小更精简，搜索更快
（一旦缓存再次预热加载）
活跃（今天）的索引：不断更新，
合并按照预先定义的策略进行
2014-09-13
2014-09-14
2014-09-15

图 10-5 对于没有更新的索引而言，优化操作是很有意义的

为了优化，你需要访问待优化索引的_optimize 端点。选项 max_num_segments 表示每个分片最终拥有多少分段。

```
% curl localhost:9200/get-together/_optimize?max_num_segments=1
```

在一个大型索引上进行的优化操作可能需要花费很长时间。你可以通过设置 wait_for_merge 为 false，将操作发送到后台进行。

导致优化（或合并）操作缓慢的可能原因之一是，默认情况下 Elasticsearch 限制了合并操作所能使用的 I/O 吞吐量的份额。该限制称为*存储限流*（store throttling）。稍后我们来讨论这个设置，以及一些其他的数据存储选项。

10.2.3 存储和存储限流

在 Elasticsearch 的早期版本中，过度的合并将会拖慢集群，以至于索引和搜索请求慢得无法接受，或者是所有的节点都无法响应。这都是因为合并时对 I/O 产生了压力，导致新分段的写入很缓慢。此外，由于 I/O 的等待，CPU 的负载也会很高。

鉴于此，Elasticsearch 目前使用了存储限流，来限制合并可以使用的 I/O 吞吐量。默认情况下有一个节点层级的设置，称为 indices.store.throttle.max_bytes_per_sec，在版本 1.5 中其默认值是 20mb 字节。

这个限制在很多应用中对于稳定性而言是很好的，但不是对所有场景都是最佳的。如果你有高速的机器和许多索引，即使有足够的 CPU 和 I/O 来执行合并，由于限流的原因合并还是无法跟上节奏。在这种情况下，Elasticsearch 只使用单个线程来进行内部的索引，将其速度放缓，使得合并可以跟得上。最后，如果你的机器足够快，索引可能会被存储限流。对于使用 SSD 硬盘的节点，通常可以将这个限流值增大到 100～200 MB 字节。

1. 修改存储限流的限制

如果你有高速的硬盘，而且需要更多的 I/O 吞吐用于合并，你可以增加存储限流的限制，也可以将 indices .store.throttle.type 设置为 none，完全取消这个限制。你还可以走向另一个极端，通过将 indices.store.throttle.type 设置为 all，使存储限流的限制应用到所有 Elasticsearch 的磁盘操作，而不仅仅是 merge。

这些设置可以在每个节点的 elasticsearch.yml 中修改，也可以通过集群更新设置 API 在运行时修改它们。通常，你最好一边监控合并的程度以及其他的磁盘活动，一边调优这些设置——我们将在第 11 章告诉你如何做到这些。

> **提示** 基于 Lucene 5.0 的 Elasticsearch 2.0，将使用 Lucene 的自动 I/O 限流特性。该特性会依据索引的情况，自动地对合并进行限流。如果索引的量很小，合并会受到较大程度的限流，以确保它们不会影响搜索。如果索引的量较大，那么对于合并的限制就较小，这样合并才不会落后于索引。

下面的命令行会将限流的设置提升到 500MB/每秒，不过是针对所有操作。这会使修改持续有效，即使在集群重启之后（这和集群重启后就失效的临时性设置是相反的）。

```
% curl -XPUT localhost:9200/_cluster/settings -d '{
  "persistent": {
    "indices.store.throttle": {
      "type": "all",
      "max_bytes_per_sec": "500mb"
    }
  }
}'
```

提示 你也可以通过获取集群的设置，来看看索引设置是否生效。你要运行 curl localhost:9200/_cluster/settings?pretty。

2. 配置存储

当我们讨论冲刷、合并和存储限流的时候，提及了“磁盘”和“I/O”，因为这是默认的选择：Elasticsearch 会将索引存储到数据目录，如果你是从 RPM/DEB 包安装的 Elasticsearch，那么默认值是/var/lib/elasticsearch/data，如果你是手动地解压 tar.gz 或 ZIP 压缩包来安装的，那么默认目录是 data/。可以通过 elasticsearch.yml 的 path.data 属性来修改数据目录。

提示 在 path.data 属性中，你可以指定多个目录（至少在版本 1.5 中是可以的），这会将不同的文件放入不同的目录，以此获得数据的拆分（假设这些目录在不同的磁盘上）。如果那是你所追求的，一定要有足够的经费使用 RAID0 磁盘阵列，确保性能和可靠度都很不错。考虑到这一点，规划最好是将每个分片放入同样的目录，而不是将其拆分到不同的磁盘。

默认的存储实现将索引文件存放到文件系统，多数情况下这没有什么问题。为了访问 Lucene 的分段文件，默认的存储实现使用了 Lucene 的 MMapDirectory，它通常用于大型的文件，或者是需要随机访问的文件，如词条字典。对于其他类型的文件，如存储字段，Elasticsearch 使用了 Lucene 的 NIOFSDirectory。

3. MMapDirectory

MMapDirectory 利用了文件缓存，请求操作系统将所需的文件映射到虚拟内存，这样能更快地直接访问这些内存。对于 Elasticsearch 而言，看上去所有的文件都是可以在内存中访问的，但是实际情况不必如此。如果你的内存规模大于可用的物理内存，操作系统会将没有使用的文件移出缓存，为需要读取的新文件腾出空间。如果 Elasticsearch 再次需要哪些未被缓存的文件，这些文件会被加载到内存，而其他没有使用的文件被挪出内存等如此反复。MMapDirectory 使用的虚拟内存和系统的虚拟内存（交换空间）工作方式相似。对于系统的虚拟内存，操作系统将没有使用的内存空间放入磁盘，这样整个系统就能够服务于多个应用程序。

4. NIOFSDirectory

内存映射的文件，也会导致额外的负载，因为应用程序必须要告诉操作系统在访问文件之前先对其进行映射。为了减小这个开销，Elasticsearch 为某些类型的文件使用了 NIOFSDirectory。NIOFSDirectory 是直接访问文件的，但是它必须将所需的数据复制到 JVM 堆的缓存中。对于小型的、按序访问的文件这样操作没有问题，而同时 MMapDirectory 能很好地工作于大型随机访问的文件。

对于多数情况，默认的存储实现就已经很棒了。但是，可以将索引设置中 index.store.type 的 default 修改为其他值来选择不同的实现。

- mmapfs——该选项只会使用 MMapDirectory。如果你有一个相对静止的索引，而且物理内存也能放下该索引，那么这种选择也会运作得很好。
- niofs——该选项只会使用 NIOFSDirectory，在 32 位系统上可以很好地运作。因为在 32 位系统中，虚拟内存的寻址空间被限制在 4 GB。这种大小也使得用于更大索引的 mmapfs 或 default 选项不太适合。

当创建索引的时候，需要设置存储类型。例如，下面的命令创建了一个基于 mmap 的索引，称为单元测试（unit-test）。

```
% curl -XPUT localhost:9200/unit-test -d '{
  "index.store.type": "mmapfs"
}'
```

如果你想对所有新建的索引，都运用同样的存储类型，可以在 elasticsearch.yml 中将 index.store.type 设置为 mmapfs。第 11 章将介绍索引模板，它允许你为匹配特定模式的新索引定义索引的设置。模板可以在运行时进行修改，因此如果你经常创建新的索引，我们推荐使用模板而不是较为静态的 elasticsearch.yml。

文件打开和虚拟内存的限制

存储于磁盘上的 Lucene 分段可以分布在多个文件中，当搜索运行时，操作系统需要打开很多文件。同样，当你使用默认的存储类型或 mmapfs 时，操作系统不得不将一些存储的文件映射为内存——即使这些文件实际上并不在内存中，应用程序还是认为它们位于内存里，而系统内核负责将这些文件加载到缓存和移出缓存。Linux 系统已经配置了一定的限制，防止应用程序一次性打开过多的文件而消耗过大的内存。对于 Elasticsearch 部署的需求而言，这些设置通常过于保守，所以我们建议增加这个设置。如果你是从 DEB 或 RPM 包安装的 Elasticsearch，不必担心这一点，因为默认情况下就会增加这个值。在可以在/etc/default/elasticsearch 或/etc/sysconfig/elasticsearch 中找到这些变量：

```
MAX_OPEN_FILES=65535

MAX_MAP_COUNT=262144
```

为了手动增加这些限制值，需要以启动 Elasticsearch 的用户身份为打开文件运行 `ulimit -n 65535`，以 root 管理员的身份为虚拟内存运行 `sysctl -w vm.max_map_count =262144`。

由于操作系统缓存文件的方式，默认的存储类型通常是最快的。为了使缓存运作良好，需要足够的空闲内存。

提示 从版本 2.0 的 Elasticsearch 开始，你可以将 `index.codec` 设置为 `best_compression`，来压缩存储字段（以及`_source`）。默认的值（名为 `default`，存储类型自带的）仍然会使用 LZ4 算法来压缩存储字段，但是 `best_compression` 使用的是 deflate 压缩算法。更高的压缩率会拖慢需要`_source` 的操作，如获取结果或者是关键词高亮。其他的操作，如聚集，应该是差不多快的，因为整体的索引规模会更小，也更容易缓存。

我们曾经提到，`merg` 以及 `optimize` 操作是如何使缓存失效的。让 Elasticsearch 管理缓存并保持良好的性能，是值得好好地解释一番，接下来讨论相关的内容。

10.3 充分利用缓存

Elasticsearch 的强项之一（尽管不是最强项）就是你可以使用普通的硬件，在毫秒级查询数十亿的文档。使这成为可能的原因之一是智能的缓存。你可能已经注意到了，索引了大量的数据之后，第二次的查询速度可能比第一次的快上几个数量级。这都是因为缓存，例如，当你组合了过滤器和查询，过滤器缓存就会扮演一个重要的角色，让搜索运行得更快。

在本节中，我们将讨论过滤器缓存以及其他两种类型的缓存：分片查询缓存以及操作系统缓存。在静态索引上运行聚集的时候，分片查询缓存非常有用，因为它缓存了整个结果。而操作系统缓存，通过将索引缓存到内存中，来保持高速的 I/O 吞吐量。

最后，我们将向你展示在每次刷新之后，如何使用索引预热器来运行查询，并保持缓存处于热身状态[①]。让我们先从 Elasticsearch 相关缓存的主要类型——过滤器缓存，以及如何运行搜索来充分利用该缓存开始。

10.3.1 过滤器和过滤器缓存

在第 4 章中，你看到很多查询都有对等的过滤器。让我们假设你想在 get-together 站点上查找最近一个月开展的活动。为了实现这个目标，可以使用范围查询或者是对等的范围过滤器。

① 保持索引有效的状态——译者注

在第 4 章，我们提到对于这两者，推荐使用过滤器，因为它是可以缓存的。默认情况下范围过滤器是被缓存的，也可以通过_cache 旗标来控制一个过滤器是否被缓存。

提示 版本 2.0 的 Elasticsearch 默认地只会缓存较大分段（至少合并过一次）上的常用过滤器。这样做在防止过多缓存的同时，也可以发现常用的过滤器并优化它们。更多实现的细节，请参考 Elasticsearch 关于过滤器缓存的常见问题和 Lucene 关于过滤器缓存的常见问题。这个旗标适用于所有的过滤器，例如，下面的代码片段将过滤出 verbatim 标签中包含"elasticsearch"关键词的事件，但是不会缓存其结果。

```
% curl localhost:9200/get-together/group/_search?pretty -d '{
  "query": {
    "filtered": {
      "filter": {
        "term": {
          "tags.verbatim": "elasticsearch",
          "_cache": false
        }
      }
    }
  }
}'
```

注意 尽管所有的过滤器都有_cache 旗标，它并不是 100%都可以适用的。对于范围过滤器，如果你将"now"（现在）作为一个边界，旗标就会被忽略。对于 has_child 或 has_parent 过滤器，_cache 旗标根本就不起作用。

1. 过滤器缓存

过滤器的结果被缓存之后会存储在过滤器缓存中。这种缓存分配在节点之上，就像之前看到的索引缓冲。其默认的值是 10%，不过可以按照需要，在 elasticsearch.yml 中修改这个值。如果你经常使用过滤器并缓存了它们，增加这个大小是很有意义的。例如：

```
indices.cache.filter.size: 30%
```

你怎么知道是否需要更多（或更少）的缓存？监控实际的使用情况。在第 11 章的管理篇，我们将探索这个话题。Elasticsearch 使用了很多度量指标，包括实际使用的过滤器缓存容量，以及缓存回收（eviction）的次数。当缓存已满，Elasticsearch 需要将近期最少使用（LRU）的条目移出缓存，为新的缓存内容留出空间，这时就会发生回收操作。

在某些使用场景中，过滤器缓存条目的生命周期非常短暂。举个例子，用户经常使用特定的主题来过滤 get-together 活动，修改查询直到发现他们所想要的，然后离开。如果没有其他人搜索同样主题的活动，那么相应的缓存条目在内存中逗留却无法发挥作用，直到最终被回收。回收操作很多的缓存会使得性能下降。因为每次搜索时，都要回收旧的缓存条目来容纳新的条目，这需要消耗 CPU 的计算周期。

在这种情况下，为了防止恰好在查询执行的时候发生回收，设置缓存条目的生存时间（TTL）是很有意义的。你可以调整每个索引的 index.cache.filter.expire 来实现这个目的。例如，在下面的代码片段中，过滤器缓存将在 30 分钟后过期。

```
% curl -XPUT localhost:9200/get-together/_settings -d '{
  "index.cache.filter.expire": "30m"
}'
```

除了确保你的过滤器缓存有足够的空间，还需要合理使用过滤器，使其充分利用这些缓存。

2. 组合过滤器

你需要经常组合过滤器。例如，当搜索特定时间范围内的活动时，你还想限定特定的参与者数量。为了最好的性能，需要确保当过滤器组合之后，缓存得到良好的使用，而且过滤器是按照正确的顺序运行的。

为了理解如何最佳地组合过滤器，我们需要回顾一下第 4 章讨论的一个概念：位集合（bitset）。位集合是一个紧凑的位数组，Elasticsearch 用它来缓存某个文档是否和过滤器匹配。多数过滤器（如 range 过滤器和 terms 过滤器）使用位集合进行缓存。其他的过滤器（如 script 过滤器）不使用位集合，因为无论如何 Elasticsearch 都不得不遍历所有的文档。表 10-1 展示了哪些重要的过滤器使用了位集合，而哪些没有。

表 10-1 哪些过滤器使用了位集合

过滤器类型	是否使用位集合
term	是
terms	是，但是你可以有不同配置，稍后介绍
exists/missing	是
prefix	是
regexp	否
nested/has_parent/has_child	否
script	否
geo 过滤器（参加附录 A）	否

对于没有使用位集合的过滤器，仍然可以将_cache 设置为 true，将完全相同的过滤器结果进行缓存。位集合和简单的结果缓存不同之处在于位集合有如下的特点。

- 它们很紧凑而且很容易创建，所以在过滤器首次运行时创建缓存的额外开销不大。
- 它们是按照独立的过滤器来存储的，例如，如果你在两个不同的查询中或者 bool 过滤器使用了一个 terms 过滤器，该 term 的位集合就可以重用。

- 它们很容易和其他的位集合进行组合。如果有两个使用位集合的查询，Elasticsearch 很容易进行一个位的 AND 和 OR 操作，来判断哪些文档和这个组合匹配。

为了利用位集合的优势，你需要在 bool 过滤器中组合使用了位集合的过滤器，并进行位的 AND 或 OR 操作，这对于 CPU 而言是很容易的事情。举例来说，如果只想展示 Lee 参加的分组或者是包含 elasticsearch 标签的分组，那么代码看上去是下面这样的：

```
"filter": {
  "bool": {
    "should": [
      {
        "term": {
          "tags.verbatim": "elasticsearch"
        }
      },
      {
        "term": {
          "members": "lee"
        }
      }
    ]
  }
}
```

还有一种替换方案是使用 and、or 和 not 过滤器来组合多个过滤器。这些过滤器的工作方式有所不同，原因是不像 bool 过滤器，它们并不使用位的 AND 或 OR 操作。它们先运行第一个过滤器，将匹配的文档传送到下一个过滤器，如此继续下去。如此一来，当组合多个不使用位集合的过滤器时，and、or 和 not 过滤器就是更好的选择。例如，如果你想展示至少有 3 位会员、活动是于 2013 年 7 月组织的分组，过滤器看上去可能是下面这样的：

```
"filter": {
  "and": [
    {
      "has_child": {
        "type": "event",
        "filter": {
          "range": {
            "date": {
              "from": "2013-07-01T00:00",
              "to": "2013-08-01T00:00"
            }
          }
        }
      }
    },
    {
      "script": {
        "script": "doc['members'].values.length > minMembers",
        "params": {
          "minMembers": 2
        }
```

```
          }
        }
      ]
    }
```

如果同时使用位集合和非位集合的过滤器，你可以将位集合嵌入到 bool 过滤器内部，然后再将 bool 过滤器放入到 and、or 和 not 的过滤器里，和非位集合过滤器一起使用。例如，代码清单 10-6 将查找至少有两位会员的分组，并且要求 Lee 是其中一位会员，或者该分组是关于 Elasticsearch 的。

代码清单 10-6 将 bool 过滤器中的位集合，同“与”“或”“非”过滤器进行结合

```
curl localhost:9200/get-together/group/_search?pretty -d'{
  "query": {
    "filtered": {
      "filter": {
        "and": [
          {
            "bool": {
              "should": [
                {
                  "term": {
                    "tags.verbatim": "elasticsearch"
                  }
                },
                {
                  "term": {
                    "members": "lee"
                  }
                }
              ]
            }
          },
          {
            "script": {
              "script": "doc[\"members\"].values.length > minMembers",
              "params": {
                "minMembers": 2
              }
            }
          }
        ]
      }
    }
  }
}'
```

- 过滤查询意味着如果你在这里增加一个查询，它只会在匹配过滤器的文档上运行
- 这里 AND 过滤器将首先执行布尔查询
- 在缓存的时候，布尔操作更快，因为它利用了两个词条过滤器的位集合
- 脚本过滤器只会在匹配布尔过滤器的文档上运行

无论你是组合 bool、and、or 还是 not 过滤器，它们的执行顺序非常关键。轻量级的过滤器（如 terms 过滤器）应该在更耗资源的过滤器（如 script 过滤器）之前运行。经过先前的过滤，耗资源的过滤器可以在较小的文档集合上运行。

3. 在字段数据上运行过滤器

目前，我们已经讨论了位集合以及缓存结果是如何让过滤器运行得更快。一些过滤器使用位集合，而另一些可以缓存整个结果。还有一些过滤器也可以在字段数据上运行。第 6 章首次讨论了字段数据，它是内存中的结构，保持了文档到词条的映射。由于倒排索引是将词条映射到文档，所以这种映射和倒排索引是相反的。字段数据常常用于排序和聚集，不过某些过滤器也可以使用它：包括 `terms` 和 `range` 过滤器。

> **注意**　内存中字段数据的一个替换方案是文档值，它是在索引的阶段计算并和索引一起存储于磁盘上。在第 6 章我们指出，文档值适用于数值型和未分析的字符串字段。在 2.0 版本的 Elasticsearch 中，默认设置下文档值就会用于这些类型的字段。原因是在 JVM 堆中保持这些字段数据通常不会提升性能。

一个 `terms` 过滤器可以拥有许多词条，而且一个范围很广的 `range` 过滤器也会匹配很多数值（数值也是一种词条）。正常地执行这些过滤器，将会单独地匹配每一个词条，并返回唯一文档的集合，如图 10-6 所示。

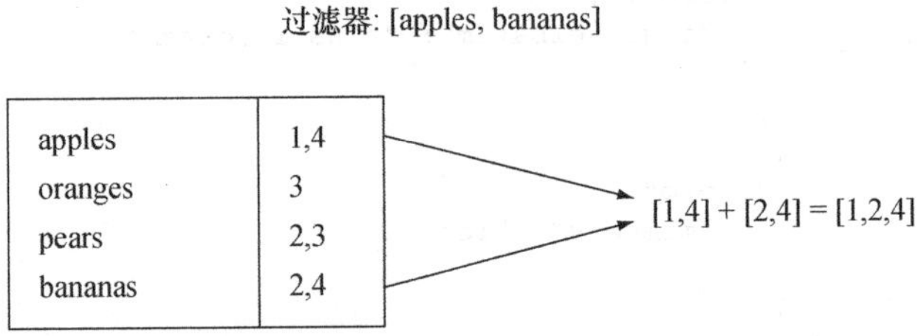

图 10-6　默认情况下，词条过滤器会逐个检查哪些文档匹配某个词条，然后取列表的交集

可以想象，使用多个词条过滤可能会非常消耗资源，因为有太多的列表需要取交集。当词条的数量很大时，如果逐一取出实际的字段值，并判断词条是否都匹配，而不是查看倒排索引，那么可能会更快一些，如图 10-7 所示。

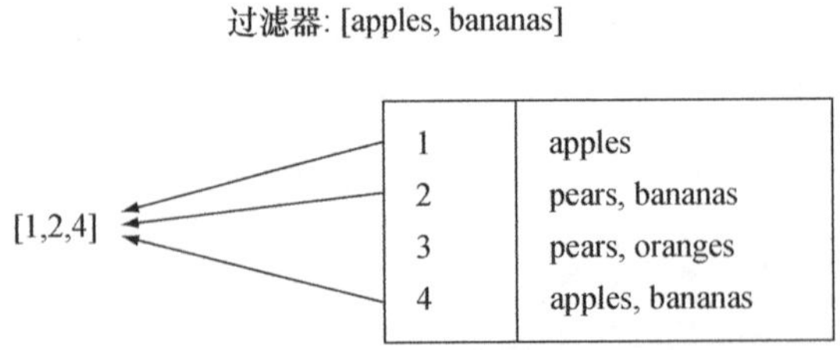

图 10-7　字段数据的执行意味着遍历每篇文档，而不是进行列表的取交集

将 `terms` 和 `range` 过滤器中的 `execution` 设置为 `fielddata` 之后，这些字段值就会被加载到字段数据的缓存。例如，下面的 `range` 过滤器将获取 2013 年举办的活动，而且是在字段

数据上执行。

```
"filter": {
  "range": {
    "date": {
      "gte": "2013-01-01T00:00",
      "lt": "2014-01-01T00:00"
    },
    "execution": "fielddata"
  }
}
```

如果字段数据已经被排序和聚集操作所使用，那么这里使用字段数据来执行是特别有用的。例如，在 tag 标签字段上运行一个 terms 聚集，将使得后续在标签上的 terms 过滤更快，因为字段数据已经被加载到缓存。

词条过滤器的其他执行模式：bool 和“与”“或”

Terms 过滤器也有其他的执行模式。如果默认的执行模式（也称为 plain）构建了一个位集合来缓存整体的结果集，你可以将其设置为 bool，这样每个词条都有一个位集合。当你有不同的 terms 过滤器、但是又有很多共同词条的时候，这就很有帮助了。

同样，还有 and/or 执行模式，也是执行类似的过程，不过单个的 terms 过滤器不再封装在 bool 过滤器中，而是封装在 and/or 过滤器中。

通常，and/or 的方法比 bool 慢，因为它们没有利用位集合。如果首个 terms 过滤器只匹配了少量的文档，这会使后续的过滤极度之快，这种情况下 and/or 的操作可能更快。

总结一下，有 3 个选项来运行过滤器。

- 将它们缓存到过滤器缓存，对于过滤器的重用非常有益。
- 如果它们不会被重用，不要缓存它们。
- 当你的 terms 和 range 过滤器有很多词条的时候，在字段数据上运行它们是很有好处的，尤其是在相应字段的数据已经加载的情况下。

接下来看看分片查询缓存，在静态数据上重用整个搜索请求的时候，这一点很有价值。

10.3.2 分片查询缓存

过滤器缓存的设计就是为了让某部分的搜索（也就是配置为可缓存的过滤器）运行得更快。它也是和分段相关的：如果在合并过程中某些分段被移除了，其他分段的缓存仍然是保持完整的。对比之下，分片查询缓存在分片的级别上，维护了整个请求及其结果之间的映射，如图 10-8 所示。对于新的请求，如果某个分片之前已经答复过一模一样的请求，那么它将使用缓存来服务新请求。

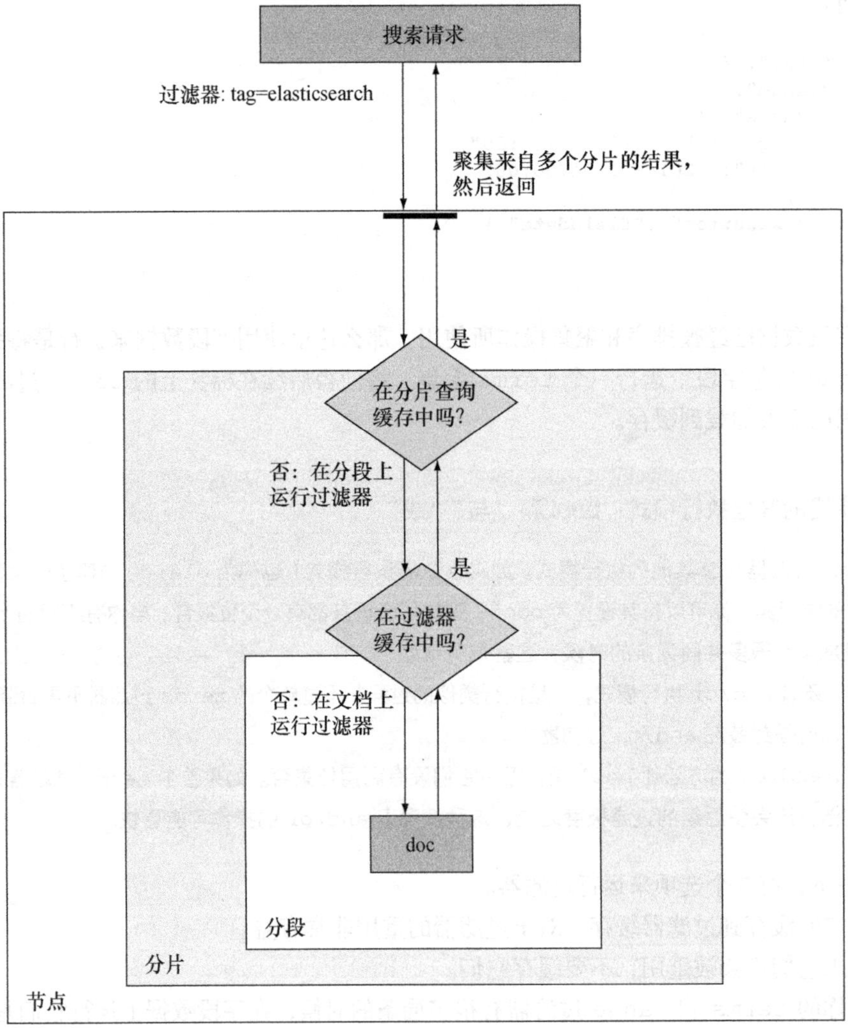

图 10-8　分片查询缓存比过滤器缓存更高一层

在版本 1.4 中，分片级别的缓存结果只限于命中结果的总数（不是命中结果本身）、聚集的总数和建议的总数。这就是为什么（至少在版本 1.5 中）只有当查询的 search_type 为 count 时，分片查询缓存才奏效。

注意　在 URI 参数中将 search_type 设置为 count 之后，你就是告诉 Elasticsearch 你对具体的查询结果不感兴趣，而只是关心它们的数量。本章节稍后将谈及 count 和其他搜索类型。在版本 2.0 的 Elasticsearch 中，将 size 设置为 0 有同样的效果，而 search_type=count 将被弃用。

随着请求的不同，分片查询缓存条目也有所不同，所以它们只适用于很小范围的请求。如果搜索不同的词条或者运行了稍有不同的聚集，缓存就无法命中。此外，当发生刷新或者分片内容改变的时候，所有分片查询的缓存条目都将失效。否则，即使新的匹配文档已经加入了索引，你得到的仍然是来自缓存的过期结果。

这种缓存的局限性意味着，只有在分片很少变化而且你有很多相同请求的时候，分片查询缓存才能体现出价值。例如，如果你在索引日志，而且索引是基于时间的，你可能经常在较早的索引上运行聚集，而这些索引一成不变直到被删除。那么这些较早的索引就是分片查询缓存的理想候选者。

为了在默认情况下就开启索引上的分片查询缓存，可以使用索引更新设置的 API 接口。

```
% curl -XPUT localhost:9200/get-together/_settings -d '{
  "index.cache.query.enable": true
}'
```

提示 和所有的索引设置一样，可以在索引创建的时候开启分片查询缓存，但是只有在新索引接收到了很多查询请求，而且索引内容很少更新的时候，这样做才有意义。

对于每个查询，可以加入 `query_cache` 参数来开启或者关闭分片查询缓存，覆盖掉索引级别的设置。例如，为了缓存 get-together 索引上常用的 `top_tags` 聚集，即使默认的设置是关闭的，你可以这样运行：

```
% URL="localhost:9200/get-together/group/_search"
% curl "$URL?search_type=count&query_cache&pretty" -d '{
  "aggs": {
    "top_tags": {
      "terms": {
        "field": "tags.verbatim"
      }
    }
  }
}'
```

就像过滤器缓存，分片查询缓存有个 `size` 配置参数。这个限制可以在节点层级进行修改，调整 elasticsearch.yml 中的 `indices.cache.query.size`，默认值的是 JVM 堆的 `1%`。

当设置 JVM 堆的大小时，需要确保给过滤器和分片查询缓存都预留了足够的空间。如果内存（特别是 JVM 堆）是有限的，你应该降低缓存的大小，为索引和搜索请求留出更多的内存空间，避免产生 out-of-memory 的异常。

此外，除了 JVM 的堆，你需要有足够的空闲内存，这样操作系统才能缓存存储在磁盘上的索引，否则将遭遇很多较慢的磁盘查找。

下面来看看如何均衡 JVM 堆和操作系统的缓存，以及为什么这很重要。

10.3.3 JVM 堆和操作系统缓存

如果 Elasticsearch 没有足够的堆来完成一个操作，它将抛出一个 out-of-memory 的异常，很快该节点就会宕机，并被移出集群。这会给其他的节点带来额外的负载，因为系统需要复制和重新分配分配，以恢复到初始配置所需的状态。由于节点通常是相同的配置，额外的负载很可能使得至少另一个节点耗尽内存，这种多米诺骨牌效应会拖垮整个集群。

当 JVM 堆的资源很紧张的时候，即使在日志中没有看见 out-of-memory 的异常，节点还是可能变得没有响应。这可能是因为，内存不够迫使垃圾回收器（GC）运行得更久或者更频繁来释放空闲的内存。由于 GC 消耗了更多的 CPU 资源，节点花费在服务请求甚至是应答主节点 ping 的计算能力就更少了，最后导致节点被移出集群。

垃圾回收（GC）太多？让我们研究一些垃圾回收调优的技巧！

当垃圾回收消耗了过多的 CPU 时间，工程师总是试图发现一些神奇的 JVM 设置来解决所有的麻烦。多数情况下，这不是解决问题的最佳途径，因为过度的垃圾回收只是 Elasticsearch 需要更多堆内存的征兆。

尽管增加堆的大小是很明显的解决方案，这并非总是可能的。增加数据节点同样如此。然而，你可以参考一些技巧来降低堆的使用。

- 减小索引缓冲区的大小，如 10.2 节所述。
- 减少过滤器缓存和分片查询缓存的大小。
- 减少搜索和聚集请求中 `size` 参数的值（对于聚集，还需要考虑到 `shard_size`）。
- 如果必须处理大规模的数据，你可以增加一些非数据节点和非主节点来扮演客户端的角色。它们将负责聚合每个分片的搜索结果，以及聚集操作。

最后，Elasticsearch 使用另一种缓存类型来回避 Java 垃圾回收的方式。新的对象分配到名为新生代的空间。如果新对象存活得足够久，或者太多的新对象分配到新生代导致其被占满，这些新对象就会被“提升”到老年代。尤其是在聚集的时候，需要遍历大量的文档并创建很多可能被重用的对象，后一种填满新生代的情况就会出现。

通常，你希望将这些可能被聚集重用的对象提升到老年代，而不是新生代填满后恰巧放到老年代的一些随机的、临时的对象。为了实现这个目标，Elasticsearch 实现了一个页面缓存回收器（PageCacheRecycler），其中被聚集所使用的大数组被保留下来，不会被垃圾回收。默认的页面缓存是整个堆的 10%，某些情况下这个值可能太大（例如，你有 30 GB 的堆内存，页面缓存就有 3 GB 了）。可以设置 elasticsearch.yml 中的 `cache.recycler.page.limit.heap` 来控该制缓存的大小。

不过，有的时候还是需要调优 JVM 的设置（尽管默认已经很好了），例如，你的内存基本够用，但是当一些罕见的长时间 GC 停顿产生的时候，集群还是会遇到麻烦。有一些设置让垃圾回收发生得更频繁，但是停顿时间更短，降低一些整体的吞吐量来换取更少的延迟：

- 增加幸存者区（Survivor）的空间（降低-XX:SurvivorRatio[1]）或者是整个新生代在堆中的占

① 该比例是 Eden 区和 Survivor 区的比值，所以降低这个值实际上是增加了 Survivor 的空间。——译者注

比（降低-XX:NewRatio[①]）。你可以监控不同的年代来判断这些是否需要[②]。提升到老年代需要花费更长的等待时间，而更富裕的空间使得新生代的垃圾回收有较多的时间来清理临时存在的对象，避免它们被提升到老年代。但是，将新生代设置得过大，将使得新生代的垃圾回收过于频繁而且变得效率低下，这是因为生存周期更长的对象需要在两个幸存者空间来回复制。

- 使用 G1 的垃圾回收（-XX:+UseG1GC），会动态地为不同年代分配空间，而且是针对大内存、低延迟的使用场景而优化的。在版本 1.5 中这不是默认的设置，原因是在 32 位的机器上还有一些 bug，所以在生产环境中使用 G1 之前，请确保你进行了彻底的调试。

1. 可以拥有一个超大的堆吗

很显然堆太小了是不利的，但是堆太大了也不是好事。超过 32 GB 的堆会自动地使用未压缩指针，并且浪费了内存。内存有多浪费？这取决于使用的场景：如果多数是进行聚集操作（使用指针很少的大数组），它可能是 32 GB 中的 1 GB 那么点。如果经常使用过滤器缓存（有很多指针的大量小条目），它可能就是 10 GB 那么多。如果你真的需要多于 32 GB 的堆，有时最好在同一台机器上运行两个或更多的节点，每个节点的堆少于 32 GB，并且通过分片机制来切分数据。

注意 如果在同一台物理机上部署了多个 Elasticsearch 节点，你需要确保同一个分片的两个副本分片没有分配到同一个物理机上的不同 Elasticsearch 节点。否则，一旦这台物理机宕机，你将失去这个分片的两个副本。为了防止这个现象的发生，可以使用第 11 章的分片配置。

低于 32 GB 的大堆可能仍然不理想（实际上，正好 32 GB 的时候你已经失去了压缩指针，所以最多只用 31 GB）。服务器上未被 JVM 占用的内存，通常被操作系统用于缓存磁盘上的索引。如果你使用的是磁性或网络存储，这一点尤其重要，因为在运行查询的时候从磁盘获取数据，将会导致查询响应变慢。即使使用更快的 SSD 存储，如果节点所存储的数据量可以放入操作系统缓存，那么你仍然能够获得更好的性能。

现在，我们已经理解了由于垃圾回收和 out-of-memory 的问题，太小的堆是不利的。同时，由于减少了操作系统的缓存，太大的堆也是不利的。那么，合适的堆大小应该是多少？

2. 理想的堆大小：遵循"一半"原则

在不知道堆的实际使用情况时，经验法则是将节点内存的一半分配给 Elasticsearch，但是不要超过 32 GB。这个"一半"法则通常给出了堆大小和系统缓存之间良好的均衡点。

如果可以监控实际的堆使用情况（在第 11 章我们将向你展示如何做到这一点），一个好的堆大小就是足够容纳常规的使用，外加可预期的高峰冲击。内存使用的高峰可能会发生。例如，某些人决定在拥有许多唯一词条的分析字段上，对所有结果运行一次 `terms` 聚集。这强迫

① 该比例是老生代和新生代的比值，所以降低这个值实际上是增加了新生代的空间。——译者注
② Sematext 的 SPM 产品可以帮你实现这些，参考附录 D。

Elasticsearch 将所有的词条加载到内存中用于统计。如果你不知道会有怎样的高峰冲击，经验法则同样是一半：将堆大小设置为比常规高出 50%。

对于操作系统的缓存，主要依赖于服务器的内存。也就是说，可以按照最适合操作系统缓存的方式，来设计索引。举个例子，如果正在索引应用日志，你可以预期大多数的索引和搜索将涉及最近的数据。使用基于时间的索引，最新的索引相对于整个数据集而言更可能放进操作系统缓存，这使得大多数的操作都会更快。而搜索较旧的数据通常不得不访问磁盘，不过对于时间跨度很长的少数搜索，用户更容易接受较长的响应时间。总体来说，如果可以使用基于时间的索引、基于用户的索引或者路由，将“热门”数据放入同一组索引或分片，那么你将充分地利用操作系统的缓存。

到目前为止，我们所讨论的缓存——过滤器缓存、分片查询缓存和操作系统缓存，通常都是在查询运行的时候进行构建的。加载缓存会使得首次查询较慢，而随着数据量和查询复杂度的增加，这种减速现象也会加剧。如果这种慢已经成了一个问题，那么可以使用索引预热器，事先对缓存进行热身，接下来你会看到相关内容。

10.3.4 使用预热器让缓存热身

一个预热器（warmer）允许你定义任何类型的搜索请求：它可以包含查询、过滤器、排序条件和聚集。一旦定义完成，预热器会让 Elasticsearch 在每次刷新操作之后，运行这个查询。这样做会使得刷新变慢，但是用户查询将总是运行在“热身”后的缓存上。

当首次查询非常慢的时候，预热器是很有用处的，而且最好是让刷新操作完成热身查询，而不是让用户来完成。如果我们的 get-together 站点拥有数百万的活动，而且表现稳定的搜索性能是很关键的话，那么预热器就会很有用处。较慢的刷新应该不是太大的顾虑，因为这里可以预期分组和活动被搜索的次数要比被修改的次数更频繁。

为了在现有的索引之上定义一个预热器，可以发送 `PUT` 请求到索引的 URI，其类型设置为 `_warmer`，`ID` 设置为选好的预热器名称，如代码清单 10-7 所示。你可以拥有任意多的预热器，不过要记住，预热器越多刷新就越慢。通常情况下，使用较少的热门查询作为预热器。例如，代码清单 10-7 放置了两个预热器：一个是即将到来的活动，还有一个是热门的分组标签。

代码清单 10-7 两个预热器：即将到来的活动和热门分组标签

```
curl -XPUT 'localhost:9200/get-together/event/_warmer/upcoming_events' -d '{
  "sort": [ {
    "date": { "order": "desc" }
  }]
}'
# {"acknowledged": true}
curl -XPUT 'localhost:9200/get-together/group/_warmer/top_tags' -d '{
  "aggs": {
    "top_tags": {
      "terms": {
        "field": "tags.verbatim"
      }
```

```
      }
    }
}'
# {"acknowledged": true}
```

稍后，你可以在_warmer类型上使用GET请求，获得某个索引的预热器列表。

```
curl localhost:9200/get-together/_warmer?pretty
```

你还可以向预热器的URI发送DELETE请求，删除预热器。

```
curl -XDELETE localhost:9200/get-together/_warmer/top_tags
```

如果使用了多个索引，那么在索引创建的时候注册预热器是很合理的。为了实现这个目的，可以像映射和设置那样在warmers这个键下定义预热器，如代码清单10-8所示。

代码清单10-8　在索引创建的时候注册预热器

```
curl -XPUT 'localhost:9200/hot_index' -d '{
"warmers": {
  "date_sorting": {
  "types": [],
    "source": {
      "sort": [{
        "date": {
          "order": "desc"
        }
      }]
    }
  }
}}
```

预热器的名称。你也可以注册多个预热器

这个预热器应该运行在哪些类型上。空数组表示所有类型

在这个键之下，定义预热器本身

这个预热器按照日期排序

提示　当使用基于时间的索引时，新的索引可能是自动创建的。此时，你可以在索引模板里定义预热器，这样预热器会自动地应用到新建的索引中。在关于Elasticsearch集群管理的第11章，我们将讨论更多涉及索引模板的内容。

目前为止已经讨论了通用的解决方案：如何让缓存处于热身状态而且保持高效来确保搜索够快，如何将查询合并来减少网络的延迟，以及如何配置分段的刷新、冲刷和存储，使得索引和搜索都更快。所有这些都能降低集群的负载。

下面，我们谈论适用于特定用例的最佳实践，这些会使脚本执行得更快或者是深度分页更高效。

10.4　其他的性能权衡

在之前的部分，你可能已经注意到为了让操作更快，需要付出一些成本。例如，如果你通过减少刷新的频率来提升索引的速度，那么你付出的代价就是搜索可能无法“看见”最新索引的数据。在本章节中，通过回答下列话题相关的疑问，我们将持续讨论这样的权衡，特别是那些发生在特定使用场景下的。

- 非精确匹配——是应该在索引阶段使用N元语法（ngram）和滑动窗口（shingle）来提速

搜索？还是使用模糊和通配查询更好？

- 脚本——是否应该牺牲一些灵活性，在索引的阶段尽可能的计算？如果不是，如何进一步提速性能？
- 分布式搜索——是否应该花费一些网络开销，来换取更准确的得分？
- 深度分页——为了更快地获取第 100 页的结果而消耗更多的内存，这样做是否值得？

在本章节结束的时候，我们将回答所有这些及其相关的问题。先从非精确的匹配开始。

10.4.1 大规模的索引还是昂贵的搜索

还记得第 4 章介绍的非精确匹配吧？例如，容忍错拼。可以使用一系列的查询来实现。

- 模糊查询——这个查询匹配和原有词条有一定编辑距离的词条。比如，删除或者增加一个字符将产生 1 的编辑距离。
- 前缀查询或过滤器——这个查询匹配以某个序列开头的词条。
- 通配符——这些允许你使用?和*来代替一个或多个字符。举个例子，"e*search"将会匹配“elasticsearch”。

这些查询提供了很多的灵活性，但是它们也比简单的查询，如词条查询，成本更高。对于精确匹配，Elasticsearch 只需要发现字典中的 1 个词条就行，但是模糊、前缀和通配查询必须发现所有和给定模式相匹配的词条。

还有另一个解决方案来兼容错拼和其他非精确的匹配：N 元语法（ngram）。第 5 章我们介绍过 N 元语法为单词的每个部分产生分词。如果在索引和查询的时候都使用 N 元语法，你将获得和模糊查询类似的功能，如图 10-9 所示。

对于性能而言哪个方法是最好的？和本章所介绍的其他内容一样，这里是考虑权衡，你需要选择为哪些期望付出成本。

- 模糊查询拖慢了你的查询，但是索引和精确匹配一样，保持不变。
- 另一方面，N 元语法增加了索引的大小。根据 N 元语法和词条数量的大小，引入 N 元语法的索引其规模可以增加数倍。同样，如果想修改 N 元语法的设置，你不得不重建全部的数据，所以灵活性更小，不过使用 N 元语法后，通常情况下搜索整体就更快了。

当查询的延迟是关键的时候，或者有很多的并发查询需要支持的时候，你需要每个查询消耗更少的 CPU 资源，此种情况下 N 元语法的方法常常会更好。N 元语法使得索引变得更大，因此需要操作系统的缓存能容纳得下这些索引，或者是读写更快的磁盘，否则，性能将会因为索引过大而下降。

另一方面，当需要较高的索引吞吐量（这里索引大小很成问题），或者磁盘读写较慢时，模糊查询的方法就更好一些。如果需要经常修改查询，模糊查询也是很有帮助的。例如，调整编辑距离，无须重建所有的数据，就能进行修改。

1. 前缀查询和侧边 N 元语法

对于非精确的匹配，经常假设开头的字符都是准确的。例如，搜索“elastic”可能是要查找

“elasticsearch”。这时可以考虑前缀查询。和模糊查询一样，前缀查询比普通的词条查询成本更高，因为需要查找更多的词条。

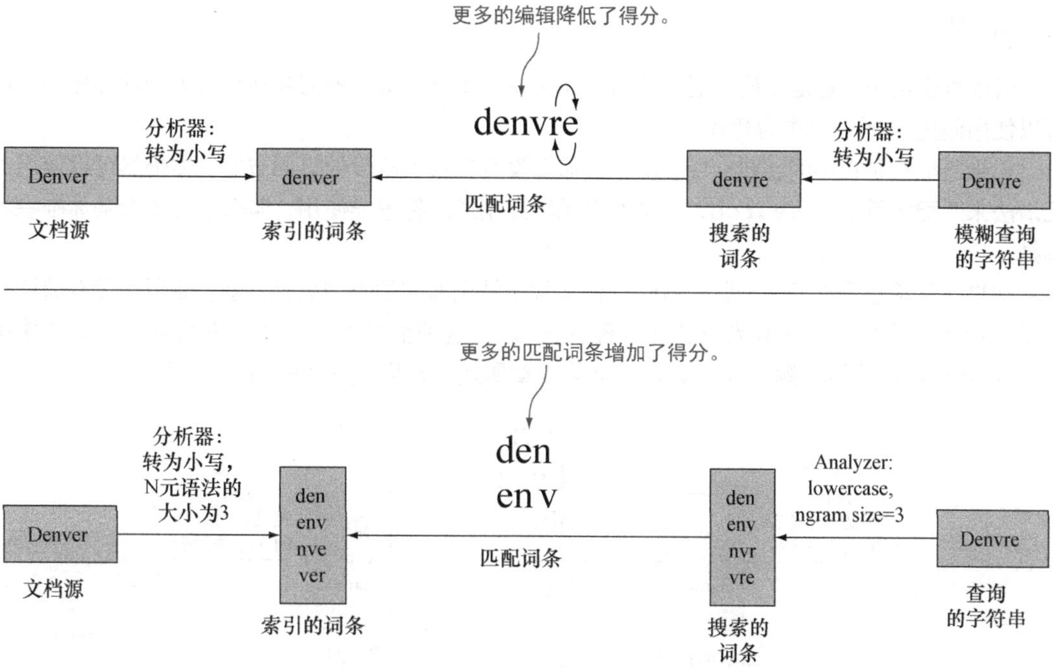

图 10-9　相比模糊查询，N 元语法产生了更多的词条，但是匹配的时候是精确的

可能的替换方法是第 5 章介绍的侧边 N 元语法（edge ngram）。图 10-10 展示了侧边 N 元语法和前缀查询的对比。

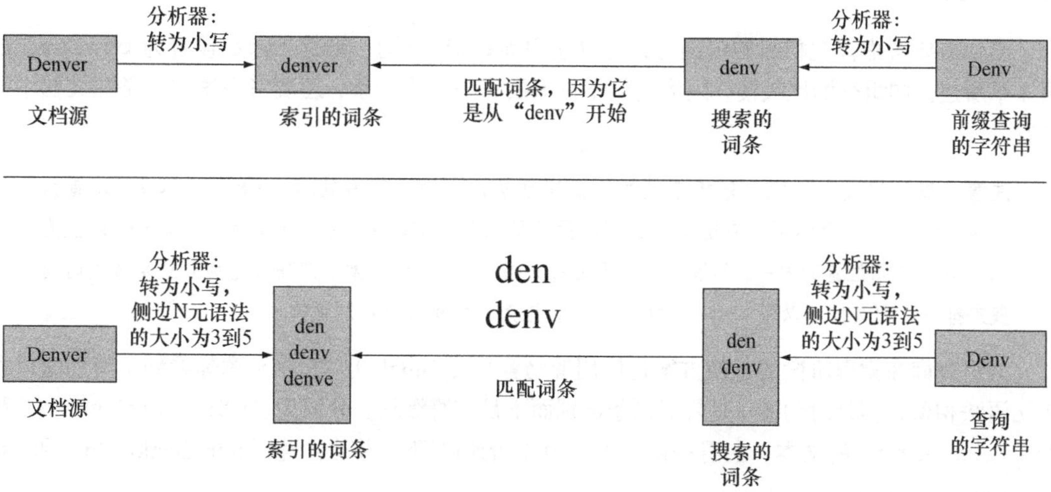

图 10-10　和侧边 N 元语法相比，前缀查询需要匹配更多的词条，不过索引量更小

同模糊查询和 N 元语法的比较相类似，前缀查询和侧边 N 元语法需要权衡灵活性和索引规模，这里前缀方法更有优势。而权衡查询的延迟和 CPU 的使用率，侧边 N 元语法则更有优势。

2. 通配符

通配符查询中，总是要放入通配符号，如 `elastic*`。这个查询和前缀查询的功能相当，也可以使用侧边 N 元语法作为替代。

如果通配符是在中间，如 `e*search`，那么没有在索引阶段的等同方案。你仍然可以使用 N 元语法来匹配字符 `e` 和 `search`，但是如果无法控制通配符怎样使用，那么通配查询是你唯一的选择。

如果通配符总是在开头，那么通配查询常常比结尾通配的查询更耗性能。原因是没有前缀来提示在词条字典的哪个部分来查找相匹配的词[1]。在这种情况下，替换的方案可以是结合使用 `reverse` 分词过滤器和侧边 N 元语法，如第 5 章所述。替换方案如图 10-11 所示。

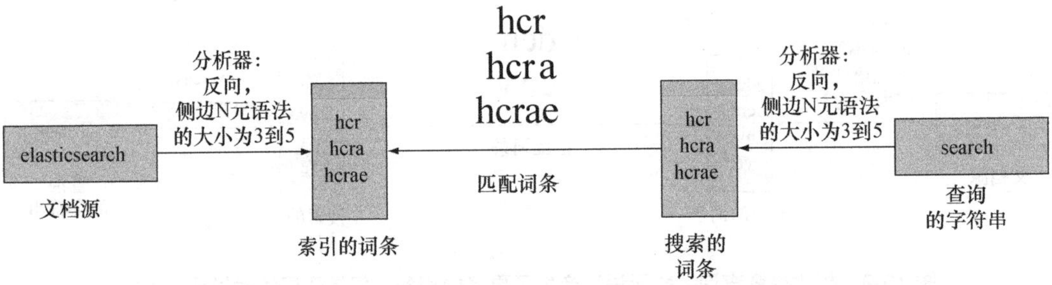

图 10-11 你可以使用反向和侧边 N 元语法分词过滤器来匹配后缀

3. 词组查询和滑动窗口

当你需要考虑彼此相邻的单词时，可以使用 `match` 查询，将其 `type` 设置为 `phrase`，如第 4 章所述。词组查询比较慢，因为它们不仅需要考虑多个词条，还要考虑这些词条在文档中的位置。

注意 默认情况下，所有分析字段的位置信息是开启的，因为其 `index_options` 设置为 `positions`。如果你不想使用词组查询，而只是词条查询，可以将 `index_options` 设置为 `freqs` 来关闭位置的索引。如果你根本不关心文档的得分，例如索引应用日志而且总是按照时间戳来排序，那么也可以将 `index_options` 设置为 `docs` 来跳过词频的索引。

词组查询在索引阶段的替换方案是使用滑动窗口（shingle）。在第 5 章你看到了滑动窗口和 N 元语法相似，但是滑动窗口是针对词条级别而不是字符级别。分词为 `Introduction`，`to` 和 `Elasticsearch` 的文本，在滑动窗口大小为 2 的情况下，将会产生“Introduction to”和“to

[1] 字典一般都是由 Trie 算法的前缀树构建而成。——译者注

Elasticsearch”的词条。

这样使用的结果在功能上和词组查询类似，而且性能和我们之前讨论的 N 元语法情况相似：滑动窗口将增加索引的大小，而且通过较慢的索引换取更快的查询。

就像通配符和 N 元语法不是对等的那样，这两个方法也并不是完全对等的。对于词组查询，举个例子，你可以设置 slop 值，允许词组中间出现其他的单词。例如，slop 为 2 时允许查询“buy phone”匹配“buy the best phone”这样的序列。这之所以可以奏效，是因为在搜索的时候 Elasticsearch 知道每个词条的位置，但是滑动窗口要求每个词条都是有效的，中间不能加入其他非有效的词条。

滑动窗口包含的是单个词条，这一点允许你更好地将它们用于复合词匹配。举个例子，很多用户仍然使用“elastic search”来表示 Elasticsearch。通过滑动窗口，可以使用一个空字符串而非默认的空格作为分隔符，来解决这个问题，如图 10-12 所示。

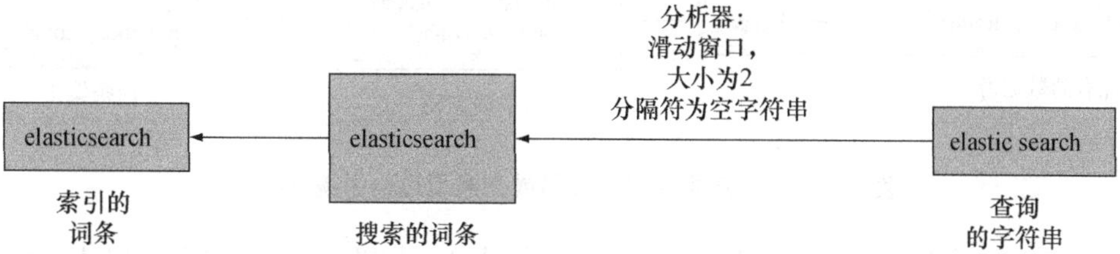

图 10-12 使用滑动窗口来匹配复合词

从我们关于滑动窗口、N 元语法、模糊和通配查询的讨论中，可以看出通常有多种方式来搜索文档，但是这并不意味着所有的方式都是等同的。为性能和灵活性选择最佳方案，在很大程度上取决于你的用例。下面来深入探讨脚本，你将发现更多相同的道理：达到同样结果的方式有很多，但是每种方法都有自己的优缺点。

10.4.2 调优脚本，要么别用它

在第 3 章中，我们首次介绍了脚本，因为它们可以用于更新。在第 6 章中再次见到它们，并将它们用于排序。第 7 章再次使用脚本，这次是用脚本字段在搜索的时候构建虚拟字段。

通过脚本你获得了许多的灵活性，但是灵活性对于性能有着很重大的影响。脚本的结果永远不会被缓存，因为 Elasticsearch 无法理解脚本之内是什么。可能有一些外部的信息，比如一个随机数，这会使得某篇文档现在是匹配的，但是下一次就不匹配了。Elasticsearch 别无选择，只能针对相关的所有文档运行同样的脚本。

使用的时候，脚本常常是最消耗时间和 CPU 资源的搜索了。如果你想加速查询，好的起点就是尝试完全放弃脚本。如果不可能放弃，通用的原则是尽可能地深入代码并优化性能。

如何避免脚本或者是优化脚本呢？答案主要取决于确切的使用场景，不过这里我们将试图涵盖一些最佳实践。

1. 避免脚本的使用

如果像第 7 章那样使用脚本来生成脚本字段，那么你可以在索引阶段做到这一点。可以在索引的流水线里统计会员的数量并将其添加到一个新的字段，而不是在索引的时候什么都不做，让脚本查看数组的长度来统计分组会员的数量。图 10-13 比较了这两种方法。

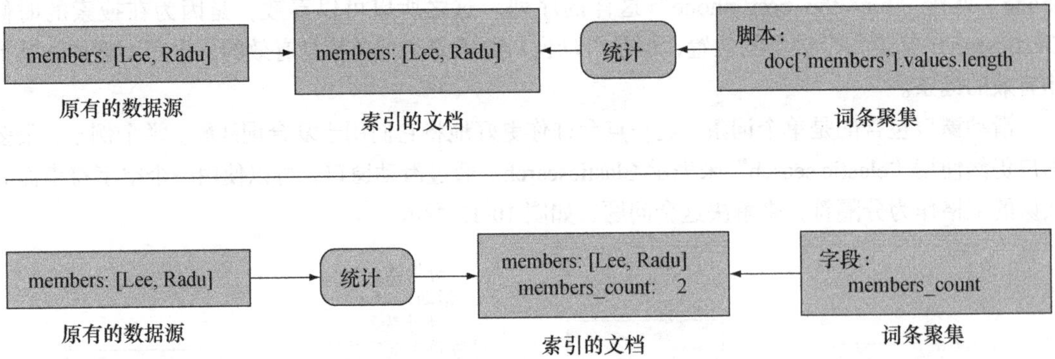

图 10-13 在脚本中统计会员或在索引过程中统计会员

和 N 元语法类似，这种方法在索引的阶段进行计算。如果查询延迟的优先级比索引吞吐量的优先级更高的话，这个方式就能奏效。

除了预先计算，通常的脚本性能优化规则是尽量重用 Elasticsearch 现有的功能。在使用脚本之前，考虑一下能使用第 6 章所讨论的功能得分（function score）查询来满足你的需求吗？功能得分查询提供了很多操作得分的方法。我们认为你想运行寻找“elasticsearch”活动的查询，但是你将基于如下的假设，使用这样的方式来提升或降低得分。

- 即将举行的活动更为相关。将使得活动得分随着举行时间的推远而呈现指数级下降，最多 60 天。
- 参与者越多的活动越热门而且越相关。将根据参与人数的增多而线性地增加活动的得分。

如果在索引阶段计算了活动参与者的数量（将字段命名为 attendees_count），你可以无须使用任何脚本而获得这两个条件。

```
"function_score": {
  "functions": [
    {
      "linear": {
        "date": {
          "origin": "2013-07-25T18:00",
          "scale": "60d"
        }
      }
    },
    {
```

```
        "field_value_factor": {
          "field": "attendees_count"
        }
      }
    ]
  }
```

2. 本地脚本

如果你想获得某个脚本的最佳性能，使用 Java 语言书写本地脚本是最好的方式。这种本地脚本可以成为 Elasticsearch 的插件，可以参考附录 B 的完整指南，它会告诉你如何书写。

本地脚本的主要缺点在于，它们需要存储在每个节点上的 Elasticsearch 类路径中。修改脚本就意味着在所有集群节点上更新它们，并重启节点。如果不经常修改查询，这倒不会成为问题。

为了在查询中运行本地脚本，将 `lang` 设置为 `native`，将 `script` 的内容设置为脚本名称。举个例子，如果你有一个插件脚本名为 `numberOfAttendees`，它即时地计算活动参与人数，可以像这样在 `stats` 聚集中使用它：

```
"aggregations": {
  "attendees_stats": {
    "stats": {
      "script": "numberOfAttendees",
      "lang": "native"
    }
  }
}
```

3. Lucene 表达式

如果你不得不经常修改脚本，或者希望在不重启整个集群的前提下修改，而脚本又是在数值型字段上运作，那么 Lucene 表达式可能是最好的选择。

所谓 Lucene 表达式，就是查询的时候在脚本中提供一个 JavaScript 表达式，Elasticsearch 将其编译为本地代码，让它和本地脚本一样快。这种方法最大的局限性在于只能访问索引的数值型字段。另外，如果某个文档缺失这个字段，那么其值默认就会取 `0`，在某些应用场景下可能会导致结果的偏差。

为了使用 Lucene 表达式，在脚本中要将 `lang` 设置为 `expression`。例如，你可能已经拥有了参与者的数量，但是你知道通常只有一半的人会出席，所以想根据这个数字来进行统计。

```
"aggs": {
  "expected_attendees": {
    "stats": {
      "script": "doc['attendees_count'].value/2",
      "lang": "expression"
    }
  }
}
```

如果必须使用非数值型或非索引型的字段，而又想能够很容易地修改脚本，你可以使用 Groovy——从版本 1.4 的 Elasticsearch 开始，这就是默认的脚本语言。让我们看看如何优化 Groovy 脚本。

4. 词条统计

如果需要调整分数，你可以访问 Lucene 级别的词条统计，而无须在脚本中计算得分。例如，如果只想根据词条在文档中出现的次数来计算得分。和 Elasticsearch 默认的方式不同，你并不关心某篇文档中字段的长度，或者某个词条在其他文档中出现的次数。为了实现这一点，可以设计一个只使用词频（词条在本文档中出现的次数）的脚本分数，如代码清单 10-9 所示。

代码清单 10-9 只使用词条频率的脚本分数

```
curl 'localhost:9200/get-together/event/_search?pretty' -d '{
  "query": {
    "function_score": {
      "filter": {
        "term": {
          "title": "elasticsearch"
        }
      },
      "functions": [
        {
          "script_score": {
            "script": "_index[\"title\"][\"elasticsearch\"].tf() +
            _index[\"description\"][\"elasticsearch\"].tf()",
            "lang": "groovy"
          }
        }
      ]
    }
  }
}'
```

过滤出在标题中包含“elasticsearch”词条的所有文档

通过查看词条在标题和描述字段中的词频，来计算相关性

通过属于词条的 tf() 函数，访问词条在字段中的频率

5. 访问字段数据

如果需要在脚本中操作实际的文档内容，可以选择使用_source 字段。例如，通过_source['organizer']获取 organizer 的字段。

在第 3 章中，你了解了如何存储单个字段而不是整个_source。如果单个字段被存储，也可以访问被存储的内容。比如，同样的 organizer 字段可以通过_fields['organizer']获取。

_source 和_fields 的问题在于，到磁盘上抓取特定字段的内容是很耗资源的。幸运的是，当 Elasticsearch 内置的排序和聚集需要访问字段内容时，这里的慢正好体现了字段数据的必要性。字段数据，如第 6 章所述，就是为了随机访问而进行的调优，所以在脚本中使用也是非常好的。即使脚本首次运行的时候字段数据尚未被加载，它常常要比_source 和_fields 要快上几个数量级（或者是文档值，第 6 章有所介绍）。

为了通过字段数据来访问 organizer，你需要指向 doc['organizer']。举个例子，可以返回组织者没有成为其会员的分组，这样你就可以问问他们：为什么不参加自己的分组呢？

```
% curl 'localhost:9200/get-together/group/_search?pretty' -d '{
  "query": {
    "filtered": {
      "filter": {
        "script": {
          "script": "return
     doc.organizer.values.intersect(doc.members.values).isEmpty()",
        }
      }
    }
  }
}'
```

在使用 doc['organizer'] 而非 _source['organizer']（或 _fields）的时候，有一点需要注意：你访问的是词条，而不是文档原有的字段。如果组织者是 'Lee'，而字段经过默认分析器分析之后，从 _source 将得到 'Lee'，而从 doc 将得到 'lee'。到处都是需要权衡的地方，但是我们假设阅读本章至此你早已经习惯了。

下面深入了解一下分布式搜索是如何运作的，以及如何使用搜索类型在精确得分和低延迟搜索之间找到一个良好的平衡点。

10.4.3 权衡网络开销，更少的数据和更好的分布式得分

回到第 2 章，你可以看到当发送一个搜索请求到某个 Elasticsearch 节点的时候，该节点将请求分发到所有涉及的分片，并将单个分片的答复聚合为一个最终的答复，并返回给应用程序。

让我们深入观察一下这是如何运作的。最简单的方法是从所有涉及分片那里获得 *N* 篇（*N* 是 size 参数的值）文档[①]，将它们在接受 HTTP 请求的节点（将其称为协调节点）上排序，挑选排名靠前的 *N* 个文档，然后返回给应用程序。假设你发送的请求使用了默认为 10 的 size，而接受请求的索引默认拥有 5 个分片。这意味着协调节点将从每个分片那里获取 10 篇文档，排序这些文档，然后从 50 篇文档中仅仅挑出排名靠前的 10 篇进行返回。但是，如果有 10 个分片，取 100 个结果呢？传送这些文档的网络开销，以及在协调节点上处理文档的内存开销将爆炸式增长，这类似于为聚集指定一个很大的 shard_size，对性能不利。

只返回 50 篇文档的 ID 以及用于排序的元数据给协调节点，这样做如何？排序后，协调节点从分片只要获取所需的前 10 篇文档。这将减少多数情况下网络的开销，不过会引发两次网络传输。

对于 Elasticsearch 而言，两种选择都是可以的，只需设置搜索请求中的 search_type 参数。简单的获取全部相关文档的实现是用 query_and_fetch，而传输两次的方法叫作 query_then_fetch，这也是默认的选项。两者的对比参见图 10-14。

① 每个分片都获取 *N* 篇文档。——译者注

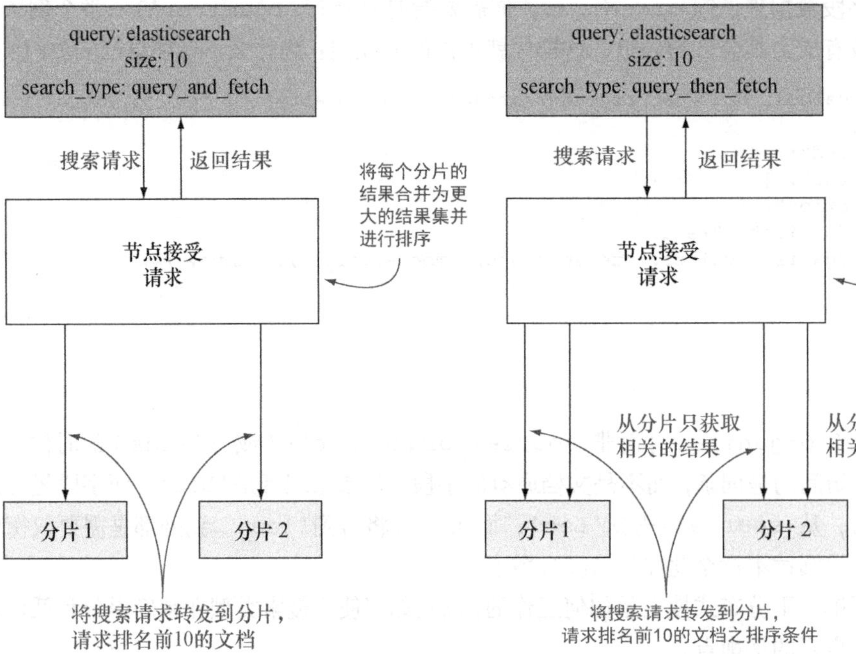

图 10-14 比较 query_and_fetch 和 query_then_fetch

如果你要命中更多的分片，使用 size 请求更多的文档，文档变得更大，那么默认的 query_then_fetch（图 10-14 中右边所示）是更好的选择，因为它在网络上传输了更少的数据。只有当命中一个分片时，query_and_fetch 才会更快，这就是为什么当搜索单个分片、当使用路由、当只需要数量（我们稍后讨论）的时候，内部会用到它。现在，你可以显示地设置 query_and_fetch，但是到了版本 2.0，只有针对特定的用例才会在内部使用这个方式。

1. 分布式得分

默认的情况下，分数是在每个分片上计算，这可能会导致不够精准。举例来说，如果你搜索一个词条，一个因素是文档频率（DF），它展示了所搜索的词条在所有文档中出现了多少次。“所有的文档”默认是指“这个分片上的所有文档”。如果不同分片之间某个词条的文档频率值差距显著，得分可能就无法反映真实的情况。请参考图 10-15，尽管文档 1 中出现“elasticsearch”的次数更多，但是由于分片 2 中出现该词的文档数量较少，最后导致文档 2 的得分比文档 1 高。

你可以假想，有了足够多的文档，文档频率值会在多个分片上自然地均衡，而且默认的行为也能很好地运作。但是，如果分数的准确性是高优先级的，或者文档频率对于你的应用而言还是不均衡的（比如，使用了定制路由），那么你将需要另一种不同的方法。

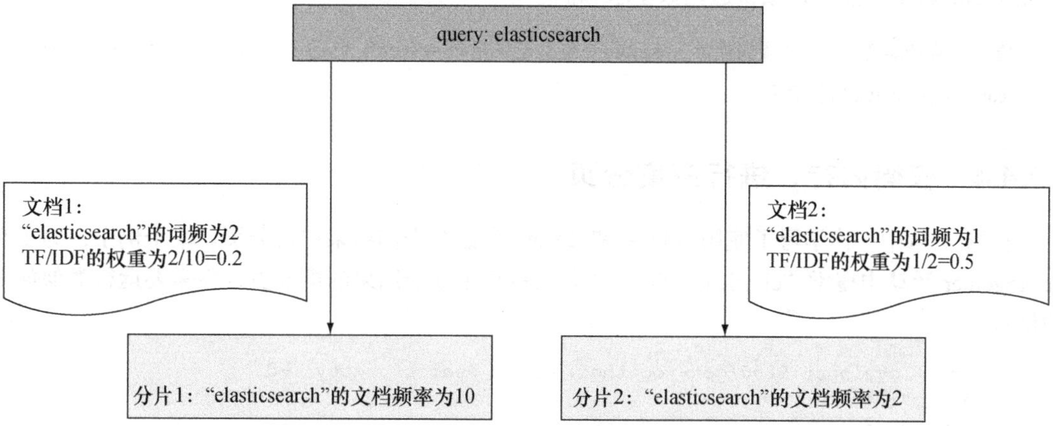

图 10-15 分布不均的文档频率可能导致不准确的排名

这种方法将搜索类型从 `query_then_fetch` 改为 `dfs_query_then_fetch`。这个 `dfs` 的部分将告诉协调节点向分片发送一次额外的请求，来收集被搜词条的文档频率。如图 10-16 所示，聚集的频率将被用于计算分数并正确地将文档 1 和文档 2 进行排序。

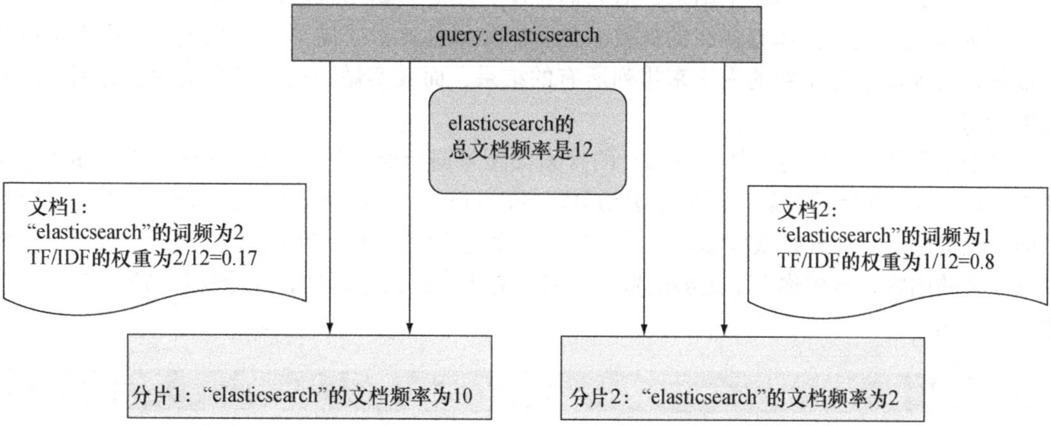

图 10-16 dfs 的搜索类型使用了额外的网络请求来计算全局的文档频率，并将其用于文档评分

你可能已经发现由于额外的网络请求，DFS 的查询会更慢。所以在切换之前，请确保你真的是获得了更好的评分。如果有一个低延时的网络，这种开销可以忽略不计。另一方面，如果网络不是足够快，或者查询的并发很高，你可能会遇见很明显的额外负荷。

2. 只返回数量

如果你根本就不关心得分，而且也不需要文档的内容，那又该如何呢？例如，只需要文档的数量或者聚集。这种情况下，推荐的搜索类型是 `count`。这里 `count` 询问涉及分片的内容只有匹配文档的数量，然后计数将这些数字求和。

提示 在版本 2.0 中，在查询中加入 size=0 将自动采用和 search_type=count 同样的逻辑，而且 search_type=count 将被弃用。

10.4.4 权衡内存，进行深度分页

在第 4 章中，你学习了使用 size 和 from 参数对查询结果进行分页。举个例子，为了在 get-together 活动中搜索“elasticsearch”，并获取每页 100 个结果的第 5 页，你需要运行类似如下的请求。

```
% curl 'localhost:9200/get-together/event/_search?pretty' -d '{
  "query": {
    "match": {
      "title": "elasticsearch"
    }
  },
  "from": 400,
  "size": 100
}'
```

这实际上获取了前 500 个结果，对它们排序，然后只返回最后的 100 个。可以想象，随着分页的深入，这样操作有多么的低效。例如，如果你修改了映射，并想重新索引全部的现有数据，可能就没有足够的内容来排列所有的结果，而其实做了这么多只是为了返回最后一页的结果。

对于这种情形，你可以使用 scan 的搜索类型来遍历所有的 get-together 分组，如代码清单 10-10 所示。初始的答复只返回了滚动 ID（scroll id），它唯一标示了这个请求并会记住哪些页面已经被返回。在开始获取结果之时，发生一个包含滚动 ID 的请求。重复同样的请求来获取下一页的内容，直到你有了足够的数据或者没有更多的命中返回，无论哪种情况，hits 数组都是空的。

代码清单 10-10 使用扫描（scan）的搜索类型

```
curl "localhost:9200/get-together/event/_search?pretty&q=elasticsearch\
&search_type=scan\
&scroll=1m\              <- Elasticsearch 将为下一个请求等待 1 分钟（如下）
&size=100"               <- 每页的大小（结果数量）
# reply
{
    "_scroll_id":
      "c2NhbjsxOzk2OjdZdkdQOTJLU1NpNGpxRWh4S0RWUVE7MTt0b3RhbF9oaXRzOjc7"   <- 你获得了一个滚动 ID，你会在下一个请求中使用它
[...]
    "hits": {
      "total": 7,          <- 你还没有收到任何结果
      "max_score": 0,
      "hits": []           <-
```

```
[...]
curl 'localhost:9200/_search/scroll?scroll=1m&pretty' -d
     'c2NhbjsxOzk2OjdZdkdQOTJLU1NpNGpxRWh4S0RWUVE7MTt0b3RhbF9oaXRzOjc7'
# reply
{
  "_scroll_id" : "c2NhbjswOzE7dG90YWxfaGl0czo3Ow==",
[...]
  "hits" : {
    "total" : 7,
    "max_score" : 0.0,
    "hits" : [ {
      "_index" : "get-together",
[...]
curl 'localhost:9200/_search/scroll?scroll=1m&pretty' -d
     'c2NhbjswOzE7dG90YWxfaGl0czo3Ow=='
```

使用之前获得的滚动 Id 抓取第一页的结果；为下一个请求指定超时的时长

你获得了另一个滚动 ID，可用于下一个请求

这次你获得了 1 页的结果

使用上一次的滚动 ID 持续地获取页面，直到命中的数组再次为空

和其他搜索一样，扫描查询接受 size 的参数来控制每页的结果数量。不过这一次，页面的大小是按照每个分片来计算的，所以实际返回的数量将是 size 的值乘以分片的数量。请求的 scroll 参数中给出的超时会在你每次获取新页面时被刷新，这就是为什么每个新的请求中你可以设置不同的超时。

注意 设置一个较长的超时可能是很诱人的，因为这样就可以确保它在处理一个滚动的时候不会超时。问题在于，如果某个滚动是活跃的但是没有被使用，它就浪费了资源，消耗了一些 JVM 的堆内存来记住当前的页面以及 Lucene 分段占用的磁盘空间，这些都无法通过合并来删除，除非滚动结束或者过期。

scan 的搜索类型总是按照结果在索引中被发现的顺序来返回它们，而忽略了排序的条件。如果同时需要深度分页和排序，你可以为普通的搜索请求增加 scroll 参数。向滚动 ID 发送 GET 请求，将获得下一页的结果。这次，size 参数可以精准的工作，而忽视分片的数量。第一个请求中你也将获得第一页的结果，这和普通搜索一样。

```
% curl 'localhost:9200/get-together/event/_search?pretty&scroll=1m' -d ' {
  "query": {
    "match": {
      "title": "elasticsearch"
    }
  }
}'
```

从性能的角度而言，将 scroll 加入普通的搜索比使用 scan 的搜索类型更耗资源，原因是当结果被排序的时候，需要在内存中保留更多的信息。也就是说，深度分页比默认的搜索更高效，因为 Elasticsearch 没有必要为当前页面而排列所有之前的页面。

只有当你事先知道需要深度分页时，滚动才是有用的。当只需要少数几页结果的时候，我们并不推荐滚动操作。和本章其他内容一样，每次性能的提升都需要你付出一些代价。在滚动的例

子中，代价就是在内容中保留当前搜索的信息直到滚动过期或者没有更多的命中。

10.5 小结

本章探讨了一系列的优化，来增加集群的处理能力和响应速度。

- 使用 bulk 批量 API 接口将多个 `index`、`create`、`update` 或者 `delete` 操作合并到同一个请求。
- 为了组合多个 `get` 或多个 `search` 请求，你分别可以使用多条获取或多条搜索的 API。
- 当索引缓冲区已满、事物日志过大或上次冲刷过去太久的时候，冲刷的操作将内存中的 Lucene 分段提交到磁盘。
- 刷新使得新的分段，无论是否冲刷，都可以用于搜索。在索引操作密集的时候，最好降低刷新的频率或者干脆关闭刷新。
- 合并的策略可以根据分段的多少来调优。较少的分段使得搜索更快，不过合并需要花费更多的 CPU 时间。较多的分段使得合并时间更少、索引更快，但是会导致搜索变慢。
- 优化的操作会强制合并，对于处理很多搜索请求的静态索引，这可以很好的运作。
- 存储限流可能会使合并落后于更新，限制了索引的性能。如果你的高速的 I/O，放宽或者取消这个限制。
- 组合使用在 `bool` 过滤中的位集合过滤器和 `and/or/not` 过滤中的非位集合过滤器。
- 如果你的索引是静态不变的，在分片查询缓存中缓存数量和聚集。
- 监控 JVM 堆的使用情况，预留足够的内存空间，这样就不会遇到频繁的垃圾回收或者 out-of-memory 错误，但是同时也要给操作系统的缓存留出一些内存。
- 如果首次查询太慢，而且你也不介意较慢的索引过程，请使用索引预热器。
- 如果有足够的空间存储较大的索引，请使用 N 元语法和滑动窗口而不是模糊、通配或词组查询，这会使你的搜索运行得更快。
- 在索引之前，使用所需的数据在文档中创建新的字段，这样通常可以避免使用脚本。
- 合适的时候，在脚本中尝试使用 Lucene 表达式、词条统计和字段数据。
- 如果脚本不会经常变化，请参考附录 B，学习如何在 Elasticsearch 插件中书写一个本地脚本。
- 如果在多个分片之中没有均衡的文档频率，使用 `dfs_query_then_fetch`。
- 如果不需要任何命中的文档，请使用 `count` 搜索类型。如果需要很多命中的文档，请使用 `scan` 搜索类型。

第 11 章　管理集群

本章主要内容

- 改善默认的配置
- 使用模板创建默认的索引设置
- 监控性能
- 使用备份和恢复

本书已经涵盖了很多的内容，我们希望用户现在能自如运用 Elasticsearch API 的众多接口。在本章中，你将增强已经学到的 API 接口，使用它们来监控并调优 Elasticsearch 集群，增强集群的性能并实现灾难恢复。

对于开发者和管理员，最终都将面临监控和管理 Elasticsearch 集群的问题。无论你的系统使用压力是偏高还是适中，理解并识别瓶颈、为硬件或系统失败的突发事件做好准备，都是非常重要的。

本章涵盖了使用 REST API 接口的 Elasticsearch 集群管理操作。本书一直在介绍 REST API 接口，现在你应该对其并不陌生了。这些让你可以使用实时性的监控和最佳实践，确定并解决可能的性能瓶颈。

为了实现这个目标，我们将谈论 3 个主要的课题：改善默认配置、监控问题以及有效地使用备份系统。关注这些的前提假设是，有效的性能监控对于系统优化是非常有必要的，理解你的系统也有助于灾难情况下的应急计划。

11.1　改善默认的配置

尽管开箱即用的 Elasticsearch 配置会满足多数用户的需求，我们要注意到 Elasticsearch 是高度灵活的系统，可以在其默认设置基础上进行调优以增加性能。

在生产环境 Elasticsearch 的很多使用属于偶尔的全文搜索范畴，但是逐步增长的部署迫使不太使用的场景变成更普遍的安装，例如这些渐渐流行的趋势：将 Elasticsearch 作为单独的数据源、日志聚集器，甚至将其用在混合存储架构中，和其他类型数据库联合使用。这些令人兴奋的新用法让我们有机会探索有趣的方式，来调整并优化 Elasticsearch 的默认设置。

11.1.1 索引模板

一旦初始的设计规划完成后，在 Elasticsearch 中创建新的索引和相关联的映射，通常是一项很简单的任务。但是，某些场景下，待创建的索引和之前的索引一定有相同的设置和映射。这些场景包括：

- 日志聚集——在这种情况下，为了实现有效的查询和存储，每日的日志索引是必不可少的，它们轮流添加日志文件。在基于云的部署中这是常见的例子，其中分布式系统将它们的日志推送到集中式的 Elasticsearch 集群。配置集群，处理自动的每日日志数据模板，将有助于组织数据和简化大海捞针式的搜索。
- 遵守法规——这里所说的是，在一定的时间之后，数据块必须被保留或者删除，以遵守法规标准，就像财政部门公司必须遵守萨班斯—奥克斯利法案（Sarbanes-Oxley）。这种强制命令要求保留组织良好的记录，这里模板系统能大放异彩。
- 多租户——动态创建新租户的系统，经常需要划分不同租户的数据。

当同类的数据存储需要已被验证和可重复的模式，模板就有它们自己的用武之地了。Elasticsearch 运用模板的自动化本质也是一个非常吸引人的特性。

1. 创建一个模板

正如其名，索引模板将会用于任何新创建的索引。和预定义名称模式相匹配的索引将遵循一个模板，以确保所有匹配索引的设置一致。索引创建的事件必须和模板的模式相匹配。在 Elasticsearch 中，将索引模板运用于新建的索引有两种方式。

- 通过 REST API 的方式。
- 通过配置文件的方式。

前者假设集群正在运行中；后者并无这样的假设，而且经常用于预部署的场景，被开发运维工程师或系统管理员在生产环境中所使用。

这个章节将展示一个用于日志聚集的简单索引模板，这样你的日志聚集工具每天都会生成一个新的索引。在撰写本书的时候，Logstash 是和 Elasticsearch 一起使用的最主流日志聚集工具，它们之间的集成是无缝的，所以聚焦 Logstash 和 Elasticsearch 的索引模板创建是最有意义的。

默认情况下，Logstash 将每天的时间戳附加在索引名称的后面，来调用 API 请求。例如，logstash-11-09-2014。假设正在使用 Elasticsearch 的默认配置，它允许自动化的索引创建。一旦 Logstash 使用了新的事件请求了你的集群，系统就会建立一个名为 logstash-11-09-2014 的新索引，而且自动映射文档的类型。首先要使用 REST API 接口，如下所示。

```
curl -XPUT localhost:9200/_template/logging_index -d '{
    "template" : "logstash-*",
    "settings" : {
        "number_of_shards" : 2,
        "number_of_replicas" : 1
   },
    "mappings" : { … },
    "aliases" : { "november" : {} }
}'
```

PUT 命令

对于名称和这个模式匹配的索引，运用该模板

使用 PUT 命令之后，你告诉 Elasticsearch 当一个索引的名称和 logstash-*模式匹配时，运用这个模板。在这个例子中，当 Logstash 向 Elasticsearch 发送一个新的事件，而指定的索引并不存在，系统就会使用模板创建一个新的索引。

这个模板更进一步地设置了别名，这样可以聚合某个指定月份内的全部索引。你必须手动地为每个月的索引重新命名，但是别名提供了一个便捷的方法来按月合并日志事件的索引。

2. 在文件系统中配置模板

你还可以选择在文件系统中配置模板，有时这使得模板更容易管理和维护。配置文件必须遵循这些基本的规则。

- 模板配置必须是 JSON 格式。方便起见，让文件名以.json 扩展名结尾：<FILENAME>.json。
- 模板定义应该位于 Elasticsearch 配置所在的地方，位于一个模板目录下。该路径在集群配置文件（elasticsearch.yml）中被定义为 path.conf，如<ES_HOME>/config/templates/*。
- 模板定义应该放在有资格成为主节点的节点之上。

使用之前的模板定义，你的 template.json 文件应该看上去是这样的：

```
{
    "template" : "logstash-*",
    "settings" : {
        "number_of_shards" : 2,
        "number_of_replicas" : 1
    },
     "mappings" : { ... },
     "aliases" : { "november" : {} }
}
```

和通过 REST API 进行的定义相类似，现在每个与 logstash-*模式匹配的索引，都会使用这个模板。

3. 多个模板的合并

Elasticsearch 还允许用户使用不同的设置来配置多个模板。这样就可以扩展之前的例子，配置一个模板来按月处理日志事件，然后配置另一个模板将全部日志事件存储到单个索引中，如代码清单 11-1 所示。

代码清单 11-1 配置多个模板

```
curl -XPUT localhost:9200/_template/logging_index_all -d '{
    "template" : "logstash-09-*",
    "order" : 1,
    "settings" : {
        "number_of_shards" : 2,
        "number_of_replicas" : 1
   },
    "mappings" : {
        "date" : { "store": false }
 },
    "alias" : { "november" : {} }
}'

curl -XPUT http://localhost:9200/_template/logging_index -d '{
    "template" : "logstash-*",
    "order" : 0,
    "settings" : {
        "number_of_shards" : 2,
        "number_of_replicas" : 1
   },
    "mappings" : {
     "date" : { "store": true }
    }
}'
```

将这个模板应用到任何"logstash-09-"开头的索引

更高顺序编号的设置将覆盖较低顺序编号的设置

将这个模板应用到任何"logstash-"开头的索引，并存储日期字段

在前面的例子中，最高优先级的模板负责 11 月的日志，因为它匹配了索引名以"logstash-09-"开头的模式。第二个模板扮演了包容万象的角色，聚集了所有 logstash 的索引，而且还包含了日期映射的不同设置。

这个配置中需要注意的事情是 order 属性。这个属性意味着最低的顺序编号首先生效，而更高的顺序编号会覆盖较低编号的设置。由于这一点，这两个模板设置将会合并，其结果就是所有 11 月的日志事件没有存储日期字段。

4. 检索索引模板

为了检索全部模板的清单，你可以使用这个便捷的 API：

```
curl -XGET localhost:9200/_template/
```

相似地，可以使用名字来检索单个或多个模板：

```
curl -XGET localhost:9200/_template/logging_index

curl -XGET localhost:9200/_template/logging_index_1,logging_index_2
```

或者可以检索匹配某个模式的全部模板：

```
curl -XGET localhost:9200/_template/logging_*
```

5. 删除索引模板

使用模板的名称，可以删除索引模板。在之前的部分，我们像这样定义了一个模板：

```
curl -XPUT 'localhost:9200/_template/logging_index' -d '{...}'
```

为了删除这个模板，在下面这个请求中使用模板名称：

```
curl -XDELETE 'localhost:9200/_template/logging_index'
```

11.1.2 默认的映射

如第 2 章所学，映射让你可以定义具体的字段、它们的类型甚至是 Elasticsearch 如何解释并存储它们。在第 3 章，你进一步学习了 Elasticsearch 是如何支持动态映射的，无须在索引创建的时候定义映射，而是根据索引的初始文档之内容来动态地生成映射。本章节，就像之前的默认索引模板那样，将会介绍默认映射的概念，这对于重复性的映射创建而言是非常方便的工具。

我们刚刚展示了索引模板是如何用于节省时间和增加相似数据类型的统一性。默认的映射有同样的好处，映射类型模板可以认为和索引模板一脉相承。当多个索引有类似的字段时，我们会经常使用默认映射。在一处指定默认的映射，避免了在每个索引中重复地指定相应内容。

映射是没有追溯力的

请注意，指定默认的映射不会追溯地运用这个映射，默认映射只会作用于新建的类型。

考虑下面的例子，其中你想指定一个默认的设置，配置如何为所有的映射存储_source，除了一个 person 类型。

```
curl -XPUT 'localhost:9200/streamglue/_mapping/events' -d ' {
    "Person" :
    {
        "_source" : {"enabled" : false}
    },
    "_default_" :
    {"_source" : {"enabled" : true }
    }
}'
```

在这个例子中，所有新的映射将默认存储文档的_source，但是类型 person 的任何映射默认地都不会存储_source。请注意，你可以在单独的映射配置中覆盖这个行为。

1. 动态映射

默认地，Elasticsearch 利用了动态映射（dynamic mapping）：也就是为文档的新字段确定数据类型的能力。你初次索引一篇文档的时候可能已经体验了这一点，而且可能已经注意到了

Elasticsearch 动态地创建了一个映射以及每个字段的数据类型。用户可以告知 Elasticsearch 忽视新的字段或者对于未知字段抛出异常来改变这一行为。通常你希望限制新字段的加入，以避免数据的污染并维持现有的数据模式定义。

关闭动态映射 请注意，可以在 elasticsearch.yml 配置中将 `index.mapper.dynamic` 设置为 `false`，来关闭新映射的动态创建。

代码清单 11-2 展示了如何添加一个动态映射。

代码清单 11-2 添加一个动态映射

```
curl -XPUT 'localhost:9200/first_index' -d
'{
    "mappings": {
        "person": {
            "dynamic":      "strict",        <-- 如果在索引的时候碰到一个未知的字段，抛出一个异常
            "properties": {
                "email":  { "type": "string"},
                 "created_date": { "type": "date" }
            }
        }
    }
}'
curl -XPUT 'localhost:9200/second_index' -d
'{
    "mappings": {
        "person": {
            "dynamic":      "true",          <-- 允许新字段的动态创建
            "properties": {
                "email":  { "type": "string"},
                "created_date": { "type": "date" }
            }
        }
    }
}'
```

第一个映射限制了在 `person` 映射中创建新的字段。如果你试图使用未映射的字段来插入文档，Elasticsearch 将返回异常，而且不会索引这篇文档。例如，试图索引有额外 `first_name` 字段的文档：

```
curl -XPOST 'localhost:9200/first_index/person' -d
'{
"email": "foo@bar.com",
"created_date" : "2014-09-01",
"first_name" : "Bob"
}'
```

这里是回复：

```
{
error: "StrictDynamicMappingException[mapping set to strict, dynamic
```

```
    introduction of [first_name] within [person] is not allowed]"
status: 400
}
```

2. 动态映射和模板一起使用

如果我们不讨论动态映射和动态模板是如何一起工作的，那么这个部分就不会完整。它们一起可以让你根据字段的名称或者数据类型来运用不同的映射。

之前探讨了为了统一的一组索引和映射，如何使用索引模板来自动定义新建的索引。现在可以将这个想法进行扩展，融合我们谈论的动态映射。

在处理包含 UUID 的数据时，下面的例子解决了一个简单的问题。有一些包含连字符的唯一字符数字串，如"b20d5470-d7b4-11e3-9fa6-25476c6788ce"。用户不想 Elasticsearch 分析这些字符串，否则构建索引分词的时候，默认的分析器会将 UUID 按照连字符进行切分。用户希望的是根据完整的 UUID 字符串来搜索，所以要让 Elasticsearch 将整个字符串作为单一的分词来存储。这种情况下，需要告诉 Elasticsearch 不要分析任何名字以"_guid"结尾的 string 字段。

```
curl -XPUT 'http://localhost:9200/myindex' -d '
{
    "mappings" : {
    "my_type" : {
        "dynamic_templates" : [{
            "UUID" : {
                "match" : "*_guid",
                "match_mapping_type" : "string",
                "mapping" : {
                    "type" : "string",
                    "index" : "not_analyzed"
                }
            }
        }]
      }
   }
};
```

- "match" : "*_guid"：匹配名称以_guid结尾的字段
- "match_mapping_type" : "string"：匹配的字段必须为字符串型
- "mapping"：定义匹配之后，你想应用的映射
- "type" : "string"：设置为字符串类型
- "index" : "not_analyzed"：索引的时候，不要分析这些字段

在这个例子中，动态的模板用于动态地映射匹配特定名字和类型的字段，让用户有更多的自主权来控制数据如何存储，并让其可以被 Elasticsearch 搜索到。另外需要注意的是，可以使用 path_match 或者 path_unmatch 关键词，允许用户匹配或者不匹配使用点号的动态模板。例如，想匹配 person.*.email 这样的内容。使用这种逻辑，可以看到这样的数据结构能够匹配得上：

```
{
    "person" : {
        "user" : {
        "email": { "bob@domain.com" }
        }
}
```

动态模板是一个快捷的方法，将某些乏味的 Elasticsearch 管理进行了自动化。下面来探索分配的感知。

11.2 分配的感知

这个部分涵盖了规划集群拓扑结构以减少中心点失败的概念，以及使用分配感知的概念来提升性能。分配感知（allocation awareness）是和哪里放置数据副本相关的知识。你可以使用这些知识武装 Elasticsearch，这样它可以智能地在集群中分发数据副本。

11.2.1 基于分片的分配

分配感知允许用户使用自定义的参数来配置分片的分配。这是在 Elasticsearch 部署中很常见的一种最佳实践，因为它通过确保数据在网络拓扑中均匀分布，来减少单点故障的概率。由于部署在同一个物理机架上的节点可能拥有相邻的优势，无须网络传输，所以用户也可以体验更快的读操作。

通过定义一组键，然后在合适的节点上设置这个键，就可以开启分配感知。举个例子，你可以像下面这样编辑 elasticsearch.yml。

```
cluster.routing.allocation.awareness.attributes: rack
```

注意 可以赋多个值到给感知属性，如 `cluster.routing.allocation.awareness.attributes: rack, group, zone`。

使用之前的定义，你将使用感知参数 `rack` 来对集群内的分片进行分组。用户可以为每个节点修改 elasticsearch.yml，按照期待的网络配置来设置该值。请注意，Elasticsearch 允许用户在节点上设置元数据。在这种情况下，元数据的键将成为你的分配感知参数。

```
node.rack: 1
```

一个简单的前后对比示意图将有助于我们的理解。图 11-1 展示了拥有默认分配设置的集群。

这个集群的问题在于其主分片和副本分片都在同一个主机架上。有了分配感知的设置，就可以避免这样的风险，如图 11-2 所示。

使用了分配感知，主分片不会被移动，但是副本分片将被移动到拥有不同 `node.rack` 参数值的节点。分片的分配是一个很方便的特性，用来防止中心点失败导致的故障。常见的方法是按照地点、机架，甚至是虚拟机来划分集群的拓扑。

下面我们来看看使用现实世界中 AWS 的区域，进行强制分配的例子。

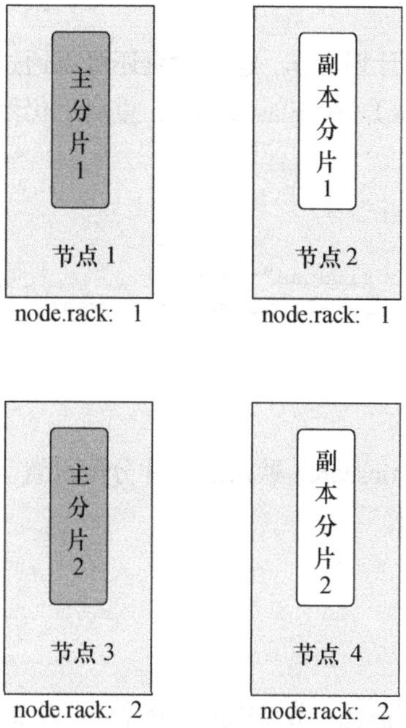

图 11-1 使用默认分配设置的集群

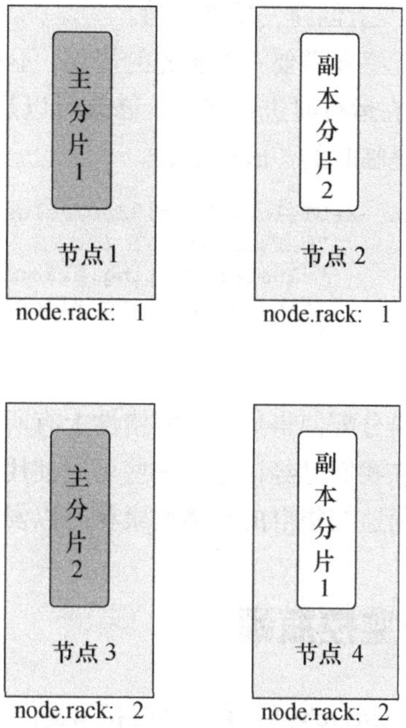

图 11-2 使用分配感知的集群

11.2.2 强制性的分配感知

当用户事先知道值的分组，而且希望限制每个分组的副本分片数量时，强制分配感知是很有用处的。现实世界中的一个常见例子就是在亚马逊网络服务（AWS）或其他跨地区云服务提供商上使用多地区分配。用例非常简单：如果另一个区域宕机了或者无法访问，限制剩下某个区域内的副本分片数量。通过这样的措施，用户将降低从另一组转移过多副本分片至本分组的危险。

例如，在这个用例中用户想在区域级别使用强制分配。首先，指定了 zone 属性。接下来，为该分组添加多个维度：us-east 和 us-west。在 elasticsearch.yml 中，添加下列两行。

```
cluster.routing.allocation.awareness.attributes: zone
cluster.routing.allocation.force.zone.values: us-east, us-west
```

有了这些设置，让我们试试这个真实世界的场景。假设在东部地区启动了一组节点，这些节点的配置都是 node.zone：us-east。这里将使用默认的设置，每个索引有 5 个主分片和 1 个副本分片。由于没有其他的地区值，只有索引的主分片会被分配。

现在所做的是限制了副本分片，使其只会均衡到没有相应 zone 值的节点上。如果使用 node.zone: us-west 启动了西部地区的集群，那么从 us-east 地区来的副本分片会分配到西部集群。定义为 node.zone: us-east 的节点之上永远不会存在副本分片。理想状况下，用户会 node.zone: us-west 的节点进行同样的操作，以此确保副本分片永远不会存在于同一个地区。请记住，如果失去了和西部地区 us-west 的联系，不会有副本分片在东部地区

us-east 上创建，反之亦然。

分配感知需要一些事先的规划，不过即使分配未按照计划运作，这些设置还可以通过集群设置 API 在运行时进行修改。修改可以是持久的（persistent），在 Elasticsearch 重启后仍然生效，也可以是临时的（transient）。

```
curl -XPUT localhost:9200/_cluster/settings -d '{
        "persistent" : {
        "cluster.routing.allocation.awareness.attributes": zone
        "cluster.routing.allocation.force.zone.values": us-east, us-west
        }
}
```

集群分配使得集群在容错性上有所区别。

现在我们已经讨论了一些可以使用的微调，修改 Elasticsearch 默认的分片分配设置。下面来看看如何监控集群的整体健康状态以发现潜在的性能问题。

11.3 监控瓶颈

Elasticsearch 通过它的 API 接口提供了丰富的信息：内存消耗、节点成员、分片分发以及 I/O 的性能。集群和节点 API 测量集群的健康状况和整体的性能指标。理解集群的诊断数据并预估集群的整体状态，将提醒用户注意性能的瓶颈，如未分配的分片和消失的节点，这样就可以轻而易举地解决这些问题。

11.3.1 检查集群的健康状态

集群的健康 API 接口提供了一个方便但略有粗糙的概览，包括集群、索引和分片的整体健康状况。这通常是发现和诊断集群中常见问题的第一步。代码清单 11-3 展示了如何使用集群健康 API 来检查整体的集群状态。

代码清单 11-3 集群健康 API 的请求

```
curl -XGET 'localhost:9200/_cluster/health?pretty';
```

请求的答复是这样的：

```
{
  "cluster_name" : "elasticiq",
  "status" : "green",
  "timed_out" : false,
  "number_of_nodes" : 2,
```

集群状态指示器：方便的集群整体健康指示器

集群中节点的总数量

```
  "number_of_data_nodes" : 2,
  "active_primary_shards" : 10,
  "active_shards" : 10,
  "relocating_shards" : 0,
  "initializing_shards" : 0,
  "unassigned_shards" : 0
}
```

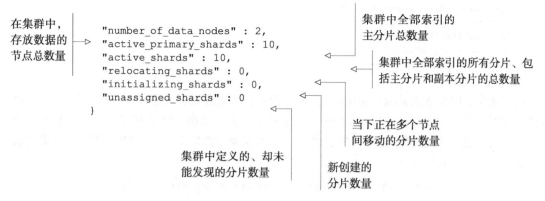

在集群中，存放数据的节点总数量

集群中全部索引的主分片总数量

集群中全部索引的所有分片、包括主分片和副本分片的总数量

当下正在多个节点间移动的分片数量

新创建的分片数量

集群中定义的、却未能发现的分片数量

从这个答复的表明信息，用户就可以推断出很多关于集群整体健康状态的信息，不过除了第一眼能看出的明显内容，还有很多可以解读的地方。让我们深入理解一下代码中最后 3 个指示器的含义：relocating_shards、initializing_shards 和 unassigned_shards。

- relocating_shards——大于 0 表示 Elasticsearch 正在集群内移动数据的分片，来提升负载均衡和故障转移。这通常发生在添加新节点、重启失效的节点或者删除节点的时候，因此出现了这种临时的现象。
- initializing_shards——当用户刚刚创建一个新的索引或者重启一个节点的时候，这个数值会大于 0。
- unassigned_shards——这个值大于 0 的最常见原因是有尚未分配的副本分片。在开发环境中，这个问题很普遍，因为单节点的集群其索引默认有 5 个分片和 1 个副本分片。这种情况下，由于无多余节点来分配副本分片，因此还有 5 个未分配的副本分片。

从输出结果的第一行可以看出，集群的状态是绿色的。有时也不一定如此，如节点无法启动或者从集群中掉出的情况。尽管状态值只是给你一个大致的集群健康状态，理解状态值对于集群性能的含义还是很有价值的。

- 绿色——主分片和副本分片都已经分发而且运作正常。
- 黄色——通常这是副本分片丢失的信号。这个时候，unassigned_shards 的值很可能大于 0，使得集群的分布式本质不够稳定。进一步的分片损坏将导致关键数据的缺失。查看任何没有正确地初始化或运作的节点。
- 红色——这是危险的状态，无法找到集群中的主分片，使得主分片上的索引操作不能进行，而且导致了不一致的查询结果。同样，很可能一个或多个节点从集群中消失。

有了这些知识，用户现在可以查看一个黄色状态的集群，并且试图跟踪问题的根源。

```
curl -XGET 'localhost:9200/_cluster/health?pretty';
{
  "cluster_name" : "elasticiq",
  "status" : "yellow",
  "timed_out" : false,
  "number_of_nodes" : 1,
  "number_of_data_nodes" : 1,
```

```
  "active_primary_shards" : 10,
  "active_shards" : 10,
  "relocating_shards" : 0,
  "initializing_shards" : 0,
  "unassigned_shards" : 5
}
```

给定这个 API 请求及其返回结果，用户可以看到目前集群处于黄色状态，根据之前所学，可能的罪魁祸首是 unassigned_shards 值大于 0 了。集群健康 API 提供了更多的细粒度的操作，允许用户进一步地诊断问题。在这个例子中，可以通过添加 level 参数，深入了解哪些索引受到了分片未配置的影响。

```
curl -XGET 'localhost:9200/_cluster/health?level=indices&pretty';
{
  "cluster_name" : "elasticiq",
  "status" : "yellow",
  "timed_out" : false,
  "number_of_nodes" : 1,
  "number_of_data_nodes" : 1,
  "active_primary_shards" : 10,
  "active_shards" : 10,
  "relocating_shards" : 0,
  "initializing_shards" : 0,
  "unassigned_shards" : 5,
  "indices" : {
    "bitbucket" : {
      "status" : "yellow",
      "number_of_shards" : 5,
      "number_of_replicas" : 1,
      "active_primary_shards" : 5,
      "active_shards" : 5,
      "relocating_shards" : 0,
      "initializing_shards" : 0,
      "unassigned_shards" : 5
    }...
```

请注意集群只有一个节点在运行

主分片

这里告诉 Elasticsearch 为每个主分片配置一个副本分片

缺乏足够的节点来支持副本分片的定义，最后导致有分片未能分配

单节点的集群遭遇了一些问题，原因是 Elasticsearch 试图在集群内分配副本分片，但是由于只有一个节点在运行，它无法进行下去。这导致了副本分片未能分发到各处，所以集群的状态是黄色的，如图 11-3 所示。

正如你所见，一个简单的弥补方式是向集群中加入节点，这样 Elasticsearch 就能将副本分片配置到这个位置。请确保所有的节点都在运行而且可访问，这是解决黄色状态问题最简单的方法。

11.3.2 CPU：慢日志、热线程和线程池

监控 Elasticsearch 集群可能会不时地暴露 CPU 使用的突发高峰，或者是持续高 CPU 使用率、阻塞/等待线程导致的性能瓶颈。本节将阐明一些可能的性能瓶颈，并提供必要的工具让用户侦测并解决这些问题。

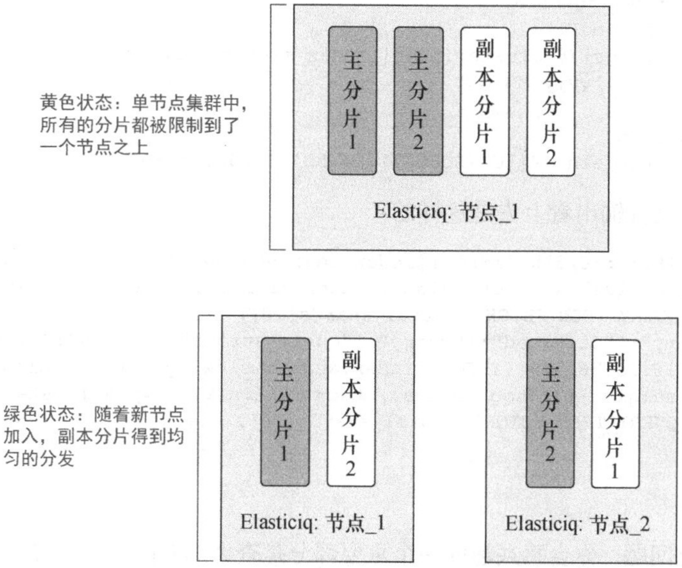

图 11-3 通过更多的可访问节点，让黄色状态的问题得以解决

1. 慢日志

Elasticsearch 提供了两项日志来区分慢操作，它们很容易在集群配置文件中设置：慢查询日志和慢索引日志。默认情况下两者都是关闭的。日志输出是分片级别的。因此在相应的日志文件中，一个操作可能由若干行表示[①]。分片级别日志的好处在于，用户可以根据日志输出更好地定位有问题的分片和节点，如下所示。请注意这些设置可以通过'{index_name}/_settings'端点进行修改。

```
index.search.slowlog.threshold.query.warn: 10s
index.search.slowlog.threshold.query.info: 1s
index.search.slowlog.threshold.query.debug: 2s
index.search.slowlog.threshold.query.trace: 500ms

index.search.slowlog.threshold.fetch.warn: 1s
index.search.slowlog.threshold.fetch.info: 1s
index.search.slowlog.threshold.fetch.debug: 500ms
index.search.slowlog.threshold.fetch.trace: 200ms
```

如你所见，可以为搜索的两个阶段设置阈值：查询和获取。日志的级别（警告-warn、信息-info、调试-debug 和跟踪-trace）允许用户细粒度地控制何种级别的内容要被记录下来，当想简单地查找（grep）日志文件时这一点很方便。在 logging.yml 文件中，可以配置存放日志输出的实际文件，以及其他一些日志功能，如下所示。

① 每行表示一个分片上的情况。——译者注

```
index_search_slow_log_file:
  type: dailyRollingFile
  file: ${path.logs}/${cluster.name}_index_search_slowlog.log
  datePattern: "'.'yyyy-MM-dd"
  layout:
    type: pattern
    conversionPattern: "[%d{ISO8601}][%-5p][%-25c] %m%n"
```

典型的慢日志文件输出看上去是这样的：

```
[2014-11-09 16:35:36,325][INFO ][index.search.slowlog.query] [ElasticIQ-
Master] [streamglue][4] took[10.5ms], took_millis[10], types[], stats[],
search_type[QUERY_THEN_FETCH], total_shards[10],
source[{"query":{"filtered":{"query":{"query_string":{"query":"test"}}}},...]
[2014-11-09 16:35:36,339][INFO ][index.search.slowlog.fetch] [ElasticIQ-
Master] [streamglue][3] took[9.1ms], took_millis[9], types[], stats[],
search_type[QUERY_THEN_FETCH], total_shards[10], ...
```

2. 慢查询日志

对于识别性能问题，你会感兴趣的一个重要部分是查询的时间：`took[##ms]`。此外，了解相关的分片和索引也是很有帮助的，这些都是通过`[index][shard_number]`符号来标识的，在这个例子中它是`[streamglue][4]`。

3. 慢索引日志

在发现索引操作过程中的瓶颈时，同样有价值的是慢索引日志。它的阈值是在集群配置文件中定义，或者是通过索引更新设置的 API 接口定义，和之前的慢日志相似。

```
index.indexing.slowlog.threshold.index.warn: 10s
index.indexing.slowlog.threshold.index.info: 5s
index.indexing.slowlog.threshold.index.debug: 2s
index.indexing.slowlog.threshold.index.trace: 500ms
```

和之前一样，任何达到阈值的索引操作将被写入到日志文件，而且用户将看到索引操作的索引名和分配数`[index][shard_number]`（`[bitbucket][2]`）和持续时间（`took[4.5ms]`）。

```
[2014-11-09 18:28:58,636][INFO ][index.indexing.slowlog.index] [ElasticIQ-
Master] [bitbucket][2] took[4.5ms], took_millis[4], type[test],
id[w0QyH_m6Sa2P-juppUy3Tw], routing[], source[] ...
```

发现慢查询和慢索引请求出现在哪里，对于纠正 Elasticsearch 的性能问题大有帮助。容忍性能低下的行为无限制地增长，可能会导致整个集群中的失败逐渐累积，最终集群完全崩溃。

4. 热线程 API 接口

如果遇到过集群的 CPU 使用率居高不下，则将发现热线程（hot_threads） API 对于识别被阻塞并导致问题的具体进程，是很有用处的。这里热线程 API 提供了集群中每个节点上的一系列阻塞线程。请注意，和其他 API 接口不同，热线程并不返回 JSON 格式的内容，而是如下格式化的文本：

```
curl -XGET 'http://127.0.0.1:9200/_nodes/hot_threads';
```

下面是输出的样例：

```
::: [ElasticIQ-Master][AtPvr5Y3ReW-ua7ZPtPfuQ][loki.local][inet[/
127.0.0.1:9300]]{master=true}
   37.5% (187.6micros out of 500ms) cpu usage by thread
'elasticsearch[ElasticIQ-Master][search][T#191]
10/10 snapshots sharing following 3 elements
...
```

为了正确地理解，热线程 API 的输出需要一些解析，让我们看看它提供了哪些关于 CPU 性能的信息：

```
::: [ElasticIQ-Master][AtPvr5Y3ReW-ua7ZPtPfuQ][loki.local][inet[/
127.0.0.1:9300]]{master=true}
```

结果的第一行包括了节点的身份。因为集群很可能有多于一个的节点，这是线程信息属于哪个 CPU 的第一个标识。

```
   37.5% (187.6micros out of 500ms) cpu usage by thread
'elasticsearch[ElasticIQ-Master][search][T#191]
```

这里可以看到 37.5%的 CPU 处理花费在了搜索（search）线程上。这对于你的理解很关键，因为可以调优导致 CPU 高峰的搜索查询。希望这里不要总是出现搜索。Elasticsearch 可能显示其他的值，如 `merge`、`index`，来表明此线程进行的操作。由于 `cpu usage` 的标识，你知道了这是和 CPU 相关的。其他可能的输出标识有阻塞占比 `block usage`，表示线程被阻塞了，以及等待占比 `wait usage` 表示线程在等待状态。

```
10/10 snapshots sharing following 3 elements
```

在堆栈轨迹（stack trace）之前的最后一行告诉你，Elasticsearch 在几毫秒中进行了 10 次快照，然后发现拥有如下同样堆栈轨迹的线程在这 10 次中都出现了。

当然，Elasticsearch 如何收集热线程 API 提供的信息，是值得学习的。每过几个毫秒，Elasticsearch 就会收集每个线程的持续时间、状态（等待/阻塞）、等待持续时间以及阻塞持续时间等相关的信息。过了指定的时间间隔（默认是 500 毫秒），Elasticsearch 会对同样的信息进行第二轮收集操作。在每次收集过程中，它会对每个堆栈轨迹拍摄快照。用户可以通过向 `hot_threads` API 请求添加参数，来调整信息收集的过程：

```
curl -XGET 'http://127.0.0.1:9200/_nodes/
hot_threads?type=wait&interval=1000ms&threads=3';
```

- `type`——`cpu`、`wait` 和 `block` 之一。需要快照的线程状态类型。
- `interval`——第一次和第二次检查之间的等待时间。默认是 500 毫秒。
- `threads`——排名靠前的“热”线程的展示数量。

5. 线程池

集群中的每个节点通过线程池来管理 CPU 和内存的使用。Elasticsearch 将试图使用线程池以获得更好的节点性能。在某些情况下，需要手动地配置并修改线程池管理的方式，来避免失败累积（雪崩效应）的场景。在负载很重的情况下，Elasticsearch 可能会孵化出上千个线程来处理请求，导致集群宕机。想要理解如何调优线程池，就需要精通应用程序使用 Elasticsearch API 的知识。举例来说，对于一个主要使用 bulk 索引 API 的应用程序，我们需要为其分配较多的线程。否则，`bulk index` 请求就会变得负载很重，而新进来的请求就会被忽略。

可以在集群配置中调节线程池的设置。线程池按照操作进行划分，并根据操作的类型配置默认值。为了简洁起见，这里只列出其中少数几个。

- `bulk`——默认是固定的值，基于可用于所有 bulk 批量操作的处理器数量。
- `index`——默认是固定的值，基于可用于索引和删除操作的处理器数量。
- `search`——默认是固定的值，3 倍可用于计数和搜索操作的处理器数量。

查阅 elasticsearch.yml 配置，可以看到能为所有的批量操作增加线程池队列的大小，以及线程池的数量。请注意，集群设置 API 也允许用户在运行中的集群上更新这些设置。

```
# Bulk Thread Pool
threadpool.bulk.type: fixed
threadpool.bulk.size: 40
threadpool.bulk.queue_size: 200
```

有两种线程池的类型，`fixed` 和 `cache`。`fixed` 的线程池类型保持固定数量的线程来处理请求，并使用后援队列来处理等待执行的请求。在这个例子中，`queue_size` 参数控制了线程的数量，默认是 CPU 核数的 5 倍。而 `cache` 线程池类型是没有限制的，这意味着只要有任何等待执行的请求，系统就会创建一个新的线程。

有了集群健康的 API 接口，慢查询和索引日志，以及线程信息，就可以更方便地诊断 CPU 集中的操作和瓶颈。下一节将讨论内存相关的信息，这些将有助于诊断和调优 Elasticsearch 的性能问题。

11.3.3 内存：堆的大小、字段和过滤器缓存

本节将会探索 Elasticsearch 集群中有效的内存管理和调优。很多 Elasticsearch 的聚集和过滤操作都是受限于内存的，所以理解如何有效地改善 Elasticsearch 默认的内存管理设置，以及底层的 JVM 虚拟机对于扩展集群非常有用。

1. 堆的大小

Elasticsearch 是运行于 Java 虚拟机（JVM）之上的 Java 应用程序，所以它受限于垃圾回收器（garbage collector）的内存管理。垃圾回收器的基本概念是非常简单的：当空闲内存不够用的时

候，就会触发垃圾回收，清理已经不再引用的对象，以此来释放内存供其他 JVM 应用程序使用。这些垃圾回收操作是很耗时间的，并会引起系统的停顿。将过多的数据加载到内存也会导致 `OutOfMemory` 的异常，引起失败和不可预测的结果——甚至是垃圾回收器都无法解决的问题。

为了让 Elasticsearch 更快，某些操作在内存中执行，因为字段数据的读取已被优化。例如，Elasticsearch 不仅加载和查询匹配的文档之字段数据，它还加载了索引中全部文档的值。通过快速访问内存中的数据，后续的查询会快得多。

JVM 堆表示了分配给 JVM 上运行的应用程序之内存量。由于这个原因，理解如何调优其性能来避免垃圾收集停顿带来的副作用和 `OutOfMemory` 异常，是非常重要的。用户可以通过 `HEAP_SIZE` 环境变量来设置 JVM 堆的大小。当设置堆的大小时，请牢记两条如下的黄金法则。

- *最多 50%可用的系统内存*——分配过多的系统内存给 JVM 就意味着分配给底层文件系统缓存的内存更少，而文件系统缓存却是 Lucene 需要经常使用的。
- *最大 32 GB 内存*——分配了超过 32 GB 的内存之后，JVM 的行为就会发生变化，不再使用压缩的普通对象指针（OOP）。这就意味着堆的大小少于 32 GB 时，只需要使用大约一半的内存空间。

2. 过滤器和字段缓存

缓存对于 Elasticsearch 的性能而言，扮演着非常重要的角色。它允许用户有效地使用过滤器、切面（facet）和索引字段的排序。本节将探索两种缓存：过滤器缓存和字段数据缓存。

过滤器缓存将过滤器和查询操作的结果存放在内存中。这意味着使用过滤器的初始查询将其结果存储在过滤器缓存中。随后应用该过滤器的每次查询都会使用缓存中的数据，而不会去磁盘查找。过滤器缓存有效地降低了对 CPU 和 I/O 的影响，并使得过滤查询的结果返回更加迅速。

在 Elasticsearch 中存在两类过滤器缓存。

- 索引级别的过滤器缓存。
- 节点级别的过滤器缓存。

默认的设置是节点级别的过滤器缓存，也是我们即将讨论的。索引级别的过滤器缓存并不推荐，原因是用户无法预测索引将会存放在集群中的何处，因此也无法预计内存的使用量。

节点级别的过滤器缓存采用的是 LRU（近期最少使用）缓存类型。这意味着当缓存要满的时候，使用次数最少的缓存条目将被首先销毁，为新的条目腾出空间。如果要选择这种缓存类型，将 `index.cache.filter.type` 设置为 node，或者干脆不设置，因为它是默认值。现在，可以使用 `indices.cache.filter.size` 属性来设置缓存大小。大小值是在节点的 elasticsearch.yml 配置中定义的，它既可以使用内存的百分比（20%），也可以使用静态的值（1024 MB 字节）。请注意，百分比的属性是将节点上最大的堆内存作为总数来进行计算的。

3. 字段数据缓存

字段数据缓存用于提升查询的执行时间。当运行查询的时候，Elasticsearch 将字段值加载到内存中并将它们保存在字段数据的缓存中，用于之后的请求。由于在内存中构建这样的结构是成本很高的操作，你不希望 Elasticsearch 对于每次请求都执行这个动作，这样性能的提升才会明显。默认地，这是一个没有限制的缓存，也就是说它会持续增长，直到触动了字段数据的断路器（下一节会讨论）。通过为字段数据缓存设置上限值，你告诉 Elasticsearch 一旦达到这个上限，就将数据从缓存结构中移除。

你的配置应该包含了一个 `indices.fielddata.cache.size` 属性，它既可以设置为百分比（20%）也可以设置为静态的值（16 GB）。这些值表示了用于缓存的节点堆内存空间之百分比或绝对值。

为了获取字段数据缓存的现有状态，你可以使用一些方便的 API 接口。

- 按照每个节点来看：

```
curl -XGET 'localhost:9200/_nodes/stats/indices/
fielddata?fields=*&pretty=1';
```

- 按照每个索引来看：

```
curl -XGET 'localhost:9200/_stats/fielddata?fields=*&pretty=1';
```

- 按照每个节点的每个索引来看：

```
curl -XGET 'localhost:9200/_nodes/stats/indices/
fielddata?level=indices&fields =*&pretty=1';
```

设置 `fields=*`将返回所有的字段名称和取值。这些 API 接口的输出和下面的类似。

```
"indices" : {
  "bitbucket" : {
    "fielddata" : {
      "memory_size_in_bytes" : 1024mb,
      "evictions" : 200,
      "fields" : { ... }
    }
  }, ...
```

这些操作将分析缓存的现有状态。请特别注意 `evictions`（移除数据）的次数。数据的移除是成本昂贵的操作，其发生表明字段数据的缓存规模可能设置得过小。

4. 断路器

在之前的章节我们提到，字段数据缓存可能会不断增加最终导致 `OutOfMemory` 的异常。这是因为字段数据的规模是在数据加载之后才计算的。为了避免这种情况的发生，Elasticsearch 提供了断路器的机制。

断路器是人为的限制，用来帮助降低 `OutOfMemory` 异常出现的概率。它们通过反省某个查询所请求的数据字段，来确定将这些数据加载到缓存后是否会使得整体的规模超出缓存的大小限制。在 Elasticsearch 中有两个断路器，还有一个是父辈断路器，它在所有断路器可能使用的内存总量上又设置了一个限制。

- `indices.breaker.total.limit`——默认是堆内存的 70%。不允许字段数据和请求断路器超越这个限制。
- `indices.breaker.fielddata.limit`——默认是堆内存的 60%。不允许字段数据的缓存超越这个限制。
- `indices.breaker.request.limit`——默认是堆内存的 40%。控制分配给聚集桶创建这种操作的堆大小。

断路器设置的黄金法则是对其数值的设定要保守，因为断路器所控制的缓存需要和内存缓冲区、过滤器缓存和其他 Elasticsearch 内存开销一起共用内存空间。

5. 避免交换

操作系统通过交换（swap）进程将内存的分页写入磁盘。当内存的容量不够操作系统使用的时候，这个过程就会发生。当操作系统需要已经被交换出去的分页时，这些分页将被再次加载回内存以供使用。交换是成本高昂的操作，应该尽量避免。

Elasticsearch 在内存中保留了很多运行时必需的数据和缓存，如图 11-4 所示，所以消耗资源的磁盘读写操作将严重地影响正在运行的集群。鉴于这个原因，我们将展示如何关闭交换以获得更好的性能。

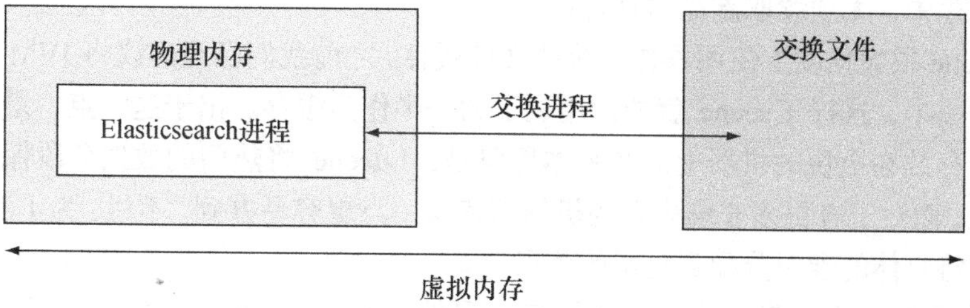

图 11-4 Elasticsearch 将运行时的数据和缓存都放在内存中，因此读写操作[①]可能是很昂贵的

关闭 Elasticsearch 交换最彻底的方法是，在 elasticsearch.yml 文件中将 `bootstrap.mlockall` 设置为 `true`。接下来，需要验证设置是否生效。运行 Elasticsearch，可以检查警告日志或者是查询一个活动状态。

- 日志中的错误样例：

```
[2014-11-21 19:22:00,612][ERROR][common.jna]
Unknown mlockall error 0
```

- API 请求：

```
curl -XGET 'localhost:9200/_nodes/process?pretty=1';
```

- 请求回复：

① 这里是指分页引起的读写操作。——译者注

```
...
"process" : {
        "refresh_interval_in_millis" : 1000,
        "id" : 9809,
        "max_file_descriptors" : 10240,
        "mlockall" : false
        } ...
```

如果在日志中发现了如此的警告信息，或者是状态检查的结果中 mlockall 被设置为了 false，那么你的设置还未生效。运行 Elasticsearch 的用户没有足够的访问权限，是新设置没有生效的最常见原因。通常以 root 用户的身份在命令行运行 ulimit -l unlimited 可以解决这个问题。为了这些新设置能生效，还需要重启 Elasticsearch。

11.3.4 操作系统缓存

由于 Lucene 不可变的分段，Elasticsearch 和 Lucene 很大程度上使用了操作系统的文件缓存。按照设计，Lucene 利用底层的操作系统文件缓存来构建内存里的数据结构。Lucene 分段存储于单个不可变的文件中。大家认为不可变的文件对于缓存而言是友好的，而底层的操作系统将“热门”的分段保存于内存中，以便更快地访问。最终的效果就是，更小的索引更容易于被操作系统完全缓存于内存中，无须读取磁盘而且超快。

由于 Lucene 很大程度上使用操作系统的文件缓存，之前我们已经建议将 JVM 堆的大小设置为物理内存的一半，这样 Lucene 就能使用剩下的一半作为缓存。出于这一点，最佳实践会将经常使用的索引存放在更快的机器上。其基本思路是，Lucene 将热门的数据分段保留在内存中以便超快地读取，而对于有更多非堆内存的机器而言这一点更容易办到。不过，为了实现这个目标，需要使用路由将具体的索引分配到更快的节点上。

首先，需要为全部的节点分配一个特定的属性 tag。每个节点的 tag 值是唯一的，如 node.tag: mynode1 或者 node.tag: mynode2。使用节点的单独设置，可以只在拥有指定 tag 值的节点上创建索引。请记住，这样做的意义在于确保新的、繁忙的索引只会在拥有更多非堆内存的节点上创建，Lucene 也可以充分利用这些内存。为了达到这个目的，使用下面的命令，这样新索引 myindex 只会在 tag 值为 mynode1 和 mynode2 的节点上创建。

```
curl -XPUT localhost:9200/myindex/_settings -d '{
    "index.routing.allocation.include.tag" : "mynode1,mynode2"
}'
```

假设这些特定的节点有更多的非堆内存可分配，Lucene 将在内存中缓存分段，使得你的索引拥有比查找磁盘分段更短的响应时间。

11.3.5 存储限流

Apache Lucene 在磁盘上不变的分段文件中存储数据。根据定义，不变的文件只会被 Lucene

写入一次，但是被读取很多次。在这些分段上进行合并操作是因为，当一个新的分段写入时，一次就能读取很多分段。尽管这些合并操作通常不会对于系统有很大的影响，当合并、索引和搜索操作同时发生的时候，I/O 很低的系统仍然会受到负面的影响。

用户可以设置节点级别和索引级别的限流。在节点级别，限流设置影响了整个节点，但是在索引级别限流设置只会在指定的索引上生效。

节点级别的限流通过 indices.store.throre.throttle.type 属性来设置，可能的值有 none、merge 和 all。值 merge 告诉 Elasticsearch 对整个节点上的合并操作进行 I/O 限流，包括节点上的每个分片。而值 all 将限流的限制实施在节点所有分片的所有操作之上。索引级别的限流其配置方法类似，不过是使用 index.store.throttle.type 属性。此外，索引级的设置也允许值为 node，这样的话它也会将限流设置运用在整个节点上。

无论你是想实现节点级还是索引级的限流，Elasticsearch 都提供了相应的属性来设置 I/O 所能使用的每秒最大字节数。对于节点级的限流，使用 indices.store.throttle.max_bytes_per_sec，对于索引级的限流使用 index.store.throttle.max_bytes_per_sec。请注意这些值的单位是兆字节每秒。

```
indices.store.throttle.max_bytes_per_sec : "50mb"
```

或

```
index.store.throttle.max_bytes_per_sec : "10mb"
```

我们留下一个小练习，为你的系统配置合适的值。如果系统 I/O 等待的频率很高或者性能有所下降，将这些值降低也许会有助于问题的缓解。

尽管探索了减少灾难的方法，但是在下一节我们仍然要看看如何备份集群的数据，并在灾后将数据恢复到集群中。

11.4　备份你的数据

Elasticsearch 提供了一个功能全面的、增量型的数据备份方案。快照和恢复 API 让你可以将单个索引数据、全部索引甚至是集群的设置备份到远端的资料库或是可插拔的后端系统，然后很容易地将这些内容恢复到现有的集群或新集群。

创建快照的典型用例是为灾难恢复执行备份。不过，你可能会发现将生产环境的数据复制到开发或测试环境时，甚至是作为执行大规模修改前的保障时，这个操作也很有用。

11.4.1　快照 API

首次使用快照 API 备份数据时，Elasticsearch 将复制集群的状态和数据。所有后续的快照将包含前一个版本之后的修改。快照的进程是非阻塞的，所以在运行的系统上执行快照应该不会对性能产生明显的影响。此外，由于每个后续快照都是基于之前快照的差量，随着时间的推移它将进行更小、更快的快照。

需要注意快照存储在资料库之中。资料库可以定义为文件系统或者是 URL。

- 文件系统的资料库需要一个共享的文件系统，而且该共享文件系统必须安装在集群的每个节点上。
- URL 的资料库是只读的，可以作为替代的快照存储方案。

本章节将讨论更常见和更灵活的文件系统资料库，包括如何在其中存储快照、从快照中恢复、并为云供应商的存储资料库使用常见的插件。

11.4.2　将数据备份到共享的文件系统

进行集群的备份意味着执行 3 个步骤，我们深入讨论一下它们的细节。

- 定义一个资料库——告诉 Elasticsearch 你想如何构建资料库。
- 确认资料库的存在——需要验证资料库已经按照你的定义被创建成功。
- 执行备份——首个快照是通过一个简单的 REST API 命令来执行的。

开启快照的首个步骤，需要定义一个共享的文件系统资料库。代码清单 11-4 中的 `curl` 命令在网络安装的驱动器上定义了一个新的资料库。

代码清单 11-4　定义一个新的资料库

```
curl -XPUT 'localhost:9200/_snapshot/my_repository' -d '
{
    "type": "fs",
    "settings": {
        "location": "smb://share/backups",
        "compress" : true,
        "max_snapshot_bytes_per_sec" : "20mb",
        "max_restore_bytes_per_sec" : "20mb"
    }
}';
```

资料库的名称：my_repository

将资料库的类型定义为共享的文件系统

资料库的网络位置

该值默认是 true，它表示压缩元数据，

快照每秒传输的速率

恢复时每秒传输的速率

一旦完成了集群资料库的定义，就可以使用一个简单的 GET 命令来确定其存在。

```
curl -XGET 'localhost:9200/_snapshot/my_repository?pretty=1';
{
  "my_repository" : {
    "type" : "fs",
    "settings" : {
      "compress" : "true",
      "max_restore_bytes_per_sec" : "20mb",
      "location" : "smb://share/backups",
      "max_snapshot_bytes_per_sec" : "20mb"
    }
  }
}
```

请注意默认情况下，无须指定资料库的名称，Elasticsearch 将返回集群中所有已经注册的

资料库。

```
curl -XGET 'localhost:9200/_snapshot?pretty=1';
```

一旦为集群建立了资料库，你就可以继续下一步，创建初始的快照/备份。

```
curl -XPUT 'localhost:9200/_snapshot/my_repository/first_snapshot';
```

这个命令会触发一个快照操作并立即返回。如果想等待快照运行结束，则可以添加可选的 wait_for_completion 旗标。

```
curl -XPUT 'localhost:9200/_snapshot/my_repository/
first_snapshot?wait_for_completion=true';
```

现在查阅一下资料库所在的位置，看看快照命令都存储了哪些内容。

```
./backups/index
./backups/indices/bitbucket/0/__0
./backups/indices/bitbucket/0/__1
./backups/indices/bitbucket/0/__10
./backups/indices/bitbucket/1/__c
./backups/indices/bitbucket/1/__d
./backups/indices/bitbucket/1/snapshot-first_snapshot
...
./backups/indices/bitbucket/snapshot-first_snapshot
./backups/metadata-first_snapshot
./backups/snapshot-first_snapshot
```

从这个代码清单中，可以看出 Elasticsearch 备份的模式。这个快照包含了集群中每个索引、分片、分段以及伴随元数据的信息，存放的路径结构为：/<索引名称>/<分片名称>/<分段 ID>。一个样例的快照文件看上去和下面这个类似，包含了大小、Lucene 分段和目录结构中每个快照所指向的文件。

```
smb://share/backups/indices/bitbucket/0/snapshot-first_snapshot
{
  "name" : "first_snapshot",
  "index_version" : 18,
  "start_time" : 1416687343604,
  "time" : 11,
  "number_of_files" : 20,
  "total_size" : 161589,
  "files" : [ {
    "name" : "__0",
    "physical_name" : "_l.fnm",
    "length" : 2703,
    "checksum" : "1ot813j",
    "written_by" : "LUCENE_4_9"
  }, {
    "name" : "__1",
    "physical_name" : "_l_Lucene49_0.dvm",
    "length" : 90,
    "checksum" : "1h6yhga",
    "written_by" : "LUCENE_4_9"
```

```
  }, {
    "name" : "_2",
    "physical_name" : "_1.si",
    "length" : 444,
    "checksum" : "afusmz",
    "written_by" : "LUCENE_4_9"
}
```

1. 第二个快照

因为快照是增量的，只存储两次快照之间的差量，所以第二次快照命令会创建更多的几个数据文件，但是不会从头开始创建整个快照。

```
curl -XPUT 'localhost:9200/_snapshot/my_repository/second_snapshot';
```

分析新的数目结构，你会看到只有一个文件被修改了：在根目录中已有的/index 文件。现在它的内容包含了所有已经执行过的快照列表。

```
{"snapshots":["first_snapshot","second_snapshot"]}
```

2. 针对每个索引的快照

在之前的例子中，你了解了如何对整个集群和全部索引进行快照。请注意，快照可以按照每个索引为单位进行，需要在 PUT 命令中设置索引参数。

```
curl -XPUT 'localhost:9200/_snapshot/my_repository/third_snapshot' -d '
{
  "indices": "logs-2014,logs-2013"      <-- 需要进行快照的索引名称列表，以逗号分隔
}';
```

向同样的端点发送一个 GET 请求，可以获得给定快照（或全部快照）之状态的基本信息

```
curl -XGET 'localhost:9200/_snapshot/my_repository/first_snapshot?pretty';
```

该请求的答复包含了快照由哪些索引组成的信息以及整个快照操作的总体持续时间。

```
{
  "snapshots": [
    {
      "snapshot": "first_snapshot",
      "indices": [
        "bitbucket"
      ],
      "state": "SUCCESS",
      "start_time": "2014-11-02T22:38:14.078Z",
      "start_time_in_millis": 1414967894078,
      "end_time": "2014-11-02T22:38:14.129Z",
      "end_time_in_millis": 1414967894129,
      "duration_in_millis": 51,
      "failures": [],
      "shards": {
```

```
        "total": 10,
        "failed": 0,
        "successful": 10
      }
    }
  ]
}
```

将快照的名称替换为“_all”，会获得资料库中所有快照的信息。

```
curl -XGET 'localhost:9200/_snapshot/my_repository/_all';
```

由于快照是增量的，因此当删除不再需要的旧快照时，你必须非常谨慎。我们总是建议你使用快照 API 来删除旧的快照，因为 API 只会删除现在不用的数据分段。

```
curl -XDELETE 'localhost:9200/_snapshot/my_repository/first_snapshot';
```

现在，你充分理解了备份集群时所能使用的选项，下面让我们看看如何通过这些快照恢复集群的数据和状态，在灾难来临的时候你需要知道这些。

11.4.3 从备份中恢复

快照可以很容易地恢复到任何运行中的集群，甚至并非产生这个快照的集群。使用快照 API 的时候加入_restore 命令，将恢复整个集群状态。

```
curl -XPOST 'localhost:9200/_snapshot/my_repository/first_snapshot/_restore';
```

这个命令将恢复指定快照，first_snapshot 中的集群数据和状态。通过这个操作，可以很容易地将集群恢复到用户所选的任何时间点。

和之前看到的快照操作类似，恢复操作允许设置 wait_for_completion 旗标，它将阻塞用户的 HTTP 请求直到恢复操作完全结束。默认地，恢复 HTTP 请求是立即返回的，然后操作是在后台运行。

```
curl -XPOST 'localhost:9200/_snapshot/my_repository/first_snapshot/
_restore?wait_for_completion=true';
```

恢复操作还有额外的选项，允许用户将某个索引恢复到新命名的索引空间。当复制一个索引，或者验证某个恢复索引的内容时，这一点很有帮助。

```
curl -XPOST 'localhost:9200/_snapshot/my_repository/first_snapshot/_restore'
-d '
{
    "indices": "logs_2014",
    "rename_pattern": "logs_(.+)",
    "rename_replacement": "a_copy_of_logs_$1"
}';
```

将从快照恢复的某个或多个索引

对于待替换的索引名称，定义其匹配模式

重命名匹配的索引

给定这个命令，只会恢复名为 logs_2014 的索引，而忽略快照中任何其他的索引。由于索引的名称和用户定义的 rename_pattern 模式相匹配，快照数据将存放于一个名为 a_copy_of_logs_2014 的新索引中。

> **注意**　当恢复现有索引的时候，运行中的索引实例必须被关闭。恢复操作完成之后，它会打开这个关闭的索引。

你已经理解了在网络存储的环境中，快照 API 如何运作并使得恢复成为可能。接下来探索一些可用的插件，它们让系统可以在云供应商的环境中进行备份。

11.4.4　使用资料库插件

尽管在共享文件系统上进行快照和恢复是很常见的用例，Elasticsearch 及其社区还是为几个主流的云服务供应商提供了资料库的插件。这些插件允许用户使用特定供应商的基础架构及其内部 API，来定义自己的资料库。

1. Amazon S3

对于部署在亚马逊网络服务（AWS）架构上的应用，有一个由 Elasticsearch 团队维护的免费 S3 资料库插件，可从 GitHub 上获取。

亚马逊 S3 资料库插件有几个和普通配置不同的变量，理解每个变量所控制的功能是很关键的。一个 S3 资料库可以如此创建：

```
curl -XPUT 'localhost:9200/_snapshot/my_s3_repository' -d '{
    "type": "s3",
    "settings": {
        "bucket": "my_bucket_name",
        "base_path" : "/backups",
        "access_key" : "THISISMYACCESSKEY",
        "secret_key" : "THISISMYSECRETKEY",
        "max_retries" : "5",
        "region": "us-west"
    }
}'
```

- 资料库的类型（"type"）
- 桶存储的名称是必须的，将其映射到你的 S3 桶存储（"bucket"）
- 用于存储资料库数据的 S3 桶之目录路径（"base_path"）
- 默认为 cloud.aws.access_key（"access_key"）
- 默认为 cloud.aws.secret_key（"secret_key"）
- S3 出现错误时最大重试次数（"max_retries"）
- 桶存储所在的 Amazon 区域（"region"）

一旦开启，S3 插件会将快照存储到定义好的桶路径。由于 HDFS 和 Amazon S3 是兼容的，你可能有兴趣阅读下一部分，这里也谈论了 Hadoop HDFS 资料库的插件。

2. Hadoop HDFS

通过这个简单的插件，HDFS 文件系统可以用作快照和恢复的资料库。该插件由 Elasticsearch 团队开发并维护，并作为更通用的 Hadoop 插件项目的一部分。

在 Elasticsearch 集群上，必须安装本插件的最新稳定发布版。在插件的目录中使用如下命令，从 GitHub 直接安装期望的插件版本。

```
bin/plugin -i elasticsearch/elasticsearch-repository-hdfs/2.x.y
```

一旦安装完毕，就可以开始配置插件了。HDFS 资料库插件的配置值位于 elasticsearch.yml 配置文件中。这里列出一些重要的值。

```
repositories
  hdfs:
    uri: "hdfs://<host>:<port>/"
    path: "some/path"
    load_defaults: "true"
    conf_location: "extra-cfg.xml"
    conf.<key> : "<value>"
```

Hadoop 文件系统的 URI

快照存储的路径

允许加载 Hadoop 的默认配置

Hadoop XML 配置文件的名称

可以添加到 Hadoop 配置文件的键/值

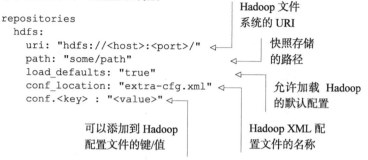

现在，配置好了 HDFS 资料库插件，系统将使用和前面一样的快照 API 进行执行你的快照和恢复操作。唯一的区别在于，快照和恢复的方法将来自 Hadoop 的文件系统。

本章节通过快照 API 接口，探索了几种不同的方法来备份并恢复集群数据和状态。资料库插件为公共云服务上的 Elasticsearch 部署提供了便捷。在网络环境中，快照 API 提供了简单和自动化的方法来存储备份数据，以便于灾难之后的恢复。

11.5 小结

本章我们已经传达了不少信息，主要聚焦在管理和优化 Elasticsearch 集群。现在，你已经深入理解了如下的概念，这里来总结一下。

- 索引模板使系统可以自动地创建拥有共同设置的索引。
- 默认映射为索引中重复的相似映射创建提供了便利。
- 别名允许使用单个名字查询多个索引，因此让你可以按需分割数据。
- 集群健康的 API 提供了一个简单的方式来测量集群、节点和分片的整体健康状态。
- 使用慢索引和慢查询的日志，有助于诊断可能影响集群性能的索引和查询操作。
- 充分理解 JVM 虚拟机、Lucene 和 Elasticsearch 是如何分配和使用内存的，可以预防操作系统将进程交换到磁盘。
- 快照 API 为使用网络存储的集群提供了便捷的备份和恢复方法，资料库插件将这个功能扩展到了共用的云服务之上。